山東大學中文專刊

曾繁仁学术文集

第十三卷

美学美育论集

人民出版社

2019年10月，接受山东大学媒体采访

对德国古典美学与中国当代美学建设的反思

——由"人化的自然"的实践美学到"天地境界"的生态美学

反思是学术发展的动力。当我们对我国50多年当代美学进行反思时，我们就会发现在50多年的我国当代美学发展中德国古典美学的影响是一个十分重要的因素。它几乎渗透到我们当代美学发展的每一个方面，融进我们美学工作者的心田。我们要深化对德国古典美学资源的认识，将其看作是解读一切美学现象与艺术现象的宝典。但正如德国古典哲学和古典美学所告诉我们的，世界上的万事万物都是历史的，都是过程，没有永世不变的学术理论，也没有什么能够永远解读一切的宝典，新陈代谢是事物辩证发展的普遍规律。德国古典美学及其影响下产生的中国当代实践论美学思想同样处在这种新陈代谢的辩证发展的历史长河中。这就是我们反思的基本结论。

一

从20世纪50年代中期开始到80年代中期结束的二次美学大讨论是我国当代美学发展的最重要事件。同时也使美学这个本来相对偏僻的学科一度在我国成为显学，也成为我国美学人无法抹去的记忆。这两次美学讨论参加者之广，发表的观点之多，都是空前的。但给我们印象深刻的是所谓"大""派"美学观点，而又以实践论美学独树一帜。实践论美学以其貌似坚持"马克思主义"又具理论阐释力脱颖而出，成为中国当代美学的代表性理论形态。但我们通过认真地研究发现，实践论美学所师承的并不是马克思主义哲学和美学，而是德国古典美学，特别是康德美学。实践论美学的倡导者李泽厚在论其美学的哲学基础"人类学本体论哲学"或"主体性实践哲学"时说道，"这两个名称是我在'批判哲学的批判'一书（1979-1984）中提出的。""所以，它不是某种经验的心理学，而是康德以来的人的哲学"，"人类学本体论的哲学基本命题即是人的命运，于是，'人类如何可能'便成为第一课题。'批判哲学的批判'就是

作者手稿

本卷编辑说明

本卷收录《美学美育论集》一部著作，系首次出版。

《美学美育论集》收录了作者从1977年至2020年撰写的有关中国美学、西方美学、审美教育等方面的文章，这些文章是在此前各卷中未曾收录的。其中，第五编“学术访谈”为作者参与的或以作者为主的学术访谈。

编者对所有收入本卷的文章，均做了认真编辑、校订，修正了一些错误，订正了引文和出处，也对若干论述和原文段落做了调整。

目 录

第一编 中国美学研究

第二编　西方美学研究

第三编　美育建设与发展

第四编　美育问题探讨

第五编　学术访谈

第一编

中国美学研究

美学史研究的意义①

由于教学工作的需要与自己的兴趣，近几年来，我进行了一些美学史方面的研究工作。通过这些工作，我深切地感到，从我国当代美学的发展与美学专门人才的培养两个方面来看，美学史的研究都有着深远的意义。

我国当代美学的研究在党的十一届三中全会之后有了长足的发展，曾经出现一股空前的学习美学的热潮。而从研究本身看，从方法、角度到水平等各个方面也都有新的突破。但总给人一种进展不大之感。学术争论呈现胶着状态，难以深入。有些论著，洋洋万言，实际是前人研究的重复。当然，更重要的问题还是有所忽视马克思主义的指导与不同程度地脱离现实生活，这些问题急需加以纠正。但对美学史研究的相对忽视也是研究水平难以较大提高的重要原因之一。长期以来，我们所倡导的都是史论结合的方法。也就是要求将逻辑的研究与历史的研究相统一，并使历史研究成为逻辑研究的基础与前提。从美学来说，就应认真研究中外美学史与马克思主义美学史。由此出发，再进一步形成具有中国特色的马克思主义美学体系。因此，当前在强调马克思主义指导的前提下应较多地关注一下美学史的研究，这恐怕比发

①原载《山东大学学报》1989年第4期。

表一些缺乏研究的空论更为有益。当然,美学史的研究也应贯彻古为今用、洋为中用的方针,使其对我国当代美学研究工作有所助益。

从我国当代美学研究人才的培养来看,当然应首先加强马克思主义基本理论素质的培养,同时也应加强本学科历史知识的教育。美学史作为人类对世界的本质认识之一,具有由浅入深逐步发展的特点,是思维训练的极好教材。而其中积累的一系列重要理论成果则闪耀着人类对美的探索的思想光辉,对我们极富启发。这既是我们应该加以批判地继承的前人精神成果,也是我们发展当代美学的宝贵财富,可以极大地丰富我们研究工作的内容而相对免除各种空泛议论的弊病。正是从这个意义上说,美学史的学习与研究应是青年研究人员的必修课之一。

我本人仍将在这方面做一些力所能及的工作,以期对我国当代美学的研究做出微小的贡献。

试论毛泽东美学思想的伟大意义

——纪念《在延安文艺座谈会上的讲话》发表50周年①

1992年5月是毛泽东的《在延安文艺座谈会上的讲话》(以下简称《讲话》)发表50周年。经过半个世纪的风云变幻,我们可以更加客观、更加全面地来评价这部伟大著作。实践是检验真理的唯一标准,历史是最权威的评判人。半个世纪的实践证明,《讲话》是毛泽东思想的有机组成部分,是马克思主义美学思想在中国的伟大发展,是马克思主义美学宝库中最重要的论著之一,同时对建设有中国特色的社会主义文艺也具有重要的指导作用。我们正是从这一基本的评价出发来研究《讲话》及其所代表的毛泽东美学思想的伟大意义。

《讲话》是一部紧密结合中国革命实际并独具体系的马克思主义美学论著

马克思主义美学是人类历史上美学思想的最光辉的结晶,是在辩证唯物主义与历史唯物主义理论基础上研究各种美学与文

①原载《文史哲》1992年第3期。

艺现象所得出的科学结论。在马克思主义美学发展史上,无数理论家都做过自己的贡献,曾出现过具有较高地位的重要理论家与自成体系的美学论著,如普列汉诺夫的《艺术与社会生活》、高尔基的《论文学》等等。作为马克思主义经典作家的马克思、恩格斯与列宁,对马克思主义美学的创立与发展做出了杰出的贡献。马克思与恩格斯作为马克思主义的创始人,为马克思主义美学的建立与发展奠定了理论的基础,在不少论著中涉及美学与文艺问题,并在一些通信中专门对文艺问题发表过重要见解。列宁继承与发展了马克思主义的美学思想,在组织无产阶级夺取政权与巩固政权的同时,也曾围绕尖锐的斗争,从无产阶级的利益出发,就一系列美学与文艺问题发表过重要见解。但由于斗争任务的繁重,使他们未能完成具有完整体系的美学论著。毛泽东继承了马克思主义美学思想,并紧密结合中国的革命实际,写出了《讲话》这样一部独具体系的马克思主义美学论著。

《讲话》发表于我国抗日战争时期的延安革命根据地。这正是伟大的中国共产党为民族救亡而进行艰苦卓绝斗争的时期,也正是毛泽东思想在斗争中逐步成熟的时期。作为毛泽东思想重要组成部分的毛泽东美学思想也形成于此时。

《讲话》以中国人民易于接受的思维方式与语言风格,深入浅出而又极其系统地回答了马克思主义美学与文艺的一系列基本问题。因而,《讲话》是完全中国化的马克思主义美学论著。同时,《讲话》产生于无产阶级执掌政权的抗日革命根据地。这就使其有可能初步总结无产阶级掌权时期如何表现"新的人物,新的世界"的一系列崭新的马克思主义美学与文艺课题,而不同于马克思、恩格斯与列宁的美学思想主要产生于为无产阶级夺取政权进行准备的时期。

《讲话》的崭新面貌与独特体系就在于它是无产阶级革命新时代的艺术美论。它根据我国无产阶级革命运动与抗日革命根据地广大解放了的新时代的人民大众对文艺的要求，提出了表现“新的人物，新的世界”①这样一个中心课题。毛泽东认为，革命根据地和国民党统治区是两个截然不同的社会。“一个是大地主大资产阶级统治的半封建半殖民地的社会，一个是无产阶级领导的革命的新民主主义社会。到了革命根据地就是到了中国几千年来空前未有的人民大众当权的时代。我们周围的人物，我们的宣传对象，完全不同了，过去的时代，已经一去不复返了。”②由此，对革命文艺工作者提出了表现“新的人物，新的世界”的要求，也就是要求他们创造出有别于旧时代的无产阶级革命新时代的艺术美。这是马克思主义美学史上第一次提出的一个鲜明的课题，也是《讲话》的主旨所在。事实证明，新时代与旧时代相比，由于政治历史条件的根本变化，文艺的对象、表现的主题也都随之发生了根本的变化。这也就同时要求产生不同于旧时代的、崭新的马克思主义美学与文艺理论体系。这就是在延安文艺座谈会召开时，有人从旧美学与文艺论著中引经据典，并由此出发讨论革命根据地的文艺工作，而受到毛泽东批评的原因。毛泽东指出，“我们讨论问题，应当从实际出发，不是从定义出发”③。毛泽东按照这一马克思主义的“一切从实际出发”的基本原则，通过对中国革命文艺实际的艰苦细致的调查研究，完成了自己的马克思主义的艺术美论。它的鲜明特点在于真正地划清了无产阶

①《毛泽东论文学和艺术》，人民文学出版社 1958 年版，第 81 页。

②《毛泽东论文学和艺术》，人民文学出版社 1958 年版，第 80 页。

③《毛泽东论文学和艺术》，人民文学出版社 1958 年版，第 57 页。

级革命新时代的艺术美与一切剥削阶级旧时代的艺术美的根本界限。

《讲话》的最核心的观点是"文艺为人民"这一"根本的问题,原则的问题"①。正如毛泽东在《讲话》中所说,"文艺为人民"本来是马克思主义美学的一个重要的理论观点。恩格斯早在1888年给哈克奈斯的信中就指出,"无产阶级对他们四周的压迫环境所进行的叛逆的反抗,他们为恢复自己的做人的地位所作的剧烈的努力——半自觉的或自觉的,都属于历史,因而也应当在现实主义领域内占有自己的地位"②。很明显,恩格斯这里所说的无产阶级仍是处于资本主义的统治与压迫之下,在这样的历史条件下,只能要求现实主义文艺给他们一席之地。苏联十月革命后,列宁在同蔡特金的谈话中明确地提出了"艺术属于人民"的口号,并预言必将产生"一种按内容而规定其形式的、真正新兴的、伟大的艺术,一种共产主义的艺术"③。列宁在这里所说的"人民"已经是指新政权下解放了的人民,并提出了他们需要一种从内容到形式都不同于旧时代的艺术美。但列宁却因过早去世未能展开自己的论题。而这样一个重要的崭新论题则由毛泽东接过来并加以展开了。因此,毛泽东所说的"人民"也是指新时代解放了的有觉悟的人民。文艺就应为这样的人民服务,为他们而创作,为他们所利用。要做到这一点,不仅要正确认识自己的服务对象,而更重要的是转移自己的立足点即改变自己的立场。这就是毛泽东"文艺为人民"这一命题的丰富内涵。

①《毛泽东论文学和艺术》,人民文学出版社1958年版,第62页。

②《马克思恩格斯选集》第4卷,人民出版社1972年版,第462页。

③《列宁论文学与艺术》,人民文学出版社1983年版,第435、438页。

《讲话》以“文艺为人民”作核心，派生出一系列有关的美学与文艺观点，构筑起自己完整的美学与文艺理论体系。普及与提高是文艺为人民的具体化，是如何为的问题。毛泽东指出，“我们的文艺，既然基本上是为工农兵，那么所谓普及，也就是向工农兵普及，所谓提高也就是从工农兵提高”①。文艺与生活的关系是艺术美创造的基本问题。毛泽东从“文艺为人民”的根本立场出发，以唯物的能动的反映论为基础，在这一基本的理论问题上远远地超出了旧唯物主义的“摹仿说”。他科学地将无产阶级革命新时代艺术美的创造归结为“革命的文艺，则是人民生活在革命作家头脑中的反映的产物”②。政治与艺术的关系是长期引起争议的问题。有关“文艺从属于政治”的提法，在革命战争年代自有其具体的针对性与历史作用，而从长远的无产阶级文艺事业的发展来看，今天不再继续使用这一口号。但毛泽东在《讲话》中以马克思主义的意识形态理论为指导，要求革命文艺事业服从整个革命事业的需要，创作出鼓舞人民教育人民的文艺作品，还是有其重大的理论意义。歌颂与暴露是由为人民的立场而生发出来的对革命政权与革命人民的具体态度问题。毛泽东明确指出，“一切危害人民群众的黑暗势力必须暴露之，一切人民群众的革命斗争必须歌颂之，这就是革命文艺家的基本任务”③。世界观与创作方法的关系是艺术创作论的深化。毛泽东在《讲话》中从文艺为人民的根本立场出发，突出地强调了世界观对创作的指导作用，要求广大革命文艺工作者下决心将立足点移过来。同时，也明确地

①《毛泽东论文学和艺术》，人民文学出版社 1958 年版，第 63 页。
②《毛泽东论文学和艺术》，人民文学出版社 1958 年版，第 64 页。
③《毛泽东论文学和艺术》，人民文学出版社 1958 年版，第 76 页。

反对苏联"拉普派"以所谓"辩证唯物论的创作方法"在艺术作品中写哲学讲义的"左"的倾向。批判与继承问题涉及新文艺与传统文艺的关系。毛泽东以源与流的关系形象地加以比喻,并明确指出"对于中国和外国过去时代所遗留下来的丰富的艺术遗产和优良的文学艺术传统,我们是要继承的,但是目的仍然是为了人民大众"①。文艺家与群众的关系问题是《讲话》,也是整个毛泽东美学思想的落脚点。在毛泽东看来,要表现"新的人物,新的世界",贯彻"文艺为人民"的方针,最关键的环节就是广大革命文艺工作者真正地同广大工农群众相结合。他说,"既然必须和新的群众的时代相结合,就必须彻底解决个人和群众的关系问题","一切共产党员,一切革命家,一切革命的文艺工作者,都应该学鲁迅的榜样,做无产阶级和人民大众的'牛',鞠躬尽瘁,死而后已"②。

毛泽东在新中国成立后的社会主义建设时期,对《讲话》中提出的美学体系又有了新的发展,提出了一系列新的理论观点。最具代表性的就是发展文艺与学术的"双百方针"与"两结合"的创作方法。而这两者也是同《讲话》的精神相一致,是以"文艺为人民"作为其出发点的。

《讲话》是对马克思主义美学思想的重大发展

马克思主义以前的美学理论都不能真正科学地解决美与艺

①《毛泽东论文学和艺术》,人民文学出版社1958年版,第59页。

②《毛泽东论文学和艺术》,人民文学出版社1958年版,第81页。

术的本质问题。众所周知,艺术美存在着客观与主观、感性与理性的内在矛盾。唯心主义美学强调主观与理性的方面。直到康德才使感性与理性在所谓二律背反的“无目的的合目的性”先验原理的基础上加以“统一”。黑格尔则以唯心主义的精神实践将两者统一起来,提出了美是“理念的感性显现”的著名命题。西方现代的许多美学家则着重强调非理性的主观自我。不论是弗洛伊德的“力比多”的升华,还是萨特的非理性主观自我的所谓“存在”,都是如此。而旧唯物主义美学则侧重于强调客观与感性。不论是古代的“摹仿说”,近代的“关系说”,还是作为马克思主义之前唯物主义美学最高形态的车尔尼雪夫斯基的“美在生活说”,都是如此。但一切的旧唯物主义美学都是只见客观不见主观,抹杀了人的主观能动性与认识的社会性,成为机械的唯物主义。正如马克思在《关于费尔巴哈的提纲》中所说,“从前的一切唯物主义——包括费尔巴哈的唯物主义——的主要缺点是:对事物、现实、感性,只是从客体的或者直观的形式去理解,而不是把它们当作人的感性活动,当作实践去理解,不是从主观方面去理解”①。

只有马克思主义才第一次将美与艺术本质的研究奠定在辩证唯物主义与历史唯物主义的科学基础之上,真正地揭示了它的本质。马克思的《1844 年经济学哲学手稿》(以下简称《手稿》)曾在论述经济学与哲学问题时多次涉及美与审美的本质问题。这是马克思主义正在形成之时的一部极其重要的著作,内容丰富,包含着一系列闪光的有价值的见解。这部著作在论述到人与动物的区别时,第一次在唯物主义的基础上提出了劳动实践的概

①《马克思恩格斯选集》第 1 卷,人民出版社 1972 年版,第 15、16 页。

念,并提出了“人也按照美的规律来建造”①的命题。在谈到异化劳动时,提出了“劳动创造了美”②的观点。而在论述人的感觉如何从异化中解放出来时,提出了“人化的自然界”③的概念。这些概念、观点和提法都极其重要。但因《手稿》是一部不成熟的马克思主义论著,尚未完全摆脱德国古典哲学,特别是费尔巴哈人本主义的影响。例如,该文较多地使用了德国古典哲学的“异化”“类”等概念,并将所谓“类本质”归结为某种抽象而共同的“人的感觉”等等。这就使《手稿》的内容比较复杂,遗留下某些人本主义的痕迹。特别是《手稿》在20世纪30年代初公开发表之后,西方某些资产阶级理论家利用《手稿》中遗留的费尔巴哈人本主义痕迹,鼓吹“人道主义的马克思主义”。这就是所谓的“西方马克思主义”。因此,《手稿》难以作为成熟的马克思主义经典。而马克思、恩格斯于1845年完成的《神圣家族》与《关于费尔巴哈的提纲》,特别是后者才更加科学地阐述了唯物主义的实践观。列宁认为,“我们已经看到,马克思在1845年,……把实践标准作为唯物主义认识论的基础”④。恩格斯更是明确地将《关于费尔巴哈的提纲》称为“包含着新世界观的天才萌芽的第一个文件,是非常宝贵的”⑤。列宁在《唯物主义与经验批判主义》中继承和发展了马克思主义的唯物主义实践观。毛泽东则在其著名的《实践论》中进一步将这一理论系统化与中国化,并加以发展。《讲话》就是

①《马克思恩格斯选集》第42卷,人民出版社1979年版,第97页。
②《马克思恩格斯选集》第42卷,人民出版社1979年版,第93页。
③《马克思恩格斯选集》第42卷,人民出版社1979年版,第126页。
④《列宁选集》第2卷,人民出版社1972年版,第137页。
⑤《马克思恩格斯选集》第4卷,人民出版社1972年版,第208—209页。

毛泽东运用其发展了的马克思主义实践观，具体地分析艺术美的本质，特别是无产阶级革命新时代艺术美本质的一次伟大的尝试。同《手稿》相比，这是一种更加成熟同时也更加科学的以唯物实践观为基础的美学观。这一美学观既坚持了彻底的唯物主义，又充分地肯定了在艺术美的创造中文艺家的主观能动作用，特别是世界观在艺术美创造中的主导性作用。

在坚持艺术美创造的唯物主义前提方面，毛泽东充分地体现了马克思主义理论家的彻底性。他说，“一切种类的文学艺术的源泉究竟是从何而来的呢？作为观念形态的文艺作品，都是一定的社会生活在人类头脑中的反映的产物”。又说，社会生活“是一切文学艺术的取之不尽、用之不竭的唯一源泉。这是唯一的源泉，因为只能有这样的源泉，此外不能有第二个源泉”①。这就完全排除了一切唯心主义者试图篡改毛泽东美学思想唯物主义性质的可能。

更为重要的是，毛泽东突出地强调了艺术家在创造艺术美过程中的主观能动性。特别是革命文艺家在创造无产阶级革命新时代艺术美的过程中世界观所起到的指导性作用。关于艺术美与生活美的关系，这是一个历史性的课题。毛泽东通过两者辩证关系的深刻阐述，特别是通过同艺术美处于同一逻辑层次的艺术典型的论述，充分地强调了艺术美高于生活美的特性。他还具体地提出了著名的六个“更”字，进一步深入阐述了艺术美高于生活美的原因。毛泽东在《讲话》中指出，“人类的社会生活虽是文学艺术的唯一源泉，虽是较之后者有不可比拟的生动丰富的内容，但是人民还是不满足于前者而要求后者。这是为什么呢？因为

①《毛泽东论文学和艺术》，人民文学出版社 1958 年版，第 64 页。

虽然两者都是美,但是文艺作品中反映出来的生活却可以而且应该比普通的实际生活更高,更强烈,更有集中性,更典型,更理想,因此就更带普遍性”①。这六个“更”字是艺术美同自然形态的、粗糙的、原始的生活美相比较而言的。它是指艺术美所包含的通过个别形象反映本质、更加符合规律和体现人的自觉目的,且具有强烈感情的极为丰富的“真、善、美”高度统一的内容。这样的概括在美学史上是从未有过的。黑格尔曾在自己的《美学》中阐述过艺术美高于生活美的问题。恩格斯在《致敏·考茨基》的信中提出了“每个人都是典型,但同时又是一定的单个人,正如老黑格尔所说的是一个‘这个’”②。但谁都没有像毛泽东那样将艺术美不同于生活美的特点强调得如此具体、鲜明、突出。而且,毛泽东也以这六个“更”字划清了辩证唯物主义与机械唯物主义的界限。因为,作为马克思主义之前唯物主义美学最高代表的车尔尼雪夫斯基就曾提出生活高于艺术的命题,说什么“艺术在艺术的完美上低于现实生活”③。这显然是十分片面的,完全忽略了艺术反映生活的能动性。而毛泽东的论述则从根本上克服了这一弱点。在这里,我们还要着重指出的是,毛泽东在艺术美与生活美的关系中,主要是在无产阶级革命新时代艺术美的创造中,特别地强调了文艺家世界观的极其重要的能动作用。毛泽东在《讲话》中讲了三段极其重要的话。一段是之前已提到的“为什么人的问题,是一个根本的问题,原则的问题”。所谓“为什么人的问题”实质就是立场、世界观问题。也就是说,对于无产阶级革命新

①《毛泽东论文学和艺术》,人民文学出版社1958年版,第65页。

②《马克思恩格斯选集》第4卷,人民出版社1972年版,第453页。

③《西方文艺理论名著选编》中卷,北京大学出版社1986年版,第374页。

时代艺术美的创造来说，无产阶级的立场与世界观是一个根本的问题，原则的问题。另一段是在论述艺术与生活的关系时，明确指出“革命的文艺，则是人民生活在革命作家头脑中的反映的产物”。这里所谓“革命作家头脑中的反映的产物”，强调了作为加工厂的革命文艺家的头脑（主要指立场与世界观）的极其重要的作用。再就是在谈到歌颂与暴露的问题时，毛泽东认为这实质上也是一个立场与世界观问题。他明确指出，“你是资产阶级文艺家，你就不歌颂无产阶级而歌颂资产阶级；你是无产阶级文艺家，你就不歌颂资产阶级而歌颂无产阶级和劳动人民：二者必居其一”①。这同毛泽东在《实践论》中提出的，无产阶级和革命人民必须在改造客观世界的同时改造主观世界的历史责任，是完全一致的。同时，毛泽东还进一步将革命文艺工作者确立正确世界观的途径归结为自觉地投身到广大工农兵群众的伟大革命实践之中，解决与广大工农兵群众相结合的问题。毛泽东在《讲话》中指出，“中国的革命的文学家艺术家，有出息的文学家艺术家，必须到群众中去，必须长期地无条件地全心全意地到工农兵群众中去，到火热的斗争中去，到唯一最广大最丰富的源泉中去，观察、体验、研究、分析一切人，一切阶级，一切群众，一切生动的生活形式和斗争形式，一切文学和艺术的原始材料，然后才有可能进入创作过程”②。这是毛泽东正确总结“五四”以来革命文化运动经验的结果。正如他在与《讲话》同时期写作的《五四运动》一文中所说，“然而知识分子如果不和工农民众相结合，则将一事无成。革命的或不革命的或反革命的知识分子的最后分界，看其是否愿

①《毛泽东论文学和艺术》，人民文学出版社1958年版，第77页。

②《毛泽东论文学和艺术》，人民文学出版社1958年版，第65页。

意并且最后实行和工农民众相结合"①。同时,这也是毛泽东将无产阶级革命新时代艺术美的创造同马克思主义的认识路线与群众路线相结合的结果。毛泽东以马克思主义的认识论指导艺术创作活动,将无产阶级革命新时代艺术美的创造奠定在革命实践的基础之上。同时,他又历来认为,马克思主义的认识路线与群众路线是一致的。他说,"从群众中来,到群众中去……如此无限循环,一次比一次地更正确、更生动、更丰富。这就是马克思主义的认识论"②。

正是基于这种认识路线与群众路线相一致的理论根据,毛泽东才将革命文艺家正确世界观的确立归结为投身于广大工农群众的伟大革命实践,真正实行与工农群众的结合。这既是毛泽东对马克思主义唯物主义实践观的伟大发展,又是对马克思主义艺术美论的伟大贡献,成为科学地解决艺术美创造的当代马克思主义艺术美论的重要成就。

《讲话》是无产阶级的思想武器和培养几代革命文艺工作者成长的马克思主义教科书

毛泽东美学思想不是一般的学术理论,它作为马克思主义的美学体系是无产阶级改造客观世界的思想武器,其本质是批判的、革命的。正如马克思所说,"哲学把无产阶级当作自己的物质武

---

①《毛泽东选集》一卷本,人民出版社 1967 年 11 月版,第 523 页。

②《毛泽东选集》一卷本,人民出版社 1967 年 11 月版,第 854 页。

器，无产阶级也把哲学当作自己的精神武器”①。又说，“辩证法不崇拜任何东西，按其本质来说，它是批判的和革命的”②。因此，毛泽东美学思想的伟大意义首先不在于它是一种有特色的理论体系，而在于它是无产阶级的思想武器。

《讲话》同其他马克思主义经典论著一样，不是产生于脱离实际的书斋之中，而是在革命斗争中产主并在革命斗争中发挥出战斗的作用。具体地说，《讲话》是当时延安革命文艺阵营内部一场争论的产物。但毛泽东站在总结革命文艺运动经验与探寻文艺斗争规律的高度进行研究，因而其理论意义远远超出了这场争论的范围。《讲话》对当时各种错误思想的批评没有就事论事，而是高屋建瓴地抓住了这些错误思想的核心是没有摆正文艺与革命、文艺与人民的关系，实质上是没有真正解决“为什么人服务”的根本立场问题，混淆了无产阶级文艺与资产阶级文艺的根本界限。它有力地批判了当时作为各种错误思想理论根据的资产阶级人道主义与人性论。毛泽东深刻地指出，“人性论”与“人类之爱”等等观点的出现“表明这些同志是受了资产阶级的很深的影响”③。这正是抓住了当代资产阶级理论思潮的要害。因为，人道主义已成为当代西方哲学与美学领域的一股有代表性的思潮，是资产阶级对抗和篡改马克思主义的主要武器。毛泽东还深刻地批判了当时十分流行的“暴露文学”的口号，指明这实质上是由立场所决定的态度问题，混淆了资产阶级暴露文学与无产阶级革命新时代文学的根本不同的任务。而所谓歌颂与暴露问题在相当长的时

---

①《马克思恩格斯选集》第 1 卷，人民出版社 1972 年版，第 15 页。

②《马克思恩格斯选集》第 2 卷，人民出版社 1972 年版，第 218 页。

③《毛泽东论文学和艺术》，人民文学出版社 1958 年版，第 56 页。

期中仍是文艺领域争论的焦点之一。这就说明,毛泽东对所谓“暴露文学”的批判仍不失其现实的理论意义。特别可贵的是,毛泽东在批评各种错误思想时创造性地运用了马克思主义的历史唯物主义理论,包括意识形态理论。毛泽东在与《讲话》同时期写作的《新民主主义论》中创造性地发展了马、恩与列宁的意识形态理论。他认为,“一定的文化(当作观念形态的文化)是一定社会的政治和经济的反映,又给予伟大的影响和作用于一定社会的政治和经济;而经济是基础,政治则是经济的集中表现。这是我们对于文化和政治、经济的关系及政治和经济的关系的基本观点”①。毛泽东正是以这一马克思主义的理论为指导,深刻地阐述了文艺与革命、文艺与人民的关系。他科学地将这两对范畴有机地结合起来,在《讲话》中所说的“人民”是特指作为新民主主义革命事业推动力量的广大工农兵群众。因此,反映新民主主义经济与政治的文艺就必然要为作为革命动力的广大工农大众服务。而任何割裂文艺与革命关系的理论都自觉或不自觉地背离了马克思主义意识形态的理论。毛泽东还运用马克思主义关于意识形态反作用的理论,认为一切错误思想的危害性就在于实质上是“要求人们按照小资产阶级知识分子的面貌来改造党、改造世界”②。这就深刻地阐明了加强意识形态工作和革命文艺队伍思想建设的极端重要性。

不仅如此。毛泽东还在《讲话》中专门论述了文艺批评问题,认为这是“文艺界的主要的斗争方法之一”③。毛泽东坚持文艺

①《毛泽东选集》一卷本,人民出版社1967年11月版,第624页。
②《毛泽东论文学和艺术》,人民文学出版社1958年版,第80页。
③《毛泽东论文学和艺术》,人民文学出版社1958年版,第72页。

批评的党性原则，明确指出“对于一切包含反民族、反科学、反大众和反共的观点的文艺作品必须给以严格的批判和驳斥”①。同时，他又坚持文艺批评本身的科学性，主张进行文艺问题上的两条战线斗争。为此，他对文艺提出了“政治和艺术的统一，内容和形式的统一，革命的政治内容和尽可能完美的艺术形式的统一”②的总要求。毛泽东的这些论述，对于我们在马克思主义的指导下建设具有中国特色的文艺批评理论、正确开展文艺领域的思想斗争具有现实的指导作用。

毛泽东美学思想不仅是改造客观世界的思想武器，而且是改造主观世界的思想武器。它作为无产阶级的世界观，给予人们的不仅是有关文艺的知识体系，更多的是观察与解决一切文艺问题的正确的立场、观点和方法。《讲话》发表之后，许多革命文艺工作者根据毛泽东指引的与广大工农兵群众相结合的道路，投身到伟大的革命斗争实践之中，使自己的立场发生了根本的转移。这种转移的结果就使他们创作了无数反映中国革命实际、充分表现广大工农群众思想感情的文艺作品。我国现当代文学史上著名女作家丁玲曾直接参加过 1942 年延安文艺座谈会和文艺整风运动，政治思想面貌发生了深刻的变化。后来，她在回顾这一段历史时说道：“在陕北我曾经经历过很多的自我战斗的痛苦，我在这里开始来认识自己，正视自己，纠正自己，改造自己。”经过这样的“自我战斗”③，丁玲更加自觉地投身于“土改”运动，同广大受压迫的农民建立了深厚的感情，产生一种强烈的表现欲望。她创作了著名

①《毛泽东论文学和艺术》，人民文学出版社 1958 年版，第 73 页。
②《毛泽东论文学和艺术》，人民文学出版社 1958 年版，第 74 页。
③转引自《中国当代文学史》第 1 册，福建人民出版社 1980 年版，第 131 页。

的革命现实主义小说《太阳照在桑乾河上》,赢得了国内外广大读者的一致好评。丁玲在谈到自己真实地表现"土改"积极分子的创作动机时说,"由于我同他们一起生活过,共同战斗过,我爱这群人,爱这段生活,我要把他们真实地留在纸上,留给读我书的人"①。

丁玲只是老一辈革命文艺工作者的代表。事实上,以《讲话》为开端,一代一代革命文艺工作者都在与工农相结合的道路上逐步成长起来。我国革命文艺运动也才真正扭转了同实际的革命斗争相脱节的偏向,从而发生了深刻的变化,涌现了一大批优秀的作家作品。新中国成立前为建设我国的新民主主义文化,新中国成立后为建设我国社会主义文化做出了卓越的贡献。其间尽管有所曲折,但我国无产阶级革命文艺运动在《讲话》的指引下所取得的辉煌成绩已深深地镌刻在革命的史册上。

半个世纪以来,我国历史发生了深刻的变化。社会现实在许多方面已不同于当时的延安。但50年来,我国始终坚持党的领导与马克思主义的指南,坚持社会主义的根本方向。而创造无产阶级革命新时代的艺术美也始终是我国广大革命文艺工作者的重要使命。在这样的情况下,广大革命文艺工作者努力与新的时代相结合,表现"新的人物,新的世界"就是一个具有现实意义的常青的课题。当前,在建设"四化"的新的历史条件下,我们党继承与发展了《讲话》的精神,提出了"为人民服务,为社会主义服务"的方针和建设有中国特色的社会主义文化的伟大历史任务。为了实现这一伟大目标,坚持毛泽东美学思想的基本原理,并结合新的社会现实与研究成果加以进一步的丰富发展,是我们这一代人的历史重任。

①《中国现代作家谈创作经验》上,山东人民出版社1980年版,第397页。

关于中西美学交流与对话的思考①

中西美学的交流与对话已经是一个经常被人们所议论的话题了。我认为，就交流论交流似乎过于平板，还应该有一个出发点或切入点。这样的讨论才能深入，才会有新意。这个出发点或切入点就是在21世纪即将来到之际。在现代化的步伐越来越大之时，人类的一个共同课题就是极大地发展审美教育。我这里说的审美教育不是狭义的艺术表现力与审美力的培养，而是广义的素质教育，人生观教育。它的根本宗旨不在于培养多少艺术家，而在于培养人们具有一种热爱美、追求美的基本素质，进而使之确立一种以审美的态度对待社会和人生的人生观。这种基本素质或审美的人生观正是人的现代化的重要标志之一，而审美教育的发展又正是现代精神文明的重要标志之一。审美教育的发展必将使人类更加文明高尚，使社会更加安定协调，使人与社会的关系也逐步由冲突趋向和谐。每个人也都会感到健康、充实、愉悦、向上。这是人类发展的理想，许多世纪所追求的目标。希望在21世纪能使这种理想和追求在一定的程度上变成现实。人与自然、人与社会的关系历来是众多思想家探索、思考的问题。在

①原载《文史哲》1996年第1期。

农业社会及其之前,由于生产力水平低下、分工受到局限,人与自然、人与社会的矛盾对立化进程极其缓慢,常常给人一种自然牧歌式的大体和谐的印象。而在人类进入工业社会之后,随着几次科技革命的发生,生产力急剧发展,经济总量大幅度增长,分工越来越细,人与自然、人与社会的矛盾对立化进程也随之加快。分工与市场经济以及阶级剥削的发展,生活节奏的加快,在物质文明高度发展的同时,有一种精神的危机朝人类袭来。劳动的枯燥、物欲的泛滥、精神的疲惫与空虚、人与人的隔膜……不一而足。因此,把人类从现代精神危机中解救出来,这已经是关乎人类命运的一个重大课题。早在18世纪末期,德国著名诗人、戏剧家席勒曾经睿智地在人类历史上第一次提出了通过审美教育解决人类精神危机的问题。他在著名的《美育书简》中提出"正是因为通过美,人们才可以走到自由","想使感性的人成为理性的人,除了首先使他成为审美的人以外,再没有其他的途径"。其后,许多西方哲学家都从不同的角度探索过所谓"异化"的问题。马克思在《1844年经济学哲学手稿》中专门研究了异化劳动问题。他认为异化劳动在本质上是把人的劳动混同于动物的活动,使人机械化、孤立化,成为物的奴隶。而解决异化劳动的根本途径在于将人的劳动与动物的活动从根本上区别开来,使"人也按照美的规律来建造"。这是一种符合人的本质的劳动观,也可以说是一种按照美的规律来对待社会和人生的人生观。这是马克思为消除"异化"、探索人类解放之谜而提出的一个极其重要的答案。当今人类已经进入信息时代,现代科技在人类生活中占据着越来越大的比重,物质生活较前极大丰富。但是,环境问题、人口问题、资源问题、南北问题以及精神问题仍在不断地困扰着人类,成为关乎人类命运前途的诸多重大问题。当然,在精神问题方面我国同西方相比还有根本的不同。西方国家已发展到精神危机的程度,其产生同资本主义制度本身的痼疾直接有关。而我国的社会制度本身并无根本痼疾,产生精神问题的根本原因则在于社会发展转型期不可避免的不完善和社会对飞速发展的现代化的不适应。我国"两个文明"建设的加强则为解决种种社会与精神问题开辟了广阔的前景。但解决这些问题同样是我国同其他国家的共同课题。当然,解决这些问题还需通过思想政治教育、爱国主义与道德品质教育以及法制的健全等一系列重要手段。但是,很重要的一个途径就是大力发展审美教育。在这一方面我国应有所作为,应有自己独特的贡献。因为,我国有优越的社会主义制度,有几千年的传统文化,这是大力发展审美教育的极好前提。而研究、吸收、消化西方文艺与美学成果则是必不可少的条件。这就是中西美学对话与交流的出发点或切入点。有了这样的出发点或切入点,中西美学的交流与对话就超越了学科本身的意义,而同新世纪人的素质的提高紧密相联,同人类的解放紧密相联。这就使交流与对话具有了全人类的深刻内涵,从而也具有了更强大的动力。交流与对话已经不是可有可无之事,而是非进行不可之事。同时,也使这种交流与对话超出了美学本身的范围,不再局限于学科本身美与审美本质的探讨等,而是拓展到更广阔的领域,研讨美学建设与人的素质提高的关系。这就涉及社会学、人类学、心理学、教育学、未来学等诸多领域,从而也给中西美学交流对话以及新时期的美学建设开辟了新的天地,将其提高到一个新的水平。

关于事物的存在与发展,毛泽东有一句名言:相比较而存在,相斗争而发展。这也揭示了我国新时期美学发展的必由之路。世界美学的整体是由包括中国美学在内的东西方美学组成的。

中国美学也正是在与外国美学的相比较中而存在,相斗争中而发展。任何社会,特别是现代社会,不仅经济上应走开放之路,而且包括美学在内的文化建设也应走开放之路。我国新时期的美学只有在与外国美学更大程度的比较、开放、交流与融合中才能更富时代气息,更具生命力。这已经是被历史所证明了的规律。我国魏晋南北朝时期著名的文论大师刘勰所著《文心雕龙》就吸收、融会了印度佛学的思想素材。我国近代王国维、蔡元培、鲁迅等美学名家,更是在自己的理论中吸收了大量西方美学的成果。如王国维的“写境说”,蔡元培的“情育说”,鲁迅的典型理论等,都体现了他们对西方美学与文艺理论的借鉴。至于我国当代美学,对西方美学的借鉴与吸收更是比比皆是。甚至连我国目前正在运用的文艺理论与美学的基本概念,乃至体系,也大多从西方借鉴。诸如美、审美、形象、典型、悲剧、喜剧等等。当然,对于这些概念,我们经过几十年的研究,已给予了补充与改造,但其基本内容却是源于西方理论,这是毋庸置疑的。从我们长期的经验看,在中西美学的交流与对话中一般应处理好两个关系。一是对西方美学本身的态度上要处理好精华与糟粕的关系。对西方美学应取科学分析的批判态度,吸收其精华,剔除其糟粕,既防止全盘否定,也防止全盘接收。这就要正确认识到西方美学本身是意识形态性与相对独立性的统一。任何一种西方美学形态都是产生于特定的经济与政治基础之上的具有一定阶级倾向的意识形态。无论是人本主义、科学主义、存在主义,还是精神分析美学、接受美学等等无不如此。因此,对这些西方美学理论中明显的反人民的、非理性的或唯心倾向的内容都应给予必要的分析批判。而任何理论形态,作为美学理论本身,又都有其相对独立性和学科本身的继承性,因此并不全部具有鲜明的阶级与政治色彩。甚至某些理论成果在伴随着某些阶级倾向的同时仍有其一定的合理性。这些内容对于发展我国新时期的美学都有其价值。如弗洛伊德的“潜意识”理论，当然带有明显的非理性，甚至社会生物学的倾向。但这一理论对艺术创作中非理性因素的充分重视对弥补我们过去在这方面的不足又有其价值。再就是要处理好交流与对话中引进与介绍的关系。中西美学的交流与对话是双向的、互动的过程，必须把外国美学的引进与我国美学的介绍相结合，才能在真正的意义上实现取长补短、竞争发展。目前，从总的方面来说，引进多于介绍，但并不是说引进已经很多，而是相比较而言，我们美学的对外介绍较少，西方美学理论界对我国美学的全面了解也少。这样下去必然有碍交流的深化。而应同时加强引进与介绍，但更多注重介绍。让中西方美学界都更多地了解对方，更多地从各自的角度对对方的理论进行研究。这样才能使交流对话与融合发展相统一。

我国百余年来备尝侵略之苦，这个侵略当然包括文化侵略。在中西文化的关系上，某些西方学者老是持有欧洲中心论的观点，对此我们也是感受颇深的。欧洲中心论的一个重要特征就是西方对东方的研究以西方为主体、东方为客体，西方关于东方的学问是西方这个主体企图征服东方这个客体的产物。就连著名哲学家黑格尔都在其《美学》中将东方艺术归于史前的象征型艺术范围。这不仅是一种种族歧视，而且是一种反科学、反民主的行为。新时期，中西美学的对话与交流就应彻底抛弃这种文化殖民主义和欧洲中心论的影响，真正将中国美学与西方美学放到同一个水平线上，这才是平等交流与对话的前提，才有助于我国新时期美学的发展。事实上，中国美学与西方美学都是在各自的历史与社会土壤上结出的人类文明的奇葩。欧洲由古希腊开始的对美的哲学思考,历经文艺复兴、启蒙运动、浪漫主义与批判现实主义,到现当代美学,绵延不绝,朝前发展。而我国,从先秦开始的乐教、诗教,历经了魏晋的理论沉思、唐代的艺术辉煌、宋明鉴赏美学的发展以及当代马克思主义指导下的美学理论勃兴,也是代代相继,各有光辉。中西美学以其不同的姿态,都达到很高的水平,成为人类文化史上的两个制高点。真可谓:两峰相峙,双水分流,异彩纷呈,各有千秋。中西美学史上也都涌现了无数对人类文明史有着不可磨灭影响的世界级大师。西方的柏拉图、亚里士多德、康德、席勒、黑格尔、弗洛伊德、萨特。中国的孔子、庄子、刘勰、司空图、李渔、鲁迅。他们都以其独特的理论成果在人类美学史上做出过自己的贡献。同时,中西美学又都各有特色。在理论研究的重点上,西方侧重于本体论的研究,着重探索美与真的关系,提出摹仿论的理论;而我国则以主体的道德情感表现为重点,着重探索美与善的关系,提出了"致中和"的美学观点。在美学的形态上,西方主要是自上而下的研究,以对美的哲学研究为主,对美的本质进行直接的思考,直到现代才在非理性主义的冲击下,发生了动摇。而我国则主要是自下而上的研究,以对艺术的体验、鉴赏为主,在审美论、鉴赏论方面达到了很高的水平,我国文化史上大量的诗品、诗话、词话就是例证,我国现代马克思主义美学的勃兴才使美的哲学研究有了大的发展。中西美学由于各自理论研究的重点与形态的不同,特别是文化土壤的各异,所以有着不同的范畴体系。西方美学的美、崇高、悲剧、喜剧、摹仿、表现、形象、典型等,几乎一直贯通到现代。而我国美学的中和、气韵、神思、意境、风骨等概念体系,也一直贯通到现代。这各自不同的范畴体系都是几千年的文化结晶,有着极其丰厚的内涵,值得后人很好地研究继承。事实上,我国目前在研究继承和运用西方美学范畴方面，反而超过了对我国自己的美学范畴的研究继承和运用。而在将两者结合互补、创造符合我国特点的新的范畴体系方面更不尽如人意。通过上述粗略的比较可知，中西美学都达到很高的水平，都是人类文化的瑰宝。它们的交流与对话应该在同一水平线上，处于同一种平等的地位。

中西美学交流与对话应有一个最根本的目的，就是建设具有中国特色的社会主义美学。因为，我国新时期的奋斗目标就是建设有中国特色的社会主义，包含建设有中国特色的社会主义文化，建设有中国特色的社会主义美学当然也在其中。毛泽东早在民主革命时期就为外国文化遗产的批判继承提出了“洋为中用”的方针。这一方针到今天仍然是适用的。依据这一方针，在对西方美学的吸收利用中就应以我为主、从我出发、为我所用，最终目的就是建设新时期有中国特色的社会主义美学体系。历史唯物主义的一个基本观点就是，一定的文化都生长在一定的经济与政治的基础之上，要同一定的经济与政治相适应。据此，中西美学的交流与对话也首先应该从适应我国新时期的经济与政治出发。有些西方美学理论是明显同我国的经济与政治相背的，从总体上来说不应放在吸收之列；有的则应经过改造加以吸收利用。总之，决不能生吞活剥，不加分析。同时，在中西美学的交流与对话中，还有一个外来文化与民族特性相统一的问题。民族特性是中华美学之本，新时期有中国特色社会主义美学的根本特征之一是具有鲜明的民族性。因为，只有具有鲜明民族特性的美学理论才能在世界美学理论中具有自己的地位，才能对世界美学的发展做出自己应有的贡献。当然，新的时期，在中西美学交流与对话的过程中，在原有民族特性的基础上，中国美学应具有更加鲜明的民族特色。这就需要建立具有中国特色的美学范畴。因为，范畴是任何美学体系的基本概念。我国古代有着丰富的独具特色的美学范畴。但由于种种特殊的原因,长期以来我国现代美学大多沿用来自西方的范畴,在其基础上充实新的内容。改革开放后,大量西方现当代美学范畴被介绍引进。而西方现当代美学不同于传统之处就在于理论的多元化,从而也导致范畴的多元化。这些数量极大的美学范畴被不少论者直接拿过来使用,一时间有概念轰炸之势。这在一段时间内似乎也是难免的。但从长远来看,还应从发展我国具有鲜明民族特性的美学出发,对这些引进的美学范畴进行必要的梳理。从以我为主的原则出发,批判地继承,形成新的具有民族风格的概念体系。用现在流行的话说,新时期的中国美学应形成自己的话语。这样的话语既有别于西方美学的话语,也有别于我国传统的话语。这样的理论工作实在是重要而艰难,仍需几代人付出自己的艰辛劳动。唯有如此,新时期有中国特色的社会主义美学才能真正走向成熟。最后,我们回到开题中提到的人类的共同课题——发展审美教育问题。新时期中西美学交流与对话的根本任务还在于培养跨世纪的一代新人。通过新时期有中国特色的社会主义美学的建立,以既具有鲜明民族性,又具有时代性的美学理论为指导,培育青年一代具有崭新的审美世界观——新时期建设者所必具的基本素质。这既是中西美学交流与对话的出发点,也是其落脚点。

评墨子“非乐论”美学思想①

一

中国古代美学的源头为儒、墨、道、法诸家，儒、墨在先秦时代并称“显学”，两汉以后才逐渐形成儒家独尊、墨家湮没的局面。但长期以来，学术界对儒家美学思想研究较多，而对墨家美学思想的研究却相对较少。这样，就难以准确了解我国古代美学发端时期的全貌。近些年来，海内外学者对墨学的研究逐渐增多、逐步深入，但主要侧重于墨家的政治、哲学、战争、军事、科技、道德思想的研究，而对其美学思想的研究，不仅数量不多，而且较为片面。有学者认为，墨子“非乐”就是全面否定美和艺术的社会价值，因而是落后的、倒退的。这些学者大多是对墨子的美学思想进行孤立的文本分析，而无视这些思想所得以出现的特定的历史环境与潜在的学术动机，因而便难免失之简单和片面。在这种情况下，全面地、细致地、实事求是地研究墨子的非乐理论，对于准确地把握墨子美学思想的全貌，进而全面了解中国美学的源头，显然是一件很有意义的工作。

---

①原载《文史哲》1997 年第 6 期。

二

“非乐论”的内涵到底是什么?是不是否定美和艺术的社会价值,反对进行审美和艺术活动呢?我们认为,首先应该弄清楚墨子提出“非乐论”的背景,从而进一步弄清楚其“非乐论”的具体针对性。

墨子“非乐论”是在东周后期,奴隶制到封建制的转变时期提出来的。当时,战争频繁,统治阶级奢靡,人民生活痛苦不堪。墨子描写当时的情况写道:“其使民劳;其籍敛厚。民财不足,冻饿死者,不可胜数也。且大人惟毋兴师以攻伐邻国,久者终年,速者数月,男女久不相见”,“与居处不安,饮食不时,作疾病死者。有与侵就援橐、攻城野战死者,不可胜数”(《墨子·节用上》)。关于统治阶级奢靡生活,墨子以纣为例描写道:“鹿台糟丘,酒池肉林,宫墙文画,雕琢刻镂,锦绣被堂,金玉珍玮,妇女优倡,钟鼓管弦”(《墨子》佚文)。而统治阶级的奢糜铺张就包括无限制地习演礼乐以及为追求官能享受而大肆地组织歌舞表演。就是在这种情况下,墨子提出“非乐”,与此同时他还提出非攻、节用、节葬,都是针对当时的现实情况而发。

墨子“非乐论”还针对以孔子为代表的儒家所鼓吹的礼乐。儒家所鼓吹的“乐”是与祭祀和典礼所用之“礼”相匹配的。这样的乐为统治阶级分清上下尊卑关系的礼仪服务,愈来愈加繁复,不断增加繁文缛节。因此,墨子的“非乐”就是针对儒家所鼓吹的这种音乐。他的非乐是同非儒一致的。他在《墨子·非儒》中指责儒家:“繁饰礼乐以淫人”,“盛容修饰以蛊世,弦歌鼓舞以聚徒”。在《公孟》中,他指出:“儒之道足以丧天下者,四政焉”,其中之一就是“弦歌鼓舞，习为声乐”。

可见，墨子“非乐论”所非之“乐”是有特定含义的，是指东周后期统治阶级借以铺张奢靡之乐，是指与儒家所提倡的同繁文缛节之礼相应的乐。因此，我们不能脱离具体的背景、具体的对象，得出墨子否定一切艺术与美的社会价值的结论。

三

“非乐论”的内涵到底是什么？我们通过《非乐》《三辩》等篇章研究一下墨子提出非乐的原因，进而探索其理论内涵，由此得出结论。

首先，我们看一下墨子“非乐”的直接原因。我们从墨子的著作中排出其非乐有五个方面的原因，将其同类加以归纳，可概括为直接原因三个，深层次的原因二个。先看三个直接原因：

第一，制造乐器必然厚敛于民。这就是说，乐器制造要增加赋税，从而增加人民负担。这是针对当时统治者在音乐活动中大肆铺张，造成靡费的现象而提出的。从目前考古发掘看，当时演出活动中乐队的规模已经很大，而石制和青铜制的编钟等乐器不仅体积庞大，而且制作精细，这在当时生产条件下的确要有大的耗费，必然要增加人民的赋税。

第二，音乐演出必废农夫耕稼、妇女纺织。墨子认为，音乐演出，包括演奏和歌舞等，必然动用大量青壮年男女。这些青壮年男女都是劳动力，演出必然使他们停下耕种和纺织，从而影响生产。而舞蹈者不仅不劳动，还需食粱肉，衣文绣，从而进一步加重人民负担。

第三，音乐欣赏必废君子听治、贱人从事。墨子认为，如果动用许多人欣赏音乐,必然使当官的不能很好地治理国家,老百姓不能很好地生产劳动。这就会造成"国家乱而社稷危""仓廪府库不实""菽粟不足""布縿不兴"(《墨子·非乐》)。

其次,我们看一下墨子"非乐"的深层次原因:

第一,仁者的法则。墨子说:"仁之事者,必务求兴天下之利,除天下之害,将以为法乎天下。利人乎,即为;不利人乎,即止。"(《墨子·非乐》)墨子主张"兼相爱,交相利",由此出发,提出"三利"原则:"此必上利于天,中利于鬼,下利于人。三利,无所不利。"(《墨子·天志》)墨子根据仁者的"三利"原则,兴利除害,得出"非乐"的结论。

第二,"法夏"的理想。墨子的政治与艺术理想是"法夏"。正如《淮南子·要略》所言:"墨子学儒者之业,受孔子之术,以为其礼烦扰而不说,厚葬靡财而贫民,(久)服伤生而害事,故背周道而用夏政。"墨子在《公孟》中针对公孟的言论指出:"且子法周而未法夏也,子之古,非古也。"可见,墨家和儒家的区别之一就是法周与法夏。因夏代处于奴隶社会前期,保存了浓厚的原始社会痕迹;其经济、政治与文化生活都比较简朴,音乐也十分简朴。故而墨子以夏代为标准,提出"非乐"的观点。

最后,我们再来看一下墨子"非乐论"的理论内涵。"非乐论"主要针对东周后期儒家鼓吹的、同礼相配合的宫廷之乐、贵族之乐,而所谓"非"即批判之意。因此墨子几乎没有探索音乐艺术的内部规律,而着重于探索音乐艺术发展的外部规律。

第一,关于音乐与生产。墨子提出音乐活动不能影响生产的观点。他认为,不能因演奏与欣赏而荒废生产。他还提出生产是人同动物根本区别的观点。墨子说:"今人固与禽兽麋鹿蜚鸟贞虫异者也","今人与此异者也,赖其力者生,不赖其力者不生"。

(《墨子·非乐》)这就以原始人性论为根据,指出生产是人之本性,音乐影响生产不应有悖于人之本性。

第二,关于音乐与治国。墨子提出音乐活动不能影响王公大人和君子听治,同时提出“乐愈繁,治愈寡”,以及“圣王无乐”的观点。他根据当时的现实情况,认为音乐与国家治理是矛盾的。他说:“自此观之,乐非所以治天下也。”(《墨子·三辩》)固然,墨子所批判的儒家同礼仪相配合的音乐过于烦琐,有碍政事的简化,但音乐还可“使天下和”,以及“寓教于乐”等等有利于国家治理的作用却是不可否定的。

第三,关于音乐与人民。这是墨子“非乐论”的重要理论根据,也是最有价值的理论成果。因为,他所谓的“仁者法度”即是“利人乎,即为;不利人乎,即止”(《墨子·非乐》),这里所说的“人”是指受剥削的下层劳动人民。而当时的劳动人民有三大灾害即“民有三患:饥者不得食,寒者不得衣,劳者不得息”(《墨子·非乐》)。而儒家所倡导的宫廷之乐、贵族之乐的最大弊病就是增加了人民的负担。所谓“必厚措敛乎万民”“亏夺民衣食之财”。墨子在《公孟》篇中指出:“古者三代暴王,桀纣幽厉,薾为声乐,不顾其民,是以身为刑僇,国为戾虚者,皆从此道也。”他认为宫廷之乐、贵族之乐“上考之不中圣王之事,下度之不中万民之利”,因此“为乐非也”(《墨子·非乐》)。

第四,关于质与文。墨子并不排斥音乐的娱乐作用。在《公孟》篇中,他询问一位儒者,“何故为乐?”儒者答曰,“乐以为乐也”。墨子并未否定这一观点,而只是说,“子未我应也”。而在《非乐》中他则更明确地指出,并不否定乐声之乐、华文之美、佳肴之甘、广宇之安,但从圣王之事、万民之利考虑,还是应否定过分的音乐活动,“虽身知其安也,口知其甘也,目知其美也,耳知其乐也,然上考之不中圣王之事,下度之不中万民之利”,是故“为乐非也”。可见,他已将娱乐与功利加以区别,深知音乐等具有功利之外的娱乐作用,但他明确地将功利放到娱乐之先。为此,他提出了“先质后文”的观点。他在与弟子禽滑厘的对话中问道:“今当凶年,有欲予子隋侯之珠者,不得卖也,珍宝而以为饰,又欲予子一钟粟者,得珠者不得粟,得粟者不得珠,子将何择?”禽滑厘曰:“吾取粟耳,可以救穷!”墨子曰:“诚然,则恶在事夫奢也。长无用,好末淫,非圣人之所急也。故食必常饱,然后求美;衣必常暖,然后求丽;居必常安,然后求乐。为可长,行可久,先质而后文。此圣人之务。”(《墨子》佚文)他这里所说的“质”就是指衣、食、居等人的最基本的要求。而所谓“文”,则指包括音乐在内的更高一层的精神享受。

第五,关于美与善。关于美与善的概念在墨子诸篇中多有涉及,但看不出已明确地将两者分开。他的基本观点就是在《非儒》中所说的“务善则美”。当然,这里讲的“美”是赞美之意,但起码是一种美行。他在《天志》中说道,“三利,无所不利。故举天下美名加之,谓之圣王”;“三不利,无所利。故举天下恶名加之,谓之暴王”。在这里,他将“三利”作为美名的内涵,“三不利”作为恶名的内涵,将美与恶相对应,明显地是将美与善混淆。由此看出,虽然在论乐中墨子已看到乐特有的娱乐作用,但他是特别重视善的。而其所说“善”的内涵就是著名的“三利说”,他的“先质后文说”也同“三利说”有关。因此,“非乐论”是其美学思想的主要论题,“务善则美”是其美学思想的核心,“三利说”是其美学思想的基础。从美与善混同这一点看,墨子是落后于孔子的。因为,孔子已论及美与善的差别。《论语·八佾》记载:“子谓《韶》:‘尽美矣,又尽善也’,谓《武》:‘尽美矣,未尽善也。’”但墨子毕竟提到美与善两个不同的概念，涉及音乐特殊的娱乐作用。因此，应该说墨子关于美与善关系的观点比柏拉图《大希庇阿斯篇》中关于美与有用的论述还是具有更丰富的内涵。

四

墨子及其“非乐论”都是历史现象，对于历史现象进行科学的、实事求是的评价最重要的就是将其放在当时的历史条件下来衡量，看他同他的前人相比做出了一些什么新的贡献。而决不能离开当时的历史条件，要求古人做他不可能做的事情，更不应将许多莫须有的东西加到古人身上。对于墨子及其“非乐论”美学思想就是要将其放在东周后期那样特定的历史条件下，放在中国美学发展的历史长河中进行考察。由此，我们对墨子及其“非乐论”的历史贡献，做出如下三点评价：

第一，《非乐》篇是我国先秦时期最早的集中论述音乐的论文。在墨子之前，包括孔子在内，尚未有一篇集中论乐的论文。《非乐》可说是第一篇。在此之后，才出现了荀子的《乐论》，此后又有《乐记》。《非乐》尽管以否定当时音乐的面目出现，但却较集中地论述了乐与生产、乐与治国、乐与人民、乐与历史传统、乐的娱乐作用、质与文、美与善等一系列问题。而且，同儒家理论针锋相对。这种公开论辩在我国古代美学史上也是空前的，对推动我国美学与艺术理论发展起到极大作用。

第二，墨子“非乐论”美学思想集中反映了当时庶民阶级的美学要求，是我国乃至世界下层劳动人民美学思想的第一个雏形。古代奴隶社会只有贵族阶级具有掌握文化、欣赏艺术的权利。因此，历来也只有他们有着自己的美学和艺术思想。而奴隶只是

"会说话的工具",下层劳动人民也不可能掌握文化艺术。因此,一般说来,古代奴隶社会下层劳动人民不可能有自己的美学与艺术思想。我国战国时期,由于社会和阶级变动剧烈,"士"阶层中的一部分人社会地位沦落,成为劳动阶层中的一员,同时他们又掌握文化艺术知识,从而有可能在一定程度上反映下层劳动人民的美学要求。这就是墨家及其"非乐论"美学思想产生的原因。它的出现,不仅在我国美学史,而且在世界美学史上都是罕见的,是第一次。这一美学思想有着鲜明的庶民阶级的阶级特性,作为其美学思想基础,由"三利说"派生而出的"利人说",所说的"人"就完全不同于孔子所说的"仁者爱人"。孔子所说的"人"是指上层贵族阶级。而墨子所说的"人"则包含下层贱人在内,甚至是以这一部分人为主的。他所说的"兼爱"是无差别的爱,首先针对孔子有差别分贵贱的爱,同时强烈要求关心饥寒交迫的贱人阶层。因此,墨子美学思想中的"利人说"实质上是要求艺术有利于下层劳动人民。这样的要求在中外美学史上难道不是第一次吗?! 墨子所说"务善则美"中的"善"同孔子所说的"善"也不相同。孔子所说的"善"是贵族阶级以"克己复礼"为其内涵。而墨子所说的"善"则以"兼爱""三利"为其内涵,包括非攻、节用、节葬、非命等诸多内容。特别是墨子在"非乐"中突出强调,"赖其力者生,不赖其力者不生",将生产劳动提到人与动物根本区别、人类存亡的高度。这也是空前的,集中反映了劳动阶级的观点,同孔子轻视耕稼形成鲜明对照。上述墨子所说的"善"的内容,明显反映了下层劳动人民的行为要求。墨子的"先质后文"理论,同孔子的"文质彬彬"也有明显区别。孔子的"质"是指贵族礼乐所包含的反映贵族阶级思想的内容,而墨子所说的"质"主要指庶民阶级最关心的衣、食、居这样一些最基本的生活要求。墨子这种庶民阶级的美学思想在我国美学发展的长河中有着深远的影响。特别是墨子提出的“利人乎,即为;不利人乎,即止”的观点,对统治阶级在艺术活动中将“必厚措敛乎万民”“亏夺民衣食之财”的揭露以及代表人民喊出的“饥者不得食,寒者不得衣,劳者不得息”的强烈呼声,这些都是我国美学史乃至世界美学史上少有的直接反映劳动人民要求的理论观点,这些理论观点开了我国现实主义美学理论“关心人民”优良传统的先河。此后,我国美学史上出现了孟子的“民本”思想、白居易“惟歌生民病,愿得天子知”的理论主张,都与墨子有着历史渊源关系。甚至,这种“利人乎,即为;不利人乎,即止”的观点在今天都有其积极意义。我们的文艺就应该有利于人民,这应成为每个有良知的艺术家创作活动的准绳。

第三,墨子的“三利说”提出了艺术的功利原则,是美学和艺术理论中不可忽视的方面,也是中国美学史上不断探讨的论题。墨子的“非乐论”是以其“三利说”功利原则作为其理论基础的。其“三利说”“上利于天,中利于鬼,下利于人”的核心还是“利人”,主要指要利于人的生存、生产、生活和国家治理。墨子的这种功利原则既同我国美学史上重功利的理论一脉相承,但又同始于孔子的儒家学派“重教化”的理论有所差异,从而具有自己的特色。

诚如历史上和当代的许多理论家所说,墨子及其“非乐论”美学思想存在着一系列致命的弱点与片面性。这正是其历史的和阶级的局限性的表现。从墨子所生活的东周末期那个时代来说,生产和思想文化都处于人类早期,极不发达。艺术活动也还没有完全从礼仪祭祀活动中分离出来,美学和艺术思想都尚处于初期发展阶段。在那样的历史条件下,墨子能集中论乐并较为系统地提出自己“非乐论”的理论以及“三利”“先质后文”“务善则美”等等观点,应该说是难能可贵的。当时的历史条件决定了墨子的论述只能是初步的、朦胧的、片面的。而墨子作为“贱人”即下层劳动人民的代表,也不可避免地有其阶级的局限。“贱人”阶层由于生产和生活领域的限制,不可避免地有其狭隘、片面和保守之处。有的学者说这是一种“小生产者”的局限。我们认为,这也是对的。但当时作为奴隶制社会,整个生产水平都极其低下,所有的阶级、阶层以及代表人物,包括孔子、孟子在内,都只能在小生产者的水平之上观察问题,概莫能外。老子不就提出著名的反映小生产者眼光的“小国寡民”的理论吗?因此小生产者的狭隘眼光应该不是墨子独有,而是时代的局限。当然,作为贱人阶层,因其社会地位低下,同儒家所代表的“士”相比,文化素质又较低。由此决定墨子美学中“重质轻文”“重用轻乐”“重善轻美”的缺陷。正是从这样的历史与阶级的局限性出发,我们概括了墨子“非乐论”的三个极其明显的缺陷:

第一,墨子的“非乐论”,从总的方面来说,对艺术排斥多于提倡,否定多于肯定,这是十分片面的。如上所说,墨子的非乐是针对当时统治阶级过分铺张与儒家鼓吹的同其繁复的礼仪相联系的宫廷之乐、贵族之乐。同时,他也承认音乐具有娱人的独特作用。但从立论到展开,从总的态度上对音乐是排斥的,更多地看到音乐铺张靡费、劳民伤财的一面,极少看到音乐陶冶人的特殊作用。这个观点极其片面,而且不利于艺术的发展。

第二,对于前人与同时代人关于艺术特有作用及内在规律的论述几乎没有涉及,甚至在某些问题上有些后退。例如对“乐从和”“兴观群怨”“兴于诗,立于礼,成于乐”“文质彬彬然后君子”等等艺术发展重要理论均未涉及。而在“美与善”关系理论中,从“美善有别”倒退到“美善同一”。

第三,提出“法夏”的政治与艺术理想,有向后看的倾向。墨子将自己的政治与艺术理想放在奴隶社会前期的夏代，夏同东周相比，生产更为低下，社会更为蒙昧，艺术更为简朴，这就带有一种向后看的倾向。但将自己的政治与艺术理想放在古代，中外理论家不乏其人。孔子的“法周”，其实也是以历史上西周作为典范，表现了他对现实的不满。而西方许多理论家，如黑格尔、席勒都把自己的理想放在古代希腊。因此，不应以“法夏”作为其理论成败的最后依据。最重要的还是看他实际上具体说了一些什么。

综合上述，我们认为，墨子的“非乐论”同一切古代伟大思想家所提出的理论一样，都是瑕瑜互见的，因此要对其作历史的具体的分析。但是，“非乐论”中表现出的下层劳动人民的强烈愿望及“利人乎，即为；不利乎，即止”的重要理论原则应引起我们的高度重视。

在与时俱进中发展当代美学[①]

美学与其他的学科一样必须与时俱进。新时期以来，我国社会经济文化发生了巨大而深刻的变化，当代美学的发展也必须与之相适应。

胡锦涛同志在党的十七大报告中指出："当今世界正在发生广泛而深刻的变化，当代中国正在发生广泛而深刻的变革。"这种深刻变革集中表现为两次紧密相连的社会经济文化转型。第一次转型是1978年党的十一届三中全会后由"以阶级斗争为纲"到"以经济建设为中心"以及由计划经济到社会主义市场经济的转型；第二次转型为20世纪90年代至今所逐步发生的由工业文明到后工业文明的转型，表现为经济与社会发展模式由纯经济发展、侧重物质层面到全面发展、更重人文层面的转型。第二次转型实际上是对传统现代化的反思与超越，现代与后现代呈现一种交叉进行的态势。从社会生活来说，20世纪90年代以后，我国的现代化不仅包括经济物质的内涵，而且包括文化的内涵，包含人的素质的内涵。从而将文化建设与人的素质的提高提到从未有过的高度。从经济生活来说，我国的社会经济的发展不仅需要依靠科技，而且需要依靠自然环境与自然资源。人与自然不是单纯的对

---

①原载《人民日报》2008年1月24日第16版。

立与改造的关系，而且更有依存与基础的关系，我们应着力于建设环境友好型社会。从文化生活来说，当代文化已经从象牙之塔走向生活、走向大众、走向市场，文化产业已经成为社会主导性产业之一。这种社会生活、经济生活与文化生活的巨大变化带来了发展观、自然观与文化观的巨大变化。这些变化必然要影响到人们的美学观，使之发生巨大的变化。

当代马克思主义人学理论适应了当代我国社会发展的现实要求。近300多年的国际现代化与我国当代的现代化事实证明，所有的现代化关键是人的现代化，所有的发展关键是人的生存质量的提高。正如党的十七大报告所说“发展为了人民，发展依靠人民，发展成果由人民共享”。文化建设以新的人格的铸造、新人的培养以及新的生存态度的树立为其旨归，这恰是我国当代美学与文艺学建设的重要任务。

首先，这种“以人为本”思想就是对于马克思主义人学理论的继承发展，是其中国化的具有重要意义的理论成果。马克思主义的以唯物实践论为指导的人学理论，是对传统主客二分的认识本体论哲学形态的超越，也是对于现代西方主观唯心主义哲学的改造与超越。其特点是马克思主义人学理论具有明显的阶级性与实践性。其阶级性表现在马克思主义人学理论以工人阶级与劳动人民的解放为其目标；而其实践性表现在它区别于西方一般哲学的“生活世界”的观念，而将人的解放奠定在“实践世界”的基础之上。其次，符合当代世界哲学与美学的发展趋势。黑格尔逝世后，西方哲学与美学领域就开始了对传统的主客二分思维模式与认识本体论哲学与美学的改造与超越，探索人的诗意地栖居与审美的生存。法国哲学家萨特曾将他的存在主义定位于一种人道主义，其他哲学与美学理论的人学指向也是十分明显的。正是从这个意义上我们认为当代西方哲学与美学就是一种以当代人学为指导的哲学与美学。再次,也符合当代哲学与美学发展的实际。哲学与美学作为人文学科不同于自然科学,也不同于社会科学。它是以"人"与"人性"的探索为其指归的。正是从这个意义上我们说美学与文学就是人学。我国早在50年代就有理论家提出"文学是人学"的重要命题,新中国成立半个多世纪的历史证明,以马克思主义的人学理论为指导,美学与文艺学建设的路就会越走越宽。

从文艺美学来说,正是从美学是人学的立足点出发,将艺术的审美经验作为文艺美学探讨的出发点。因为,文艺与人的最直接的关系就是审美的经验,经验是此时此地的,也是多侧面包含丰富内容的。

我国当代将人的现代化提到决定性的高度,并提出"和谐社会"建设的目标,这就将美学的育人作用提到学科建设的前沿,进一步将美学从书斋拉向现实,从思辨拉向人生,从而使审美的人生观作为当代最重要的人生观之一。并使美学承担起培养学会审美地生存的一代新人的重任,教育青年一代以审美的态度对待社会、他人、自然与自身。这样,和谐社会的构建才能成为现实。

人与自然的关系是人与世界最基本的关系。当代人的自然观的根本改变,从人与自然的对立走向友好,这就必然导致审美观的重大改变。这就是当代生态存在论审美观的提出。包含诗意地栖居、四方游戏、家园意识、场所意识、参与美学与生态审美批评等崭新的美学内涵。但生态观、人文观与审美观三者,只有建筑于生态存在论哲学的基础之上能够达到统一。因为,只有超越人与世界对立的在世状态,走向与世界的紧密关联,自然才能成为人生在世的有机组成部分,人与自然才能走向友好统一,人也才能走向美好生存。生态存在论审美观也因此成为当代马克思主义人学理论的组成部分。

当然,有关日常生活领域的审美研究,包括大众文化、网络文化与文化产业的审美研究等,也非常重要,且取得了不错的业绩。相信只要这些审美活动在马克思主义人学理论统领下,以当代人的审美地生存为旨归,以人的审美经验为桥梁,就能沟通艺术与生活、精英与大众、社会效益与经济效益间的渠道,从而取得更好的研究成果。

社会转型、马克思主义人学理论与当代美学发展①

美学与其他的学科一样，其发展都应与时俱进。我国当代美学的发展必须要与我国当代社会经济文化相适应。众所周知，我国新时期以来社会经济文化发生了巨大而深刻的变化。正如党的十七大报告所说，“当今世界正在发生广泛而深刻的变化，当代中国正在发生广泛而深刻的变革”。中国新时期的深刻变革集中表现为两次紧密相连的社会经济文化转型。第一次转型是 1978 年党的十一届三中全会后所发生的由“文革”到经济建设以及由计划经济到市场经济的转型；第二次转型为 20 世纪 90 年代至今所逐步发生的由工业文明到后工业文明的转型，表现为经济与社会发展模式由纯经济发展、侧重物质层面到全面发展、更重人文层面的转型。我国“三个代表”重要思想、“科学发展观”以及建设“和谐社会”等重要发展理念与发展模式的提出集中说明了这一点。我们有些同志对于第一次社会经济与文化转型看得比较清楚，但对于第二次转型则在认识上还不是很到位。但实际上第二次转型对社会文化与学科建设有着更深的影响。因为，第二次转型实际上

①原载《问题与转型：多维视野中的当代中国美学》，王德胜主编，山东美术出版社 2009 年版。

是对传统现代化的反思与超越，从这个意义上说带有“后现代”的性质。这里所说的“后现代”之“后”，主要采用“建设性的后现代”中“反思与超越”之意。我国新时期的所谓“后现代”就是对于传统现代性的一种“反思与超越”。在这种情况下，应该说我国当前的社会现实是现代与后现代呈现一种交叉进行的态势。这种“后现代性”给社会与人们的生活带来十分深刻的影响。从社会生活来说，20世纪90年代以后，我国的现代化不仅包括经济物质的内涵，而且包括文化的内涵，包含人的素质的内涵。从而将文化建设与人的素质的提高提到从未有过的高度。从经济生活来说，我国的社会经济的发展不仅需要依靠科技，而且需要依靠自然环境与自然资源。人与自然不仅是单纯的对立与改造的关系，而且更是依存与基础的关系，我们应着力于建设环境友好型社会。从文化生活来说，当代文化已经从象牙之塔走向生活，走向大众，走向市场，文化产业已经成为社会主导性产业之一。这种社会生活、经济生活与文化生活的巨大变化带来了发展观、自然观与文化观的巨大变化。这些变化必然要影响到人们的美学观，使之发生巨大的变化。这些变化的集中指向是由单维度的物质发展到多维度的科学发展，由单维度的经济指标到多维度的人的生存质量指标。这就是我国当代科学发展观及其核心“以人为本”的提出。这里的“以人为本”就是当代形态的马克思主义人学理论。恰是包括美学在内的当代人文学科发展的指导思想。

当代马克思主义人学理论适应了当代我国社会发展的现实要求。近300多年的国际现代化与我国当代的现代化事实证明，所有的现代化关键是人的现代化，所有的发展关键是人的生存质量的提高。正如党的十七大报告所说，“发展为了人民，发展依靠人民，发展成果由人民共享”。而且，新时期以来，我国文化也由战争时期的革命文化转向新的建设文化。建设文化应以新人格的铸造、新人的培养以及新的生存态度的树立为其旨归。这恰是我国当代美学与文艺学建设的重要任务。

马克思主义人学理论也符合马克思主义理论的实际。我们认为,马克思主义的唯物实践论实际上就是唯物实践存在论,也就是马克思主义的以唯物实践论为指导的人学理论。它是对传统主客二分的认识本体论哲学形态的超越,也是对于现代西方主观唯心主义哲学的改造与超越。其特点是马克思主义人学理论具有明显的阶级性与实践性。其阶级性表现在马克思主义人学理论以工人阶级与劳动人民的解放为其目标;而其实践性表现在它区别于西方一般哲学的"生活世界"的观念,将人的解放奠定在"实践世界"的基础之上。我国当前提出的"以人为本"思想就是对马克思主义人学理论的继承发展,是将其中国化的具有重要意义的理论成果,而且,我国当代"以人为本"的思想在充实了自然生态的维度之后,就成为崭新的当代发展了的马克思主义的生态人文主义,就成了马克思主义人学理论的发展了的最新形态。事实证明,作为活生生的人都来源于自然生态,并处于自然生态系统之中,与自然生态须臾难离,自然生态性成为人的必不可少的本性,而这一点却是长期被人们所忽视的。当代马克思主义的生态人文主义正是马克思在《1844 年经济学哲学手稿》中所说未来共产主义社会"作为完成了的自然主义,等于人道主义,而作为完成了人道主义,等于自然主义,是人和自然界之间、人和人之间矛盾的真正解决"。

它也符合当代世界哲学与美学的发展趋势。众所周知,从1831 年黑格尔逝世之后,西方哲学与美学领域就开始了对传统的主客二分思维模式与认识本体论哲学与美学的改造与超越,探索人的诗意地栖居与审美的生存。法国哲学家萨特曾将他的存在主义定位于一种人道主义。其他哲学与美学理论的人学指向也是十分明显的,特别是现代现象学美学在“悬搁”主客实体之后将审美归结为某种具有共通性的人的经验,从而远离了审美的本质论。正是从这个意义上我们认为当代西方美学就是一种以当代人学理论为指导的美学,是以揭示人的审美经验为特点的人学美学。

同时,它也符合当代美学学科发展的实际。美学学科作为人文学科不同于自然科学,也不同于社会科学。它是以“人”与“人性”的探索为其旨归的,正是从这个意义上我们说美学与文学就是人学。我国早在20世纪50年代就有理论家提出“文学是人学”的重要命题。新中国成立半个多世纪的历史证明,以马克思主义的人学理论为指导,美学与文艺学建设的路就会越走越宽;反之路则会越走越窄。总之,美学以揭示人的审美经验为其旨归,表面上看显得空泛,但却具有极大的包容性,将人在时间与空间之中的情感体验、价值判断与社会认识熔于一炉,诉诸艺术的形式,成为最深广的人性的呐喊、暗含着社会性的人类之爱的倾诉,能够扣动读者与观众的心扉,引起强烈的共鸣。

正是以当代马克思主义人学理论为指导,我近几年在自己力所能及的范围内对文艺美学、审美教育与生态美学进行了一些新的探讨,其立足点都是在当代马克思主义人学理论指导下面对急剧变化的当代现实。从文艺美学来说,正是从美学是人学的立足点出发,将艺术的审美经验作为文艺美学探讨的出发点,将文艺美学的研究对象从艺术的本质到人的审美活动,再到人的审美经验。我认为,这其实也是一种理论推进的努力,使之越来越接近艺术的本真,契合审美的实际。因为,文艺与人的最直接的关系就是审美的经验,经验是此时此地的,也是多侧面包含丰富内容的。经验是人与作品的对话,是前视界与当下视界的对话,是历史与现实的对话,也是欣赏者与作者的对话。

我国当代将人的现代化提到决定性的高度,并提出"和谐社会"建设的目标,这就将美学的育人作用提到学科建设的前沿,进一步将美学从书斋拉向现实,从思辨拉向人生,从而使审美的人生观作为当代最重要的人生观之一,并使美学承当起培养学会审美地生存的一代新人的重任,教育青年一代以审美的态度对待社会、他人、自然与自身。只有这样,和谐社会的构建才能成为现实。由此,培养学会审美地生存的一代新人就成为当代马克思主义人学理论的有机组成部分。

人与自然的关系是人与世界最基本的关系。当代人的自然观的根本改变,从人与自然的对立走向友好,这就必然导致审美观的重大改变。这就是当代生态存在论审美观的提出。这是美学领域的一次重大的革命。因为,长期以来我们都沿着黑格尔的老路将美学的研究对象确定为艺术,所谓美学是艺术的哲学,而将自然审美放在美学学科的史前期。这显然是不符合事实的。当代生态存在论审美观最大的特点就是它是包含着自然的生态维度,将自然生态作为重要的审美对象。它既不同于"人类中心主义"将自然之美归结为"如画风景之美"与"人化的自然之美",也不同于"生态中心主义"主张所谓"自然全美",而是运用生态现象学方法将主体的构成能力与自然潜在的审美性相结合,共同构成特有的审美经验。当代生态存在论审美观包含诗意地栖居、四方游戏、家园意识、场所意识、环境想象、参与美学、生态审美批评、生态审美教育与生态审美实践等崭新的美学内涵,但生态观、人文观与审美观三者能够达到统一,只有在生态存在论哲学的基础之上。因为,只有超越人与世界对立的在世状态,走向此在与世界的紧密关联,自然才能成为人生在世的有机组成部分,人与自然才能走向友好统一,人也才能走向美好生存。生态存在论审美观也因此成为当代马克思主义人学理论的组成部分。

国际美学学会会长佩茨沃德认为,当代美学包含艺术哲学的美学、自然生态的美学与日常生活的美学等。所谓日常生活美学,就是当前大量存在的日常生活领域的审美研究,包括大众文化、网络文化与文化产业的审美研究等,非常重要,已经有许多同志从事这方面的工作,取得突出成绩。我因限于精力与知识领域的局限知之甚少,但我认为也应在当代马克思主义人学理论统领下,以当代人的审美地生存为旨归,以人的审美经验为桥梁,才能沟通艺术与生活、精英与大众、社会效益与经济效益,从而取得更好的成果。

以上就是自己的一得之见,作为转型期美学研究的一种个人看法,也是我对自己那本以理论探索为目的个人文集《转型期的中国美学》基本内容的概括,作为抛砖引玉,提出来请各位批评。

机遇与挑战中的中国美学学科的传承与创新思考

——学习胡锦涛同志清华百年校庆讲话的感想[①]

2011年4月24日胡锦涛同志在清华大学百年校庆上的讲话站在时代的制高点上，从民族与国家长远发展着眼对高等教育发展进行了新的战略性的规划并提出一系列新的要求，成为新世纪我国高等教育发展的指导性文献。讲话特别提出“全面提高教育质量，必须大力推进文化传承创新”这一要求对于我国经济社会文化发展具有战略意义。事实证明，我国改革开放30年来经济发展取得巨大进展，人均GDP已经达到4000美元，在这样的情况下就出现了所谓“中等收入陷阱”这样的发展中问题，出现腐败、环境污染与道德缺失等等问题，由此，文化建设与思想教育就变得十分重要。正是在这样的情况下，党中央提出加强文化建设的论题，应该是非常适时的。而且，从现代化进程本身来说，仅仅依靠经济的发展是不可能建成现代化强国的，中华民族的伟大复兴必须伴随着中华文化的伟大复兴。英国前首相撒切尔夫人曾指出：“中国不可能成为强国，因

---

①原载《湖南社会科学》2012年第3期。

为中国没有足以影响世界的思想体系。”撒切尔夫人的讲话中的“欧洲中心主义”固然十分明显，但也从特有的“他者”视角道出了思想文化建设的无比重要。我想胡锦涛同志就是从这样的时代高度，从我国走出“中等收入陷阱”，实现中华民族伟大复兴的历史使命出发提出新世纪“文化传承创新”的重要论题。我们正是要从这样的“文化立国”的高度来认识本学科的传承创新。

美学学科在我国的出现是现代以来的事情，其作为学科的发展也就是100多年的历史。这100多年，特别是近30多年美学学科的发展成绩无疑是辉煌的。但距离胡锦涛同志提出的“文化传承创新”的要求还有差距。主要是文化的自信心还有所缺乏，甚至一代国学大师、著名的“境界”说的提出者也有“我国之文学不如泰西”之说。他说，“试问我国之大文学家，有足以代表全国民之精神，如希腊之鄂谟尔、英之狭斯丕尔、德之格代尔乎？吾人所不能答也。其所以不能答者，殆无其人欤？抑有之而吾人不能举其人以实之欤？二者必具其一焉。由前之说，则我国之文学不如泰西；由后之说，则我国之重文学不如泰西”。① 在这方面当然有其客观原因，那就是鸦片战争之后由于西方列强的优势经济军事，我国长期处于被欺侮的境地。西方凭借其优势，在文化上持“欧洲中心主义”立场，漠视包括中国在内的东方文化。在美学上非常著名的就是黑格尔在其美学史系列中将包括中国在内的东方放到“前美学”的象征型阶段，而著名美学史家鲍桑葵也认为中国等东方美学没有上升到逻辑阶段等。鲍氏认为，中国和日本的艺术之所以与进步种族的生活相隔绝其原因是“这种审美意识还

①《中国现代美学名家文丛·王国维卷》，浙江大学出版社2009年版，第78页。

没有达到上升为思辨理论的地步”。① 因此一百多年来开始了长期的中西体用之争。但实际上在人文学科特别是美学上主要还是以西释中。例如,著名的以叔本华之悲剧观释《红楼梦》;以反映说与典型论释《文心雕龙》;以现实主义与反现实主义释中国文学史;以鲍姆嘉登“美是感性认识的完善”(Aesthetic)来解释中国古典美学;等等。即便是处于中国当代美学主导地位的“实践论”美学的“美是人化的自然说”也与德国古典美学密切相关。黑格尔在其著名的《美学》中认为,艺术表现的普遍需要是一种理性的需要,包括人的“理性”的“对象化”即“自然的人化”。他说,人“也把这种‘自为的存在’实现于外在世界,因而就在这种自我复现中,把存在于自己内心世界的东西,为自己也为旁人,化成观照和认识的对象时,他就满足了上述那种心灵自由的需要”。② 他以小孩投石河中并以惊奇的神色欣赏水中圆圈觉得是自己的作品从中看到自己活动的结果为例。这就是将美与艺术看作是一种“自然的人化”。而近30年来在改革开放新形势下美学事业有了大的发展,但也是借鉴多于创新。有鉴于此,我国美学传承创新的首要任务就是确立文化上的民族自信心。诚如钱穆所言:“今言中国史之悠久,则一经提醒,似乎尽人俱晓。古代文明古国,至今多已灭亡无存。而今之新兴国家,又多无源远流长之观。独中国为不然,至少拥有四千年以上绵延不断之历史,此则尽人皆知,无须详论。”中国作为世界少有的文化古国本来我们就足以自豪,而审美与艺术的民族独特性更使我们应有充分的自信心。因为,审美作为一种文化形态是一个民族的生存与生活

①[英]鲍桑葵:《美学史》,张今译,商务印书馆1985年版,“前言”第2页。

②[德]黑格尔:《美学》第1卷,朱光潜译,商务印书馆1979年版,第40页。

方式的艺术呈现，没有所谓优劣之分。目前已经有充分的历史事实证明，中国和西方各自在不同的地理经济文化氛围中发展，形成各有特色的哲学、文化与艺术形态。以古代希腊为代表的西方以海洋文化为主，崇尚经商，理性思维相对发达，形成以古代希腊雕塑为代表的审美形态。而中华民族繁衍生息5000余年，在漫漫的历史长河中诞育了自己的哲学、审美与艺术形态，在我国传统文化中占有十分重要的比重，形成明显特点。我国以农耕社会为主，以农为本，秉持“天人合一”的人文思想，发展了特有的“礼乐文化”。我国古代力倡“礼乐教化”，将之视为“国之大事”之一，是治国安民的首要条件，所谓“兴于诗，立于礼，成于乐”。我国有着极为辉煌灿烂的古代审美文化遗产，包括诗经楚辞、汉赋乐府、唐诗宋词、元代杂剧、明清小说，丰富多彩的民间艺术以及儒释道等各种典籍，均成为人类稀有的文化艺术瑰宝。这些审美形态均需我们给予美学的总结。当然，我国古典审美文化是处于前现代的农业文明阶段，缺乏西方那样的科学的逻辑范式；但我国审美文化自有其独特的智慧与优势，在后现代历史背景下成为弥补西方逻各斯中心主义缺陷的良方之一。正如诸多诺贝尔奖获得者所言，当代世界将要到东方孔子理论中寻找救世的良方。例如，我国古代儒释道诸家所包含的丰富生态智慧，特别是道家的“道法自然”的生态智慧，已经被众多当代理论家所推崇和借鉴。所以，增强民族自信心是最重要的，是美学领域文化传承创新的前提。有了这种文化上的民族自信心就能够解放思想，就能够有创新的勇气与动力。

文化的传承创新还是要落脚到创新之上。美学学科的创新就要改变长期以来对于西方美学“照着讲”与“接着讲”的惯性思维模式，变成在借鉴前提下的“对着讲”。所谓“对着讲”并非是反着讲,而是指真正地走向中西“对话”,走向从自己的国情出发建立适应民族生存与生活方式的中国式的美学理论体系,当中自然包含吸收适合中国美学需要的西方美学理论元素,但绝对不是“以西释中”。众所周知,在中国漫长的历史长河中,我国的古代哲学是一种诞育在农业文明基础上的“天人之际”的宏阔的哲学形态,以主客混沌的“道”与“太极化生”作为世界本源的阐释,并在此基础上产生了以“天人之和”为其内容的、迴异于西方科学的“和谐论”的“中和论”美学思想。这种“中和论”美学思想尽管在“肯定性的情感评价”上与西方美学有其共同性,但并没有西方传统的“比例对称和谐”与“感性认识的完善”,更不是单纯外在的美丽之“美”。而是一种与人的生存状态紧密相关的“元亨利贞”“四德”之美,是一种“游”与“自然”的与宇宙共生之美,也是一种“气韵生动”的生命之美,“意境”“意象”的艺术之美等等。我们就是要从中国的审美现实出发,以具有活力的中国元素为基因构建中国形态的美学理论,除了重视官方文献外还要特别关注民间艺术。这是更有生命力的文化与审美形态。例如,我国民间绵延几千年的年画、剪纸以及戏剧等等艺术形式所包含的“牧童吹笛”“五谷丰登”“人畜兴旺”“福寿延年”“年年有余”“喜鹊报喜”“门神护佑”等等极为独特的文化与审美内涵就与上述“元亨利贞”古代的“四德之美”密切相关,具有空前的生命力,值得我们研究继承发扬。当然,最重要的还是要立足于中国当下的现实,从中国当下正在实践着的伟大的现代化进程中人民的生活与生存状况出发,吸收当代美学发展的因子。这种构想将其付诸实施还应有一个漫长的过程,但我们应该逐步地开始迈步,正如梁启超所言,大胆地创造各种不中不西,亦中亦西的美学理论,走出创新之路。

胡锦涛同志在文化传承创新的讲话中还特别地强调了“文化

育人”，而且关于审美育人的问题讲话中涉及颇多。首先是讲话重申了党的“德智体美全面发展”的教育方针，讲到了美育“陶冶情操”的重要功能。我们美学工作者，特别是各级掌握权力的领导部门要真正落实胡锦涛同志的指示精神，真正将美育放到其应有的战略地位之上。胡锦涛同志讲话中具体与审美育人相关的内容还有三点。其一是他特别强调了“创新思维”的培养，而审美所培养的想象力就与创新思维紧密相关；其二，他在讲话中提出了建设世界一流大学的要求，而所有的世界一流大学都是以包含美育在内的“通识教育”为其办学理念的，而且正如我国一位著名教育家何东昌所言“缺少美育的教育是不完整的教育”；其三是他在讲话中特别提到“希望同学们把全面发展与个性发展紧密结合起来”。这里无论全面发展还是个性发展都与美育紧密相关，审美是以“个性体验”为其根本特点的，是培养个性的最重要途径之一。总之，学习胡锦涛同志的讲话，我们美学工作者不仅要注重理论的建构，而且要同时重视美学的育人功能，将美育作为当代美学建设发展的重要方面。而美育领域的传承创新也有许多工作可做。尽管东西方古代都有良好的美育传统，但中国古代立足于“文质彬彬”的君子培养的“礼乐教化”与西方立足于“感性教育”与“情感教育”的“审美教育”还是有着差异的。如果说西方的“审美教育”是一种与德育、智育有别的教育的话，那么中国古代的“礼乐教化”则是包括“诗教”与“乐教”，几乎涵盖了人的教育的所有方面。而“礼乐教化”所运用的古代经典《乐记》《礼记》《诗经》与《楚辞》等也以其特有的价值立足于世界文化宝库，值得我们不断研究发扬。

中国传统美学与艺术①

一、中华美学的“中和”思想

审美与艺术素养是人的基本素养。马克思曾经在《1844 年经济学哲学手稿》中批判资本主义社会人的“异化”时指出，动物只能按照“种的尺度建造”，而人却能够按照“美的规律建造”，阐明了审美与艺术的素养是人区别于动物的本性之一。同时，审美与艺术素养也是人摆脱低俗生活的重要途径。高尔基曾经说道：“照天性来说，人人都是艺术家。他无论在什么地方，总是希望把‘美’带到他的生活中去。他希望自己不再是一个只会吃喝，只知道很愚蠢地、半机械地生孩子的动物。他已经在自己的周围创造了被称为文化的第二自然。”

著名物理学家钱学森多次提到我国创新人才培养问题，这就是“钱学森之问”。但钱学森先生自己其实已经在一定程度上对于这一问题做出了回答，那就是走“科技与艺术结合”之路。他说，“我觉得艺术上的修养对我后来的科学工作很重要，它开拓了科学创新思维”。又说“处理好科学与艺术的关系，就能够创新，中国人就一定能赛过外国人”。1999 年 6 月颁布的《关于深化教

①原载《人民政协报》2015 年 5 月 25 日。

育改革，全面推进素质教育的决定》，将美育正式列入党的教育方针，并指出美育“对于促进学生全面发展具有不可代替的作用”。此前，我国著名教育家何东昌指出“缺乏美育的教育是不完全的教育”，由此我们可以理解为缺乏审美与艺术素养的人才不是全面发展的人才。中华美学具有深厚的历史传承，要加强美育、提高人们的审美和艺术素养，必须加深对中华美学的认识，传承和弘扬中华美学精神。

美学是一种人学，是人与对象的审美关系之学。所谓审美，就是人与对象之间一种肯定性的情感体验。美学与一个民族的历史文化、生活方式密切相关，中华美学思想具有鲜明的中国历史文化特色。中国古代是“天人合一”与“太极化生”的哲学思维方式，天与人、主与客之间是一种混沌的交融一体的关系。这是相异于古希腊“和谐论”的“中和论”哲学与美学，具有十分丰富的内涵，对于中国古代艺术具有指导与渗透的作用。

“保合太和”之自然生态之美：

冯友兰先生认为，中国是一个大陆国家与以农业为主的社会。所以，“中国哲学家的社会、经济思想中，有他们所谓的‘本’‘末’之别。‘本’指农业，‘末’指商业”。儒家和道家“都表达了农的渴望和灵感，在方式上各有不同而已”。正因为中国古代哲学与美学表达的是对“农的渴望和灵感”，追求天人相合、风调雨顺、五谷丰登，所以，《周易》将之表述为“保合太和，乃利贞”。只有“保合太和”，才能“利贞”，使天人相合，风调雨顺，获得丰收。《礼记·中庸》强调“致中和，天地位焉，万物育焉”，天地各得其位才能使万物化育生长，这是最理想的“中和”之美境界，也就是《周易·坤·文言》所说的“正位居体，美在其中”。天人之和、风调雨顺的自然生态之美是“中和美”的主要内涵。

“元亨利贞”“四德”之吉祥安康之美：

正因为中国古代主要的美的形态是“保合太和,乃利贞”的自然生态之美,其具体表现形态就是“元亨利贞”。《周易·乾卦》卦辞:“乾,元亨利贞。”《周易·乾·文言》加以阐释道,“元者,善之长也;亨者,嘉之会也;利者,义之和也;贞者,事之干也。君子体仁足以长人,嘉会足以合礼,利物足以和义,贞固足以干事。君子体此四德者,故曰乾,元亨利贞”。“体此四德”,即要求君子顺应天道自然,“与天地合其德”。因此,这“四德”,既是造福于人民的四种美德,也是实现吉祥安康的四种美的行为。在这个意义上,“四德”也就是“四美”。

“中庸之道”之适度适中之美：

“中庸之道”是“中和论”的必有之义。孔子云:“中庸之为德也,其至矣乎！民鲜久矣”,又说“过犹不及”。“中庸之道”与中国传统哲学思想中“反者道之动”(《老子·四十章》)密切相关。就是说,一件事情做过头了会走向自己的反面,所以孔子强调“执其两端而用其中”。具体言之,“中庸之道”的基本内涵就是《礼记·中庸》篇所说的“喜怒哀乐之未发,谓之中;发而皆中节,谓之和。中也者,天下之大本也;和也者,天下之达道也。致中和,天地位焉,万物育焉”。所谓“喜怒哀乐之未发”,就是强调了情感的含蓄性;而“发而皆中节”,则强调了情感的适度性。而所谓“天下之大本”“天下之达道”,即言“中庸之道”反映了天地运行变化的根本规律。遵循这一规律,才能“致中和”,使“天地位”“万物育”。

“和而不同”的相反相成之美：

“和而不同”是“中和论”哲学—美学的重要内涵,具有极为重要的价值。《左传·昭公二十年》记载了齐侯与晏子有关“和”与“同”关系的一段对话,阐述了“和而不同”的内涵：

和如羹焉，水、火、醯、醢、盐、梅，以烹鱼肉，燀之以薪，宰夫和之，齐之以味，济其不及，以泄其过。君子食之，以平其心。君臣亦然。君所谓可而有否焉，臣献其否，以成其可；君所谓否而有可焉，臣献其可，以去其否，是以政平而不干，民无争心。故《诗》曰："亦有和羹，既戒既平。鬷嘏无言，时靡有争。"先王之济五味，和五声也，以平其心，成其政也。声亦如味，一气、二体、三类、四物、五声、六律、七音、八风、九歌，以相成也，清浊、小大、短长、疾徐、哀乐、刚柔、迟速、高下、出入、周疏，以相济也。君子听之，以平其心。心平，德和，故《诗》曰"德音不瑕"。

这段话告诉我们，"和"犹如制作美味佳羹，运用水火醋酱盐梅鱼肉等多种材料调和，慢火烹之，以成美味佳肴。这个道理同样适用于音乐，美妙的音乐也是由不同的甚至相异相反的元素构成，却能平和人心，协调社会。"和而不同"划清了"和"与"同"的界限，"同"是单一元素的组合，"和"则是多种元素甚至是各种相反元素的组合。这里包含着古典形态的"间性"与"对话"的内涵，十分可贵。

"和实相生"的生命旺盛之美：

中国古代文化哲学不仅提出了"和而不同"的重要理论，而且进一步提出了"和实生物，同则不继"的重要观点。《国语·郑语》载郑桓公向史伯请教"周其弊乎？"即周朝是否将会没落的问题。史伯的回答是肯定的，并指出其原因在于"去和而取同"，并就此阐释道："夫和实生物，同则不继。以他平他谓之和，故能丰长而物归之。若以同裨同，尽乃弃矣。"在这里，史伯运用日常的生物学的规律来说明社会现象，指出如果地里的作物是多样之物的交合，那就能繁茂生长并取得丰收；如果是单一之物的累积，则会使田园荒废。社会现象与艺术现象同样如此。所以,"和实相生"正是中国古代"生命论"美学的典型表述,也是其有机生命性特点的表征。

人文化成之礼乐教化之美:

中国古代哲学与文化强调塑造如"君子"那样"文质彬彬"的理想人格。《周易・贲・彖传》由"天文""人文"之美提出了"人文教化""化成天下"的问题:"刚柔交错,天文也。文明以止,人文也。观乎天文,以察时变,观乎人文,以化成天下。"《周易・说卦》对"人文化成"观念进一步加以阐发,指出"昔者圣人之作易也,将以顺性命之理。是以立天之道曰阴与阳,立地之道曰柔与刚,立人之道曰仁与义"。说明圣人"作易"是试图以天道之阴阳、地道之柔刚教化人民,建立起人道之仁义。这种教化的实施在中国古代主要借助于礼乐,就是所谓"礼乐教化"。《礼记・乐记》云:"是故先王之制礼乐也,非以极口腹耳目之欲也,将以教民平好恶,而反人道之正也",也就是说礼乐教化的目的是回到仁义之正途。

二、中国传统艺术的审美智慧

下面我们以中国传统绘画和戏曲来谈一谈传统艺术中所蕴含的审美智慧。

中国传统绘画中的生态审美智慧:

中国传统绘画即国画是一种中国特有的"自然生态艺术"。它力主一种自然的艺术原则,这里的自然并非自然之物,而是东方"一阴一阳之谓道"的自然之道,依靠动与静、笔与墨、浓与淡、墨与彩以及画与白等交互统一而表现出艺术的生命力量。例如,宋代著名文学家苏轼的《木石图》,就是极为简洁的枯树一株与顽石一块，画面是大量的空白，但却通过这种画与白、石与树以及笔与墨的自然形态的对比表现了文人傲然挺立的精神气质。

国画在透视上运用一种相异于西画的“散点透视”，这是一种“从四面上下各方看取”的透视。北宋画家郭熙在《林泉高致》中将之概括为“三远”，即自上而下之高远、自前而后之深远、自近而远之平远。使得远近、高低、里外与白背等各个侧面均取得平等展现的机会，灵动而富有生命的生活得到全方位的呈现。例如宋代张择端的《清明上河图》，形象而生动地反映了汴河两岸清明时节的各色人等，各种活动，展现出宏大的场景。

国画基本的创作原则是唐代画家张璪提出的“外师造化，中得心源”。这里，“师造化”就是以大自然为师，“得心源”即是以内在精神为源泉。这是非常重要的具有中国特色的艺术创作理论，与“天人合一”思想一致。在这里，“外师造化”与“中得心源”是统一的，而不是分开的两个阶段。宋代罗大经《鹤林玉露》记述了曾云巢画草虫的故事。罗大经记述曾氏之自叙道：“某自少时，取草虫，笼而观之，穷昼夜不厌。又恐其神之不完也，复就草地观之，于是始得其天。方其落笔之际，不知我之为草虫耶，草虫之为我也。此与造化生物之机箴，盖无以异。”人与草虫化而为一，实际上是草虫之神韵与人之神韵已经化而为一。也就是郑燮所言，眼中之竹、胸中之竹与手中之竹的统一。经过这样的创作过程，作品就是天人的统一，神似与形似的统一，渗透出一种少有的神韵。

国画没有仅仅将自然景观作为人们观赏的对象，而是进一步拉近人与自然的关系，将自然变成与人密切相关的可亲之物，甚至进一步使之进入人的生活世界。这说明，创作的本意并不只在单纯的艺术鉴赏，还在于创造一种与人的生活世界紧密相关的自然景观。自然外物不是外在于人的，而是与人处于一种机缘性的关系之中,成为人生活的组成部分。例如,宋代著名画家王希孟所作《千里江山图》,是一幅长卷,以色清色绿为主调,画出了山清水秀锦绣河山的壮丽景色。尽管是山水,但却是人的生活世界,画中错落着渔村山庄,点缀着道路小桥人家,间杂着扶疏的林木,一副人间可观、可居、可游的气派。

唐代画家王维在《山水论》中指出"凡画山水,意在笔先",强调山水画创作中要处理好"意"与"笔"的关系。所谓"意",为画家的"意兴",而"笔"则为"笔墨",两者在国画中是一种"兴寄"的"托物起兴""借物寓志"的关系。清初著名画家石涛在《苦瓜和尚画语录》中指出,"古之人寄兴于笔墨,假道于山川。不化而应化,无为而有为,身不炫而名立"。在石涛看来,通过绘画寄兴于笔墨形象,借道于山水画作,这样能够做到不想教化而能够教化,在无为中却能做到真正的有为,不炫耀自己却能够扬名天下。

总之,中国传统绘画艺术饱含着极为丰富的生态审美智慧,对于发展当代美学有着很深的启发意义。当然,我们在这里肯定中国传统画作为"自然生态艺术"的优长之处,但并不等于否定西方绘画的一些优点,两者各有所长,完全可以在新时代起到互补的作用。1956 年,张大千在欧洲举办画展,曾经专门拜访著名西画名家毕加索,两人互赠画作,相谈甚欢,毕氏对于包括中国画在内的东方艺术给予了高度评价。张大千事后感慨:"深感艺术为人类共同语言,表现方式或殊,而求意境、功力、技巧则一。"

追求生命情感的中国戏曲:

中国戏曲是仍然活跃于当代舞台的古典戏剧艺术,它的美学追求是一种"乐"的生命情感抒发,其特点是表演与程式的相生相克,从而产生一种特殊的生命之力。中国戏曲的唱念做打、着衣化妆、舞台布景、音乐锣鼓、出场下场,一举一动都有严格的程式规范,程式好像是国画的笔墨,演员只有凭借程式才能扮演出五彩缤纷的生命之歌。不过,演员对于程式要"进得去,出得来",使得两者之间形成良性互动。例如,周信芳表演的《徐策跑城》很好地利用涮步、跌跑等程式动作在急切的亦跑亦唱中表达了徐策秉持正义为薛家申冤的情感历程。

音乐是中国戏曲的主脑。首先,节奏感是中国戏曲音乐性的核心,特别是锣鼓与板眼更是节奏的重要因素。《空城计》中司马懿兵临城下时的"急急风"将我们带到一种特殊的情感情境。其次,戏曲音乐的韵味,是通过特殊的起承转合、字正腔圆的演唱带来一种特有的"味在咸酸之外"的滋味,产生绕梁三日,余味无穷的感受。

中国戏曲的表演是一种虚拟性的表演,所有的布景、情境与时空都在演员身上,通过表演以及观众的想象才能够呈现出来。首先是布景简单,例如《秋江》中陈妙常乘船追潘必正,在秋江之上全凭老艄翁的一支桨,波浪起伏、随波飞驰、上船靠岸,尽显无遗,有的观众说看得有晕船之感。其次是空间,通过演员的步法表现山峰楼台与万水千山,将空间在舞台上呈现出来,正所谓"三五步万水千山,六七人千军万马"。再次是情境,《三岔口》完全通过演员的表演将黑夜的氛围表现无遗。最后是中国戏曲特殊的背供,即面向观众讲悄悄话,似乎舞台上的另外人物不存在,也是虚拟性的。《西厢记》中张生为接近莺莺拿出五千钱参加佛事,背供说,"这五千钱使得有些下落"。这种虚拟化表演是利用了观众的反观式审美,即通过演员表演这个中介,反观到真实的布景、情境与空间,化虚为实,观众是以自己的生命力对戏曲加以深度介入。

中国戏曲的结构是一种线性的生命情感的自然流露,是其作为“乐”的美学基调的重要表现,是一种时间的艺术。李渔在《闲情偶记》“词曲部”中论述中国戏曲的“密针线”。所谓“密针线”是“必须前顾数折,后顾数折,顾前者欲其照映,顾后者便于埋伏。照映埋伏,不止映照一人,埋伏一事”。例如,《西厢记》就以白马解围为中心线索,按照时间顺序设计了进寺、相遇、被围、解围、定情、赖婚、拷红、送别与团圆等连贯一气的情节发展结构,不留缝隙。正因为这种线性结构,所以戏曲也是一种“人随景走,步步可观的”散点透视。《西厢记》中张生游殿,边走边唱,从佛殿到僧院,再到厨房、法堂、洞房、宝塔、回廊,让观众随之一路观看,与生命的时间历程一致。

中国戏曲的结局通常是贯穿着“中和论”审美理想的大团圆结局,与之相比,西方戏剧则是由顺境转入逆境的单一悲剧结局。明代戏剧家丘睿写道“亦有悲欢离合,始终开合团圆”。李渔认为,“全本收场,名为大收煞。此折之难,在无包括之痕,而有团圆之趣”。所以“善有善报,恶有恶报”的大团圆是中国戏曲的常态结局。这就形成长期以来对于中国戏曲评价之争论。蒋观云、朱光潜与钱钟书均对此持批评态度。朱光潜在《悲剧心理学》中认为,“对人类命运的不合理性没有一点感觉,也就没有悲剧,而中国人却不承认痛苦和灾难有什么不合理性”。王国维、钱穆则认为中国有自己的悲剧,不比西方悲剧逊色。我认为中国没有西方式的悲剧但有自己的悲剧,充分反映了中国古代“中和论”的哲学观、“乐生”的伦理观,“执其两端而用其中”的人生观、吉祥安康的审美观。这是中国古代生命论哲学与美学的集中反映,但善恶评价,对人生的慰藉却并不缺少。

礼乐教化与中和之美

——中华美学精神的继承与发扬①

《中国美育思想通史》是我国第一部多卷本美育思想通史。从篇幅上来说，全书由先秦卷、秦汉卷、魏晋南北朝卷、隋唐五代卷、宋元卷、明代卷、清代卷、近代卷、现当代卷 9 卷构成，近 300 万字，从先秦一直写到当代，时间跨度大，基本呈现出中国五千年美育思想发展的全貌，也揭示了古代美育与现当代美育之关系；从内容上说，本书力图做到写得像美育思想史，有美育思想史的特色，以区别于通常的中国美学史。顾名思义，所谓“中国美育思想通史”，即是从现代美育学科建设的眼光考察我国从古代以来哲学、教育、文艺、美学等论著中所包含的审美教育与艺术教育的思想观念，勾勒出其发生、发展的历史进程，凸显出其基本特征，揭示出它在整个中国传统的社会文化中的地位作用、价值意义。近代意义上的美育思想是 1795 年德国诗人、美学家席勒在其著名的《美育书简》中对于“美育即情感教育”“审美是

①本文是作者为其主编的 9 卷本《中国美育思想通史》所写的“总序”。《中国美育思想通史》，曾繁仁主编，祁海文、刘彦顺副主编，山东人民出版社 2017 年 6 月版。本文曾载于《山东大学学报》2016 年第 4 期。

沟通感性的人与理性的人的桥梁”等诸多问题的论述。本书在写作过程中,也尽量借鉴、参照席勒等近、现代西方学者的观点、视角、方法。本书从时间上囊括古今,从某种意义上可以说是一种中西与古今的对话。不过,本书的写作,有意识地试图突破以往的“以西释中”的研究思路,努力写出“中国的”的美育思想之特色,彰显中华美学精神。美学作为人文学科,主要研究人与对象的肯定性的情感经验关系,而美育则是从理论与艺术层面呈现“以美育人”的经验与理论思考。美学、美育作为人学,都与人的特定的社会存在方式、生产方式与生活方式紧密相关。中华民族具有五千年的漫长发展历史,中华文明是人类四大古文明目前仅有的未间断地持续发展的文明形态。这主要是凭借其特有的文化力量,中华文化、文学艺术是中华民族生生不息的动力和立足于世界民族之林的依靠。中华美学以其形神兼备、意境深远与知行统一的特点而彪炳于世,中华美育则以其“中和之美”之原则、礼乐教化观念、中和与中庸的文化精神,以及重风骨、讲境界的特点,给后代美学、美育的发展提供了取之不尽的滋养与启发。本书的主旨就是力倡中华美学精神与中华美育特点。

本书以“中和之美”作为整个中华美学精神和中华美育特点,并以之为中心线索,着重探讨了与此相关的礼乐教化、风骨与境界等观念,阐述了主要立足于“以美育人”的中华美育思想的基本特点,勾勒出其五千年的发生发展的历史。同时,也力图揭示促进中国五千年美育发展的诸多关键性因素,如儒道互补、阴阳相生、中外对话融通以及审美与艺术统一等的内涵与意蕴。

一

（一）“中和之美”

中华美学与美育之中心线索与核心观点是“中和之美”的美学原则。《礼记·中庸》篇云：“喜怒哀乐之未发，谓之中；发而皆中节，谓之和。中也者，天下之大本也；和也者，天下之达道也。致中和，天地位焉，万物育焉。”这段论述揭示了“中和之美”的最主要的内涵。“中”为“喜怒哀乐之未发”，说明其“含蓄性”；“和”为“发而皆中节”，说明其“适当性”。“中和”的基本意义，即为含蓄而适当。其地位是“天下之大本”与“天下之达道”，即为天地万物的普遍性的、根本性的运行规律。这也是中国古代文化之根本规律。“致中和”的最终目的是“天地位焉，万物育焉”，中国文化讲求天地阴阳各在其位，从而阴阳交感、风调雨顺，万物繁茂。这是中国文化观念中“天人之和”“阴阳相生”等的理论关怀。《周易·泰·彖传》云：“泰，小往大来，吉，亨，则是天地交而万物通也，上下交而其志同也。”泰卦卦象乾下坤上，乾象天，坤象地，乾本在上而坤当在下。泰卦象征着天地自然的运动变化中乾升而坤降，乾坤各归本位，天地阴阳之气相交感，从而生长发育万物。因此，所谓“中和之美”，又是一种万物诞育的生命之美。这也就是《周易》所说的“生生之谓易”（《系辞上》）、“天地之大德曰生”（《系辞下》）的意思。

《国语·郑语》提出了著名的“和实生物，同则不继”的重要观点，揭示了天地生物生长发育中多样物种的“以他平他谓之和”、由此才能“丰长而物归之”的法则。如果是单一物种的“以同裨同”,其结果则只能是“尽乃弃矣”,导致生命力枯竭。这种“讲以多物,务和同”的生命论哲学与美学,集中反映了中国古代农业社会的基本思维方式与哲学信念。中华民族诞育于黄河流域的中原地区,自古以农业作为民族生息繁衍的根本。春种秋收,日出而作,日落而息。风调雨顺,自然万物的繁茂成为生存繁衍的主要追求。因此,探讨天地自然节律与社会人生变化的合一性、统一性的规律成为最基本的哲学致思取向,而与之相关的“天地位焉,万物育焉”之“中和之美”成为最根本的美学原则。与中国文化不同,西方文化的源头古代希腊是商业社会,航海业发达,经商与航海成为古希腊人的生存方式,与这种生存方式相应的几何哲学与数理哲学等成为其最基本的哲学原则,追求“形式和谐比例对称”的“和谐之美”成为其根本的美学原则。朱光潜指出:“在早期希腊,美学是自然哲学的一个组成部分。早期思想家们首先关心的是美的客观现实基础。毕达哥拉斯派把美看成在数量比例上所见出的和谐,而和谐则起于对立的统一。从数量比例观点出发,他们找出了一些美的形式因素,如完整(圆球形最美),比例对称(‘黄金分割’最美)、节奏等等。”①中国古代的“中和之美”,是中国古代“天人合一”思想观念的体现。《周易·乾·文言》指出:“夫大人者,与天地合其德,与日月合其明,与四时合其序,与鬼神合其吉凶。”中国文化追求人的生命活动达到与天地、日月、四时、阴阳等的统一,追求人的德行修养达到“天人合一”的“天地境界”。席勒在《美育书简》中提出,审美的游戏(美育)具有沟通“力量的可怕王国”与“法则的神圣王国”的重要功能。他说:“在力量的可怕王国中以及在法则的神圣王国中,审美的创造冲动不知不

①朱光潜:《西方美学史》,人民文学出版社1963年版,第38页。

觉地建立起第三个王国，即游戏和外观的愉快的王国。在这里它卸下了人身上一切关系的枷锁，并且使他摆脱了一切不论是身体的强制还是道德的强制。”①中国古代“中和之美”的这种沟通天人的功能，与西方美学沟通感性与理性的功能是迥然不同的。

中国古代的“中和之美”观念，客观上包含着“太极”思维和阴阳相生的观念。北宋周敦颐的《太极图说》指出：“无极而太极。太极动而生阳，动极而静，静而生阴，静极复动。一动一静，互为其根；分阴分阳，两仪立焉。阳变阴合，而生水、火、木、金、土。五气顺布，四时行焉。”这是一种无极无始无终、阴阳相依相生、互为其根的思维模式。它不同于西方古代、现代哲学与美学的一切主客二分甚至是一分为二的思维模式，而是体现出一种相依相融的古典形态的现象学“间性”思维与“有机性”思维，特别适合于促进审美与艺术的发展，具有重要的价值意义。

“中和之美”的观念，也是中国文化“中庸之道”的生存哲学之体现。“中庸之道”，是一种中国古代的生存智慧。《礼记·中庸》篇说：“君子中庸，小人反中庸。君子之中庸也，君子而时中；小人之中庸也，小人而无忌惮也。”又说：“执其两端，用其中于民。”“中”是中国古代特有的思维模式，反映中华民族最古老的思维方式的《周易》最讲究“处中”，《周易》每卦六爻，其中第二爻为下卦之中位，第五爻为上卦之中位，两者都象征事物持守中道，不偏不倚，具有美善之象征。“庸”乃“庸常”，即恒常不变之意。“中庸”以“中”为核心，讲求不偏不倚，强调天地万物与人各处其适当、合理的位置之上，才是最为理想的存在状态。《尚书·洪范》说道：“无偏无陂，遵王之意；……无偏无党，王道荡荡。”孔子在《论语·

①[德]席勒：《美育书简》，徐恒醇译，中国文联出版公司1984年版，第145页。

雍也》篇说:“中庸之为德也,其至矣乎,民鲜久矣。”《论语·先进》篇载:“‘师与商也孰贤?’子曰:‘师也过,商也不及。’曰:‘然则师愈与?’子曰:‘过犹不及。’”《洪范》提出“无偏无陂”“无偏无党”之原则,孔子以“过犹不及”阐释“中庸之道”。这种“中庸之道”,显然与中国古代农业生产特别注重节令与农时密切相关,一切农事活动都不能错过节令与农时,要恰到好处,否则,过犹不及,将会极大地影响农业生产与生活。“中和之美”与古希腊主要讲求具体物质“比例对称和谐”具有科学精神的“和谐之美”不同,着重于阐述人的生存与生活状态,是一种人生的美学,是古典形态人文主义的美学。在“中和之美”的观念中,包含着大量的善的因素,美与善在中国古代是难以区别的。所以,中国古代文献并不经常使用“美”字或直接探讨“美”,但却处处弥散着“美”的观念与意识。例如,《周易》乾卦卦辞“元亨利贞”四德,人们也常常将之视为“四美”。有学者认为,西方古代美学是区分型的,中国古代美学是关联型的。这种看法有其合理性。但需要注意的是,西方古典美学是科学的,而中国古代美学是人文的。这样看,更能把握两者的特性。“中和之美”的这种美善不分的人文性体现于中国古代文化,特别是礼乐教化的各个方面。例如,孔子的“《诗》三百,一言以蔽之,曰:思无邪”,《礼记·经解》篇将“诗教”定义为“温柔敦厚”,将“乐教”定义为“广博易良”等等。

总之,“中和之美”是中国古代美育历史之统领性概念,渗透于漫长的五千年以礼乐教化为基本观念的美育传统之中,也渗透于中国古代人生与艺术生活的一切方面。

(二)“礼乐教化”

中国古代美育思想的基本观念是“礼乐教化”,它集中体现了中国古代审美教育的基本特点与基本内容，是“中和之美”得以实施的最重要途径，非常重要。本书对现代之前的中国古代美育思想史的探讨，在某种意义上可以说就是揭示和梳理“礼乐教化”美育观念的形成和发展的历史。“礼乐教化”是古代中国的政治社会制度的基本观念，也是思想文化、人文教育制度的基本观念，体现在中国传统文化的各主要部分。中国古代的礼乐教化传统，在内容上明显区别于古代希腊将教育三分为最高智慧教育的“哲学教育”、有利于身体的“体育”与有利于心灵的“音乐教育”①。古代希腊的教育是一种区分型的教育，而中国古代的“礼乐教化”则是包含了“礼乐射御书数”之“六艺”和“《诗》《书》《礼》《乐》”“四教”等丰富内容，是一种关联型的整体性的教育。《周易·贲·彖传》由天文、人文之美提出了“人文教化”的问题，所谓“刚柔交错，天文也；文明以止，人文也。观乎天文，以察时变；观乎人文，以化成天下”。刚柔交错，男女有别，是一种自然规律。人类活动最重要的是要有礼仪规范，即止于礼仪，这就需要进行教化，才能做到天下有序。中国文化的“人文化成”观念，就集中体现在“礼乐教化”传统之中。“礼乐教化”萌芽于原始宗教文化，直到周公“制礼作乐”才发展成熟。《尚书·大传》说，“周公摄政，一年救乱，二年克殷，三年践奄，四年建侯卫，五年营成周，六年制礼作乐”。《史记·周本纪》说，周公“兴正礼乐，度制于是政，而民和睦，颂声兴”。这样的记载，在先秦两汉文献中是广泛存在的。春秋战国期间，儒家对“礼乐教化”美育传统进行了充分的论述和发挥，发展到汉代，出现了全面系统地阐述“礼乐教化”观念的《礼记·乐记》。

---

①柏拉图:《理想国》，郭斌和译，商务印书馆 1986 年版，第 123 页。

《乐记》是汉初儒者搜集和整理先秦以来以儒家为主的诸子论"乐"文献,加以综合整理而编辑成的一部著作。蒋孔阳给予《乐记》与古希腊亚里士多德《诗学》同等地位,他说:"《乐记》既是《礼记》中的一篇,又是一部独立的著作。经过战国时期的百家争鸣,它把儒家的'礼乐'思想,加以丰富和系统化,成为先秦儒家'礼乐'思想总结和集大成。如果说,亚里士多德的《诗学》,是根据盛行于希腊时的史诗、悲剧和喜剧等艺术实践,对于古代希腊美学思想的总结,而'雄霸了西方的美学思想二千年',那么,《乐记》则是根据我国先秦时包括歌、舞在内的音乐艺术的实践,对于我国先秦时期音乐美学思想的总结,从而在我国音乐美学思想发展史上产生了极为深远的影响。……二千多年来的中国封建社会,有关文学艺术的美学思想,从《毛诗序》开始,一直到晚清各家论乐的观点,基本上没有超过《乐记》所论述的范围。因此,《乐记》在我国的音乐美学思想的发展史中,不仅是第一部最有系统的著作,而且还是最有生命力、最有影响的一部著作。"①蒋孔阳对于《乐记》地位的高度评价,尽管是从音乐美学角度出发的,但也完全适用于《乐记》在中国美育思想史上的地位。

《乐记》充分地总结并论述了我国自先秦以来的礼乐教化思想,阐述了"礼乐教化"作为中国古代最重要的政治、思想、文化、教育传统的重要特点。《说文解字》云:"禮,行礼之器也。从豆,象形",说明"禮"即上古时期的祭祀仪式。"豆",即作为乐器的"鼓"。"乐"是古代乐舞、乐曲与乐歌的统称。《乐记》指出:"凡音者,生人心也。情动于中,故形于声。声成文,谓之音。""乐者,通

①蒋孔阳:《评〈礼记·乐记〉的音乐美学思想》,见《蒋孔阳全集》第1卷,安徽教育出版社1999年版,第701—702页。

伦理者也。”“礼乐皆德，谓之有德。德者，得也。”《乐记》认为，“声”是动于情而发，具有某种生物性，而“音”则是“声”之“成文”，具有了人文性。但只有“乐”才通于伦理，包含着道德因素。所以，“礼乐教化”中的“乐”是包含道德因素的。在上古的“礼乐教化”传统之中，“乐”从属于礼，是礼仪的重要组成部分。先秦之后礼乐开始有所区分，作为艺术的“乐”逐渐独立出来。但在先秦时期，“乐”是一个包含乐舞、歌诗的统一整体。周代专门设有“大宗伯”之官职，主管祭祀、典礼与礼乐教化之事。《周礼》关于大宗伯之职责，有所谓“掌建邦之天神、人鬼、地示之礼，以佐王建保邦国”，又谓“以礼乐合天地之化、百物之产，以事鬼神，以谐万民，以致百物”。《乐记》指出，先王制礼作乐之目的不是口腹耳目之欲，而是教化民众。“是故先王之制礼乐也，非以极口腹耳目之欲也，将以教民平好恶而反人道之正也。”又说，“乐也者，圣人之所乐也，而可以善民心，其感人深，其移风易俗，故先王著其教焉”。在礼乐教化系统中，“礼”与“乐”发挥着不同的社会功能，所谓“乐合同，礼别异”“礼节民心，乐和民声”“乐由中出，礼自外作”，但“礼乐之统，管乎人心”，都是从“人心”实现其审美的教化功能。不仅如此，《乐记》还指出，礼乐还具有沟通天地、人神之作用。“故圣人作乐以应天，制礼以配地。礼乐明备，天地官矣。”又说：“大乐与天地同和，大礼与天地同节。”总之，“礼乐教化”之指归，在于“天地之和”。

至于“礼乐教化”的具体内容，《周礼》以“乐德”“乐语”与“乐舞”具体表述之。《周礼》大司乐之职执掌大学，教育“国之子弟”。《周礼》云：“大司乐掌成均之法，以治建国之学政，而合国之子弟焉。凡有道者，有德者，使教焉；死则以为乐祖，祭于瞽宗。以乐德教国子中、和、祗、庸、孝、友，以乐语教国子兴、道、讽、诵、言、语，以乐舞教国子舞《云门》《大卷》《大咸》《大磬》《大夏》《大濩》《大武》。”这里的所谓“乐德”，指礼乐教化中的道德内涵；“乐语”，指乐章的诗歌表达与咏诵方法；“乐舞”，指舞蹈的具体形态。“乐德”“乐语”与“乐舞”基本构成了先秦时期礼乐教化之基本内涵。对于“礼乐教化”的作用，《乐记》进行了深入的论述。首先，是一种娱乐作用，所谓“夫乐者，乐也，人情之所必不免也”，说明音乐舞蹈的娱乐作用是“人情”之必然需求。当然，这种娱乐作用还是要受到礼乐教化的节制。诚如《乐记》所言：“先王耻其乱，故制雅颂之声以道之，使其声足乐而不流，使其文足论而不息，使其曲直、繁瘠、廉肉、节奏足以感动人心之善心而已矣，不使放心邪气得接焉。”礼乐教化的另一个重要作用是协调社会和谐，所谓“是故乐在宗庙之中，君臣上下同听之则莫不和敬；在族长乡里之中，则长幼同听之则莫不和顺；在闺门之内，父子兄弟同听之，则莫不和亲”。当然，最重要的是孔子所言，通过礼乐教化培养“文质彬彬”的君子。所谓“质胜文则野，文胜质则史，文质彬彬，然后君子”(《论语·雍也》)。“文质彬彬”，恰是“礼乐教化”在传统的人格修养方面所要达到的目标。中国文化传统中的“文质彬彬”作为人格美学观念，随美育思想的发展而呈现出具有时代特色的人格美育概念，其中值得重视的是“风骨”与“境界”。

(三)“风骨”与“境界”

“风骨”是一个极具中国本土特色的美学、美育概念，始于汉末，魏晋时期广泛流行。最初主要用来评品人物，例如，《宋书》称刘裕“风骨奇特”；《晋书》称王羲之“风骨清举”；《南史》称蔡撙为“风骨鲠正”；等等。此后发展为文论、画论与书论等方面的重要美学概念。《文心雕龙》有《风骨》篇，是对“风骨”之美学内涵的系统论述。我认为,所谓"风骨",即是由气之本源形成的文章刚健辉光之生命力,以及作为其集中表现的以骨气为主干的人格操守。生命力与人格操守是紧密联系的,前者为本源并灌注整体,后者为主要表现。中国古代哲学与美学是一种阴阳太极的思维模式,没有传统西方哲学与美学的二元对立思维。所以,将"风骨"概念中的风采与骨相、内容与形式、情感与辞藻等作二元对立的理解是不妥当的。刘勰对"风骨"的论述也是统一一致的。首先,刘勰论述了风骨的气之本源。他说:"《诗》总六艺,风冠其首。斯乃感化之本源,志气之符契也。"这就是说,《诗经》之风雅颂赋比兴"六义"以"风"为其首,"风"是以情化人之本源,是驱动情感的动力。中国古代是以"气"作为万物之发端的。老子有言:"万物负阴而抱阳,冲气以为和"(《老子·四十二章》),孟子也说"我善养吾浩然之气"(《孟子·公孙丑上》)。气分阴阳,阴阳相合,诞育万物,气为万物生命之发端。气动而成"风",作用于人的各种情感与生活。"风"是一种生命律动的象征。甲骨文的"风"字,"从虫,从土。"①《说文》释"风"云:"从虫,凡声。风动虫生,故虫八日而化。"②这说明,"风"给万物与人类带来生命活力,成为一切生命与情感活动之本源。这应该是《风骨》篇说"风"乃"感化之本源,志气之符契也"的原因。"风"在中国古代的礼乐教化体系中具有重要地位与作用。《诗大序》说:"风,风也,教也。风以动之,教以化之。""先王以是经夫妇,成孝敬,厚人伦,美教化,移风俗。""上以风化下,下以风刺上。主文而谲谏。言之者无罪,闻之者足以戒,故曰风。""风"在礼乐教化体系中指诗的情感感动与道德教化

①徐中舒主编:《甲骨文字典》,四川辞书出版社 1988 年版,第 1429 页。

②(清)段玉裁:《说文解字注》,许惟贤整理,凤凰出版社 2007 年版,第1178 页。

作用。基于礼乐教化传统,中国的诗文理论、书画理论,甚至全部艺术理论都强调文学艺术要以情感人,陶冶人的情操,提高人的精神境界。正是根源于这种具有自然之生命力的“风”,文学艺术才具有“风骨”之力量。刘勰指出:“故辞之待骨,如体之树骸;情之含风,犹形之包气。结言端直,则文骨成焉。……是以缀虑裁篇,务盈守气;刚健既实,辉光乃新。”文章“风骨”之主要表现为文辞的“骨力”。它好似人体之骨干,只有做到文辞的端正,才能确立文章的骨干,形成一种“刚健既实,辉光乃新”的气象。这“骨干”,就人的修养来说,来源于道德修养、人格力量。刘勰特别强调文章“风骨”的“刚健既实,辉光乃新”的审美特征,《风骨》篇就此指出:“骨劲而气猛”“文明以健,珪璋乃聘”,并且批评“瘠义肥辞,繁杂失统”与“思不环周,牵课乏气”等等背离“风骨”的现象。

总之,“风骨”就是由“气”为本源之生命力及骨气之道德人格操守。刘勰之后,“风骨”成为中国艺术理论的基本概念。在书论上,有卫铄《笔阵图》所言的“善笔力者多骨,不善笔力者多肉。多骨微肉者谓之筋书,多肉微骨者谓之墨猪”。在画论中,有谢赫《古画品录》所谓的“骨法用笔”。不仅如此,“风骨”的美学内涵也体现着中国古代美育思想对文人士大夫人格操守的审美追求。中国文化传统充分重视并着力发扬士人君子的人格、节操,孔子曾言:“志士仁人,无求生以害仁,有杀身以成仁”(《论语·卫灵公》);孟子提倡“舍生而取义”(《孟子·告子上》),认为“富贵不能淫,贫贱不能移,威武不能屈,此之谓大丈夫”(《孟子·滕文公上》)。后世朱熹评王维,云:“王维以诗名开元间,遭禄山乱,陷贼中不能死。事平,复幸不诛。其人既不足言,词虽清雅,亦萎弱少骨气。”①南宋爱国诗人文

①(宋)魏庆之:《诗人玉屑》下,古典文学出版社1958年版,第315页。

天祥的“人生自古谁无死，留取丹心照汗青”，最为典型地代表了中国古代知识分子重操守的精神追求。中国美育思想的这种极为重要的高扬文人士子风骨操守的宝贵资源，是我们研究人文教化美育之历史所不能忽视的，也是需要在当代继续发扬的。

“境界”是中国古代美学与美育的一个非常重要的概念。“境界”，又称“意境”“意象”，它揭示了中国传统文学艺术特有的“象外之象”“言外之意”“文外之旨”的审美特征和超越性审美追求。例如，中国传统的画竹，其意并不在描绘竹子本身的形态，而是其中透露出的高洁、清秀之品格。郑板桥的“咬定青山不放松，立根原在破崖中。千磨万击还坚劲，任尔东南西北风”，是对画竹的这种“象外之象”、画外之意的典型揭示。“境界”原为佛学用语，即为“相”，意即个人意识所达到之处，所谓“以依能见，故境界妄现，离见则无境界”（《大乘起信论》）。唐代王昌龄最早在诗学领域里运用了“意境”概念，他在《诗格》中提出“诗有三境”，即“物境”“情境”与“意境”。所谓“意境”，即“张之于意而思之于心，则得其真矣”，“意境”乃“物境”与“情境”的统一，其要旨在境外之意与物外之心，从而得其“真”。其实，《周易》已经有了“观物取象”“立象以尽意”等相关论述，这里的“象”虽是指卦象，但已经有了“象外之意”的内涵。后来王弼注《周易》，就着重阐发“得意忘象”的意旨。王昌龄之后，唐代诗学对“意境”问题有相当丰富的论述，如司空图《与极浦书》：“戴容州云：‘诗家之景，如蓝田日暖，良玉生烟，可望而不可置于眉睫之前也。’象外之象，景外之景，岂容易可谈哉！”南宋严羽的《沧浪诗话》指出：“所谓不涉理路，不落言筌者，上也。诗者，吟咏情性也。盛唐诸人，惟在兴趣。羚羊挂角，无迹可求。故其妙处透彻玲珑，不可凑泊，如空中之音、相中之色、水中之月、镜中之象，言有尽而意无穷。”这个“兴趣”说，突出了诗歌“意境”的“吟咏情性”的抒情性、“不涉理路，不落言筌”的形象性和“言有尽而意无穷”的超越性的统一特征。以诗歌为代表，中国传统艺术之“意境”追求“象外之象”“景外之景”“韵外之致”“味外之旨”（司空图《与李生论诗书》）。这是一种难以言说的“神韵”。严羽《沧浪诗话》说：“诗之极致有一：曰入神。诗而入神，至矣，尽矣，蔑以加矣。”“神”就是优秀艺术的特殊意蕴与魅力，是中国传统艺术“意在笔先”“兴寄于物”的艺术境界，做到“不化而应化，无为而有为”（石涛《苦瓜和尚画语录》）。“意境”说发展到清末王国维，以“境界”说集其大成，发展出“有我之境”与“无我之境”“造境”与“写境”等重要看法。值得注意的是，王国维着重阐发了“意境”或“境界”在中国文化传统中的普遍性意义。他在《人间词话》说：“古今之成大事业、大学问者，必经过三种之境界。‘昨夜西风凋碧树，独上高楼，望尽天涯路。’此第一境也。‘衣带渐宽终不悔，为伊消得人憔悴。’此第二境也。‘众里寻他千百度，回头蓦见，那人正在灯火阑珊处。’此第三境也。此等语皆非大词人不能道。”王国维以词的“境界”显示传统的人生修养中“事业”“学问”等所必经的逐层深化、逐级提升的“三种境界”，凸显了“境界”说的美育意味。此后，蔡元培提出了著名的“以美育代宗教说”，更赋予了美育以与宗教信仰同等甚至更高地位的精神修养意义，是对中国传统美育的陶冶情操、提升人的精神境界之功能的现代阐释。丰子恺更明确地将“境界”说运用到艺术教育之上，在他看来，人生犹如三层楼，包含物质生活、精神生活与灵魂生活，精神生活主要以艺术为主，与灵魂生活离得最近。冯友兰根据“人生觉解”的程度对中国传统思想文化予以重新解说，提出了从“自然境界”经“功利境界”“道德境界”发展到“天地境界”的“人生境界”论①。最近，李泽厚借鉴蔡元培的“以美育代宗教”说和冯友兰的“人生境界”论，提出了“审美的天地境界”说，指出：“这种境界所需要的情感—信仰的支持，不是超越这个世界的上帝，而是诉诸人的内在历史性，即对此世人际的时间性珍惜。它充分表现在传统诗文中，是中国人栖居的诗意或诗意的栖居。”②

总之，“境界”说强调文外之意、象外之象、诗外之神，强调审美与艺术的超越性，是中国古代美学与美育精髓之所在。“境界”也为中国传统文化关于人之精神境界的提升提供强大的理论资源。在没有一元宗教信仰的中国，艺术境界成为特有的精神超越之途。

二

中国五千年美育发展历史是一部儒释道互补互动的历史。李泽厚早年曾经提出中国文化儒道互补的重要论题，但从中国历史来看，还是应该加上佛学(释)这一重要维度。

汉代之前，中国传统文化主要在儒道互补的层面上前行。儒家强调“教化”，道家则倡导“自然”；儒家强调有为，道家主张无为；儒家讲求入世，道家憧憬出世；儒家重视人道，道家向往天道。但这两种思想在其运行与发展中不是绝对对立的，而是相互渗透

①参见冯友兰：《新原人》，见《三松堂全集》第 4 卷，河南人民出版社 2000 年版，第 463—627 页。

②参见刘再复：《李泽厚美学概论》，生活 · 读书 · 新知三联书店 2009 年版，第 230 页。

的、互补的。儒家重要代表人物荀子就受到道家重要影响,儒家是主张性善论的,孔子说"仁者爱人",孟子认为"人性善"。但荀子却提出"性恶"论,就是受到道家的自然人性论思想影响,他的"化性起伪"的美育思想就是在此基础上建立起来的。《周易·易传》阐释原本是卜筮之书的《易经》的思想,使之成为中国古典哲学、艺术观念的重要理论渊源。但《易传》对"一阴一阳之谓道""阴阳""太极"等问题的论述,也受到了道家思想重要影响。中国文学艺术在魏晋南北朝时期取得历史性的重大发展,这在很大程度上要归功于玄学的影响,而魏晋玄学正是儒道思想融合的产物。对宋元以后整个中国思想文化、社会生活产生深远影响的宋明理学、心学,也基本是以儒学为主体吸收、消化道家的相关思想而形成的。例如,北宋周敦颐《太极图说》就是援道入儒的典型。中国古代美育思想,从先秦起就交织着儒道两家的争鸣,汉代以后基本上是在儒道既相互论争、消解,又相互影响、促进的情况下不断发展的。儒道两家在中国古代思想、文化、文艺、教育等方面互渗互补,不断滋润着中国人的心灵,不断产生出新的文化艺术因子,建构了中国文化传统的整体景观。

汉代以后佛教逐渐传入中国,成为中国古代文化发展的另一个重大动力。中国思想文化、文学艺术在魏晋时期、宋明时期的发展,都有着佛学的不朽功绩。堪称空前绝后的文论巨著《文心雕龙》就是在佛寺写成的,唐代以后儒道与佛的文化交融而发展出的禅宗文化,深刻地影响着中国人尤其是士人阶层的文化艺术、精神生活。宋元以来的水墨山水绘画,中国美学的"意境""境界"等概念,都渗透着佛学禅宗的美学精神。影响了南宋以至清末民国中国诗学发展的严羽的《沧浪诗话》,更是以提倡"妙悟""以禅喻诗"等著称。举世闻名的敦煌艺术尤其是儒释道融合的典型，敦煌艺术开辟出的中国传统文化艺术中石窟艺术与飞天、观音、反弹琵琶等至今仍有生命力的艺术元素。

总之，儒释道互补互渗成为中国思想、文化、文艺、教育发展的重要线索。因此，对中国美育思想史的探讨与梳理，无法回避，必须遵循这一线索。

“一阴一阳之谓道”观念，是中国传统美学与艺术的重要特点，或者说是重要的审美与艺术思维模式。《周易·系辞上》曰：“一阴一阳之谓道。继之者善也，成之者性也。”这里的“道”既是天地之道，同时是艺术之道，是中国传统艺术奥秘所在、魅力所在。一阴一阳，交互作用，相依相合，生成生命，同时，也生成美之力量。这就是中国传统艺术生命力之源。《周易》的“生生之为易”“天地之大德曰生”“天地交而万物生”等观念，都体现了天地互动、阴阳相生的中国古代生命哲思。这种生命哲思运用到艺术之中，就是阴阳相交产生艺术的生命之力。清代笪重光在《画筌》中说：“山之厚处即深处，水之静时即动时。林间阴影，无处营心。山外清光，何从著笔。空本难图，实景清而空景现；神无可绘，真境逼而神境生。位置相戾，有画处多属赘疣；虚实相生，无画处皆成妙境。”笪重光指出了绘画艺术的动与静、空与实、真与神的阴阳对应关系，水之静时即动时，在静水之中描绘出暗波汹涌；虚实相生，“无画处皆成妙境”，通过“实景”暗喻了无画处的妙境。这种阴阳、虚实、动静、有无相生的审美观念在中国艺术的各个层面都有展现，如川剧《秋江》以老艄公的一支桨的挥动象征性地展示出渡船在波涛中的跌宕起伏，真正做到了“真境逼而神境生”。王国维有言：“‘红杏枝头春意闹’，这一‘闹’字而境界全出”（《人间词话》）。这一“闹”字，于无声处写出有声，在视觉处写出听觉，是一种“通感”,“神境”即由此而生。这里的动与静、空与实、真与神的关系,就是一种阴阳相生之关系,是生存生命之力与美之神韵的呈现。

中国传统艺术强调虚与实的阴阳相生,也重视白与黑、素与绘的阴阳相生。在绘画中,大量的留白给人以发挥想象的空间,而最美的图画通常都是画在素白的底子之上。如此,也是阴阳相生的艺术规律之作用。中国古代艺术讲求情感表现、韵律结构的抑扬顿挫,使艺术品整体涌动着一呼一吸的生命力节奏,也是阴阳相生之艺术与美学规律的体现。例如,杜甫的《春望》:“国破山河在,城春草木深。感时花溅泪,恨别鸟惊心。烽火连三月,家书抵万金。白头搔更短,浑欲不胜簪。”这里,有感情的起伏节奏,以国破城陷,草木凄凄,烽火连天,家人遥隔的背景,和面对感时的花与恨别的鸟之情景,衬托了诗人情感的起伏节奏。在语言上,则以“国破”与“城春”、“感时”与“恨别”、“烽火”与“家书”等的工稳对仗,和“深”“心”“金”与“簪”等的韵律安排,形成了语言上的情感的节奏,形成一种一呼一吸之生命力之洋溢。这节奏,其实也是一种一阴一阳之道的生命律动。阴阳相生,成为中国古典艺术之境界与神韵产生的根本原因,也是其神妙之所在。中国艺术与美学中的阴阳、黑白等之关系,迥然不同于西方哲学、美学的主客二分之思维模式,它是一种阴阳互补、交混融合、无极而太极、产生生命律动的情状。

审美与艺术的统一,是中国特有文化传统。中国美学与美育有着特殊的发展历史,西方的美学与美育基本上以理论形态出现,但中国的美学与美育却基本是融解于艺术发展与艺术理论之中,是一种审美与艺术统一的道路。宗白华曾指出:“在西方,美学是大哲学家思想体系的一部分,属于哲学史的内容。……在中国，美学思想却更是总结了艺术实践，回过来又影响艺术的发展。”①历史证明，中国有着举世公认的优秀传统艺术，特别是中国的传统书法艺术更是绝无仅有。中国书法以其特有的龙飞凤舞、遒劲有力的艺术风貌，深蕴着特殊的感人艺术魅力，为世人所惊叹。现代，不断有外国艺术家从王羲之和米芾等大书法家的书法中获得艺术的震撼与启发。中国传统艺术均有其特殊的艺术魅力，充分表现了中国传统文化特别是中和之美的特色与韵味。如，国画的“气韵生动”，书法的“筋肉骨气”，戏曲的“余音绕梁”，建筑的“画栋飞檐”，园林的“曲径通幽”，诗歌的“意境深远”，民间艺术的“拙实素朴”……更为重要的是，中国传统文化对于艺术的重视还表现在，强调传统文人的培养必须通过艺术的途径。在中国，“诗书琴画”是传统文人必备的基本素养。这是中国古代的美育，是培养“文质彬彬”的士人君子的重要途径。审美与艺术统一这一重要特点，是研究中国传统美育所必须把握的。

三

历史发展到近代，辛亥革命爆发，封建王朝覆灭。此后，西学东渐，中国文化发展中，在传统文化与现代文化之间出现一定程度的断裂，传统的礼乐教化的美育观念逐渐被新的美育理念所代替。但这是否应视之为一种“失语”呢？这是学术界一直有争论的问题。“断裂”主要指新文化运动、白话文运动和新学的兴起，导致原有的主要以文言文方式存在的文化形态被白话文所代替。但是，在思想观念上，西学东渐对于旧的文化既有着强大的冲击，

①《宗白华全集》第3卷，安徽教育出版社1994年版，第392页。

同时也为中华文化增添了新的元素。近代以来,王国维、蔡元培、朱光潜、宗白华、钱钟书等一代代文化学者就是在中西冲突、对话的背景下不断进行着对现代中华文化的诸多新的创造。这种新文化当然也是一种新的话语。因此,轻易地言说中国现代文化与学术的"失语",是不全面的。现代中国文化的发展,始终挥之不去的话题是如何对待传统文化的问题。在"五四"新文化运动中,曾经有许多文化人断言封建礼教具有一种"吃人"的本质,要求打倒这种传统"礼教"。这种看法当然有其历史的背景与合理性。就中国美育思想史研究来说,这里牵涉到如何评价"礼乐教化"传统的问题。中国礼乐教化传统中的"诗教""乐教"观念是中国美育思想的核心问题,而这些观念都与"礼教"有着密不可分的关系,甚至可以说是"礼教"观念在文艺美学思想、道德教育观念的表现。我们认为,对中国传统"礼教",特别是"礼乐教化",要有一种分析的态度,要分清政治制度层面的与文化艺术层面的。传统"礼教"中,政治制度层面与社会伦理层面的很多内容,诸如愚忠愚孝、三从四德等观念,当然应该是属于被批判、淘汰的、旧的东西。但它的文化艺术层面与人民生活有着更紧密、更深刻的联系,尤其是艺术层面的东西,按照马克思主义的观点,这些内容本身就具有相对独立性,甚至可以抽象地加以继承。特别是艺术层面的文化形态,具有深厚的内涵,紧紧地扎根于人民的生活与生存方式之中,具有顽强的生命之力,是一个民族生生不息的力量所在。从这个角度说,中国"礼乐教化"传统中艺术与生活的内容大部分是有价值的,是可以而且应该继承发扬的。这是我们研究中国美育思想应该特别注意的地方。

现代以来,中国美学、美育在中西对话背景下有着许多发展,出现诸多重要理论家。其理论形态与传统礼乐教化理论呈现不同的中西交融的面貌，对于我国新世纪美育理论建设有着另一方面的意义与价值。现代出现的第一个重要美育理论家是王国维，1903年，王国维在《教育世界》杂志发表《论教育之宗旨》一文，在我国现代文化史上首次全面论述美育在教育体系中的重要地位，并提出独具中国特色的“心育论”，初步构建了中国现代美育的框架。王国维借鉴康德之“知情意”三分之观点，认为“此三者不可分离而论之”，“教育之时，亦不能加以区别”。他认为，“教育之宗旨”是培育“完全之人物”，这要从“体育”和“心育”两面入手，“心育”包括“知育”“德育”“美育”。这“三者并行而得渐达真善美之理想，又加以身体之训练，斯得为完全之人物，而教育之能事毕矣”①。王国维的“心育论”，吸收了席勒“美育即情感教育”说和叔本华的审美“观审”即直观的观点，使中国现代美育奠定在启蒙主义的背景之上。王国维的《人间词话》，在继承中国传统的“意境”论的基础上提出了自己的“境界”说，并将西方哲学、美学的理性精神融入“境界”说中。虽然存在着堕入主客二分思维困局的问题，但其试图融贯中西进行新的理论创造的精神难能可贵。尤其重要的是，王国维将传统的“境界”论引入对人生修养之境界问题的阐发，对于认识和探讨中国传统美育思想具有重要的启示意义。此外，王国维对中国美育思想的研究，也别有贡献。他曾撰写过《孔子之美育主义》一文，阐发儒家的“礼乐教化”美育思想。

蔡元培是中国现代美育另一位重要开创者。他曾任民国教育总长和北京大学校长之职，在他的推动下，美育第一次被列入国民教育计划，中国现代美育由此走上了理论与实践结合之路。

---

①王国维：《论教育之宗旨》，见傅杰编选《王国维论学集》，云南人民出版社2008年版，第451页。

蔡元培继承发展了康德与席勒的美育思想,根据当时对赛先生(科学)、德先生(民主)的倡导,从中国文化传统出发,提出了"以美育代宗教"说,指出:

一、美育是自由的,而宗教是强制的;

二、美育是进步的,而宗教是保守的;

三、美育是普及的,而宗教是有界的。①

蔡元培的"以美育代宗教"说,在学理与可行性上固然有其可以推敲之处,但从中国的实际来看,却是有一定的合理性的。中国是一个宗教没有占统治地位的国家,但中国人并非没有信仰。中国传统文化中"天人合一"观念与意识一直支撑着几千年来中国人的精神追求。中国传统文化对"道德之天"有充分信仰,中国的文学艺术也一直在发挥着陶冶性灵、提升人的精神境界乃至人生境界的重要功能。历史地看,可以说在中国文化传统中,以"中和之美"为基本精神,以"礼乐教化"为实现方式、融注着"天人合一"观念的中国美育,一直发挥着类似宗教的作用。因此,蔡元培的"以美育代宗教"说,既是一种对中国美育精神的揭示,也是在中西美育观念交流对话背景下,试图回归以"中和之美"提升人生境界之美育传统的努力。这就是所谓借鉴儒学精华、"师法孔子"之路,它所具有某种本土文化意义需要我们充分重视并深入探讨。

朱光潜是将西方美学系统地介绍到中国的最重要理论家,也是融贯中西,在美学与美育理论上有独特创造的美学家。他早年出版《文艺心理学》,是该领域的拓荒之作。朱光潜在美学与美育

①蔡元培:《以美育代宗教说》,见高平叔编《蔡元培美育论集》,湖南教育出版社 1987 年版,第 43—47 页。

上的重要贡献，是提出了著名的“意象”之学，认为所谓“美”就是“意象”，而“意象”就是“物乙”。事物本身是“物甲”，而事物的形象是“物乙”，就是“美”。朱光潜发挥中国传统美学“意象”理论以意造象之内涵，同时借鉴了西方克罗齐美学“艺术即直觉”等观点，在阐发中国美学、美育之传统与意蕴方面做出了重要的学术贡献，写出了《诗论》等著作。他的《乐的精神与礼的精神》等文，突出地体现出对中国美育精神的倾情关怀。

宗白华是我国现代在自觉继承传统美学与美育成果方面建树最多之老一辈学者。他于20世纪30年代着重阐发“气本论生态生命美学”，其《论中西画法的渊源与基础》一文中指出：“中国画所表现的境界特征，可以说是根基于中国民族的基本哲学，即《易经》的宇宙观：阴阳二气化生万物，万物皆禀天地之气以生，一切物体可以说是一种‘气积’（庄子：天，积气也）。这生生不已的阴阳二气织成一种有节奏的生命。”①宗白华以阴阳二气化生万物的观念阐释“境界”与“气韵”之说，可谓恰中要旨。此后，宗白华一直坚持将这种“气本论生态生命美学”运用于阐释中国传统的国画、书法、戏剧、建筑与民间艺术等，显示出其强大的阐释力量和生生不息的理论生命力。

当代以降，特别是新时期以来，中国美育结合中国国情有了新的发展。首先是美育取得了独立的地位。在相当长的时间里，美育一直被德育所替代，在教育方针上一般只提“德智体全面发展”。新时期以来，开始重视美育为其他各育不能取代的特殊作用。1999年6月召开的全国第三次教育工作会议颁布了《中共中

①宗白华：《论中西画法的渊源与基础》，见《宗白华全集》第2卷，安徽教育出版社1994年版，第109页。

央国务院关于深化教育改革,全面推进素质教育的决定》,明确提出“美育不仅能陶冶性情、提高素养,而且有助于开发智力,对于促进学生全面发展具有不可代替的作用”。“不可代替”,道出了美育之特殊的不能被取代的作用与地位,也突出了美育的重要作用。美育不仅是审美教育,也是情操教育和心灵教育,不仅能提升人的审美素养,还能潜移默化地影响人的情感、趣味、气质、胸襟,激励人的精神,温润人的心灵。美育与德育、智育、体育相辅相成、相互促进。其次是美育正式进入国家教育方针。2011 年 4 月,国家主席正式发表讲话,将“德智体美全面发展”确立为国家教育方针。至此,美育在我国正式成为国家意志。国家意志与全民意志的结合,促进了美育真正被落到实处。第三是美育正式进入各类教育的课程体系。教育是以学校这一组织机构组织的教学活动为其主要方式展开的,教学是各种教育理念得以贯彻的最重要途径。我国新时期以来,高等学校、中等学校与其他各种教学组织均加强了美育的课程教学,在美育课程教学体系、课程设置、师资队伍与后勤经费保证等方面均采取一系列重要措施。非常重要的是,在 2011 年 4 月 24 日清华大学百年校庆大会上,国家领导人再次强调“德智体美全面发展的教育方针”,并对高校提出文化传承的重要任务。由此,学校美育承担着文化传承的历史使命。当然,我们也清醒地看到,目前美育仍然是整个教育事业中的薄弱环节,对于美育重要性的认识、资源配置与师资队伍建设都还没有完全到位。因此,目前仍然需要认真贯彻执行“德智体美全面发展的教育方针”,采取切实措施,迅速改变美育的薄弱状况。

我国有着五千年的美育历史,有着非常丰厚的美育传统和美育思想的遗产。在新的历史条件下通过批判地继承用好这笔宝贵的遗产，是我们的历史重任。对于中国古代迥异于西方的“中和之美”精神、“礼乐教化”传统、“风骨”与“境界”观念、儒道释互补的文化传统、阴阳相生的艺术思维、审美与艺术统一的基本特征等，我们需要有很好的研究总结与继承发扬，以便在继承与重铸中华美学与美育精神上做出新的探索和努力。当然，我们不仅要看到历史遗产的长处，而且还要有历史主义的眼光，看到其各种历史的弊端，取其精华，弃其糟粕。这一任务光荣而繁重，我们的路还很长。

本书的写作，是这种探索和努力的一个新的尝试。作为我国第一部美育思想通史，它肯定还有许多不足和需要进一步斟酌讨论之处，同时也还有许多相关理论问题需要进一步探讨和研究。我们希望，本书的写作和出版，能够引起学界对中国美育思想研究问题的关注，也希望它是一种促进。当然，这需要同行专家与读者们不吝惜地对本书的学术观点、研究方法、资料运用等方面提出宝贵意见，以便使它更加完善。

儒家礼乐教化的现代解读[①]

“礼乐教化”是儒家文化的核心内容之一，是中国传统社会长期形成的一种特有的政治、文化与教育制度。孔子曾言：“文之以礼乐，亦可以为成人矣。”(《论语・宪问》)又说：“兴于诗，立于礼，成于乐。”(《论语・泰伯》)荀子也指出：“乐者，圣人之所乐也，而可以善民心，其感人深，其移风易俗。”(《荀子・乐论》)可见，儒家文化对于“礼乐教化”的重视。徐复观认为，“礼乐并重，并把乐安放在礼的上位，认定乐才是一个人格完成的境界，这是孔子立教的宗旨”[②]。这表明，“乐教”在“礼乐教化”中具有极为重要的地位。儒家“礼乐教化”学说的经典表述，是《礼记・乐记》篇。《乐记》成书于西汉，是以儒家“礼乐教化”观念为主对先秦以来“乐论”思想的系统总结，并构成后世中国美学和文艺思想的主要来源。因此，蒋孔阳认为，《乐记》在中国音乐美学思想史上的地位，完全可以与亚里士多德的《诗学》在西方美学史上的地位相媲美。“《乐记》在我国的音乐美学思想发展的历史中，不仅是第一部最有系统的著作，而且还是最有生命力、最有影响的一部著作。”[③]

①原载《郑州大学学报》2017 年第 6 期。

②徐复观：《中国艺术精神》，春风文艺出版社 1987 年版，第 4 页。

③《蒋孔阳全集》第 1 卷，安徽教育出版社 1999 年版，第 701—702 页。

但目前对《乐记》的研究还远远不够，起码没有达到对《文心雕龙》研究的热度与水平。

儒家“礼乐教化”文化特别是“乐教”传统，可以说源远流长，独具特色，无比丰富，是中国文化对于世界的杰出贡献，是中国古代美学的光辉异彩。它以“天人合一”为其文化理念，以“中和”为审美理想，以“礼乐刑政，四达而不悖”（《礼记·乐记》）为其东方特色，以“正声”“德音”为其艺术诉求，因而明显的区别于西方自古希腊柏拉图的《理想国》到席勒的《美育书简》的美育观念，彰显出光彩照人的东方特色与中国精神，充分说明中华民族在思想、文化、艺术特别是美学上的成熟与伟大，值得我们为之骄傲与自豪，应该很好继承并发扬光大。

任何历史都是当代史。在中华民族伟大振兴之际，在 21 世纪反思与超越现代性的“后现代”语境下研究“礼乐教化”传统，必然要从时代的要求出发，对儒家“礼乐教化”传统以《乐记》的观念做出我们的新的解读，以求献于社会，求教于同道。

一、“天人合一”的中和之美

儒家“礼乐教化”特别是“乐教”的核心内容是什么？可以说众说纷纭，莫衷一是。我们认为，“礼乐教化”的核心是“中和之美”。理解“礼乐教化”与《乐记》不能仅仅局限于其自身，而是要从整个儒家文化进行整体的认识。儒家文化的核心无疑是“中和位育”。孔子说：“君子和而不同，小人同而不和。”（《论语·子路》）主张“过犹不及”（《论语·先进》），推崇“中庸”之至德（《论语·雍也》）。而礼乐，在儒家看来，就是“中和”的典型表现。孔子的弟子有子说：“礼之用，和为贵。先王之道，斯为美。小大由之。有所不行,知和而和,不以礼节之,亦不可行也。"(《论语·学而》)《礼记·中庸》篇载,孔子称颂舜帝能行"中庸"之道,"执其两端,用其中于民"。《中庸》对"中和位育"观有经典表述:"喜怒哀乐之未发,谓之中;发而皆中节,谓之和。中也者,天下之大本也;和也者,天下之达道也。致中和,天地位焉,万物育焉。""中和位育"发展了先秦以来"和实生物"(《国语·郑语》)"中庸之为德""过犹不及""文质彬彬"(《论语·雍也》)等思想,包含着含蓄性、恰当性、生成性等丰富内涵,以"中和"为天地宇宙运行的基本规律,并赋予人以"参天地""赞化育"的伟大使命。"中和位育"思想的根基是"天人合一",代表着中国古代的原始思维,与古代农业社会的生产生活紧密相关,区别于古代希腊的"比例对称和谐"的科学思维,是东方特有的哲学与美学形态与智慧。《乐记》论礼乐教化,追求的就是这种基于"天人合一"的"中和之美"。所谓"乐者,天地之和也;礼者,天地之序也。和,故百物皆化;序,故群物皆别"。"大乐与天地同和,大礼与天地同节。和,故百物不失;节,故祀天祭地。明则有礼乐,幽则有鬼神。如此,则四海之内,合敬同爱矣。"礼乐是宇宙天地之和谐与秩序的象征,而"乐"更体现着人与天地自然的整体和谐的审美境界。"故乐者,天地之命,中和之纪,人情之所不能免也。"(《乐记》)

《乐记》所论之"乐",或者说与"礼"既相对应又相辅相成的"乐",并不是一般意义上的音乐或艺术,而是"雅颂之声"。《乐记》特别注重区别"正声"与"奸声"、"淫乐"与"和乐",它所推崇的是能够体现儒家政治、道德理想的"中和"之声,或曰"德音"。《乐记》通过孔子弟子子夏之口指出:"圣人作为父子君臣,以为纪纲。纪纲既正,天下大定。天下大定,然后正六律,和五声,弦歌《诗》《颂》,此之谓德音。德音之谓乐。"可见,唯有"德音"才可称之为

“乐”。这种“德音”，既内涵着儒家政治、伦理之“纪纲”，又是“天下大定”之政治和谐的体现，同时又是六律正、五声和的。儒家认为，只有这样的“德音”，才能起到感动人心、移风易俗的教化作用。总之，“礼乐教化”追求一种“中和位育”与“乐而不淫，哀而不伤”（《论语·八佾》）的“中和之美”。这种“中和之美”作为东方之美，它的含蓄、有节与生生不息的品格，彰显了东方的生活方式与艺术存在方式，值得我们加以珍惜与呵护。

二、礼乐交融的教化之美

中国古代的“礼”，起源于宗教祭祀之礼仪，发展为宗法政治制度、道德行为规范和社会交往之人文礼仪等，与中国传统的宗教、政治、道德等观念深刻联系。“乐”原本是“礼”的组成部分，是与“礼制”等相关的主要作为“礼仪”的乐舞歌诗的总称。因此，儒家讲的“礼乐教化”，是政治、道德、审美等融为一体的整体性的教化。

有学者认为，中国古代文化是一种关联性文化，而西方古代文化的科学性决定了它是一种区分性文化。在“礼乐教化”的整体结构中，礼与乐既具有各自相对独立的性质和功能，又能够相辅相成、互补互济、交融统一，可以说充分体现了中国文化的关联性特点。《乐记》对此有充分论述。首先是道德属性的相对与互补。《乐记》指出：“礼者，殊事合敬者也；乐者，异文合爱者也。”行礼需要“敬”，乐则是“爱”的体现。“敬”属于“义”，“爱”则属于“仁”。因此，《乐记》说：“仁近于乐，义近于礼。”其次是社会功能上的相对与相辅。《乐记》说：“乐者为同，礼者为异。同则相亲，异则相敬。”“乐统同，礼辨异。”礼区别政治、宗法上的等级，乐则发挥着沟通情感、融各阶层为一体的作用。再次是教化作用上的互补互济。“乐由中出,礼自外作。”“乐也者,动于内者也;礼也者,动于外者也。”礼侧重外在的行为规范,乐则集中于内在的情感陶冶。最后是本体性的审美特征上的和谐统一。礼代表着秩序与规范,乐则体现了情感与和谐。这就是所谓的“乐者,天地之和也;礼者,天地之序也”。在儒家“礼乐教化”思想中,礼与乐的既相互独立又相辅相成的关系,一方面使以“乐”为主的审美教育、艺术教育承担着道德教化、人格培养等重要的社会责任,另一方面也使以情感陶冶为主的美育具有了不可替代的相对独立意义。从西周的“礼乐射御书数”之“六艺”之教到孔子的“文之以礼乐”的“文质彬彬”的“君子”之教,中国传统“礼乐教化”的交融性、关联性与综合性等特征,表现得非常明显。对于今天注重专业的、技能的教育而忽视整体的人文素质教育来说,这一传统值得充分重视和借鉴。

儒家对“礼乐教化”的作用,有充分的自信。《乐记》指出:“致礼乐之道,举而错之天下,无难矣。”当然,这并不意味着否定法制、刑罚等的政治作用。春秋晚期,孔子曾提出:“道之以政,齐之以刑,民免而无耻;道之以德,齐之以礼,有耻且格。”(《论语·为政》)将“德”与“礼”置于“政”“刑”之上。但孔子也指出:“天下有道,则礼乐征伐自天子出;天下无道,则礼乐征伐自诸侯出。”(《论语·季氏》)“天下有道”之时,也还是需要“征伐”的。《乐记》成书于儒法并重的西汉时代,因而在社会治理上主张“礼乐”与“政刑”并重,指出:“礼节民心,乐和民声,政以行之,刑以防之。礼乐刑政,四达而不悖,则王道备矣。”“礼以道其志,乐以和其声,政以一其行,刑以防其奸。礼乐刑政,其极一也,所以同民心而出治道也。”当然,《乐记》把“礼乐”置于比“政刑”更高的位置。而且,如果说“礼乐”与“政刑”的并重以及“四达而不悖”,主要侧重于文化、政治上的治理,那么,由这种治理所达到的最高的理想境界,则是由礼乐所充分体现出来的。儒家“礼乐教化”的最高境界,不仅是政治和谐,而且是人与自然的和谐,是宇宙整体的和谐。

中国传统的“礼乐教化”当然并不就是美育,但无疑包含了美育,并且赋予了美育以重要的社会责任和相对独立的地位。美育在今天,仍然是所有教育中最薄弱的环节,在经费投入、教师与教学方面都没有到位。其实,更重要的还是观念意识不到位。因此,我们需要回归传统,去汲取思想资源和智慧启迪。

三、“人文化成”的人文之美

儒家文化是最有代表性的人文主义文化,儒家思想充满着浓郁的人文精神。这种人文精神,在“礼乐教化”上的表现,就是它的“人文化成”理念。《周易·贲·彖传》云:“刚柔交错,天文也;文明以止,人文也。观乎天文,以察时变;观乎人文,以化成天下。”《周易·离·彖传》云:“离,丽也。日月丽乎天,百谷草木丽乎土。重明以丽乎正,乃化成天下。”按:《周易·序卦》说:“贲者,饰也。”贲卦象征文饰,离卦象征附丽,也有文饰之义。贲与离两卦都包含有离,离象日,象火,象电,有“文明”、光明、美之象。因此,所谓“观乎人文,以化成天下”,即以文明、文化、美来教化、成就天下,使天下臻至文明、审美的境界。而“礼乐教化”,可以说就是“人文化成”的具体表现。礼乐既是文明、文化,也是美的形态。徐复观指出:“对礼的基本规定是‘敬文’或‘节文’。文是文饰,以文饰表达内心的敬意,便谓之‘敬文’。把节制与文饰二者调和在一起,即能得其中,便谓之'节文'。……因此,礼的最基本意义,可以说是人类行为的艺术化、规范化的统一物。"① 其实,礼乐可以说都是"文","礼乐教化"的目的可以说就是人生的艺术化、审美化。

"礼乐教化"的"人文化成"理念,最早由孔子的"文之以礼乐,亦可以为成人矣"揭示出来。"成人",即使人成其为人。"成人"的典范,大概就是孔子所说的"文质彬彬"的"君子"。因此,"文质彬彬"可以看作是"成人"的标准。朱熹《四书章句集注》云:"彬彬,犹班班,物相杂而适均之貌。"②"文质彬彬"即内在美好的德性与外在审美的仪容的完美统一,用孔子称赞《韶》乐的话来说,就是"尽美矣,又尽善也"(《论语·八佾》)。孔子指出:"人而不仁,如礼何?人而不仁,如乐何?"(《论语·八佾》)显然是把仁德之培养视为礼乐教化之目的。此后,孟子提出"性善"论,以"仁义礼智"为人天性固有之"善端","礼"是"仁义"之"节文","乐"则是礼义全备所产生的快乐(《孟子·离娄上》)。礼乐成为"仁义"之德的外在的审美的表现,所谓"动容周旋中礼者,盛德之至也"(《孟子·尽心下》)。荀子虽主张"性恶",但仍然以礼乐为"化性而起伪"(《荀子·性恶》)的途径,其礼乐教化理想是"乐行而志清,礼修而行成,耳目聪明,血气和平,移风易俗,天下皆宁,美善相乐"(《荀子·乐论》)。可见,孟子、荀子讲礼乐的"成人"之道,都是主张内外兼修,以"文质彬彬"为标准的。

《乐记》论"礼乐教化",受到了荀子的很大影响,但在人性论

---

①徐复观:《中国艺术精神》,春风文艺出版社 1987 年版,第 3 页。

②(宋)朱熹:《四书章句集注》,中华书局 1983 年版,第 89 页。

上却主要吸取了孟子的“性善”论，认为“德者性之端也，乐者德之华也”，礼乐教化的主要作用表现在“教民平好恶，而反人道之正”，使礼乐所体现的政治、伦理、审美等规范内化于心，成为人的德行，所谓“礼乐皆得，谓之有德。德者得也”。《乐记》重视礼乐在“成人”上的内外交养之功，强调“礼乐不可斯须去身”，指出：“致乐以治心，则易直子谅之心油然生矣。易直子谅之心生则乐，乐则安，安则久，久则天，天则神。天则不言而信，神则不怒而威，致乐以治心者也。致礼以治躬则庄敬，庄敬则严威。心中斯须不和不乐，而鄙诈之心入之矣，外貌斯须不庄不敬，而易慢之心入之矣。故乐也者，动于内者也；礼也者，动于外者也。乐极和，礼极顺。内和而外顺，则民瞻其颜色而弗与争也，望其容貌而民不生易慢焉。故德辉动于内，而民莫不承听，理发诸外，而民莫不承顺。”这里的“内和而外顺”，就是荀子所说的“美善相乐”。

因此，儒家的“礼乐教化”作为“成人”教育，虽以道德情感的凝聚、道德人格之造就为主，但并不完全是道德的化成，内在道德的外在“艺术化、规范化”的审美表现也同样得到了突出重视。《左传·昭公二十五年》载，鲁子大叔曾指出：“人之能自曲直以赴礼者，谓之成人。”即以行为的合礼、“中礼”为“成人”之标准。《诗经》《左传》讲到西周到春秋时人的礼仪行为时，常用“威仪”一词，即强调“动容周旋中礼”的行为之艺术化、规范化的审美特征。西汉贾谊的《新书·容经》篇，对人在“朝廷”“祭祀”“军旅”“丧纪”等典礼场合所应有的“志”“容”“视”“言”等仪容规范有细致规定，突出了“礼容”作为德行、情感之审美表现的意义。汉末徐干论“君子”之修养，特别重视“法象”的意义。“法象”，指人的符合礼仪规范、作为德行之表现的仪容形象，也指足可为人所取法、仿效的仪容形象。“法象”主要体现于“容貌”,所以徐干说:“法象者,莫先乎正容貌,慎威仪。”“夫容貌者,人之符表也。符表正,故情性治;情性治,故仁义存;仁义存,故盛德著;盛德著,故可以为法象,其谓之君子矣。”(《中论·法象》)

四、天人相通的“生生”之美

中国传统哲学的精髓是什么?诸多前辈学者将之概括为生命哲学,同时将传统美学概括为生命美学。如,方东美即指出:“‘易’就是生生,‘成性’乃成我、成人、成物而参天地也。……儒家的根本出发点是在此,宇宙根本是善的。此后的道德哲学、艺术哲学,均由此出发。”①蒙培元指出:“‘生’的问题是中国哲学的核心问题,体现了中国哲学的根本精神。”②《周易·系辞传》的“生生之谓易”“天地之大德曰生”等论述,是中国哲学“生生”之学的思想渊源。“生生”之学作为中国哲学的根本出发点,也体现在儒家“礼乐教化”观念中。

《乐记》论“礼乐”,指出:“天尊地卑,君臣定矣。卑高已陈,贵贱位矣。动静有常,小大殊矣。方以类聚,物以群分,则性命不同矣。在天成象,在地成形,如此,则礼者天地之别也。地气上齐,天气下降,阴阳相摩,天地相荡,鼓之以雷霆,奋之以风雨,动之以四时,暖之以日月,而百化兴焉。如此,则乐者天地之和也。”这段论述显然是在《周易·系辞传》基础上的发挥,也是《乐记》将礼乐视为宇宙自然之秩序与和谐的象征。《中庸》讲“中

①方东美:《人生哲学讲义》,中华书局2013年版,第88页。
②蒙培元:《人与自然:中国哲学生态观》,人民出版社2004年版,第5页。

和”，指出“致中和，天地位焉，万物育焉”，赋予人以“参天地，赞化育”的责任使命。在《乐记》看来，礼乐是完成这一使命的基本途径。首先，《乐记》认为，“乐由天作，礼以地制”，因此，“明于天地，然后能兴礼乐也”。礼乐是天地之道的体现，天道与人事相通，所以礼乐能够发挥教化天地的作用。其次，《乐记》根据“天人合一”的理念，强调法天象地以制礼作乐。“圣人作乐以应天，制礼以配地。礼乐明备，天地官矣。”最后，《乐记》认为，礼乐教化的推行、实施，可以发挥“赞天地之化育”的重要作用。“礼乐负天地之情，达神明之德，降兴上下之神，而凝是精粗之体，领父子君臣之节。是故，大人举礼乐，则天地将为昭焉。天地欣合，阴阳相得，煦妪覆育万物，然后草木茂，区萌达，羽翼奋，角觡生，蛰虫昭苏，羽者妪伏，毛者孕鬻，胎生者不殰，而卵生者不殈，则乐之道归焉耳。”

因此，儒家推崇“礼乐教化”，不仅仅是将其作为政治治理的手段，更重要的是将“礼乐教化”视为达到人类社会和谐、人类与自然之整体和谐等政治、道德、审美理想境界的基本途径。这种理想境界，用《礼记·孔子闲居》所载的孔子的话来说，就是“五至”和“三无”。《孔子闲居》载，孔子说：“夫民之父母乎，必达于礼乐之原，以致五至而行三无，以横于天下。”所谓“五至”，即“志之所至，诗亦至焉；诗之所至，礼亦至焉；礼之所至，乐亦至焉；乐之所至，哀亦至焉。哀乐相生。是故正明目而视之，不可得而见也；倾耳而听之，不可得而闻也。志气塞乎天地，此之谓‘五至’”。所谓“三无”，即“无声之乐，无体之礼，无服之丧。此之谓‘三无’”。“五至三无”的境界，虽然说得玄妙神秘，但从礼乐的“成人”之学来说，当是指诗、礼、乐等审美教育所达到的人与自然、与本性的完美和谐所呈现的超越性的自然而然的审美境界。这种境界,大概就是冯友兰在《新原人》一书中所揭示的"同天"的"天地境界"①。孔子的"七十而从心所欲,不逾矩"(《论语·为政》),应该就是这种"同天"境界的展现。

①冯友兰:《新原人》,华东师范大学出版社 1996 年版,第 626—649 页。

马克思《1844年经济学哲学手稿》中的美学思想①

《1844年经济学哲学手稿》(以下简称《手稿》)是马克思1844年4—8月间于巴黎写的系列性对资产阶级经济学与黑格尔哲学进行反思与批判的手稿,1927年被翻译面世,1932年再次翻译整理面世,受到社会与学术界高度重视。《手稿》分三个部分,内容丰富。其中"笔记本3"有关"异化劳动和私有财产"部分与对"笔记本2"的补充的"私有财产与共产主义"部分涉及美学基本问题,内涵丰富深刻,意义深远。这里首先面临的问题是"手稿是否是不成熟的马克思主义",理由是将1845年的《关于费尔巴哈的提纲》作为成熟的马克思主义,而将此前的论著均作为不成熟的马克思主义。我们认为应以历史唯物论的出现为标志,而在《〈黑格尔法哲学批判〉导言》中已经提出了将推翻旧的社会关系作为"绝对命令"的历史唯物主义观点,因此,目前我们认为手稿写作时马克思主义学说已经基本成熟,当然某些概念表达还没有完全摆脱德国古典哲学。但《手稿》中对于"类本质"与"异化"等这种德国古典哲学旧哲学名词的使用应不具根本意义。《手稿》长期以来特别是20世纪50年代美学大讨论以来是我国美学论域热点

---

①原载《华夏文化论坛》2016年第1期。

问题之一,现根据文本本身与有关讨论将其与美学有关的思想概括为5个方面。

一、生产劳动实践与美的创造

马克思在《手稿》中首次在论述异化劳动时涉及生产劳动实践与美的创造的关系问题。这里我说是涉及而不是专门论述,因为毕竟《手稿》是经济学与哲学论著不是美学论著。这一论断是非常有价值的,因为历史唯物论的基本观点就是生产劳动实践是决定包括审美在内的社会意识形态的根本动因。生产劳动实践与美的创造的关系是马克思主义历史唯物主义美学观的基本问题。由此,在我国美学大讨论中据此提出"人的本质力量对象化的""实践美学"观。当然这种实践美学观是需要进一步推敲的。因为并非一切人的本质力量对象化的产品都是美的。大量的破坏自然的所谓人的本质力量对象化的产品就不是美的,而且这一观点中还包含明显的"人类中心论"的痕迹。现在我们回到《手稿》。马克思在手稿中首先提出了"劳动对象化"的问题。他说"劳动的产品是固定在某个对象中的、物化的劳动,这就是劳动的对象化。劳动的对象化就是劳动的现实化"①说明正是通过劳动人将自己的本质力量对象化到对象之上,才使劳动产品具有了审美的价值。这样才产生了"直观自身"的审美活动。马克思说"因此,劳动对象是人类生活的对象化:人不仅像在意识中那样在精神中使自己二重化,而且能动地、现实地使自己二重化,从而在他所创造的

①《马克思恩格斯文集》第1册,人民出版社2009年版,第157页。

世界中直观自身”①。这种对自身的直观是一种自我欣赏，美学界很多朋友认为这就是一种审美。这里排除了非劳动实践的欣赏活动，也排除了自然审美，成为我国后来“实践美学”的理论根据之一，具有某种片面性。总而言之，审美是人与对象的一种肯定性的情感关系，是一种特殊的经验。马克思还提出著名的“劳动创造了美”的观点。当然这是在批判资本主义的“异化劳动”时说到这一点的。他说：“劳动为富人生产了奇迹般的东西，但是为工人生产了赤贫。劳动生产了宫殿，但是给工人生产了棚舍。劳动生产了美，但是使工人变成畸形。劳动用机器代替了手工劳动，但是使一部分工人回到野蛮的劳动，并使另一部分工人变成机器。劳动生产了智慧，但是给工人生产了痴呆。”②当然，这里马克思认为劳动与美的创造有关系。但是并非就是论述美是由劳动创造的。因为马克思说的“劳动”是“异化”的劳动，这就出现异化的劳动能否创造美？因为有的学者就认为异化劳动也能创造美。但马克思又明确指出异化“劳动对工人来说是外在的东西，也就是说，不属于他的本质；因此，他在自己的劳动中不是肯定自己的，而是否定自己，不是感到幸福，而是感到不幸，不是自由的发挥自己的体力和智力，而是使自己的肉体受折磨、精神遭摧残”③。显然这样的劳动是不可能创造美的。但马克思前文所言异化劳动中的“创造美”是什么样的“美”呢？我认为是一种表面的“形式之美”。因为，美的创造是一种高度自由的精神活动，在失去自由特别是奴役性的劳动中，真正生命的精神之美是难以创造的。

①《马克思恩格斯文集》第1册，人民出版社2009年版，第163页。
②《马克思恩格斯文集》第1册，人民出版社2009年版，第159页。
③《马克思恩格斯文集》第1册，人民出版社2009年版，第159页。

历史上许多艺术品也应是在相对自由的氛围中创造出来的。

二、关于“美的规律”

马克思在《手稿》的“异化劳动与私有财产”部分还论述了“美的规律”问题。尽管主要是着眼于对资本主义异化劳动的批判，但采取的是一种正面论述，所以很有价值，可以看作是马克思的基本美学观点。当然这还不是在阐述自己的完整美学理论时的论述，因此有一定局限，但马克思主义经典作家对于美学问题能有这样的论述已经难得。这一观点目前已经被学术界广泛引用。论题提出的背景是：马克思在批判异化劳动“使类同人相异化”的问题时指出人的劳动与动物的生命活动是有着本质区别的；前者是一种“自由的有意识的活动”，是“人的类特性”①。就是在这样的情况下马克思提出了“人也按照美的规律构造”的重要命题。他说：“但是，动物只生产它自己或它的幼仔所直接需要的东西；动物的生产是片面的，而人的生产是全面的；动物只是在直接的肉体需要的支配下生产，而人甚至不受肉体需要的影响也进行生产，并且只有不受这样需要的影响才进行真正的生产；动物只生产自身，而人再生产整个自然界；动物的产品直接属于它的肉体，而人则自由地面对自己的产品。动物只是按照它所属的那个种尺度和需要来构造，而人却懂得按照任何一个种的尺度来进行生产，并且懂得处处都把固有的尺度运用于对象；因此，人也按照美的规律构造。”②这里的“尺度”是指“标准”，同“需要”是同格的。

①《马克思恩格斯文集》第1册，人民出版社2009年版，第162页。

②《马克思恩格斯文集》第1册，人民出版社2009年版，第163页。

所谓“种的尺度”即是物种的标准与需要。而“固有的尺度”有学者认为是某种“客观标准”,此论有些令人费解。从上下文来看“固有的尺度”应该是不同于“一个种的尺度”与肉体的需要,而是生产“整个自然界”并具有“自由的面对自己产品”的品格。因此,“固有的尺度”应该是“人的尺度”。于是“美的规律”就成为“物种的尺度”与“人的尺度”的统一。这一论断包含丰富内涵:(1)美的构造摆脱肉体需要的支配走向自由的创造;(2)美的构造摆脱人与自然的对立走向人与自然的统一;(3)美的构造摆脱传统感性主义与理性主义的束缚走向感性与理性在劳动实践基础上的统一,是对德国古典美学的重要突破。马克思关于“美的规律”的论述非常有价值,将美的规律建立在生产劳动实践的基础上,是第一次以历史唯物论为指导对于美学基本问题的论述;也是第一次在美学基本问题中消解了传统的主客二分思想,将人与自然在实践的基础上加以统一;也是在劳动实践基础上对于理性与感性的对立加以统一,意义重大。

三、关于审美的感性特征

审美的感性特征是美学史上的重要问题,鲍姆嘉登论述了审美的感性认识完善的基本特征,康德与席勒论述的审美的情感特征。马克思在此基础上进一步较为全面地在对私有财产进行批判中论述了人通过自己的包括感性器官在内的社会器官全面实现自我的特点以及与此相关的审美的感性特征。(1)人通过自己的社会器官占有自己的全面的本质,凸显了感性的重要性。他说:“人以一种全面的方式,就是说,作为一个完整的人,占有自己的全面的本质。人对世界的任何一种人的关系——视觉、听觉、嗅觉、味觉、触觉、思维、直观、情感、愿望、活动、爱——总之,他的个体的一切器官,正像在形式上直接是社会器官的那些器官一样,是通过自己的对象性关系,即通过自己同对象的关系而对对象的占有,对人的现实的占有;这些器官同对象的关系,是人的现实的实现。"①(2)批判了私有制导致感性的异化,使人变得愚蠢而片面。他说:"私有制使我们变得如此愚蠢而片面,以致一个对象,只有当它为我们所拥有的时候,就是说,当它对我们来说作为资本而存在,或者它被我们直接占有,被我们吃、喝、穿、住等等的时候,简言之,在它被我们使用的时候才是我们的。"②(3)对私有制的扬弃才能使得一切人的感性彻底解放,使得感觉变成人的感觉。他说:"但这种扬弃之所以是这种解放,正是因为这些感觉和特性无论在主体上还是在客体上都成为人的。眼睛成为人的眼睛,正像眼睛的对象成为社会的、人的,由人并为了人创造出来的对象一样。"③(4)论述了艺术与艺术感的辩证关系。他指出:"只有音乐才激起人的音乐感;对于没有音乐感的耳朵来说,最美的音乐也毫无意义,不是对象,因为我的对象只能是我的本质力量的一种确证——",又说"人的感觉、感觉的人性,都是由于它的对象的存在,由于人化的自然界,才产生出来的"④。(5)论述了感性的社会性与历史性,表现了马克思的历史论立场。他说:"社会人的感觉不同于非社会人的感觉。只是由于人的本质客观展开的丰富性,主体的、人的感性的丰富性,如有音乐感的耳朵、能感觉

①《马克思恩格斯文集》第1册,人民出版社2009年版,第189页。
②《马克思恩格斯文集》第1册,人民出版社2009年版,第189页。
③《马克思恩格斯文集》第1册,人民出版社2009年版,第190页。
④《马克思恩格斯文集》第1册,人民出版社2009年版,第191页。

形式美的眼睛，总之，那些能成为人的享受的感觉，即确证自己是人的本质力量的感觉，才一部分发展起来，一部分产生出来。”又说：“五官感觉的形成是迄今为止全部世界历史的产物。——忧心忡忡的、贫穷的人对最美丽的景色都没有什么感觉；经营矿物的商人只看到商业价值，而看不到矿物的美和独特性。”①(6)感性的理性因素。马克思继承德国鲍姆嘉登关于感性的准理性的观点，指出了感性的理性因素。马克思在论述感性的人的社会的属性时指出“感觉在自己的实践中直接成为理论家”。② 指出了感性所包含的概括性、社会性与超越性等理性因素。这一论断突破了传统的感性与理性二分对立模式走向两者之间的“间性”与“可逆性”，具有重要的前瞻性与理论价值。

四、关于异化与人的自由的全面发展

马克思在《手稿》中以很大的篇幅论述了“异化”问题。所谓“异化”一词源自拉丁文，有转让、疏远、脱离等意。在德国古典哲学中被提到哲学高度。黑格尔用以说明主体与客体的分裂、对立，并提出人的异化。马克思认为异化就是“他亲手创造出来反对自身的、异己的对象世界”③。又说“异化劳动把自主活动、自由活动贬低为手段，也把人的类生活变成维持人的肉体生存的手段”④。总之，“异化”是一种人的本质的丧失，是自由的失去，是

①《马克思恩格斯文集》第 1 册，人民出版社 2009 年版，第 191—192 页。

②《马克思恩格斯文集》第 1 册，人民出版社 2009 年版，第 190 页。

③《马克思恩格斯文集》第 1 册，人民出版社 2009 年版，第 157 页。

④《马克思恩格斯文集》第 1 册，人民出版社 2009 年版，第 163 页。

一种非美的生存状态。正是因为“异化”问题与自由直接相关,而德国古典美学的一个重要成果就是“美在自由”,是人的全面发展。所以,“异化”问题与美学问题紧密相关。马克思在手稿中专门论述了资本主义制度中劳动的异化问题。关于“异化”的表现形态马克思论述了三种形态。第一是从劳动结果来看,劳动产品与劳动者的异化。马克思说:“劳动所生产的对象,即劳动的产品,作为一种异己的存在物,作为不依赖于生产者的力量,同劳动相对立。劳动的产品是固定在某个对象中的、物化的劳动,这就是劳动的对象化。”①这就是著名的马克思的断言:“工人生产得越多,它能够消费的越少;他创造的价值越多,他自己越没有价值、越低贱;工人的产品越完美,工人自己越畸形;工人创造的对象越文明,工人自己越野蛮;劳动越有力量,工人越无力;劳动越机巧,工人越愚笨,越成为自然界的奴隶。”②这就说明异化劳动是一种非美的劳动,是对于美与自由的剥夺。第二是从劳动的过程来看生产行为成为工人的异己力量。马克思指出:“异化不仅表现在结果上,而且表现在生产行为上,表现在生产行为活动本身中”;劳动者“他在自己的劳动中不是肯定自己,而是否定自己,不是感到幸福,而是感到不幸,不是自由地发挥自己的体力和智力,而是使自己的肉体受折磨、精神遭摧残”③。这就出现一个问题,在这样的异化劳动中工人能否创造美?有的学者按照“人的本质力量对象化”的理论认为能够创造美。但是,在异化劳动中自己被否定,感到不幸福,肉体受摧残,这样的与“自由”完全相背

①《马克思恩格斯文集》第1册,人民出版社2009年版,第157页。

②《马克思恩格斯文集》第1册,人民出版社2009年版,第158页。

③《马克思恩格斯文集》第1册,人民出版社2009年版,第159页。

的情况能够创造美吗？但历史上美的工程与美的物品如何创造出来的呢？我们认为最初的设计者不能等同于劳动者，劳动者按照设计思想创造的美并不等于他的精神与生命的全部投入。第三是人的类本质的异化。马克思说“异化劳动也就使类同人相异化；对人来说，异化劳动把类生活变成维持生命个人生活的手段”①。因为，马克思认为人的类本质亦即人区别于动物的本质就是人的“自由的有意识的活动”②。而异化劳动使得劳动仅仅成为与动物无异的维持生命的手段。马克思说：“异化劳动把自主活动、自由活动贬低为手段，也就把人的类生活变成维持肉体生存的手段。”③这就进一步说明了异化劳动与美的创造的敌对。

五、关于美的实现

——人道主义与自然主义的统一

马克思还进一步阐述了通过共产主义对异化的积极扬弃，从而在历史发展的长河中使人的解放，自由的类本性的恢复，人道主义与自然主义的统一，美的创造成为现实。马克思指出：“共产主义是对私有财产的积极扬弃，因而是通过人并且为了人而对人的本质的真正占有；因此，它是人向自身、也就是向社会等即合乎人性的人的复归，这种复归是完全的复归，是自觉实现并在人以往发展的全部财富的范围内实现的复归。这种共产主义，作为完成了的自然主义，等于人道主义，而作为完成了的人道主义，等于自

①《马克思恩格斯文集》第1册，人民出版社2009年版，第162页。

②《马克思恩格斯文集》第1册，人民出版社2009年版，第162页。

③《马克思恩格斯文集》第1册，人民出版社2009年版，第163页。

然主义,它是人和自然之间、人和人之间的矛盾的真正解决,是存在和本质、对象化和自我确证、自由和必然、个体和类之间的斗争的真正解决。它是历史之谜的解答,而且知道自己就是这种解答。”①以上论述内涵丰富。第一,指出了只有到共产主义才能做到私有制与异化的积极扬弃,人类才能获得真正的自由,从而实现人性的复归,美的实现。这里给我们提出了一个“初级人性—异化—再到人性复归”的“正反合”的美的实现的辩证过程。有学者认为这是一种抽象的辩证法,但作为美的实现轨迹的大体描绘还是可以的,而且有了后面的社会历史表述;而“自由”成为“异化扬弃”的必然结果,也成为审美的最重要特征。马克思在此后的《共产党宣言》中指出:“每个人的自由发展是一切人的自由发展的条件。”②后来当有人问恩格斯如何用一句话把马克思主义加以概括时恩格斯就使用了这句话,说明在马克思主义理论之中人的自由解放的重要意义。第二,提出了非常重要的自然主义与人道主义统一的历史进程,成为美的实现的必备前提。这是一个人与自然、人道主义与自然主义在历史发展中真正统一的过程,具有生态哲学的前瞻性与预见性,意义不凡。第三,提出“它是历史之谜的解答”③这一重要论断,将异化的扬弃、人道主义与自然主义的统一和美的实现看作一种历史的过程,是人类解放的最重要目标,从而将其美学奠定在历史唯物主义的基础之上。也由此说明,人类生态文明建设与生态美学建设都应与社会制度的变革紧密相联。离开了社会的变革生态文明与生态美学的建设都是不

①《马克思恩格斯文集》第1册,人民出版社2009年版,第186页。
②《马克思恩格斯文集》第1册,人民出版社2009年版,第185页。
③《马克思恩格斯文集》第1册,人民出版社2009年版,第167页。

现实的。第四,将人的解放与人的全面发展联系在一起,意义重大。马克思在《手稿》中指出,“社会从私有财产等等解放出来,从奴役制解放出来,是通过工人解放这种政治形式来表现的,这并不是因为这里涉及的仅仅是工人的解放,而是因为工人的解放还包含普遍的人的解放;其所以如此,是因为整个的人类奴役制就包含在工人对生产的关系中,而一切奴役关系只不过是这种关系的变形和后果罢了”①。可见,只有通过生产关系的改变这种社会变革才能使人的全面发展成为可能,而人的全面发展必须在社会与历史之中才能成为现实。所以,审美与美育是一种社会性的行为,不可能离开社会。

①《马克思恩格斯文集》第 2 册,人民出版社 2009 年版,第 53 页。

论百年中国美学的创新性发展历程[①]

尽管审美作为一种艺术的生存方式在中国五千年悠久文化中有着极为丰富的呈现，中国自有独具特色的东方形态的美学，但现代美学学科却由西方创立并于 20 世纪初传入中国，迄今有一百多年历史。百多年来美学领域一代又一代学人在中国传统文化的基础上，历经艰难曲折，辛勤耕耘，不断创新，出现了众多著名学者，涌现了一批又一批丰硕成果。本文旨在回顾这一百多年中国美学辉煌而曲折的发展历程。同时，今年正值新中国成立七十周年，中国美学发展的一百多年中占据主要时间域的是党所领导的新中国成立后的七十年，特别是改革开放的四十年。因此，本文从某种意义上来说，也是给新中国七十年华诞的一份献礼。

众所周知，“美学”是德国学者鲍姆嘉登（AlexanderGottlieb-Baumgarten）于 1735 年首次提出的，其原文“Aesthetics”实为“感性学”之意，日本学人中江肇民用汉语“美学”一词翻译，传入中国后王国维使“美学”成为定译并被中国学人普遍接受。“美学”一

①本文是作者为山东文艺出版社 2020 年 1 月版“中国现代美学大家文库”丛书所撰写的“总序”。本文曾载于《山东社会科学》2019 年第 9 期。

词尽管来自国外,美学学科也是近代以来才出现的,但审美作为一种艺术的生存方式却是早就存在于中国悠久的历史之中,美学也随着中国五千年的文明史而存在。现代以来伴随着中华民族坎坷曲折的发展历史,美学也在中国不断地发展,而且呈现空前兴盛的状态,这在世界美学史上是罕见的。美学为现代以来中国的人文教育贡献了自己的力量,也在诸多学人的努力与中西古今的冲撞影响中逐步形成现代中国特有的美学精神,值得我们为之书写与发扬。现代中国美学发展过程中需要处理好三种关系:首先是中西之间的关系,这是一种矛盾共存、吸收融合的关系。中西之间一直存在体用之争,长期以来中国美学走的是“以西释中”之路,但历史证明审美既然作为人的一种艺术的生存方式,那么中西之间就不存在先进与落后之别,而只有类型之不同,中国美学必须走出一条立足本土、吸收西方有益资源的美学建设之路。百年中国美学一直奋力探索中国美学话语并取得了显著成就,给我们以激励与启示,需要我们一代又一代美学工作者承前启后、继续前进,以创新性发展与创造性转化向中国和世界提供愈来愈有价值的美学理论。而马克思主义是放之四海而皆准的真理,马克思主义特别是中国化的马克思主义对于现代中国美学的指导作用已经被历史事实充分证明。其次是古今关系问题,现代以来中国美学发展面临的主要是中国古代美学资源的现代转化问题。因为中国古代美学资源有着与现代美学相异的面貌,却又有着巨大的价值,无论从民族立场还是从美学自身建设来说,都需要运用这一宝贵的资源,以便建设具有中国气派与中国面貌的现代美学形态。百年来中国美学界同人为此付出艰辛努力,为中国美学民族资源的现代转换而奋斗不懈。再次,中国现代美学发展还面临着学术与革命的二重变奏,此前被认为是启蒙与救亡的二重变奏,有“启蒙压倒救亡”之说。但笔者倒认为无论是启蒙与救亡或者是学术与革命都是历史的宿命,不是美学工作者自己所能选择的,而且二者之间不仅是一种矛盾,也呈现一种互补。正是在民族救亡的抗日战争硝烟烽火之中,才出现了中国现代“为人民”与“为人生”的美学,才涌现了充满民族情怀的文艺作品,成为中华民族史的辉煌篇章。新中国成立后发生在中国的两次美学大讨论,面临着美学自身学术的发展与批判唯心论革命任务的二重变奏,使得唯物与唯心成为衡量正误的标准,这当然有制约学术发展的局限性,但也促使美学界同人钻研马克思主义,特别是马克思的《1844 年经济学哲学手稿》,使得我国现代美学的马克思主义水平有了明显提高,这也是一种重要的学术收获。

百年中国美学的发展基本上可分为中国现代美学开创与奠基时期、建设与发展时期与当代反思与超越时期等三个时期。接下来,笔者将据此梳理各个时期为百年中国美学发展做出巨大贡献的重要美学家。

一、开创与奠基时期

从 20 世纪初期开始直至新中国成立前是开创与奠基时期。众所周知,包括美学在内的诸多人文学科的现代开创奠基之功,首先归于王国维与蔡元培,现代形态的美学与美育就是他们率先引进并初步构建的。前已说到“美学”一词就是由王国维认可而从日本引进的,王国维还在 1903 年的《论教育之宗旨》一文中首倡“美育”,将之界定为“心育”,并提出了美育的“无用之用”的重要作用。当然,王国维还在著名的《人间词话》中提出了“审美的境界”论，继承古代“意境”之说，吸收西方理念之论，成为20世纪中西交融美学之重要成果。蔡元培也是中国现代美学的重要奠基者之一，他以其中西交融的学术修养和崇高的政治学术地位对于现代美学特别是美育的发展与传播做出了杰出的贡献。首先是以其担任教育总长与北大校长的便利，将美育首次纳入教育方针，并力倡“以美育代宗教之说”，强调了美育的科学与民主精神。蔡元培还在美学与美育的学科建设与课程建设上进行了开创性的探索。

朱光潜、宗白华与蔡仪则是继他们之后中国现代美学的开创者与奠基者。朱光潜在20世纪20年代后期即开始在中国倡导美学，并在美学基本知识、文艺心理学、悲剧美学、西方美学与中西比较美学等诸多方面最早进行研究介绍，出版《谈美》《悲剧心理学》《文艺心理学》《诗论》等论著，产生重大影响，成为现代中国美学史中用力最多最专、影响最广的美学家。朱光潜对我国西方美学研究领域有开拓之功，他在新中国成立前的两本心理学美学论著就是以西方文献为主，并于1948年出版《克罗齐哲学述评》，包含对克罗齐直觉论美学的评述，成为我国西方美学研究的领跑者，特别是1963年出版《西方美学史》，奠定了我国西方美学学科的发展基础。朱光潜倾其毕生精力于西方美学论著的翻译，译介了柏拉图《文艺对话集》、黑格尔《美学》与维柯《新科学》等名著，为我们提供了集信、达、雅于一体的西方美学经典译本，惠及一代又一代学人。朱光潜也是我国主客观统一的“创造论美学”的奠基者，在1957年开始的那场美学大讨论之中，朱光潜作为被批判者一方面努力学习马克思主义论著，一方面积极应对论争。他根据马克思主义基本观点明确表示不同意当时占据话语统治权的“认识论”美学：

“因为依照马克思主义把文艺作为生产实践来看,美学就不能只是一种认识论了,就要包括艺术创造过程的研究了”①。朱光潜认为艺术创造是以主客观统一为前提的,他的创造论美学是我国美学大讨论的重要理论收获之一。朱光潜还是我国中西美学比较研究的开创者之一,他早期写作的《诗论》,应用文艺心理学原理,采用中西比较方法,对中国传统诗学与美学进行了认真的梳理,是我国现代中西比较美学研究的重要成果。朱光潜晚年潜心钻研马克思主义基本理论,特别是《1844 年经济学哲学手稿》,写作了《谈美书简》和《美学拾穗集》,力图以马克思主义为指导研究美与美感、形象思维、现实主义与浪漫主义等基本问题,成为马克思主义美学中国化的可贵探索。朱光潜为我国美学事业奋斗了一生,被称为“美学老人”,在国内外具有广泛深远的影响。

宗白华是我国古代美学研究的重要开创者与奠基者。宗白华有深厚的西方学术背景,曾经长期留学欧洲,翻译了多种西方美学经典,特别是他所翻译的康德《判断力批判》上卷,表现了对于康德美学的深刻理解,成为该论著的经典翻译,至今具有重要价值。但宗白华却将自己的研究视角聚焦于中国古代美学,在中西结合的广阔视域中提出“气本论生命美学”,为立足本土创建具有中国特色的美学理论奠定了基础,做出了示范。宗白华于 20 世纪 80 年代出版的《美学散步》与《艺境》成为现代中国美学研究的经典读本和当代学者研究古代美学的必备之书,被广泛地引用与研究。宗白华于 1928 年前后写作《形上学——中西哲学之比较》,又于 1979 年发表《中国美学史中重要问题初步探索》等文,

①《朱光潜全集》第 5 卷,安徽教育出版社 1989 年版,第 70 页。

为中国古代美学研究奠定了哲学的基础。在前文之中宗白华明确将西方哲学(包括美学)基础表述为抽象时空之几何哲学,中国乃"四时自成岁之历律哲学"①,划分了西方美学之科学主义与中国美学之天人合一人文主义之区别;后文乃第一次将《周易》作为我国最重要的古代美学经典之一,指出"《易经》是儒家经典,包含了宝贵的美学思想。如《易经》有六个字:'刚健、笃实、辉光'就代表了我们民族一种很健全的美学思想"②。这就为后人的中国美学研究奠定了扎实的理论基础。宗白华首次提出中国古代美学研究应以传统艺术与艺术创作为中心,开辟了中国传统美学独特的研究路径。他说,"在西方,美学是大哲学家思想体系的一部分,属于哲学史的内容","在中国,美学思想却更是总结了艺术实践,回过来又影响着艺术的发展"。③ 因此,他主张"研究中国美学史的人应当打破过去的一些成见,而从中国极为丰富的艺术成就和艺人的艺术思想里,去考察中国美学思想的特点"④。他本人正是这样实践的,总结了绘画、戏剧、建筑、音乐、诗歌之中的美学思想,别开生面,使人耳目一新。宗白华还在中西比较的视野中建构了中国传统美学研究的特殊内涵。首先是他对中国传统美学"意境"的理论进行了全新的研究与阐释,将意境阐释为"有

①宗白华:《形上学——中西哲学之比较》,载《宗白华全集》第1卷,安徽教育出版社2008年版,第611页。

②宗白华:《中国美学史中重要问题的初步探索》,载《宗白华全集》第3卷,安徽教育出版社2008年版,第458页。

③宗白华:《漫话中国美学》,载《宗白华全集》第3卷,安徽教育出版社2008年版,第392页。

④宗白华:《漫话中国美学》,载《宗白华全集》第3卷,安徽教育出版社2008年版,第393页。

节奏的生命”或“有生命的节奏”①;同时,宗白华还深入研究了中国传统美学之中的时间与空间关系,提出中国传统美学化空间于时间的重要艺术论题及实践,对中国传统美学的虚实相生进行了独特的研究。宗白华还阐发了中国传统美学的其他有关范畴,例如国画的“气韵生动”、书法的“筋血骨肉”、建筑的“飞动之美”、戏曲的“以动代静”、舞蹈的“生命玄冥的肉身化之美”、音乐的“声情并茂的胜妙之美”和诗歌的“情景交融的意境之美”等等。

蔡仪是中国现代唯物主义美学的开创者与积极推动者。他于20世纪40年代白色恐怖的历史语境下,排除重重障碍写作出版了著名的《新艺术论》和《新美学》两本专著,以大无畏的理论勇气批判当时盛行的唯心主义哲学与美学理论,系统而有力地创立了富有理论特色的唯物主义美学与艺术思想体系。他在《新美学》开头第一句话就写道:旧美学已完全暴露了它的矛盾,而自己的新美学是以新的方法建立新的体系。他在这两本著作之中明确提出“美在客观事物”与“美在典型”等崭新的美学理论观点,被称为“中国现代第一个依据自己的思考去表述自己的有系统的美学思想的学者”。新中国成立后,蔡仪继续以其对马克思主义的信仰与对于真理的追求,带领他的团队为创立中国特色的马克思主义唯物论美学而奋斗,进行了科研、学生培养与文献译介等一系列富有成效的学术工作,特别是以其坚持真理、矢志不渝的精神投入第一、二次美学大讨论之中,树起了“客观派”的美学大旗,深入阐释了他所坚持的马克思主义唯物主义美学原理,积极参与学术论辩,建构了具有鲜明特色的中国式马克思主义唯物主义美

①宗白华:《论中西画法的渊源与基础》,载《宗白华全集》第2卷,安徽教育出版社2008年版,第109页。

学体系，该体系包括“美在客观存在”“美是认识”“美是典型”等紧密相关的美学范畴。蔡仪旗帜鲜明地提出：“美的本质是什么呢？我们认为美是客观的，不是主观的”①，又说，“美的事物就是典型的事物，就是种类的普遍性，必然性的显现者”②。后来蔡仪又引入了马克思《1844年经济学哲学手稿》中有关“美的规律”的论述，认为美的客观性与典型性表现为按照美的规律来造型。蔡仪还提出了“社会美”与“美的观念”等美学范畴，具有创新学术价值，他所主编的《文学概论》教材对于推动我国高校美学与文艺学教学起到了重大作用。

二、建设与发展时期

我国美学发展的第二个时期是新中国成立之后，在马克思主义与毛泽东思想的指导下美学有了新的发展，具有中国自己的鲜明特色。这一时期最重要的美学学术事件就是两次美学大讨论，使得美学出现了从未有过的兴盛，尤其改革开放后的第二次美学大讨论更是兴起了一股美学热，为世界美学史所罕见。新中国成立后的美学发展交织着革命与学术的二重变奏，所谓“革命”是指第一次美学大讨论起源于对于唯心主义美学观之批判，目的是进一步普及马克思主义的唯物论，政治的指向性非常清晰，大讨论中的政治色彩也非常浓烈；所谓“学术”是指这次美学大讨论是以“百家争鸣，百花齐放”的方式展开的，也就是说大讨论的过程中对于所谓唯心主义观点一般当作“学术问题”处理，而其结果也的

①蔡仪：《新美学》，群益出版社1948年版，第68页。

②蔡仪：《新美学》，群益出版社1948年版，第80页。

确在一定程度上起到了普及马克思主义唯物论的作用,产生了以李泽厚为代表的"实践论"美学,具有科学性与理论的自洽性,极大地影响了中国很长一段时期内美学学科的发展及面貌。李泽厚、汝信、蒋孔阳、刘刚纪、胡经之、周来祥、叶朗与叶秀山就是这一时期的代表人物。

李泽厚是新中国成立后我国美学研究领域的标志性人物,是社会论实践美学的创立者与两次美学大讨论的重要推动者,也是少有的具有重要国际影响的中国现代美学家。他是巴黎国际哲学院院士、美国科罗拉多学院荣誉人文博士,其《美学四讲》入选著名的《诺顿文学理论与批评文集》。李泽厚在哲学基本理论、近代思想史与美学领域均有重大建树:在美学领域,成为第一次美学大讨论社会学派的领军人物,在这次美学大讨论中起到实际的主导作用。在 20 世纪 80 年代的第二次美学大讨论中他力倡的"主体性"理论成为改革开放后思想解放运动的代表性思潮。他更加明确地提出"实践论美学",以马克思关于物质生产实践是人类一切活动之基础的理论为指导,提出"人化自然""实践本体""情本体"与"积淀说"等一系列具有独创性的美学观点,出版了《美学四讲》《美的历程》《批判哲学的批判》与《华夏美学》等经典美学论著。晚年,李泽厚逐渐将其美学研究转向中国传统文化,探索"以儒学代宗教"的"天地境界论",提出"中国审美主义的感情以深植历史性为'本体'"①的"以美育代宗教"说。李泽厚强调的"美是合规律性与合目的性的统一""启蒙压倒救亡"和"中国文化的儒道互补"等观念对中国现代美学的发展产

①李泽厚:《关于"美育代宗教"的杂谈答问》,载刘再复:《李泽厚美学概论》,生活·读书·新知三联书店 2009 年版,第 227 页。

生了重要影响。

汝信是这一时期西方美学学科的重要开拓者，他早在 20 世纪 50 年代就开始了西方哲学与美学的研究，并于 1958 年在《哲学研究》上发表《论车尔尼雪夫斯基对黑格尔的美学批判》，1963 年又出版了《西方美学论丛》，是“国内第一本以西方美学为主题的综合研究”成果，与同为 1963 年出版的朱光潜的《西方美学史》一起，标志着在我国西方美学已经成为一门独立的学科。1983 年汝信又出版了《西方美学论丛续编》。汝信坚持马克思主义指导西方美学研究，特别坚持马克思主义唯物史观的指导。他从宇宙观、认识论、伦理观与政治思想等方面全面认真地研究柏拉图的美学思想，对新柏拉图主义重要代表普罗提诺进行了深入剖析，填补了这一方面的空白。他的《黑格尔的悲剧观》深刻剖析了黑格尔悲剧观广阔的历史感与社会文化视野，成为西方美学研究的范本。汝信还对俄国别林斯基、车尔尼雪夫斯基与普列汉诺夫等人的美学思想进行了深入的研究，均有开拓价值。汝信用具有说服力的材料批驳了当时苏联哲学界流行的将德国古典哲学说成是德国贵族对于法国大革命的一种反动的错误判断，论证了青年黑格尔是当时德国新兴资产阶级的思想代表，黑格尔的辩证法反映了资产阶级上升时期的愿望和要求。汝信对黑格尔的劳动和异化理论的开拓性研究填补了国内研究的空白，此外他在现代西方美学研究方面也有许多新的拓展。20 世纪 80 年代，汝信到美国哈佛大学访学之时即逐步将美学研究的注意力转向黑格尔以后发展起来的另一条相反的思想线索，即以个人为特征的由克尔凯郭尔和尼采所代表的社会思潮。此时汝信逐步转向现代西方哲学与美学研究，他率先并引领学生发表了有关文章，出版了专著，在国内学术界开风气之先，影响深远。汝信不仅在西方美学理论研究方面辛勤耕耘,还直接从西方艺术作品与古迹中找寻美,并于1992年出版了《美的找寻》一书,成为西方美学审美意识研究的重要范本。他担任主编,历时九年写作出版了四卷本《西方美学史》,以其资料的原初性与理论创新性为特点,成为进入西方美学研究的"钥匙"。1998年,汝信担任中华美学学会第三任会长,以其谦虚、开放与睿智的人格与扎实学风富有成效地引领中国美学学科由20世纪进入21世纪。

蒋孔阳是我国现代美学建设发展时期最重要的代表人物之一,他的美学贡献是多方面的。首先,是我国现代西方美学研究的奠基者之一,1980年蒋孔阳所著《德国古典美学》出版,该书是蒋孔阳的代表作,也是我国第一部断代的西方美学专著,在国内外均产生重大影响。该书以整体研究的方法,坚持唯物史观的指导,对德国古典美学的产生、发展与内涵进行了深入的研究与阐发,具有自己的独到见解。蒋孔阳还与朱立元一起主编了七卷本《西方美学通史》,是迄今为止我国最全的一部西方美学通史,对于西方美学研究起到了重要推动作用。蒋孔阳是中国古代音乐美学研究的奠基者之一,他于1988年出版的《先秦音乐美学思想研究》一书,引起广泛影响,至今仍然是音乐美学领域的经典论著。蒋孔阳首先确定了中国古代音乐美学的重要地位,认为公元前2世纪的《乐记》完全可以与古希腊亚里士多德的《诗学》相媲美。他以唯物史观为指导,从经济社会广阔背景上研究了先秦音乐产生的社会文化根源。蒋孔阳以扎实稳妥的文献考订为基础,探索了中国先秦时期音乐思想的特殊范畴及丰富内涵。他还采取整体研究方法,将先秦时期诸多学派的音乐思想作为一个整体来审视。蒋孔阳是我国美学大讨论的主将,也是实践派美学的重要参与者与创新者之一,特别是1993年出版的《美学新论》,是他一生美学研究的总结，也是新时期我国美学研究的重要成果与收获。他突破了实践美学“美先于美感”的基本判断，提出美与美感同生同在的观点。美与美感到底谁先谁后呢？他说，“从生活和历史的实践来说，我们很难确定先有那么一个形而上学的、与人的主体无关的美的存在，然后再由人去感受和欣赏它，再由美产生出美感来”①，事实上，美与美感，像火与光一样，同时诞生，同时存在。这实际上是对实践美学的重大突破，并从实践美学的人生本体走向审美关系论，因此蒋孔阳的“新美学”可以概括为“审美关系论美学”。他提出了审美关系的四重属性：感性基础、自由属性、整体属性与情感属性。蒋孔阳突破了实践美学将实践局限于物质生产的理论界定，而是将精神生产甚至是审美活动也看作一种实践。蒋孔阳还在《美学新论》中突出了审美的“创造性”特色，提出独树一帜的“多层累的突创说”。总之，蒋孔阳的审美关系论美学是新中国成立以来直至90年代我国美学研究的一个总结。

刘刚纪是我国美学建设发展时期的重要推动者，在美学基本理论、中国古代美学与书画美学方面取得一系列具有突破性的重要成就。刘刚纪是我国两次美学大讨论的重要参与者，也是实践美学的重要开创者之一，他在20世纪80年代出版的《艺术哲学》已经成为实践美学的经典论著。刘刚纪从研究马克思《1844年经济学哲学手稿》出发，提出“社会实践本体论”的重要观点，认为马克思的本体论在本质上是实践本体论，并认为物质生产实践是艺术、美感与美的本源，认为劳动对美的创造还与人类生活实践创造紧密结合。刘刚纪构建了一个实践美学理论框架，这个框架以

①《蒋孔阳全集》第3卷，安徽教育出版社1999年版，第270页。

实践本体论为哲学基础，以创造为主体性活动，最后以自由为人的根本诉求，可概括为“实践—创造—自由”相统一的美学体系。刘刚纪继承宗白华美学传统并加以发展，成为中国美学领域的重要开拓者之一。20世纪80年代，刘刚纪与李泽厚共同主编《中国美学史》，由刘刚纪独立执笔撰写的第一、二卷被认为是中国美学史的开山之作。该著作提出了中国美学史的对象、任务、特征与分期等问题，以及儒道骚禅四大主干的重要观点及中国美学史的六大特征，为中国美学史的进一步发展奠定了基础。刘刚纪于20世纪90年代初出版的《周易美学》是对宗白华周易美学研究的拓展，成为中国周易美学研究的经典之作。他准确地提出以《周易》作为中国古代美学研究的切入点，挖掘其生命论美学内涵，为中国古代美学进一步健康发展找到了一条较佳路线。刘刚纪结合中国美学特别是周易美学特点提出，中国美学常常在没有“美”字的地方同样包含着美的内涵，从而揭示了中国美学的特殊性所在。他还具体揭示了《周易》之“元亨利贞”“正位居体”与“阳刚阴柔”所包含的美学内涵。刘刚纪还从中西比较视野深入阐释了《周易》之生命论美学相异于西方的特殊价值意义，《周易美学》是中华美学走向世界与走向现代的有益尝试。刘刚纪还是著名书画家，在书画美学领域颇多建树。

胡经之是我国文艺美学学科的重要倡导者。1980年在昆明召开的全国首届美学会上，胡经之在发言中认为高等学校的美学教学不能只停留在讲美学原理而应开拓和发展文艺美学。这实际上是在改革开放背景下贯彻“解放思想，实事求是”思想路线的结果，试图突破以政治代艺术的错误思潮，加强对文艺内部规律的研究。胡经之又于1982年1月在北大出版社出版的《美学向导》一书中发表《文艺美学及其他》一文，第一次从独立学科的角度论述了文艺美学。他还于 1999 年在北大出版社出版《文艺美学》的学术专著,全面论述了文艺美学的对象、方法与内涵。胡经之教授还主编了与文艺美学有关的《中国古代美学丛编》《中国现代美学丛编》与《西方文艺理论名著选编》等,为中国文艺美学的进一步发展奠定了文献基础。正是在胡经之等学者的不懈努力下,文艺美学正式进入被教育部认可的学科体系,成为中国语言文学学科的二级学科文艺学的重要学科方向之一,培养了数量众多的研究人才。

周来祥是我国美学建设发展时期的重要参与者与积极推动者。他从事美学研究六十多年,涉及领域广泛,在美学基本理论、文艺美学、中国古典美学、中西比较美学与审美文化史等方面均有特殊贡献,尤其是他倾其毕生精力创立并丰富发展了"和谐论美学"学派,影响深远。他于 1984 年就出版了《论美是和谐》,此后又出版《再论美是和谐》《三论美是和谐》与《古代的美,近代的美,现代的美》等论著,全面阐释了"美是和谐"的基本命题。周来祥是中国两次美学大讨论的积极参与者和实践派美学的重要推动者。他以社会实践为哲学前提,而其学术指向则是"和谐",即"人与对象、人与社会、人与自然、人与自身的和谐"①,和谐既是美学追求的最高目标,也是人生最高的审美境界。他以马克思主义为指导论述了古代素朴的和谐美、近代的崇高美以及社会主义的新型的辩证的和谐美,构建了自己的"文艺美学"体系,被称为"和谐论文艺美学"。周来祥还以"和谐论美学"为指导对中西美学进行了深入的比较研究,撰写了《中西古典美理论比较研究》等专著,他认为中西美学都以古典和谐美为理想,既有共同规律

①周来祥:《三论美是和谐》,山东大学出版社 2007 年版,第 83 页。

又有各自特点。周来祥还以“和谐论美学”为指导主编了大型的六卷本《中国审美文化通史》,在中国审美文化研究方面多有建树。

叶朗是我国美学建设时期一位有着卓越贡献的美学家。他继承北京大学深厚的美学传统,在美学基本理论与中国美学研究方面取得突出成就。1982 年,叶朗出版《中国小说美学》,该书具有开创之功,第一次以丰厚的小说评点资料为其基础,是改革开放后我国美学研究的新收获。1985 年,叶朗出版《中国美学史大纲》,该书突破“以西释中”框架,以“意象”与“感兴”为中心线索,既具有中国美学自身的自洽性,又可与国际美学在一定程度上对接,是一种新的探索与突破。2010 年,叶朗出版《美在意象》一书,该书以“意象—感兴—人生境界”为核心范畴,充分彰显了中国传统美学的精华与魅力。此外,叶朗还是我国新时期审美与美育实践的组织者与引领者,实际组织了一系列审美教育活动,影响深远。

叶秀山是我国著名哲学家与美学家,中国社科院学部委员。他的主要成就在于西方哲学研究上的诸多创新,但叶秀山对于美学也有着浓厚的兴趣,并积极参与,著作甚多,影响深远。他曾经参与了王朝闻主编的《美学教材》的编写,历时四年,做出了自己的贡献。在美学理论上,他于 1988 年出版著名的现象学哲学论著《思·史·诗》,成为我国最重要的现象学哲学与美学论著之一。该书深入地论述了现象学领域中哲思、历史与诗歌的关系,以及后现代理论家对此的解构与超越,给我国当代美学建设诸多启发。他 1990 年出版《美的历史》一书,该书并没有局限于美学学科内部研究范式,探讨“美”的本质与现象,而是从哲学的高度进行高屋建瓴式的阐发。通过剖析人与世界的关系和人的生存状态，将艺术视为一种基本的生活经验和基本的文化形式、一种历史的“见证”，在独特的哲学视角下阐释了自己的美学观与艺术观，呼吁让生活充满美和诗意。叶秀山对于京剧与书法有着特殊的兴趣并进行了深入的研究。20 世纪 60 年代开始直至 2007 年，他出版《京剧流派欣赏》与《古中国的歌——京剧演唱艺术赏析》等书，深入阐发了作为世界三大戏剧流派之一的京剧载歌载舞的艺术特征。他酷爱中国书法，曾经在 20 世纪 70 年代特殊时期偷偷研究书法艺术并练字，1987 年出版《书法美学引论》，提出“西方文化重语言，重说；而中国文化重文字，重写”①的观点，开启了从这一特殊视角进行中西对话的新领域，并在该书中提出，中国书法“是一种活动的线条的舞蹈，那么，很自然地就会以草书作为它的范本”②，从美学的角度阐述了书法重节奏和韵律的美学特点，深化了我国书法美学研究。

三、反思与超越时期

20 世纪 90 年代以来，中国改革开放进一步深化，工业化的弊端逐步显露。加上西方后现代文化的影响，中国文化领域逐步步入具有后现代色彩的反思与超越阶段。在美学领域，表现为对于两次美学大讨论特别是对于“实践美学”的反思与超越，反思其固有的认识论理论根基、主客二分的思维模式与“人化自然”的理论局限，于是出现了“后实践美学”。

首先是杨春时在 1993 年北京美学年会上提出了“超越实践

①《叶秀山文集·美学卷》，重庆出版社 1999 年版，第 448 页。

②《叶秀山文集·美学卷》，重庆出版社 1999 年版，第 360 页。

美学,建立超越美学”的新见解,成为新时期当代中国美学的新气象。由此,出现“实践美学”与“后实践美学”的争论,这实际上是对于实践美学的反思与超越,对于推进和活跃中国美学研究具有重要意义。杨春时也在批判以认识论为基础的实践美学的基础上建立了自己的生存论美学,用“审美是自由的生存方式与超越解释方式”取代“美是人的本质力量的对象化”的定义,树立起了自己的“后实践美学”的大旗。“生存”是其超越美学的逻辑起点,他认为,“生存”既不是“物的存在”,也不是“动物的存在”,而是“人的存在”,是一种“自我的存在”“有意义的存在”。“生存”与“实践”区分在于它有超越性的本质,以理想超越现实,以感性超越理性,以精神超越物质,以个性超越社会性。2002 年之后,他从生存论走向存在论,从主体性走向主体间性,逐步建立起自己的以“存在”为本体的“主体间性”超越美学的理论体系。由此说明,中国美学发展终于开始与世界美学的发展同步。

1900 年,胡塞尔提出“现象学”方法,“悬搁”工具理性时代流行的主客二分对立,后来又发展到“相互主体性”即“主体间性”,欧陆现象学以及由之产生的存在论哲学与美学逐步成为哲学与美学的主潮,与之相应,英美分析哲学与美学日渐发展,以“分析”解构了各种理性主义的本质主义。中国新时期的“后实践美学”就是试图以这种现象学与分析哲学的武器,突破传统美学,建设当代新的美学形态,朱立元就是从实践美学阵营中突破而出的当代美学家。他是继朱光潜、汝信与蒋孔阳之后我国西方美学研究方面的学术代表人物,协助蒋孔阳并在后期实际主编了七卷本的《西方美学通史》,他本人也著有多种西方美学论著,具有广泛的影响。朱立元长期继承发展蒋孔阳的实践美学思想，并持此观点参加当代学术界有关实践美学的讨论；但从20世纪90年代中期以后，他开始反思实践美学认识本体论的局限。他从哲学范畴“本体”即“存在”的视角思考突破实践美学认识本体论的理论框架，逐步形成自己的“实践存在论美学”理论。2004年，朱立元发表论文正式提出自己的美学思想“以实践论与存在论的结合为哲学基础”①。2008年，朱立元主编的“实践存在论美学”丛书五卷本出版，使“实践存在论美学”以较为完整的理论形态呈现于学术界。朱立元的“实践存在论美学”的基本特点是将马克思的“实践”概念赋予“实践存在论”的崭新含义，实际上是对传统实践美学的突破与发展。他指出，马克思在《1844年经济学哲学手稿》中多次提到“存在论”（ontologisch）一词，“有力地证明了马克思存在论思想和维度的客观存在”②。他以马克思的“实践存在论”为出发点，突破传统的“美的本质”的美学研究逻辑起点，认为“审美活动是美学问题的起点”③，因为审美活动是人的实践存在方式之一，而审美活动正是审美关系的具体展开。为此，朱立元突破传统的“美、美感与艺术”的三元美学研究框架，提出“审美活动—审美形态—审美经验—艺术审美—艺术教育”的美学研究框架。朱立元的探索是对传统实践论美学的突破，也是对马克思美学思想的新理解与新阐释，具有重要的学术意义。

笔者20世纪80年代初期由于教学工作的需要开始参与美

①朱立元：《走向实践存在论美学——实践美学突破之途初探》，见《湖南师范大学社会科学学报》2004年第4期。

②朱立元：《历史与美学之谜的求解》，上海人民出版社2014年版，第301页。

③朱立元：《走向实践存在论美学》，苏州大学出版社2008年版，第285页。

学研究，主要在西方美学、审美教育与生态美学方面用力较多。西方美学方面出版了《西方美学简论》《西方美学论纲》与《西方美学范畴研究》等论著，审美教育方面曾出版《美育十讲》与《美育十五讲》等论著。生态美学是20世纪90年代中期在反思与超越的基础上产生的一种美学形态，笔者第一篇生态美学文章《生态美学:后现代语境下的生态存在论美学观》发表于2002年，此后出版了《生态美学论稿》《生态美学导论》《生态美学基本理论问题研究》和《中西对话中的生态美学》等论著。生态美学反思我国严重的环境污染、人类中心论的蔓延与美学领域实践美学的“人本体”“工具本体”与“自然人化”等美学观点，在哲学基础上由传统认识论过渡到实践存在论，并由人类中心论过渡到生态整体论；在美学研究对象上突破“美学是艺术哲学”的观点，将人与自然的审美关系包含在审美对象之中；在哲学方法上，突破传统美学主客二分的认识论方法，运用生态现象学方法；在自然审美上突破传统的“人化自然”的观点，认为没有实体性的自然美，自然美是审美对象的审美属性与人的审美能力交互产生的人与自然的审美关系；在审美属性上，否定静观美学，倡导“参与美学”；在美学范式上突破传统的以往画为主的形式美学，倡导一种生态存在论美学，将诗意地栖居、家园意识与场所意识等引入生态美学；在传统文化上，认为中国传统社会以农为本的特点决定了中国传统美学本身就是一种生态的美学与艺术，是一种生生美学，应当发扬光大。生态美学是一种正在建设发展中的美学形态，需要更好地结合生活与文化的现实，在中西比较对话中完善，有望成为与欧陆现象学生态美学、英美分析哲学环境美学鼎足而立的中国特色生态美学。

回顾历史是为了更好地推动中国美学发展，当前我国进入中国特色社会主义建设的新时代，在“两个一百年”奋斗目标中国家将“美丽中国”建设写到社会主义宏伟蓝图之上，为我国美学学科的未来发展开辟了更加广阔的天地，相信更多的青年学者会在美学学科中大展宏图，书写更加辉煌的中国美学篇章。

新中国成立 70 年美学建设及中国美学话语探索①

新中国成立 70 年来，我国各项事业均取得了伟大成绩，美学领域同样如此。我们从如下四个方面简要论述。

首先是以毛泽东美学思想为代表的中国化马克思主义美学思想的形成、丰富与发展。毛泽东同志 1942 年的《在延安文艺座谈会上的讲话》，无疑是马克思主义美学中国化的经典文献，得到国际学术界的高度认同。新中国成立后，以 1949 年全国第一次文代会为标志，确立了以毛泽东美学思想为指导的文艺发展根本方针。特别是，结合新中国成立后的文化建设实际，进一步确立了文艺为人民服务、为社会主义服务的“两为”方针和“百花齐放，百家争鸣”的“双百”方针，以及其他一系列以毛泽东美学思想为指导的文艺方针政策。直到新时期与新时代，“文艺为人民服务”的方针在中国革命与建设的伟大实践中不断丰富发展，成为中国美学与文艺思想的根本原则，也为新中国成立 70 年来乃至今后长期美学发展指明了方向。

其次是举世瞩目的两次美学大讨论，推动了具有时代特征的中国美学理论的形成。20 世纪 50 年代与 80 年代，在马克思主义

---

①原载《山东大学学报》2020 年第 1 期。

普及教育与新时期改革开放的不同背景下，发生了两次举世瞩目的美学大讨论，产生了客观自然美论、社会实践美论与主客观创造美论等三种具有时代特点的中国形态的美学理论。以蔡仪为代表的客观自然美论，坚持马克思主义唯物论哲学立场，在世界范围内较早(1947年)强调了自然美的不以人的意志为转移的客观美学特征，其"典型即美"的"自然全美论"成为国际自然生态美学的先声；以李泽厚为代表的社会实践论美学，以其美是"自然的人化"的观点为核心，体现了大规模建设时期人类改造自然的时代要求；以朱光潜为代表的主客观创造美论，体现了审美的主体性学术特点。三者均有其时代与理论的自洽性和重要价值意义，是两次美学大讨论的重要学术收获。

第三是西方美学理论的大规模引进与深入研究。西方美学的引进与研究一直是新中国成立70年以来中国美学的主要工作内容之一。新中国成立开始至改革开放，朱光潜、汝信、蒋孔阳是西方美学引进与研究的代表性学者，建树颇多。改革开放之后，我国开始了对于西方美学的大规模引进与研究，经历了由盲目引进到有选择审视，再到通过中西对话以建立中国自己的学术话语的过程。前辈学者杨周翰、季羡林、乐黛云等率先提出在民族复兴的伟大过程中坚持中华文化立场、创建中国学派的建设性学术见解，给我们以启发与鼓舞。

第四是在"古为今用"方针指导下中国传统美学研究的逐步深化。中国传统美学研究是新中国成立70年美学研究的重点之一，在国家制定的"古为今用"方针的指导之下，经历了由纯学术研究到"创造性转化"与"创新性发展"的历史过程。宗白华以其深厚的中西文化学养以及对中国古典美学与艺术的特殊体悟，在著名的《美学散步》等论著中发掘并阐释中国传统的"气本论生命美学”,从而在海内外得到高度认同与广泛影响。在他的影响下,刘纲纪、叶朗均有重要建树,复旦大学郭绍虞、王运熙与中国社会科学院敏泽等在中国传统文论与美学研究方面做出了重要贡献。需要说明的是,新中国成立70年来,在党的领导下,我国培养了一批老中青结合的美学学者,目前仍活跃于国内外学术界,得到广泛认同。

这里,我要专门介绍一下山东大学文学院在70年美学研究方面的工作与成就。首先是陆侃如与牟世金在《文心雕龙》研究方面的杰出贡献;其次是1959年山东大学文艺学教研室在孙昌熙教授主持下出版了《文艺学新论》,这应该是我国第一本以毛泽东《在延安文艺座谈会上的讲话》为指导方针并以其论述为体系的文艺学教材;周来祥教授是美学大讨论的积极参与者,他提出了具有广泛影响的“和谐美论”。1986年,周来祥教授在泰安主持召开了“文艺美学研讨会”,此后出版了多部相关论著。狄其骢教授自1963年起就与周来祥教授开设了美学课程,1957年他在《新建设》杂志发表了探讨“形象思维”的重要文章。在狄其骢教授的领导下,山东大学文艺学专业不断发展,1999年成立了“山东大学文艺美学研究中心”,2000年该中心成为教育部全国百所人文社会科学重点研究基地之一。近20年来,该中心在文艺美学、审美教育与生态美学等方面的研究在学术界有着广泛的影响,并在国际上享有一定声誉。

学术话语是一种权力,也是学术生产力与文化软实力的体现,所以非常重要。但长期以来,国际学术界盛行一种“中国只有思想,没有哲学,也没有美学”的观点,我们将之称为黑格尔的“美学之问”。黑格尔的“美学之问”缘于他在著名的《美学》一书中将包括中国在内的东方艺术称作“艺术前的艺术”,更在《历史哲学》

中称中国“是一个没有历史的帝国”。他断言:“在美的艺术方面,理想艺术在中国是不可能昌盛的。”新黑格尔主义者鲍桑葵也在其具有广泛影响的《美学史》中认为,近代中国和日本的东方艺术“审美意识还没有达到上升为思辨理论的地步”。这种认为“中国只有思想,没有哲学,没有美学”的观点在西方具有一定的代表性。2001年,法国著名哲学家德里达访问上海,在与王元化交谈时也明确提出“中国没有哲学只有思想”的观点。所以,具有中国民族特点的美学话语建设始终是近百年乃至新中国成立70年美学建设的重要使命。前已说到,毛泽东的“文艺为人民服务”的美学思想就是一种“中国化”的具有“中国作风、中国气派”的美学话语,两次美学大讨论也对具有时代特点的美学理论进行了富有成效的探索。但中国无比丰富的传统美学话语的确与现代美学难以完全接轨,其现代转换之路的确颇为艰难。当然,新中国成立70年来我们学术界已经进行了富有成效的探索,如“美在意境”“美在意象”与“美在生命”等富有创意的探索均是其重要成果。

在这方面,我们山东大学文艺美学研究中心也做出了积极努力。在“文化自信”与“坚守中华文化立场”的鼓舞下,在学习继承前辈学者宗白华、方东美等诸多成果以及蒙培元、刘纲纪与朱良志等先生有关工作的基础上,我们提出了建设当代“生生美学”的观点,试图借以整合新中国成立70年传统美学建设成果,回应黑格尔“美学之问”,逐步解决美学“失语症”问题。“生生美学”是来自中国文化的核心价值观。“生生”来自《周易·易传》之“生生之谓易”“天地之大德曰生”,但其渊源却更为久远。《说文解字》:“生,进也,像草木生土上。”《尚书·盘庚》:“往哉生生”,“生生”指迁徙后会有更好的生活。《论语·先进》:“未知生,焉知死”,“生”即生命。《诗经·小雅·白驹》:“生刍一束”,“生”指有生命的“白驹”。总之,中国文化中的“生”,总是与生命、生存密切相关,后来发展成为中国古代文化的核心范畴。儒家讲“爱生”,道家讲“养生”,墨家求“利生”,佛家重“护生”,可以说,“生”贯穿了中国传统文化的各个方面。这既与中国古代以农业立国密切相关,也与中国古代对于“天人合一”之审美的生存方式的追求相关。《周易·泰卦》:“小往大来,吉,亨。”《周易·泰·象传》:“天地交,泰。”泰卦卦象乾下坤上,象征着天地阴阳之气交感,从而化生自然万物。《周易·泰·彖传》:“天地交而万物通也,上下交而其志同也。”因此,泰卦体现了中国传统文化天人合一、风调雨顺、万物繁茂的审美追求。这就是中国古代人的审美方式,与当代生态美学的核心内涵相符。因此,怎么能说中国古代没有美学呢?在我们看来,中西美学之间,就与中西文化一样,只有类型的不同,而没有高低上下之分。中国确实没有西方那样的思辨性的、体系性的美学,但中国传统哲学、艺术处处体现着丰富深邃的美学智慧。

黑格尔曾说:“精神的朝霞升起于东方,(但是)精神之存在于西方。”其西方中心意识十分明显,但这是不符合世界文化多元共存的实际的。“生生美学”就是试图回答黑格尔的“美学之问”,打破其西方中心论。

首先,“生生美学”直接回答了中国传统文化中到底有没有“美学”的问题。“生生美学”是一种无言之大美。《庄子·知北游》:“天地有大美而不言,四时有明法而不议,万物有成理而不说。圣人者,原天地之美而达万物之理。是故至人无为,大圣不作,观于天地之谓也。”这意味着,在中国传统美学与艺术之中,“生生之美”渗透于天地生命的变化与创造之中。因此,“生生之美”具有本体性。凡是有生命创造之处都有美之存在，天地乃生命之源，所以，“天地有大美而不言”。在中国古代，“生生美学”是一种包含天地生命的美学，同时也是一种交融性美学。真善美是交融的，礼乐刑政也是交融的，很难加以分离，也很难言说。“生生美学”的本体性与交融性是中国古代美学与西方古代美学之实体性与区分性的重要区别。

其次，“生生美学”回答了中国传统文化中审美的基本原则。“生生美学”的要旨是将“生生”重言，将“体贴生命之伟大处”作为审美的基本原则。这是一种东方特有的生命美学。方东美明确指出：“一切艺术都是从体贴生命之伟大处得来，我认为这是所有中国艺术的基本原则。”这就是说，中国审美与艺术的基本原则是对艺术与自然所呈现的生命伟大处的体贴。将生命之伟大提到最重要的地位，这就是“生生”之美。方东美认为，所谓“生”含育种、开物、创进、变通与绵延等义，“故《易》重言之曰‘生生’”，即“生命的创生”也。“生命的创生”是一种过程，也是一种价值。审美与艺术作为对“生”的“体贴”，当然也是一种生命的过程，也是一种价值的实现。与西方古代的实体论美学——无论是物质的实体还是精神理念的实体——相比，这种对于生命伟大处的体贴就是一种中国的生态审美。

第三，“生生美学”回答了黑格尔关于中国传统美学与艺术中缺乏内在理性的问题。“生生美学”是一种道德理性之美。黑格尔认为中国古代美学与艺术缺乏理性，这是一种极大的误解。的确，中国古代没有西方古代的工具理性、几何类理性，却有着极为丰富的道德理性。作为“生生美学”之源头的《周易》就使“生生”包含丰富的道德德性，如“天地之大德曰生”“元亨利贞”之“四德”“与天地合其德”等。产生于公元前2世纪，体现着“生生美学”精神的《礼记·乐记》篇,明确提出了著名的“乐者,通乎伦理者也”的命题。“生生”在历史的发展中成为儒家美学思想的重要命题,在宋明理学中更加被赋予“仁”的核心意涵,成为儒家道德理性的重要观念。这就意味着,作为中国传统生态美学重要体现的“生生美学”无疑包含丰厚的道德理性。当然,缺乏科技理性是其缺陷,需要在其现代转换中加以补充。黑格尔认为中国古代的“道德性无疑(是)整个国家的原则,但与此相连的是不承认本来只存在于主体内心的道德性”,这又是一种误解。无疑,中国古代所谓“德”属于国家提倡的范围,但却也是一种个人修养的“功夫”。中国古代强调“格物、致知、诚意、正心、修身、齐家、治国、平天下”,将修身养性提到很高的位置。《大学》有言:“古之欲明明德于天下者,先治其国;欲治其国者,先齐其家;欲齐其家者,先修其身;欲修其身者,先正其心;欲正其身者,先诚其意;欲诚其意者,先致其知。”怎么能说这种道德性缺乏“主体内心”呢?

第四,“生生美学”回答了中国传统美学特有的意境逻辑。“生生美学”是一种中国特有的意境之美。黑格尔和鲍桑葵都认为,中国古代艺术没有上升到理性的逻辑性的高度,其实,中国古代艺术与审美并不局限于理性逻辑的“写实”,而是追求一种特有的“意境”,是一种“言在于此,意在于彼”,包含丰富的审美理想。诚如《庄子·外物》所言,“言者所以在意,得意而忘言”;又如《易传·系辞上》所言,“书不尽言,言不尽意”;也如司空图所言,“象外之象,景外之景”等。也就是说,早在公元前,中国美学就已经从看得见的追寻背后之看不见的,从在场的追寻不在场的。《周易·系辞上》:“一阴一阳之谓道。”中国哲学、美学正是要从天地万物的生命形态追寻其背后更深的阴阳相生、大化流行之“道”。这是中国“生生美学”更深的意境逻辑。这样的逻辑已经不是现代工业革命以来的哲学从“存在者”出发的形式的理性的逻辑，而是由“此在”追寻其背后的“存在”的更高的审美的意境的逻辑。这一点已经为西方诸多现代哲学家与美学家的思考所证实。

最后，“生生美学”回答了中国传统美学通过艺术加以呈现的特殊历史。“生生美学”以其辉煌的艺术发展而闪耀于世。黑格尔认为，古代中国艺术是一种“艺术前的艺术”，古代中国也没有自己的历史，当然，更不会有美学的历史。其实，中国传统美学的历史与西方古代美学历史之差别，就在于西方美学主要呈现于哲学家、美学家的论著之中，而中国美学史则主要呈现于各种艺术形态及其理论之中。中国五千年来艺术形态及其理论是不断在历史中发展演进的，故而呈现出一幅辉煌而闪耀的历史。我们可以粗略地看看这样一部辉煌的历史：先秦之乐及“礼乐教化”；两汉之书及“生命节奏”；魏晋之画及“气韵生动”；唐代之诗及“意境”之美；宋代之词及“婉约缠绵”；金元戏曲及“歌舞人生”；明清园林之“因借体宜”以及小说之“传奇志怪”等。这既是“生生美学”的具体呈现，也是一种具有历史深度的理论发展历程，它们都以其独特的光彩而贡献于世界美学。

当前，在“后现代”语境下，西方工具理性得到一定的“解构”，中国传统文化与美学也得到一定程度的认可，但“西方中心论”并没有完全退场，“生生美学”本身也还有待于深入挖掘与阐释、弘扬。尽管“生生美学”所凭借的传统艺术在现代中国人的审美生活中仍然有其生命力，但其理论基本上还是前现代的理论形态，不仅自身的深邃意涵有待于重现光华，其缺乏科学精神之弊端也需要剥弃，更需要适应新时代的要求进行创造性改造与创新性发展,从而在中西古今交流对话中发展成为走向新时代、走向世界的新的美学理论,真正成为具有理论自洽性与时代性的世界自然生态美学之重要一维。

"生生美学"的路还很长,我们仍然要在创造性转化与创新性发展中讲好中国"生生美学"的故事。

构建中国美学话语体系①

学术话语不仅是学术的话语权，而且是学术生产力、文化软实力的体现。中国美学话语体系的建设一直是一个有待加强的问题，这就是所谓美学领域的“失语症”问题。西方学术界存在着中国有没有自己民族的美学与艺术的疑问，首先由黑格尔明确提出，这就是著名的黑格尔“美学之问”。黑格尔在《历史哲学·中国篇》中明确地说中国只有思想没有历史、没有哲学。新黑格尔主义者鲍桑葵也认为中国美学没有上升到理性的逻辑的高度。甚至对中国比较友好的德里达在2001年9月访问上海与王元化先生对话时说，中国没有哲学只有思想。

近代以来，我国美学领域的话语主要是从西方引进的。我们的传统话语由于时代与文字的隔膜，在如何与现代话语直接接轨的问题上，我们的确有困惑，一定程度上缺乏自信。但其实100多年来，中国美学和艺术领域的学者都在不同程度上做着中国美学话语的构建工作。王国维、梁启超、朱光潜、宗白华、方东美等诸多前辈都做出了自己的努力，比如王国维的美学思想中融合了叔本华的悲剧观与理念说。这样的中西融会探索还是很可贵的。

新时期以来，习近平总书记提出“坚定文化自信”，“坚守中华

① 原载《人民政协报》2020年1月6日第9版。

文化立场文化”,“加快构建中国特色哲学社会科学学科体系、学术体系、话语体系”等,这让我们这些专门研究美学和文艺学的学者听了很受鼓舞。学术界老中青三代都在这方面做了自己的努力。就我个人来说,新时期以来在美学学科话语体系建设方面做了三个方面的工作。首先是提出了“中和论”美学思想,以区别于西方传统“和谐论”美学思想。其次是提出包含中国传统“天人合一”的生态美学,以区别于西方欧陆现象学的生态美学与英美的以分析哲学为背景的环境美学。再就是在前面工作的基础上,我借鉴方东美与宗白华等前辈学者的工作提出了“生生美学”,并将之运用到艺术之中,试图建立中国形态的生态美学。

所谓“生生美学”,其直接来源是方东美在20世纪70年代提出的“生生之美”。“生生美学”植根于悠久的中国传统文化土壤,反映了中国人追求“天人合一”审美的生存方式。“生生”其直接来源是《周易》《易传》之“生生之谓易也”“天地之大德曰生”。“生生”将“生”字重言,意谓“生命的创生”,成为中国古代文化的核心范畴,儒家之“爱生”、道家之“养生”、墨家之“利生”、佛家之“护生”。它直接指向对于美好生命与生存的追求与向往,是一种价值之美与交融之美,而非西方古代的实体之美与区分之美,东西方美学是类型之别,而非有无之分。“生生美学”将“体贴生命之伟大处”作为审美的基本原则,这是一种东方特有的生命美学。“生生美学”将“天地之大德曰生”与“修身养性”作为自己的重要内涵,成为包含东方道德理性的美学形态。“生生美学”认为“美”渗透于天地生命“阴阳相生”的变化与创造之中,因而具有“本体性”,是一种“天地有大美而不言”的无言之大美。“生生美学”追求“象外之象”“景外之景”“言外之意”,是一种东方特有的包含更高理性的“意境之美”而非西方古代的形式逻辑的理性之美。“生生美学”以其辉煌的艺术而闪耀于世。“生生美学”相异于西方之处是它主要不是体现于各种论著之中，而是体现于各种艺术之中。先秦之诗乐、汉代之书法、魏晋之画、唐代之诗、宋代之词、金元戏曲、明清园林与小说等等均体现出“生生美学”精神，以其特有的光彩而贡献于世界。总之，中国传统“生生美学”内涵深厚丰富，而其借以支撑的传统艺术目前作为非物质文化遗产仍然留存于世，研究阐发“生生美学”是我们对于黑格尔“美学之问”的一种回应。

相信通过更多学者的努力，在不远的岁月，将会对于黑格尔的“美学之问”做出更好的回应，以便在构建中国传统美学话语方面有更多突破，并推动产生更加多元的新的美学理论形式。我也将继续在中国美学话语建构方面做出自己的努力，期盼中国美学真正走向世界。

中国音乐:“中和”之美与“生生”之美①

一、中国音乐的背景:“礼乐教化”与“历律合一”

在当今中国特色社会主义建设的新时代,在中华民族走向伟大复兴的征程之中,坚守中华文化立场,弘扬中国传统优秀文化,发扬中华美学精神,成为十分迫切的重大课题。在中华传统美学之中,中国古代音乐及其美学思想有着特殊的地位。中国古代艺术以音乐为其代表,并因而决定了中国五千年艺术的生命性的基本特点。日籍华裔学者江文也《上代支那正乐考》认为:“中国古代以音乐代表国家;音乐的发达,远较西洋为早。”在徐复观看来,“这种说法是可以成立的。”②最近有学者提出,“乐”是中国认同的图腾或象征。③ 20 世纪 60 年代初,我国考古发现了大约 8000 多年前的著名的贾湖骨笛。20 世纪 90 年代初期,又在山西发现

①原载《文艺研究》2020 年第 2 期。

②徐复观:《中国艺术精神》,春风文艺出版社 1987 年版,第 2—3、3 页。

③苏源熙:《“礼”异“乐”同——为什么对“乐”的阐释如此重要?》,载刘东主编《中国学术》总第 16 辑,商务印书馆 2004 年版,第 140—157 页。

了2800多年前的大型编钟。早在公元前2世纪左右,中国就有了世界最早的音乐美学论著——《乐记》。但从20世纪初至今,中国音乐落后论的言论不绝于耳。诸如,中国传统音乐只是单旋律,基本上没有和声;中国没有西方那样的键盘乐器,以及记谱法落后;等等。即便是治中国古代音乐美学卓有成就的大家,也多认为,中国传统音乐思想,特别是儒家音乐思想,具有明显的“保守性”。在人类文化的发展的问题上,我们赞同文化的“类型说”,认为世界各民族的文化艺术之间只有类型之差别,没有高低之区分。我们认为,对于一种文化思想的评价不能脱离历史,是否保守,何以保守,都要放到一定的历史语境中加以理解与分析。为此,我们需要回到中国传统美学与艺术产生的历史文化语境之中,探寻中华美学与艺术得以彪炳于世、不可取代的特点。

中国古代的确没有西方那样强调形式的“比例、对称与和谐”①与“感性认识之完善”②的美学,但却又有着独一无二的“生生美学”。牟宗三认为,中国哲学的主要课题就是“生命”,中国哲学就是“生命的学问”,“它是以生命为它的对象,主要用心在于如何来调节我们的生命,来运转我们的生命、安顿我们的生命”③。方东美认为,“生之理”是中国哲学的第一要义,“生命包容万类,绵络大道,变通化裁,原始要终,敦仁存爱,继善成性,无方无体,亦刚亦柔,趋时显用,亦动亦静”④。在他看来,这种生命哲学最

①朱光潜:《西方美学史》上,人民文学出版社1963年版,第79页。

②[德]鲍姆嘉登:《美学》,简明、王旭晓译,文化艺术出版社1987年版,第18页。

③牟宗三:《中国哲学十九讲》,上海古籍出版社2005年版,第12页。

④方东美:《生生之美》,李溪编,北京大学出版社2009年版,第47页。

早体现在《周易》的“生生”之学中:“生含五义:一,育种成性义;二,开物成务义;三,创进不息义;四,变化通几义;五,绵延长存义。故《易》重言之曰生生。”①“生生”之美由此成为中国美学的基本精神:“天地之美寄于生命,在于盎然生意与灿然活力,而生命之美形于创造,在于浩然生气与酣然创意。这正是中国所有艺术形式的基本原理。”②因此,中国传统美学,在一定意义上,可以称之为“生生美学”。中国古代音乐及其美学,同样反映了“生生美学”之特点。蒋孔阳在论述儒家音乐思想时指出,“孔丘在《易·系辞下》说‘天地之大德曰生’,又说‘生生之谓易’。他用‘生’来解释天地万物,又用‘生’来作为他的美学思想的哲学基础。凡是合乎‘生’的,他都认为是好的;凡是与‘生’相反的,也就是‘杀’,他就加以反对”③。蔡仲德指出:“‘气’成为《乐记》中的重要范畴。《乐记》认为天(或天地)有阴阳之气,此阴阳之气生养万物,给万物以生命,故又称为‘生气’;万物禀‘生气’而生,故万物皆有‘生气’,‘生气’是其生命之所在;人有‘血气心知之性’,‘血气’即‘生气’之在人者,是人的生命之所在。所以天、物、人统一于‘气’,自然、社会统一于‘气’,‘气’使宇宙成为一个和谐的整体。”④

“生生美学”在中国古代音乐思想中呈现非常复杂的情形,具有明显的中国特色。先秦时期,百家争鸣,儒家力主礼乐教化,弘

①方东美:《生生之美》,李溪编,北京大学出版社2009年版,第47页。

②方东美:《生生之美》,李溪编,北京大学出版社2009年版,第290页。

③蒋孔阳:《先秦音乐美学思想论稿》,载《蒋孔阳全集》第1卷,安徽教育出版社1999年版,第570—571页。

④蔡仲德:《中国音乐美学史》修订版,人民音乐出版社2003年版,第349页。

扬“雅乐”“德音”,成为中国古代音乐思想之主流。因此,要理解中国古代音乐思想,理解“生生美学”之内涵,必须理解儒家的“雅乐”与“德音”。儒家所推崇的“雅乐”“德音”,都与“礼”联系在一起,致力于政治、伦理教化。《论语·阳货》篇载,孔子云:“恶紫之夺朱也,恶郑声之乱雅乐也,恶利口之覆邦家者。”①崇尚“雅乐”,并贬低“郑声”。所谓“雅”,《诗大序》云:“是以一国之事,系一人之本,为之风;言天下之事,形四方之风,谓之雅。雅者,正也,言王政之所由废兴也。”②“风”是通过作者一个的感受、见闻写一个诸侯国之事;“雅”,是言周王朝天下四方之事。所以,“雅者,正也”,内容上言王政之废兴,形式上是合乎律吕的正声。“雅乐”的代表,对孔子来说,应该是《韶》乐。《论语·述而》篇载:“子在齐闻《韶》,三月不知肉味,曰:‘不图为乐之至于斯也!’”③关于《韶》乐,《尚书·益稷》载,“夔曰:‘戛击鸣球,搏拊琴瑟以咏。祖考来格,虞宾在位,群后德让。下管鼗鼓,合止柷敔,笙镛以间,鸟兽跄跄。箫韶九成,凤凰来仪。’夔曰:‘於!予击石拊石,百兽率舞,庶尹允谐。’”④这段文字,反映了尧舜时代祖神祭祀的礼乐歌舞,一派鼓乐合鸣,琴瑟和谐,笙箫相间,宾客礼让的景象。《礼记·乐记》载,子夏向魏文侯言“德音”与“新乐”,认为“古者天地顺而四时当,民有德而五谷昌,疾疢不作而无妖祥,此之谓大当。然后圣人作为父子君臣,以为纪纲。纪纲既正,天

①杨伯峻:《论语译注》,中华书局1980年版,第187页。

②郭绍虞、王文生主编:《中国历代文论选》第1册,上海古籍出版社1979年版,第63页。

③杨伯峻:《论语译注》,中华书局1980年版,第70页。

④《十三经注疏》整理委员会:《尚书正义》,北京大学出版社2000年版,第151—152页。

下大定。天下大定，然后正六律，和五声，弦歌《诗》《颂》，此之谓德音。德音之谓乐”①。子夏又说：“今夫古乐，进旅退旅，和乐以广，弦匏笙簧，会守拊鼓。始奏以文，复乱以武。治乱以相，讯疾以雅。君子于是语，于是道古。修身及家，平均天下。此古乐之发也。”②可见，所谓“德音”即是与天相和，进退得当，笙簧相协，修身齐家，平均天下的“古乐”。所谓“新乐”，也就是“郑声”“奸声”。子夏说：“今夫新乐，进俯退俯，奸声以滥，溺而不止，及优、侏儒，獶杂子女，不知父子。乐终，不可以语，不可以道古。此新乐之发也。”③儒家倡导的“雅乐”“德音”，是一种与天相和，历律相协，修身齐家，平均天下的正声、和乐，是充分体现了“生生之美”的音乐。

中国古代音乐以乐律为中介，通过阴阳五行学说与历法紧密结合，从而使音乐活动广泛参与到宗教祭祀、农事活动、政务安排、天文星象、自然节候，以及日常饮食、服色、车驾之配备等社会生活的各个方面。这就是“历律合一”。从《吕氏春秋・十二纪》到《淮南子・时则训》，再到《礼记・月令》篇，都有关于乐律、乐器、乐舞与四时十二月间人类活动的同构对应性的解说。这是《礼记・乐记》的“大乐与天地同和，大礼与天地同节”④之说的来

①《十三经注疏》整理委员会：《礼记正义》，北京大学出版社 2000 年版，第 1309 页。

②《十三经注疏》整理委员会：《礼记正义》，北京大学出版社 2000 年版，第 1305 页。

③《十三经注疏》整理委员会：《礼记正义》，北京大学出版社 2000 年版，第 1308 页。

④《十三经注疏》整理委员会：《礼记正义》，北京大学出版社 2000 年版，第 1267 页。

源。“历律合一”,是中国文化传统中“天人合一”思维、观念、追求的具体的、现实的体现。作为“天人合一”文化模式之根基的,无疑是中国哲学的“主要课题”——“生命”,或者说是“生生”之学。宗白华曾指出:“中国哲学既非‘几何空间’之哲学,亦非‘纯粹时间’(柏格森)之哲学,乃‘四时自成岁’之历律哲学也。”①又说:“‘测地形’之‘几何学’为西洋哲学之理想境。‘授民时’之‘律历’为中国哲学之根基点。中国‘本之性情,稽之度数’之音乐为哲学象征。”②这种“历律合一”的审美意义,宗白华有明确揭示:“四时的运行,生育万物,对我们展示着天地创造性的旋律的秘密。一切在此中生长流动,具有节奏与和谐。古人拿音乐里的五声配合四时五行,拿十二律分配于十二月,使我们一岁中的生活融化在音乐的节奏中,从容不迫而感到内部有意义有价值,充实而美。”③

因此,离开了“礼乐教化”与“历律合一”的文化语境,就很难理解中国古代音乐思想中的深刻意蕴。中国古代的“乐”从来都是与政治上的道德教化,以及社会生活中的天文、地理、数学、医学、易学等紧密结合的。我们提倡“生生美学”,也需要从历史文化语境上加以理解。中国古代音乐美学思想由此形成了自己的特有的文化背景与理论话语。

①宗白华:《形上学——中西哲学之比较》,载《宗白华全集》第1卷,安徽教育出版社2008年版,第611页。

②宗白华:《形上学——中西哲学之比较》,载《宗白华全集》第1卷,安徽教育出版社2008年版,第587页。

③宗白华:《中国文化的美丽精神往那里去?》,载《宗白华全集》第2卷,安徽教育出版社2008年版,第401页。

二、中国音乐的“生生”之美

中国古代“雅乐”“德音”蕴含着深厚的“生生美学”意蕴。

首先,这是一种“中和”之美的音乐,包含着“生生”之德的重要美学内涵。中国古代艺术是一种“天人合一”的“中和”之美,充分反映了中国古代哲学的“生生”之德的思想,成为东方特有的生命美学。将“中和”引入美学与艺术领域应该始于乐论,《尚书·舜典》即有“诗言志,歌永言,声依永,律和声。八音克谐,无相夺伦,神人以和”①的表述。《荀子·劝学》指出:“礼之敬文也,乐之中和也,《诗》《书》之博也,《春秋》之微也,在天地之间者毕矣”②,明确地将“中和”视为“乐”的最基本的美学特征。《礼记·乐记》载“故乐者,天地之命,中和之纪,人情之所不能免也”③,也指出了乐之“中和之纪”的基本特点。这种“中和之纪”的“乐”反映了天地阴阳二气交感,创生、化育万物的基本“生生”之德。《乐记》指出:“大人举礼乐,则天地将为昭焉。天地䜣合,阴阳相得,煦妪覆育万物,然后草木茂,区萌达,羽翼奋,角觡生,蛰虫昭苏,羽者妪伏,毛者孕鬻,胎生者不殰,而卵生者不殈,则乐之道归焉耳。”④又

---

①《十三经注疏》整理委员会:《尚书正义》,北京大学出版社2000年版,第95页。

②(清)王先谦:《荀子集解》,沈啸寰、王星贤整理,中华书局2012年版,第12页。

③《十三经注疏》整理委员会:《礼记正义》,北京大学出版社2000年版,第1335页。

④《十三经注疏》整理委员会:《礼记正义》,北京大学出版社2000年版,第1302页。

说:“夫歌者,直己而陈德也,动己而天地应焉,四时和焉,星辰理焉,万物育焉。”①这就是《礼记·中庸》所说的“致中和”的境界:“喜怒哀乐之未发,谓之中;发而皆中节,谓之和。中也者,天下之大本也;和也者,天下之达道也。致中和,天地位焉,万物育焉。”②显然,“中和”作为天下之“大本”“达道”,来源于天地阴阳各在其位,从而使万物得以诞育。《周易·泰·彖传》把“中和”与万物化生、社会和谐联系起来,所谓“‘泰,小往大来,吉亨’,则是天地交而万物通也,上下交而其志同也”③。泰卦是《周易》六十四卦中典型的阴阳和合、吉祥亨通之卦。该卦坤上乾下,坤小乾大,乾象天象阳,坤象地象阴。天本在上而地当在下,今坤上乾下,乾坤各复归本位,所以“小往大来”,阴阳相交,天地相通,促进万物生命之气的亨通,社会各阶层志意之大同。在《周易》看来,“天地位”,“万物育”的“中和”状态,就是“美”。《周易·文言》论坤卦六五爻爻辞“黄裳元吉”云:“君子黄中通理,正位居体,美在其中,而畅于四支,发于事业,美之至也。”④“黄”是中之色,“裳”是下衣,“黄裳”即下而得中之象。坤卦六五爻以阴爻处上卦之中位,虽是以阴处阳,但在《周易》,得中即处正。《周易》六十四卦,五为至尊之位。坤六五爻以阴处阳,居中得正,有刚柔相济之象。

---

①《十三经注疏》整理委员会:《礼记正义》,北京大学出版社 2000 年版,第 1337 页。

②《十三经注疏》整理委员会:《礼记正义》,北京大学出版社 2000 年版,第 1661—1662 页。

③《十三经注疏》整理委员会:《周易正义》,北京大学出版社 2000 年版,第 78 页。

④《十三经注疏》整理委员会:《周易正义》,北京大学出版社 2000 年版,第 38 页。

因此,在《周易》看来,坤六五爻的"黄中通理,正位居体",即是"美在其中"。如果修养德行、治国平天下能达到这个境界,就是"美之至"。《周易·文言》的上述论述,很清楚地揭示了中国传统文化对"美"的理解,天地阴阳居中处正,做到"正位居体",就能创生、化育万物,而天地万物的生长、繁育,人与自然的和谐,就是最高意义上的"美"。正因此,《周易·系辞上》总结性地提出:"一阴一阳之谓道。继之者善也,成之者性也。"①《礼记·中庸》认为,天地阴阳的交通感应,创生了宇宙万物。人能上体天心,辅助天地"生生"之道,"赞天地之化育",成就万物生长、繁育之"性",就是"尽物之性"②,这是最大的"善",也是最高的"美"。因此,阴阳相生之道,也就是《周易·系辞》所说的"生生之谓易""天地之大德曰生"③,既是中国传统哲学的核心精神,也成为中国传统美学的精神原则。"中和之美"体现了"生生"之德的美学内涵。

其次,音乐之"历律和谐",体现了"风雨时至,嘉生繁祉"的美学追求。在中国传统文化中,历法与音律本来是相通的,都是天地自然生命运动之秩序、节奏的揭示。历律之说起源于远古以来的农业生产和祭天祀地的文化活动,中国上古以礼乐祭祀天地神灵,调节自然的"八风",从而促进天地之气和谐,普降甘露,繁茂生殖,惠及人民。如,《国语·周语下》载:"物得其常曰乐极,极之所集曰声,声应相保曰和,细大不踰曰平。如是,而铸之金,磨之

①《十三经注疏》整理委员会:《周易正义》,北京大学出版社 2000 年版,第 315—317 页。

②《十三经注疏》整理委员会:《礼记正义》,北京大学出版社 2000 年版,第 1691 页。

③《十三经注疏》整理委员会:《周易正义》,北京大学出版社 2000 年版,第 319、349 页。

石,系之丝木,越之匏竹,节之鼓而行之,以遂八风。于是乎气无滞阴,亦无散阳,阴阳序次,风雨时至,嘉生繁祉,人民和利,物备而乐成,上下不罢,故曰乐正。”①由此可见,历律和谐即可导致阴阳序次,风雨时至,人民和利。要理解中国音乐及其理论,理解儒家对“雅乐”“德音”的倡导,不能离开这样的语境。《国语·周语下》载,乐官伶州鸠在回答周景王“问律”时,说:“律所以立均出度也。古之神瞽考中声而量之以制,度律均钟,百官轨仪,纪之以三,平之以六,成于十二,天之道也。”②又说:“昔武王伐殷,岁在鹑火,月在天驷,日在析木之津,辰在斗柄,星在天鼋。……王欲合是五位三所而用之。自鹑及驷七列也,南北之揆七同也。凡人神以数合之,以声昭之,数合声和,然后可同也。故以七同其数,而以律和其声,于是乎有七律。”③这就从“以律合历”的角度论述了“律”“七律”与星象、历法之关系。历律之地位,《史记·律书》云:“王者制事立法,物度轨则,壹禀于六律,六律为万事根本焉。”④在中国传统文化中,历律决定了天象、农业、政事、日常生活、艺术活动、医疗养生等,几乎无所不包,“历律和谐”是中国传统文化包括艺术审美文化的历史语境。宗白华将“历律”作为中国传统文化之哲学“根基点”,其言有据。历律学之核心为“历律合一”。古代盛行“候气”之说,在密室中置长短不同的竹制律管,

①《国语》,上海师范大学古籍整理组校点,上海古籍出版社 1978 年版,第 128 页。

②《国语》,上海师范大学古籍整理组校点,上海古籍出版社 1978 年版,第 132 页。

③《国语》,上海师范大学古籍整理组校点,上海古籍出版社 1978 年版,第 138 页。

④(汉)司马迁:《史记》,中华书局 1963 年版,第 1239 页。

内置芦苇薄膜烧成的灰。到了不同的节气，相应律管中的灰就会飞出，以此来测节气。《大戴礼记·曾子天圆》篇阐明了“候气之法”与“历律迭相治”的“历律合一”的原理：“圣人慎守日月之数，以察星辰之行，以序四时之顺逆，谓之历；截十二管，以宗八音之上下清浊，谓之律也。律居阴而治阳，历居阳而治阴，律历迭相治也，其间不容发。”①按照《礼记·月令》的记载，古人“随月用律”：孟春之月，律中太簇；仲春之月，律中夹钟；季春之月，律中姑洗；孟夏之月，律中仲吕；仲夏之月，律中南吕；季秋之月，律中无射；孟冬之月，律中应钟；仲冬之月，律中黄钟；季冬之月，律中大吕。② 十二月循环往复交替，从冬至开始，阳气回升，节气循环。历律学认为，不同季节只能演奏相应的音乐，否则就是“不当令”，将会有灾难和不良后果。以律应历，使阴阳相合，促进万物的繁育，是“历律和谐”思想之精义。这从另一个角度阐明了包括音乐在内的中国艺术的“生生之美”的内涵。《乐记》论“乐”的作用，有“逆气”“顺气”与“奸声”“正声”之说，罗艺峰认为，“逆气，顺气，在《乐记》的卦气思想中乃是指天道的正常或不正常，也就是气机如何的问题”。“《乐象篇》所谓‘奸声’，正是在‘逆气’的影响下发生的不守其职的声，干犯了其他应节之声的声。天行无常，则音律乖乱，一旦逆气成象人乐习焉，则淫乐兴而不可救，其乱乃成。所以，逆字与奸字，正相应和”。③ 可见，按照“历律和谐”的理论，

①（清）王聘珍：《大戴礼记解诂》，王文锦点校，中华书局1983年版，第100—101页。

②《十三经注疏》整理委员会：《礼记正义》，北京大学出版社2000年版，第517—652页。

③罗艺峰：《中国音乐思想史五讲》，上海音乐学院出版社2013年版，第195页。

《乐记》的“逆气”与“奸声”乃非正常天象之下的乐律乖乱,“雅乐”“德音”则是正常天象下的和乐之音。这样就将“雅”和“奸”与天象之正常与否联系起来,涉及到乐律之“合节”与否。这是在历律和谐的语境下对“雅乐”“德音”的提倡和对“逆气”“奸声”的批判。

三、中国音乐的“生生”之用

对中国音乐及其美学来说,“生生”之美不仅体现在“乐”的审美特征上,更突出地体现在“乐”的“生物”“成人”“正心”等功能上。

首先,“乐以开风”的“生物”“生民”功能。在“历律和谐”文化背景下,春秋时期流行着“乐以开风”的观念。《国语·晋语》载,晋师旷道:“夫乐以开山川之风也,以耀德于广远也。风德以广之,风山川以远之,风物以听之,修诗以咏之,修礼以节之。夫德广远而有时节,是以远服而迩不迁。”①师旷认为,“乐”能疏通山川之风,既能够光耀道德,又能够促进万物的生长,甚至促进个人修养、社会政治的和谐。在中国传统文化中,“风”是天地自然万物的生命之气息,风的流动、畅达,即是天地万物生命发展的顺遂、亨通。“乐”之作用与“风”联系,使“乐以开风”命题具有了“生物”义涵。作为农业社会,耕种为国之大事。《国语·周语上》载,春季来临,协风已至,阳气充蕴,土气震发,适合耕种之时,“是日也,瞽师、音官以风土。……稷则

①《国语》,上海师范大学古籍整理组校点,上海古籍出版社 1978 年版,第 460—461 页。

遍诫百姓，纪农协功。”①“瞽师、音官以风土”，即乐官吹动律管用以考察土气是否适合耕种，反映了“乐以生物”的观念与政俗。儒家受“乐以生物”观念启发，基于礼乐与中国政治的紧密联系，将“乐以开风”发展为“乐以生民”。即认为，“乐”可以反映民情风俗、生存状态，从而有助于考察政治之“得失”与统治者的“德行”。《礼记·王制》载，天子五年一巡守，“命大师陈诗，以观民风。”②“民风”即民歌民谣，也指民歌所反映的民情风俗。这是孔子诗“可以观”③之说的来源。汉代《毛诗序》认为，“风”还有风化与讽谏之意。“风，风也，教也。风以动之，教以化之。”④这里的“风”，就是诗歌感动人心的审美作用，它是儒家以乐教、诗教来教化人心之根据。《诗大序》又云：“上以风化下，下以风刺上。主文而谲谏。言之者无罪，闻之者足以戒。故曰风。”“吟咏情性，以风其上。”⑤即是主张发挥诗歌感动人心的审美作用，用之于政治上的讽谏和伦理上的教化。在中国古代音乐视野中，诗乐以抒情为本，能表达与政治、风俗相关的生命深处的深情咏叹。因而，“采诗”“陈诗”既可“观民风”，亦可“考见得失”，而“吟咏情性”的诗乐以其动人心魄的审美力量，既可成为政治讽谏的手段，亦可成为伦理教化之凭藉，从而积极地作用于“民生”。

---

①《国语》，上海师范大学古籍整理组校点，上海古籍出版社1978年版，第20页。

②《十三经注疏》整理委员会：《礼记正义》，北京大学出版社2000年版，第425页。

③杨伯峻：《论语译注》，中华书局1980年版，第185页。

④郭绍虞、王文生主编：《中国历代文论选》第1册，上海古籍出版社1979年版，第63页。

⑤郭绍虞、王文生主编：《中国历代文论选》第1册，上海古籍出版社1979年版，第63页。

其次,“乐”的“人文化成”的“成人”功能。自《周易》以来,中国文化以“人文化成”为文化理想。《周易·贲·彖》曰:“天文也;文明以止,人文也;观乎‘天文’,以察时变;观乎‘人文’,以化成天下。”①“礼乐教化”就是“人文化成”的最重要途径。《礼记·明堂位》载:“周公践天子之位,以治天下。六年,朝诸侯于明堂,制礼作乐,颁度量,而天下大服。”②“礼”与“乐”相辅相成,是中国政治文化教育制度的组成部分。《乐记》主张“礼乐”与行政、法律相结合,以达到“王道”境界:“礼节民心,乐和民声,政以行之,刑以防之。礼、乐、刑、政,四达而不悖,则王道备矣。”又说:“致礼乐之道,举而错之天下,无难矣。”③礼乐教化的目的,在于促进社会整体的和谐。《乐记》指出:“是故乐在宗庙之中,君臣上下同听之,则莫不和敬;在族长乡里之中,长幼同听之,则莫不和顺;在闺门之内,父子兄弟同听之,则莫不和亲。”④“宗庙”“乡里”“闺门”,包括中央、地方、家庭,说明礼乐教化普及整个社会。礼乐教化的根本是“人道”之建立。《乐记》指出:“是故先王之制礼乐也,非以极口腹耳目之欲也,将以教民平好恶,而反人道之正也。”⑤《乐记》将“乐”与“伦

①《十三经注疏》整理委员会:《周易正义》,北京大学出版社 2000 年版,第 124 页。

②《十三经注疏》整理委员会:《礼记正义》,北京大学出版社 2000 年版,第 1088 页。

③《十三经注疏》整理委员会:《礼记正义》,北京大学出版社 2000 年版,第 1264、1330 页。

④《十三经注疏》整理委员会:《礼记正义》,北京大学出版社 2000 年版,第 1334 页。

⑤《十三经注疏》整理委员会:《礼记正义》,北京大学出版社 2000 年版,第 1260 页。

理”结合起来,赋予“乐”以“德”“性”等“伦理”内涵,使“乐”成为“德”的象征:“德者,性之端也;乐者,德之华也。”“礼乐皆得,谓之有德,德者得也。”①“乐”的“成人”之功能,集中于“君子”之培养。《周礼·春官·宗伯》载:“大司乐掌成均之法,以治建国之学政,而合国之子弟焉。凡有道者有德者,使教焉,死则以为乐祖,祭于瞽宗。以乐德教国子:中、和、祗、庸、孝、友;以乐语教国子:兴、道、讽、诵、言、语;以乐舞教国子:舞《云门》《大卷》《大咸》《大韶》《大夏》《大濩》《大武》。”②可见,“乐教”对象为“国之子弟”,其内容包括“乐德”“乐语”“乐舞”。孔子尤其重视礼乐的“成人”之用,《论语·宪问》云:“文之以礼乐,亦可以为成人矣。”③《论语·雍也》篇论“君子”之教养,以“文质彬彬”④为标准。“文质”之教养均以礼乐为途径,《论语泰伯》载,“子曰:‘兴于《诗》,立于礼,成于乐’”。⑤ 这里论述了“君子”培养的整个过程,以“乐”为“成人”之象征。因此,王国维称,孔子之“教人”,“始于美育,终于美育”⑥。

最后,“乐者乐也”的“乐身正心”的功能。从《左传》《国语》以至《吕氏春秋》,受阴阳五行和道家学说影响,注重“乐”的养生保

①《十三经注疏》整理委员会:《礼记正义》,北京大学出版社 2000 年版,第 1295、1259 页。

②《十三经注疏》整理委员会:《周礼注疏》,北京大学出版社 2000 年版,第 674—677 页。

③杨伯峻:《论语译注》,中华书局 1980 年版,第 149 页。

④杨伯峻:《论语译注》,中华书局 1980 年版,第 61 页。

⑤杨伯峻:《论语译注》,中华书局 1980 年版,第 81 页。

⑥佛雏校辑:《王国维哲学美学论文辑佚》,华东师范大学出版社 1993 年版,第 256 页。

身功能。《史记·乐书》由此发展为“正心”之说:“夫上古明王举乐者,非以娱心自乐,快意恣欲,将欲为治也。正教者皆始于音,音正而行正。故音乐者,所以动荡血脉,通流精神而和正心也。……故乐所以内辅正心而外异贵贱也;上以事宗庙,下以变化黎庶也。”①这是认为,“乐”通过“动荡血脉,通流精神”的“乐身”功能以达到“正心”之目的。荀子论“乐”,既承认“乐者乐也”的审美愉悦特征,更强调“乐”的“导乐”“导德”功能:“乐者,乐也。君子乐得其道,小人乐得其欲。以道制欲,则乐而不乱;以欲忘道,则惑而不乐。故乐者,所以道乐也。金石丝竹,所以道德也。乐行而民向方矣。”②“道乐”“道德”之“道”,即“导”。因此,儒家所提倡的“乐”之美感,是一种超越性的精神愉悦,即超越于感官、生理快感的,符合儒家所提倡的仁义礼智信之理性精神的审美愉悦。《乐记》云:“人生而静,天之性也;感于物而动,性之欲也。物至知知,然后好恶形焉。好恶无节于内,知诱于外,不能反躬,天理灭矣。夫物之感人无穷,而人之好恶无节,则是物至而人化物也。人化物也者,灭天理而穷人欲者也。于是有悖逆诈伪之心,有淫泆作乱之事。是故强者胁弱,众者暴寡,知者诈愚,勇者苦怯,疾病不养,老幼孤独不得其所。此大乱之道也。是故先王之制礼乐,人为之节。”③“先王之制礼乐”,是为了“节欲”,达到“以道制欲”。这种“节人欲”以“存天理”的主张,对“乐”的积极促进

①(汉)司马迁:《史记》,中华书局1963年版,第1236页。

②(清)王先谦:《荀子集解》,沈啸寰、王星贤整理,中华书局2012年版,第371页。

③《十三经注疏》整理委员会:《礼记正义》,北京大学出版社2000年版,第1262—1263页。

"耳聪目明,血气和平"①的感官的、生理的、养生性的美感功能也有所肯定。

此外,《礼记》论礼乐教化的境界,有"五至三无"之说。《礼记·孔子闲居》载,孔子说:"夫民之父母乎,必达于礼乐之原,以致五至,而行三无,以横于天下。""五至",即"志之所至,诗亦至焉;诗之所至,礼亦至焉;礼之所至,乐亦至焉;乐之所至,哀亦至焉。哀乐相生。……此之谓五至"。"三无",即"无声之乐,无体之礼,无服之丧"。② "五至三无"之说虽然说得玄奥,但宗旨却在强调礼乐教化要做到将礼乐活动弥散、融化到传统社会生活一切方面,无论婚丧嫁娶、生老病死、朝会典礼等等一切活动均伴随着礼乐活动。这既是一种制度,也是一种全民的游戏,成为中国传统社会礼乐活动的一大特点。这是传统中国文化的特殊的东方景观,也是儒家理想的礼乐教化之至境。

四、中国音乐"生生美学"的发展关键与价值意义

中国古代音乐及其美学的发展,在体现"中和"之美和"生生"之美上,有着一些带有制约性的关键问题。

第一,雅俗之辩。从《周礼》到孔子,以至《乐记》,儒家论"乐"有着明雅俗之辨的强烈意识。《史记》载,孔子有"正乐""删《诗》"

---

①(清)王先谦:《荀子集解》,沈啸寰、王星贤整理,中华书局2012年版,第370页。

②《十三经注疏》整理委员会:《礼记正义》,北京大学出版社2000年版,第1626、1627、1628页。

之举。孔子晚年，"自卫反鲁，然后乐正，《雅》《颂》各得其所。""古者《诗》三千余篇，及至孔子，去其重，取可施于礼义"，"礼乐自此可得而述，以备王道，成六艺。"①"删诗"即"正乐"，其标准，应该就是《论语》所说的"思无邪""放郑声"②。但是，现存的《诗经》三百余篇仍保存有相当数量的"郑卫之声"。汉代《毛诗》、宋朱熹的《诗集传》等，都对孔子的"思无邪"的标准与"郑声淫"的现实之矛盾曲为之解。现代有学者认为，《诗经》的"风"诗与当时的礼制有密切关系，尤其是与"嘉礼"有关系者，多达95首。这可能是孔子"正乐"而"风"诗多有入选的原因。③ 若回到《诗经》所产生的历史文化语境，"风"诗在《诗经》中占多数，或者与"采风"制度有关。《诗经》的"风"诗应该是来自"采诗"。先秦两汉文献对"采诗"制度的重视，是因为"采诗"是为了"献诗"，"献诗"是为了"观风"，即供"王者"了解民情风俗、民生疾苦，以改善政治。儒家的音乐美学肯定"乐"(包括歌诗、舞蹈)反映民生疾苦、促进政治教化的作用。《诗经》的"风"诗既采自民间乐歌，当然有可以考察民情风俗、民生疾苦，甚至政治得失的作用，也可以用以进行政治"讽谏"。相对而言，抒情性的"风"诗，无疑更能反映民情风俗、民生疾苦，也更能发挥积极的政治"讽谏"作用。这或许也是孔子"正乐""删诗"而保留大量"风"诗的原因。

第二，乐有无哀乐。汉末曹魏时期，在儒学衰落、玄学盛行的背景下，嵇康写了著名的《声无哀乐论》，批判儒家音乐美学所主张的"乐"是人的情感之表现，因而"与政通""通伦理"等核心主

①(汉)司马迁:《史记》，中华书局1963年版，第3115、1936页。

②杨伯峻:《论语译注》，中华书局1980年版，第11、164页。

③徐正英:《风与礼》，《光明日报》2007年10月9日版。

张。嵇康认为,“音声有自然之和,而无系于人情”①,音声只是大小、单复、高卑、猛静、舒疾等自然形式的变化,既不能表现喜怒哀乐之情,更不能表现思想与道德。音声固然能够感动人心,但只是自然“和比”的音声唤起了人的某些情感。情感是人所本有的,却不是音声表现出来的。这是对先秦以来儒家音乐美学的最大冲击与挑战,但也确实暴露了儒家音乐美学的内在矛盾,即始终没有解决好音乐的声韵、节奏、曲调等艺术形式与人的情感之间的内在关系,也没有很好地解释清楚音乐所以能产生感动人心、导人向善的内在机制。从《左传》《国语》到《乐记》,儒家乐论对“乐”之审美作用的解释,大都是以“天人合一”“天人感应”为根基,借用阴阳五行学说的框架,以五声与人之五脏、社会结构的君、臣、民、事、物五事,甚至仁义礼智信“五常”同构对应来解释,从而不免机械类比之弊端。

第三,天理与人欲。从先秦到两汉,儒家音乐美学的一个基本思路,就是《乐记》所表达的“节人欲”而“存天理”,即认为礼乐可以节制人的情感、欲望的过分膨胀,引导人的情感、欲望自然地符合“性”与“理”。荀子曾批判他之前的“去欲”说和“寡欲”说,指出:“凡语治而待去欲者,无以道欲而困于有欲者也;凡语治而待寡欲者,无以节欲而困于多欲者也。”②“道欲”,即“导欲”。在荀子看来,礼乐的教化,既能“节欲”又能“导欲”。“礼”主要发挥“节欲”功能,所谓“凡用血气、志意、知虑,由礼则治通,不由礼则勃乱提僈;食饮、衣服、居处、动静,由礼则和节,不由礼则触陷生疾;容

①戴明杨:《嵇康集校注》,中华书局2015年版,第321页。

②(清)王先谦:《荀子集解》,沈啸寰、王星贤整理,中华书局2012年版,第413页。

貌、态度、进退、趋行,由礼则雅,不由礼则夷固僻违,庸众而野”。① “乐”的功能在“导欲”,《荀子·乐论》篇指出:“乐者,圣人之所乐也,而可以善民心,其感人深,其移风易俗。故先王导之以礼乐而民和睦。”②因此,先秦两汉的儒家乐论,一方面肯定人的情感欲望的合理性,另一方面也认识到人的情感欲望有背离“性”“理”的危险,因而主张发挥“乐”的以情感人的审美愉悦功能,将人的情感欲望自然而然地引导到与“性”“理”和谐统一的境地。但是,发展到宋明理学,“节人欲”而“存天理”演变为“存天理,灭人欲”,突出了封建礼教的强制作用,抛弃了先秦儒家思想的宝贵的人文精神,更远离了儒家音乐美学“中和”与“生生”的宗旨。“情”与“理”的关系及其发展,是以儒家为主体的中国音乐美学思想的一个基本线索。

第四,天人感应问题。中国音乐美学以“历律合一”为理论前提,“历律合一”的根基是“天人合一”。“天人合一”观念最早集中于《周易·易传》中,强调人与自然的和谐与统一。到了西汉董仲舒,将“天人合一”发展为神秘的“天人感应”,对以《乐记》为代表的儒家音乐美学有重要影响。“天人感应”固然为音乐美学带来很多神秘、迷信的成分,但一方面,“候气”“听风”“历律合一”是自上古以来与音乐、历法、政治,以至生产方式、生活方式、艺术审美等紧密相关的历史文化传统,另一方面,到董仲舒发展到至极的、被神学化的天人感应学说,其前身和依据实际上是春秋时期兴起的

①(清)王先谦:《荀子集解》,沈啸寰、王星贤整理,中华书局 2012 年版,第 23 页。

②(清)王先谦:《荀子集解》,沈啸寰、王星贤整理,中华书局 2012 年版,第 370 页。

阴阳五行学说。阴阳五行学说与《周易·易传》的“生生”之学相结合,对《左传》《国语》以至《乐记》的乐论之形成,对建构儒家音乐美学体系等,都有非常深刻的影响。如果不考虑这样的历史文化语境,简单地将其斥为“荒唐无稽”的迷信,就很难确切地理解中国音乐文献,更谈不上真正地把握中国音乐美学的思想精髓。

“生生之美”的中国音乐及其美学,是中国传统文化土壤上蕴育生成的,在中国思想文化历史上茁壮成长的独一无二的文化艺术审美形态与观念。审美就是一种特有的艺术的生存方式,具有极为明显的民族性。包括审美在内的文化,只有类型之别,没有先进与落后之分。中国古代音乐是在悠久的中国文化语境中产生的特有的文化艺术形态,具有中国审美与艺术的源头性质,对中国传统文学艺术的审美特征的形态有深远影响。中国最早的诗歌——《诗经》在当时都是“入乐”的。《楚辞》的《离骚》可以“吟唱”,《九歌》也亦歌亦诗。汉乐府来源于民间歌谣,也是乐歌。唐代古诗有大部分是歌诗,律诗也有明显的音乐特征。宋词是可以歌唱的,也是一种歌诗。元曲无疑是歌唱,元明戏曲是戏剧性的歌舞。因此,中国传统文学艺术总体上属于抒情传统,抒情性、音乐性是最基本的美学特征,从来不像西方那样以“形象性”作为文学艺术的标准。中国古代音乐美学思想及其重要的“乐之中和”与“生生”之美,可以说就是中国传统文艺美学的“原型”,是一种族类的文化传统,是一种东方特有的美学类型。

总之,从古至今,五千年历史,中国文学艺术都与音乐有着密切的关系。如此悠久、丰富的音乐审美文化,何来落后之说?何况,中华民族从古至今还有着大量的绵延时间更长、生命力更加旺盛的各民族的民歌。中国传统音乐的“中和之美”与“生生之美”也融入民歌之中,使之成为一种生命之歌,扣人心弦,动人心魄。这样的音乐审美文化,传承着中华文化的精神血脉,渗透着人民的喜怒哀乐,成为民族的瑰宝,足以使我们为之自豪。在美学的原则上,中国古代音乐美学遵循着“一阴一阳之谓道”①的美学原则,蕴含着“阴阳相生”“言外之意”“弦外之音”“象外之象”的特殊审美意味。这使得中国艺术在情与理、黑与白、浓与淡、疾与缓等相反相生的关系之中,产生不可穷尽的“神韵”“意境”,为世界艺术之特殊景观。中国古代乐曲尽管是单旋律的,但却包含着无限的意蕴。古琴曲《高山流水》以清韵悠远的高山流水之音寓含“知者乐水,仁者乐山”②的精神,激越澎湃之《十面埋伏》是对于英雄壮士气概的歌颂,二胡曲《二泉映月》在凄凉的乐曲之中导向对于人生的感叹,如此等等。中国传统的各类艺术都力图运用简洁的艺术语言,导向深邃的意象意境,具有不同凡响的东方意味。

总之,中国古代音乐及其美学有着五千年的悠久历史,作为中国艺术之源头,极大地影响着中国古代艺术的发展,滋润着中国古代艺术的历久不衰。当今,我们应该以批判继承的态度,吸收其精华,摒弃其糟粕,建设具有现代特色的新的“生生之美”的音乐美学思想,力求能涌现出更多像《黄河大合唱》《义勇军进行曲》那样的反映时代强音、充满民族生命力的乐曲。

①《十三经注疏》整理委员会:《周易正义》,北京大学出版社 2000 年版,第 315 页。

②杨伯峻:《论语译注》,中华书局 1980 年版,第 62 页。

第二编

西方美学研究

欧洲十八世纪启蒙主义美学论①

一

从18世纪到19世纪中叶这一百多年,是西方古典美学发展最重要的时期,也是西方古典美学的成熟期。它表明,古典和谐美已发展到鼎盛,将逐步走向衰亡,代之以现代浪漫美。这一百多年,又可分为两个阶段:从1735年鲍姆嘉登提出美的概念,到1781年莱辛逝世,康德《纯粹理性批判》出版,为准备期。1781年至1831年黑格尔故世为成熟期。现在,我们就着重研究,十八世纪这50多年中美学发展的概况。在这50多年中,欧洲思想文化方面占统治地位的是启蒙主义思潮。因而,尽管启蒙主义是以法国思想文化界为代表的思想文化运动,但我们将这一时期的美学思想统称启蒙主义美学。

政治上,这一时期阶级关系发生了巨大变化,新兴资产阶级越来越发展壮大,贵族阶级中又分为资产阶级化的新贵族和守旧的老贵族,资本主义生产的发展,导致了工人阶级队伍的扩大,以资产阶级为首的第三等级逐渐在政治上提出要求,并且力量越来越壮大,资产阶级革命逐渐发展,在英国演变成1642年的内战。

---

①原载《山东大学学报》1997年第3期。

从经济上看,这一时期是资本主义经济蓬勃发展的时期。随着 1492 年哥伦布发现新大陆,海外殖民地的扩大,对经济起着促进作用。以 1769 年瓦特发明蒸汽机为标志,英国工业革命的开始和手工业作坊的扩大,大工业工厂的出现,都极大地促进了资本主义的发展。

思想上,这一时期资产阶级的思想文化运动,以法国百科全书派为代表,明确提出启蒙的口号,启蒙(illumination)原义即"照亮"的意思,即以科学艺术的知识照亮人们的头脑,高扬自由、平等、博爱三大口号,目标是针对封建制度的精神支柱——天主教会,旨在削弱封建的王权和神权。

哲学上,最有代表性的是以德国莱布尼兹与沃尔夫为代表的大陆理性主义,以及以培根、洛克为代表的英国经验主义,理性派与感性派各执一端,都带有形而上学的片面性,他们在美学领域都有明显的表现。

文化上,启蒙主义文化主要是针对新古典主义,两者虽然都推崇理性,都属于西方古典和谐美的范畴,但新古典主义所倡导的理性是对君主专制政体的服从,而其和谐也是一种静态的感性和谐,而启蒙主义则强调一种自由、民主、博爱的理性与动态的交织着矛盾斗争的和谐。启蒙主义文化与新古典主义的斗争表现在一系列美学家身上,在他们的理论体系中,交织着这两种文化斗争的痕迹,有的新古典主义色彩更浓,基本上属于前期人物,有的启蒙主义思想明显属于后期人物。

科技上,此时科技发展迅速,哥白尼 16 世纪提出日心说,推动了天文学发展,牛顿 17 世纪末用物质机械运动三个普遍定律和万有引力定律对行星运动作了阐述。笛卡尔创造了解析几何,莱布尼兹和牛顿创造了微积分,总之,科学技术有了长足发展。

二

这个时期美学发展的基本特征就是全面地为西方古典美学鼎盛期作准备。西方古典美学鼎盛期即是德国古典美学,其基本特点就是西方古典美的集大成。这个时期作为准备期就要为这个集大成做好充分的准备。

首先,德国古典美的最辉煌的成就在理论上的表现就是康德“无目的的合目的性”与黑格尔的“美是理念的感性显现”两个基本定义的提出,建立了完备的美学理论体系。十八世纪欧洲美学就要在一切方面为这两个著名定义的提出及完备的美学体系的建立做好充分准备。

第一,鲍姆嘉登在1735年首次提出“美学”(aesthetic)的概念,使美学成为独立的学科,其内涵即为“感性学”,“感性认识本身的完善”,这就在逻辑学(真的探讨)、伦理学(善的探讨)之外,确定了一门专门研究美的独立学科。而且,是在《诗学》之上。这就为德国古典美学建立独立的、完备的美学体系奠定了基础。

第二,在启蒙主义美学中,以大陆理性主义为哲学基础的理性派美学以及以英国经验主义为哲学基础的感性派美学都得到了最充分的发展,这种充分发展,就意味着将历史上理性派与感性派的有关内容都进行了综合,同时在新时期赋予其新的内容,这就为德国古典美学对感性派美学与理性派美学的综合统一奠定了基础,并使其包含着极其丰富的内容。而且在启蒙主义美学中感性派与理性派又都充分表现了自己的局限性,这就使德国古典美学对两者的综合具有了必要性。

第三,在范畴的内涵上,启蒙主义美学对美、丑、崇高、和谐、典型等等基本范畴的内涵在原有基础上作了极大的丰富与发展。如“美即和谐”说,“和谐”不仅包含形式,而且包含内容,不仅包含静态的物质和谐而且包含动态的动作情感的和谐。关于“崇高”的范畴,超出了朗吉努斯修辞、风格的范围而扩展到心理和生理方面,内容极大丰富,其他美学范畴也都有了极大丰富。

其次,在方法上,德国古典美学另一个光辉的成就就是一反传统的形而上学的方法,甚至是古代素朴的辩证法,而采用高度发展的唯心主义辩证法。启蒙主义理论家对方法十分重视,培根在《新工具》一书中提出:“赤裸裸的手和无依无靠的理智,都是不能有多大能为的。手需要有工具和帮助,理智也是一样,有了才能做成工作。正如手的工具助长运动或指导运动一样,心的工具向理智提供指点或提供警告。”他所说的“心的工具”就是哲学研究方法即“真正的归纳”,也就是说感性派强调归纳法,理性派强调演绎法。德国古典美学则是归纳与演绎的统一,是一种感性与理性对立统一的辩证方法。这种辩证的方法实际上在启蒙主义美学中已经有了充分反映,例如狄德罗的“美在关系”说,既包含事物自身形式之间的关系,又包含一事物与它事物以及事物与社会之间的关系,这里就有辩证的思想,包含了感性与理性统一的内容。再如文克尔曼对古希腊艺术史的研究将其划分为四个由低到高不同发展阶段:第一阶段,有力的表现使美化为乌有;第二阶段,崇高或雄伟的风格;第三阶段,美的风格;第四,模仿的风气。勾画了美的内涵在历史中发展。同时文克尔曼还探讨了艺术与社会的关系,这就将美与艺术的发展赋予了历史感,将其变成一个历史的过程,这对德国古典美学特别是黑格尔美学的影响都是十分明显的。

在思想上,德国古典美学的重要成就在于从 18 世纪后期到

19 世纪中叶，欧洲资产阶级在政治上思想上都处于上升时期，这就使它富有战斗的精神，足以突破封建主义僵化的美学传统的束缚；能够倡导一种昂扬向上的美学与艺术的风格，有力量总结、综合、包容历史上美学的成果。而这三方面的工作，大量的是在启蒙主义时期即已开始进行。首先是启蒙主义时期的重要任务就是对带有浓厚封建色彩的新古典主义的突破，特别是扬弃了由亚里士多德《诗学》和贺拉斯《诗艺》开始的到新古典主义的所谓"三一律"，改造了亚氏和新古典主义悲剧、喜剧模式，创造了适合新时代的市民悲剧或悲喜剧的新型剧种，特别提出"美在自由"的命题。其次，启蒙主义美学的风格是一种昂扬向上的风格，特别是莱辛与狄德罗，在其美学思想中贯穿着资产阶级上升时期的生气及其学习、综合、总结历史成果的力量，同德国古典美学有着直接的继承关系。

三

鲍桑葵是西方重要的美学史专家，他的著名的《美学史》中启蒙主义美学论在方法上是别开生面的，他从形而上学和批评两个方面及其结合来研究欧洲近代美学问题，而更侧重于批评。他特别地强调了两点：第一，强调形而上学与批评的结合是近代美学的起源。这个问题非常重要，所谓形而上学与批评的结合就是理论与实践、感性研究与理性研究、逻辑与历史的唯一既是近代美学的起源，也是开创了美学研究的新方法、新途径和新领域。第二，美学理论的研究长期中断，但批评却持续不断。他认为从罗马后期的普罗提诺到 18 世纪，作为思辨的美学理论研究都中断了。作为中世纪由于艺术冲动的直接性、禁欲主义泛滥及宗教美学中宇宙美理论的束缚,从而使得美学研究中断。至于近代,则由于新古典主义的影响,使得在美学领域占统治地位的是古代传统,从而阻碍理论研究的进展。

关于启蒙主义美学,他认为有两种倾向——普遍性与个性,即理性与感性。欧洲近代始终交织着两种倾向的对立,即普遍性与个性也就是理性与感性的对立。这两种倾向对立的特点有四点:第一,这种对立有鲜明的时代特点。这种对立现象要在古代找到很困难,因为近代的这两种倾向的斗争带有了强烈的主体性,也就是在近代美学中始终有一个"思想着、感受着和知觉着的主体"。具体地说普遍性,即理性倾向,表现为笛卡尔的"我思故我在";而个性派即"感性派",即表现为英国经验论的"我觉故我在",里面都有一个"我"的主体。第二,这种对立具有一种交融性。近代理性与感性的对立不是绝对的,而是具有交融性的,是在"主要倾向支配范围内对另一倾向加以阐述"。第三,在哲学形态上不是中世纪互相隔绝的此岸与彼岸世界的二元论。中世纪的感性是此岸现实世界,理性是彼岸神的世界,两者不具统一性,而理性派与感性派两者都可以具有统一性,既可统一于唯物论,亦可统一于唯心论。第四,两者的理论表现为英国经验派和德国理性派。关于英国经验派,鲍氏全面地论述了夏夫兹伯里和休谟,关于德国理性派则介绍了沃尔夫、莱布尼兹、鲍姆嘉登。

鲍桑葵认为,这些美学成果的特殊意义在于:构成康德借以调和的互相抵触的哲学的必要因素。而这些理论本身对德国古典美学的价值不太大,例如鲍姆嘉登提出"Aesthetic"没有涉及康德美学的中心因素:一种快感怎样具有理性。鲍桑葵的这个评价并不准确,因为"Aesthetic"所包含的"感性认识的完善"尽管不能等同于感性与理性统一,但鲍姆嘉登已隐约意识到美的感性认识中包含某种理性因素,即"完善性""类似理性"。

关于近代美学资料,鲍桑葵在启蒙主义美学论中着重论述批评界方面的问题,他认为如果近代美学会提出问题的话,那么,批评界即提供资料,他认为资料对近代美学发展更重要。他在这一部分论述了三个方面的问题——古典文献学、考古学和艺术批评,当然主要是讲的文学批评。他认为艺术批评包括艺术欣赏史和不受一般思辨指导的人们有关美的见解。这实际上包含了艺术欣赏、艺术批评和艺术理论。其中心问题有三个:使古老规则适应近代意趣的问题;德国民族戏剧同伪德国古典戏剧的关系;描绘性诗歌即绘画性诗歌的价值。

关于莱辛,他认为不能以生卒年月和文章的出版的日期定位置,而应是由理论上的关系定位置,由此他把莱辛放在文克尔曼之前,认为莱辛同过去时代关系更为密切。其理论来源是《拉奥孔》针对瑞士派主张绘画性诗歌理论,《汉堡剧评》则针对高特雪特派所推崇的德国伪古典主义戏剧。

鲍桑葵认为,《拉奥孔》的内容是不应把"表现"作为造型艺术的原则,应把绘画性描绘从诗歌中驱逐出去;丑可以入诗,作为喜剧性和可怖性手段;关于诗画区别的论述,提出哀情喜剧和中产阶级悲剧;认为情节统一才是最根本的统一,这种统一观本身就是古代理论同近代浪漫主义调和起来的例子;亚氏悲剧分析的人性根源可为浪漫主义戏剧辩护等。鲍桑葵认为,莱辛犯了一个错误,即把美看作造型艺术的唯一目的,并认为是希腊雕刻艺术的特点,但这是不符合事实的。因为,拉奥孔雕像是1506年罗德岛学派的作品,没有保留多少希腊风格,说雕刻没有放声哀号是可疑的。莱辛选择人体美作为范本,但人体不表现个性怎么行呢?莱辛主张诗只能描写情节,这种情况只符合叙事诗,而不符合抒情诗。莱辛在《拉奥孔》中没有将绘画和雕刻分开。最后,鲍桑葵得出结论,在近代美的探索上,莱辛没有比文克尔曼取得更大成就。

相反,鲍桑葵对文克尔曼的评价是很高的。认为文克尔曼在美学史上的地位高于莱辛,属于后一个时代人物。应当是由莱辛到文克尔曼。其原因就在于他从新黑格尔主义出发,认为文克尔曼的理论同德国古典美学,特别是黑格尔美学的关系更为密切。特别是文克尔曼美学研究的历史观对黑格尔的影响更大。

鲍桑葵认为,文氏美学的基本内涵主要有四点:第一,把艺术当作人类的产品感受。这就是文克尔曼美学的主体性理论,他主张对古代艺术品的研究应去切身感受作品产生的人文时代背景,特别是把作品同社会与时代相联系,认为一定的时代产生一定作家,才产生表现其心灵的作品。作品是创作者生活特别是心灵的表现,文氏对艺术作品主体性的认识在鲍氏看来恰恰是近代美的基本特征。第二,真正的艺术历史感。文氏的艺术史观是把艺术看作有自己发展历史和兴衰的过程,并植根于各民族的历史之中。他说:"希腊艺术卓越成就的主要原因就在于自由。"这是一句名言,是德国古典美学"美在自由"的先声。这并不是说古希腊拥有更多自由,而是反映文氏认为社会自由才导致人的自由。人的自由才产生自由的艺术。第三,对美的各个阶段的认识。文氏的历史观还集中反映对古希腊艺术史的理解,将其分为四个阶段:较早时期的"有力的表现,使美化为乌有";第二阶段,崇高或雄伟的风格阶段;第三阶段,秀美的风格阶段;第四阶段,模仿风气阶段,美的观念已山穷水尽,再无发展余地。但文氏给近代艺术规定的原则是"模仿希腊人",这是一种历史后退观点,影响了黑格尔。第四,美和表现的冲突。这是近代美学的中心问题,鲍桑葵认为,文氏一直未能解决两者的矛盾,他的出色之处在于以一个历史学家的身份,将两者结合起来,在他的四个阶段中,第二个阶段就是崇高风格,在此崇高成为美的发展的必要阶段。

鲍氏在欧洲近代美学理论中倡导史论结合,感性与理性统一,逻辑与历史结合,美学研究的方法是可取的。他给近代美学确定的地位,即德国古典美学的准备期是正确的。他说了两段话:一段是认为莱辛"站在早期近代人和后来近代人之间",一段是 1781 年发生了三件事,在美学史上有重大意义:莱辛逝世,《海盗》发表,《纯粹理性批判》问世。预示着一场新哲学革命即将开始,而"这场革命后来由美学问题和美学资料通过相互的溶合加以完成"。提出了近代美学中心课题:古代传统与近代倾向、模仿与象征、形式与情感、美与表现、感性与理性的结合与统一等问题。

但鲍桑葵认为,美学理论从中世纪到 18 世纪出现中断。这是不对的。我们认为没有中断,因为理论探索不可能中断,形态不同而已;这种"中断"说也同他的辩证历史观矛盾。他这样说是为了强调黑格尔思辨美学的地位。所以这个观点是形而上学的。同时,鲍桑葵把文克尔曼放在莱辛之后也是错误的,是为了适应其新黑格尔派的理论需要。但鲍桑葵不愧为西方美学史的研究大家,他的启蒙主义美学论在总体的把握上还是可取的,并提供了可资借鉴的方法。

论康德美学的基本问题①

一、关于康德美学的地位

康德是世界级的哲学大师之一，对整个人类的思想有重要影响，直至今天康德哲学仍有着现实意义。康德美学是其哲学的重要组成部分，甚至可以说是最重要的组成部分，是沟通其认识论与伦理学的桥梁。

康德美学一问世，因其具有调和经验派与理性派的根本特点或缺陷，因而立即招致多种攻击，形而上学的机械论者从左的方面对其攻击，而唯心论者则从右的方面对其攻击。当然也有许多正确的批评。赫尔德批判他的艺术是冷漠的直观的思想，认为艺术是有明确目的的。浪漫主义的施勒格尔则从个人主义和无政府主义的角度批判他的道德义务观、理性主义。席勒、黑格尔对康德美学的缺陷也都作了十分中肯的批评。当代少部分资产阶级主观唯心主义哲学家则以新康德主义自我标榜，提出“回到康德”的口号，宣扬主观唯心主义和神秘主义。在我国，对康德的研究因受“左”的思潮的影响，评价一直偏低。改革开放以来有了新的变化。但也出现分歧，如 1979 年出版的李泽厚先生的《批判哲

①原载《外国美学》第 18 辑，商务印书馆 2000 年版。

学的批判》,是我国当代研究康德哲学特别是美学的重要著作,有许多新的见解。但在对康德的评价上也有一些值得商榷之处,如认为康德的影响高于黑格尔,并且肯定康德“人是目的”的命题,以及由康德审美心理论导引出“积淀”说等等,都有值得进一步推敲之处。

对康德美学的地位,历来有由康德到黑格尔与康德对黑格尔,甚至是康德高于黑格尔之说。李泽厚在《批判哲学的批判》中指出:“《判断力批判》在近代欧洲文艺思潮上起了很大影响,是一部极重要的美学著作,在美学史上具有显赫地位(例如胜过黑格尔的《美学》)。”①关于康德美学的评价,我们引证三位重要人物的看法。黑格尔认为,康德哲学处于欧洲近代哲学由形而上学到辩证法的“转折点”②;朱光潜先生认为:“所以他无愧于德国古典美学开山祖的称号。”③苏联学者阿斯穆斯认为:“应该这样来评述康德在美学中的地位,他不仅是美学的‘创始者’,也是美学的‘继承者’,在某种程度上又是美学的‘完成者’。”④他这里所说的继承者和完成者是指启蒙论美学而言,而创始者则指德国古典美学。因此综合三人的观点,康德美学是德国古典美学的奠基者,是没有问题的。

所谓德国古典美学是相对于德国古典哲学而言。恩格斯在评述德国哲学发展过程时,把 1790 年至 1840 年,即从康德至费

①李泽厚:《批判哲学的批判》,人民出版社 1979 年版,第 360 页。

②[德]黑格尔:《美学》第 1 卷,朱光潜译,商务印书馆 1979 年版,第 70 页。

③朱光潜:《西方美学史》下卷,人民文学出版社 1979 年版,第 405 页。

④转引自金斯塔科夫:《美学史纲》,樊莘森等译,上海译文出版社 1986 年版,第 222 页。

尔巴哈这一时期称为“德国古典哲学”①。由此,我们也把美学发展的相应时期称为德国古典美学。

之所以把康德说成德国古典美学的奠基者,主要是从两个角度说。第一,康德为美学开辟了完全崭新的情感领域。感性派把美学归结为感性的快感,而理性派则把美学归结为感性认识的完善。只有康德独辟蹊径,在真与善之间为美学独辟了情感领域,从此美学真正成为独立的学科,有着自己独特的研究领域,当然也为艺术的发展指明了方向。第二,康德美学是辩证的研究方法的萌芽。在此之前,无论感性派还是理性派都还局限于一隅,具有浓厚的形而上学色彩。只有康德以先天的形式为依据,以二律背反的方法为手段,将感性与理性、偶然与必然、内容与形式综合了起来。尽管这种综合凭借的是主观先验的形式,但总是迈出了二者统一的一步。为德国古典美学唯心主义艺术辩证法的发展,甚至马克思主义艺术辩证法的发展都奠定了基础。

至于康德与黑格尔的关系,我们坚持由康德到黑格尔的观点,主张康德是德国古典美学的奠基者,而黑格尔是集大成者。但并不否定康德有其独特的贡献。

第一,从历史的事实来看,黑格尔美学的理论更完备,方法更成熟,构成博大精深的体系,成为西方古典美学发展的顶峰。而相比之下,康德美学尚有许多不完备,不成熟,甚至是内在的不严密之处,首先是缺乏黑格尔的巨大的历史感。

第二,从历史发展看,没有康德就没有黑格尔,前者为后者奠定了基础,提供了思想资料,后者是前者发展的必然结果。

第三,康德美学正因其充满矛盾,所以有着黑格尔美学所无

①《马克思恩格斯全集》第2卷,人民出版社1965年版,第301页。

可比拟的丰富性，他所涉及的许多问题，到黑格尔美学中被净化或删除了，如审美心理学问题，对美的特殊情感领域及过渡地位的论述等等，在黑格尔美学中都不突出了，甚至湮没了。也正因此，有些论者提出康德对黑格尔乃至高于黑格尔的问题。但总体评价还应是后者高于前者。

二、康德美学的核心

康德美学内容丰富复杂，而且晦涩难解，在这种前提下，最重要的是要抓住康德美学的核心或者关键。这个核心或关键就是：美是真与善的桥梁。这就是康德在《判断力批判》导论中提出的基本观念，也是贯穿全书的中心内容。这个观念集中地体现在康德关于美的基本定义之上，或者用康德的语言表述为，美的主观先验的先天原则之上。即美是无目的的合目的的形式，或曰主观的合目的性的形式。通俗地翻译成，没有客观的目的性，但却是主观的合目的性。这个原则包含了属于纯粹理性世界的真的范围的自然的无目的性，同时也包含了属于实践理性世界的善的范围的主观的合目的性，属于以其独特的形式、符合主体心理需要而引起愉快的情感的范围，成为沟通真与善、合规律性与合目的性、因果律与目的论、感性与理性的桥梁。这是一个伟大的突破。首先是突破了感性派与理性派的局限，其次是结束了美学作为迷途的羊羔的状态而首次明确了自己独特的领域，美属于情感的范围，同人的主观的心理感受紧密相联。因此，黑格尔说康德《判断力批判》的导论，说出了关于美的第一个合理的字眼，①很可惜，

①转引自鲍桑葵：《美学史》，张今译，商务印书馆 1985 年版，第 344 页。

黑格尔对此没有给予足够的重视,没有再展开论述美学作为真与善的过渡的独有情感性质。

当然,康德在《判断力批判》中,将审美判断力作为真与善的桥梁,主要并不是由于他要探讨美的独特的情感领域,而是作为哲学家他要使自己的体系更加完整。因为,康德的《纯粹理性批判》以人的认识领域作为研究对象,属于现象界的范围,而《纯粹理性批判》则以人的伦理道德领域作为研究对象,属于物自体的范围,两者无法沟通。而实践理性批判中,理性作为"道德律令"具有强烈的实践性,需要把自己的道德律令在人的自然的认识领域付诸实践,但两者之间却有不可逾越的鸿沟。在这样的情况下,康德的《判断力批判》提出审美判断就承担了沟通两者的任务。一方面完成了其哲学体系的完整,同时,也开辟了美学独特的情感领域。康德在1787年的给K.华因霍尔德的信中提到这一点:"目前我正在从事于鉴赏力的批判,在这方面发现了另一种先天原则,它们不同于上述那些原则。因为心灵的功能有三种,即认识能力、快感与不快感和愿望的能力。我在《纯粹理性批判》中发现了认识能力的先天原则,在《实践理性批判》中发现了愿望的能力之先天原则。我正在寻找快感与不快感的先天原则,尽管我一向认为这种原则是难以找到的。""现在我承认,哲学的三部分中每一部分都有它的先天原则。"①

康德为了实现这种过渡,在其《判断力批判》中设置了两个过渡,一个是由美向崇高的过渡,另一个是由纯粹美向依存美的过渡,最后提出美是道德的象征的命题。徐晓庚在华中师大学报1996

①转引自金斯塔科夫:《美学史纲》,樊莘森等译,上海译文出版社1986年版,第224页。

年第3期提出“崇高是美与艺术的桥梁”的观点，我认为是对康德美学理论研究的深入。虽然康德在文中只隐约涉及美到崇高、自由美到依存美的过渡，没有涉及崇高是美与艺术的桥梁，但我们亦可作这样的理解。因为美、崇高、艺术三者贯穿始终的都是“美是道德的象征”的命题；美作为道德的象征是从鉴赏角度看，艺术作为道德象征是从表现的角度看，崇高则是从主体条件品格看。而崇高实质是以人的道德力量为中心，没有道德的崇高，就无所谓美与艺术对道德的象征。美向崇高的过渡是在审美领域呈现的。因为纯粹美的无目的的合目的性的形式只包含毫无内容的线条、色彩等等，仍然是真的形式的内容偏多，善的内容偏少，并没有实现这种过渡。两者不平衡。康德并不满足于此，他说：“我们只能期待人的形体。在人的形体上理想是在于表现道德，没有这个，这对象将不普遍地且又积极地（不单是消极地在一个不合规格的表现里）令人愉快。”①由此，就产生了由纯粹美到依存美，由美到崇高的过渡。崇高的对象是“无形式”，崇高感完全是主观的。康德认为，崇高的无形式对象本身不会产生崇高，只会产生恐怖，崇高感的产生“必须把心意预先装满着一些观念”，在鉴赏中通过“偷换”的方式移到对象之上。因而崇高完全是一种主体的理性道德力量，但崇高正因为是纯主观的，所以仍是内在的，没有外化为形象。只有通过艺术的创造，即审美意象，才能使理性力量、道德力量外化为形象，从而实现自然客体——主体——精神客体的转换，由此真正完成由真到善的过渡，而崇高在这个过渡中担负了桥梁的作用。

以上所说，由认识到道德领域的过渡，即客观的自然领域到

①［德］康德：《判断力批判》上卷，宗白华译，商务印书馆1964年版，第74页。

社会领域的过渡即是哲学中著名的“自然向人生成”的命题。康德在此没有完全摆脱“目的论”的影响,提出人是“最后目的”的命题。他说:“没有人类,这整个创造就是浪费,徒劳,没有最后目的。”①而且最后导致了神学宿命论,所谓天意安排。关于“人是最后目的”的观点,在我国当代哲学和伦理学的讨论中颇有市场,有人以此作为整个哲学的出发点和归宿,而有人又以此作为极端个人主义的理论根据。但这个理论,在康德所在的时代,以高扬人的价值、地位、作用来对抗宗教神学,把人作为手段、工具、奴隶,是有其现实意义的。当时康德以抽象的人性论作为其哲学和美学的出发点,在他所处的 18 世纪末期那样的时代也还是有其历史必然性的。但在今天,再以抽象的“人”作为哲学或美学的出发点和归宿,以“人性论”作为美学的基础,那就同马克思主义的历史唯物主义背道而驰,也同时代的脚步不相吻合。而从马克思主义的历史唯物主义来看,社会关系决定社会意识,每个人都是社会的、具体的,作为社会集团的一员,生活于社会之中,既享受着权利,又承担着义务,既是目的,又是手段。作为我国公民,既是社会的主人,享受着许多的权利,接受着全社会的乃至其他成员所提供的服务,从这个角度说,的确是目的;同时,每个公民又肩负着社会的义务,履行为人民服务的道德宗旨,不论在社会、单位、家庭都有着不可推卸的责任,因此,从这个角度说,又是手段。因此应该说,自然向人生成是历史的必然,但这个生成的过程,从微观上来说,通过审美可起到这种作用。但这只是一个横向的、静态的过程。而从纵向、从宏观、从历史发展看,自然向人的生成,作为社会发展过程,乃至作为美的创造过程,还得通过社会的

①转引自李泽厚:《批判哲学的批判》,人民出版社 1979 年版,第 391 页。

实践，首先是经济、政治、科技的实践，其次才是艺术的实践。康德在这里不仅滑向了抽象的人性论，而且丢弃了历史的辩证法，而滑向了形而上学。当然自然向人的生成，还有另外的意义，那就是对审美教育的倡导，因为自然向人的生成，要求人成为“文化的、道德的人”，而美育就是唯一的途径。康德说：“美的艺术与科学通过具有共通感的快感，以及通过对社会进行详细而精确的说明，尽管不能使人们在精神上得到改善，却能使他们变得文明一些，从欲念的束缚下夺回很多东西，以此培养人适应这样一种制度，在这种制度下，进行统治的应该只是理性。”①

三、康德美学的基本内容

康德美学的内容是十分丰富的。我们曾以美论、崇高论、艺术论加以概括，下面我们换一个角度，试从范畴论、体系论、方法论和心理美学四个方面加以概括。

1. 范畴论

范畴是美学理论的基本元素或基础，西方美学的基本范畴是“美在和谐”，但在不同时代、不同理论家之中，其内涵不断丰富发展，从而构筑其不同的范畴体系。康德美学也有其特有的范畴体系，其范畴体系的内涵特点决定了它在美学史上的地位，即决定了它作为德国古典美学奠基者的地位。

首先是“美”。康德提出著名的“无目的的合目的的形式”的

①转引自金斯塔科夫：《美学史纲》，樊莘森等译，上海译文出版社 1986 年版，第 235 页。

著名命题,实际是对感性派(无目的)和理性派(合目的)的综合,既突破了传统的感性派的"摹仿说",也突破了理性派的"灵感说",成为感性和理性由对立走向统一的新时代的开端。而且这种无目的的合目的的形式,涉及特殊的主观心理状态,情感领域,这更具有开创的意义。这一点被席勒注意到,在《美育书简》中提出情感教育问题。但却被黑格尔所忽视,在其庞大而严密的辨证的美学体系中,只剩下概念的逻辑发展,而相对忽略了蓬勃激动的情感,这正是其缺陷所在。康德的局限在于否定了美的客观性,当然也否定了自然美的存在。

其次是"崇高"。康德把崇高的过程描述为对象压倒主体,主体又借助理性压倒对象,因而崇高感最终是一种理性的伟大胜利,是道德的象征,其根源不在对象,而在人自身的理性精神。康德对崇高的论述也是有历史意义的。西方最早提出崇高概念的是古罗马时代的朗吉努斯,他的《论崇高》一书曾经论及自然界的崇高对象,但主要论述的是文采风格的崇高,修辞的宏伟等等,基本局限在修辞学范围之内。18 世纪英国的经验论者博克最早从美学的角度对崇高进行了较为深入的研究。他认为,优美的对象偏重于小巧、光滑、娇弱;而崇高的对象则巨大、阴暗、孤寂,美以快感为基础,崇高以痛感为基础。博克的论述极富启发性,但仍多局限于经验论的感觉的范围,只有康德的崇高论才在前贤论述的基础上,第一次赋予崇高以深刻的哲学内容,使之成为系统的理论,包括崇高的对象,崇高与优美的区别,崇高的心理过程,崇高的根源等等。康德在崇高论中实际上也将丑带入美的领域,大大地拓展了美与审美的范围。因为,崇高的对象作为"无形式"带有巨大的可怖的特点,已不是什么对称、和谐、合比例的优美,而是属于丑的范围。但只有人类在特定的鉴赏的角度上,这种丑才能由痛感成为快感。而进入美的领域,这比亚里士多德从认识论的角度解释由痛感到快感要深刻而高明得多了。

关于艺术,历史上曾有过表现、再现等等的争论,可是康德独辟蹊径,提出"审美观念"的概念。所谓"审美观念"就是"它生起许多思想而没有任何一特定的思想,即一个概念能和它相切合,因此没有语言能够完全企及它,把它表达出来"①,也就是说,在有限的表象中包含了无限的理性内容,不涉及任何概念,但却包含无尽的理性精神。这样的艺术观也是对形而上学的突破,对辨证的艺术哲学的开拓。

关于"天才"。康德关于"天才"的理论,实际上涉及的是创作论和作家论。"狂飙突进"运动把天才看作破坏自然规律的特殊的超人、个性、天资,康德则把天才看作是"天生的心理秉赋,通过它,自然把规律赋予艺术"。而且概括了天才的四个特点:第一,独创性;第二,规范性;第三,天才本身并不是纯理性的才能,而是作为自然赋予它以法规;第四,天才不是把规律赋予科学,而是赋予美的艺术。这里,既顾及了再现论的规范性,又顾及了表现论的独创性,而其连接点则把天才归结为特殊的心理秉赋,天才的作品是一种范例,而不是规则,只可意会,难以言传。康德对这种先天心理禀赋的描绘,虽也有某种神秘性,并有夸大心理功能的弊端。但总的来说符合艺术创作的实际,触及到艺术创作最深奥的本质,因而有其特定的价值。

2. 体系论

范畴论应该讲同体系论是一致的,但康德却以其特有的方式

①[德]康德:《判断力批判》上卷,宗白华译,商务印书馆 1964 年版,第 160 页。

来构筑自己的美学体系。他借用知性领域的四大范畴体系来构筑自己的美学体系,即:量、质、关系、方式,但在《判断力批判》中,康德却毅然把质(即实在性与非实在性范畴)放在量之前,作为其美学体系的首位。这是有其深意的。主要是为了给美学的特殊情感领域定性,美是一种无利害的快感。首先是快感,属于情感领域。其次不是一般的快感,而是无利害的快感,既无感觉的利害,也无道德的利害,无任何功利目的。正如康德所说,判断在先,而不是快感在先。这就为其整个"无目的的合目的性"情感美学奠定了基础。而这无利害的快感恰恰是"美"的最基本的品格。

其次是最(即个别性与普遍性的范畴),也就是说美不涉及概念,但却有普遍性。这种普遍性不是概念的伦理的普遍性,而是心理的感受的普遍性。这就使美既与逻辑概念区分,又同生理快感区分,因为任何生理快感都是个别的、无普遍性的。康德在量的分析中,实际上更多地涉及崇高的范畴。因为崇高的对象是一种"无形式","无形式"的突出表现就是量的巨大,压倒了主体,借助理性才将其战胜,当然是心理上理性的战胜。

再次是"关系",即主体与客体联系方式涉及因果性与目的性的范畴。康德也将感性派的因果性与理性派的目的论加以综合,提出主观的合目的性的判断。也就是说,美没有客观的目的性,即道德、理性的目的性,但却符合主观的目的性,即美的形式符合了主观心理需要或心理机能,因而引起了一种愉悦。这种主观的目的性的愉悦就是一种美。在这里,没有明显的客观的目的,但却导向一种主观的更深远的理性的目的。更多地同悲剧的范畴紧密相联,因为悲剧是一种有价值的事物的毁灭,导向一种高尚、至善,产生净化灵魂的作用,而主观的合目的性恰恰符合悲剧的精神内涵。《美学史纲》的作者金斯塔科夫提到这个观点,康德没有明讲，但金氏的理解值得参考。

最后是“方式”，即主体与客体联系方式涉及偶然性与必然性的范畴。使人愉快的东西并不都是必然的，但审美判断却是必然的，但这种必然不是借助概念的必然，而是一种“范式必然性”，也就是尽管是个别事物，但却使主体感到一种必然性的愉快。康德最后假设了一种心理的“共通感”，作为这种必然性的必要条件。他说：“所以只在这个前提下，即有一个共通感（不是理解为外在的感觉，而是从我们的认识诸能力的自由活动来的结果），只在一个这样的共通感的前提下，我说，才能下鉴赏判断。”①而这种“共通感”也不是“知性”领域中的“必须”，而是理性领域中的“应该”，即所谓“人同此心，心同此理”。这种范式必然性与喜剧范畴关系更紧密，因喜剧是一种违背常理的人物而不知其违背常理，从而引起一种嘲讽式的愉快，这也是一种范式必然性。康德在《判断力批判》中所举的印第安人喝啤酒的例子就是其一。

3. 方法论

康德采取的方法论也是独特的，总体上说，他是一种主观先验的二元的综合的方法论，当然是有极大的弊端，但从历史发展看，比欧洲形而上学感性论与理性论的确有了极大的进步，其中包含许多辩证的因素，实际上在方法上，康德也是德国古典美学唯心主义主观辩证法的开拓者。

关于“本体论”。康德采取二分法，实质是二元论，即将世界分为物自体与现象界，二者之间有着不可逾越的鸿沟。人们的认识只能达到现象界，而现象界又不能反映物自体，物自体只存在

①［德］康德：《判断力批判》上卷，宗白华译，商务印书馆 1964 年版，第 76 页。

为心理诸功能(知觉、理解、想象与情感)的综合,其各因素间的不同组织和配合便形成种种不同特色的审美感受和艺术风格,其结构形式将来应可用某种数学方程式来做出精确的表述。"①很显然,李泽厚在此是已经谈到康德关于美的四种心理功能综合的那一段。他提出的"积淀论"在一定的程度上采用荣格的集体无意识也不是不可借鉴。而问题是,他最后将这种积淀归结为一种"心理的结构",这就在一定程度上继承了康德的这样一个观点,即"天才是天生的心灵禀赋,通过它自然给艺术制定法规"。② 也就是说在康德看来,天才是与生俱来的,同生理结构一样是身体结构的一部分,属于"自然"的范畴,应该说这是一种生物社会学的观点,混淆了生理与心理的界限。我个人认为,"积淀论"不是一种先天的"心理的结构"的积淀,而是在历史的精神产品中"积淀"了大量的历史的内容,包括极其丰富的心理产品的成果,正是依赖于这样的成果,人类才能在精神文化与道德审美范畴得以代代相联,继承发展。在这一点上,连荣格的集体无意识理论也没有解决好。李泽厚的"积淀论"非常有影响,而且有价值,但其中也掺杂了康德与荣格的这些不正确的认识,值得提出来商榷。

四、鲍桑葵的康德美论

鲍桑葵作为著名的美学史家,对康德的论述有其独到之处,值得借鉴。

关于康德美学的来源。鲍桑葵认为康德美学完全属于形而

①转引自李泽厚:《批判哲学的批判》,人民出版社 1979 年版,第 403 页。

②[德]康德:《判断力批判》上卷,宗白华译,商务印书馆 1964 年版,第 153 页。

上学的思辨哲学的范围,同偏重于资料的史的研究没有直接关系。鲍氏认为康德直接从鲍姆嘉登那里继承下来了哲学美学的难题,其一般形式是:“怎样才能把感官世界和理想世界调和起来?”而其特殊形式是:“一种给人以快感的感觉怎样才能分享理性的性质?”这实际正是大陆理性论和英国经验主义哲学家从各自不同的角度提出来的。康德继承了这样的问题,而将其纳入一个焦点——反思的审美判断,这正是康德的创造与贡献所在。而与此同时,在艺术史领域,文克尔曼、莱辛等人所探讨的则是古代意识与近代意识的关系问题,其问题是“如何使近代美学意识适合古代传统?”。鲍氏认为,康德同这种史的探讨无关。康德的确也涉及的较少,但其审美的反思判断的提出本身就既是理论的产物,也是历史的产物,是逻辑与历史统一的结果,虽然在理论形式上没有采取这样的形式。

关于康德美学在其体系中的地位。鲍氏十分确切地把握了康德作为哲学家进行美学研究的特点——其美学是其哲学体系中的有机的不可分割的组成部分。也就是在《纯粹理性判断》与《实践理性判断》中处于居间的地位。鲍氏具体论述了这种居间地位的特点:第一,审美的反思判断与纯粹理性以及实践理性有着明确的界限;第二,其积极的本质就是审美判断是感官与理性的会合点;第三,这种协调是一种主观协调,审美判断既是普遍有效的又是主观的。

关于特殊的方法——抽象与具体二律背反。鲍氏认为,“康德美学的出发点是鉴赏判断”,①而这种鉴赏判断本身就包含了抽象与具体的内在矛盾。鲍氏认为,康德的原则是“没有抽象的

①[英]鲍桑葵:《美学史》,张今译,商务印书馆1985年版,第346页。

概念就不可能有客观的判断,而美则不牵涉抽象的概念”。① 鲍氏通过康德关于自由美与依存美、美的理想与美的观念、天才等重要的理论来阐述他关于抽象与具体的二律背反的解决。最后的结论是:“美就是道德秩序的象征。”②

关于美感的范围。实际是美学研究范围或领域问题。鲍氏认为,康德已经将美的研究范围扩展到崇高和艺术,而其原则性的缺点就是没有把美与崇高综合起来。上文已经谈到康德关于美、崇高、艺术三者在文字的表达上是没有综合起来,但在理论上、体系上以无目的的合目的性为中心线索,还是有所综合与过渡。

最后,鲍氏对康德美学进行了自己的评价:

第一,通过康德美学与古希腊美学从形而上学、道德论、形式原则三个方面的对比就可以看到“我们置身于一个不同的世界”③,说明康德美学对古代美学的重要突破。

第二,康德理论的直接成果是:“一种明确的和反思性的审美意识已经为哲学、为艺术创立起来了。”由此宣告一个艺术家意识到自己使命的时代已经开始。

第三,康德美学的局限在于他的美学研究和目的论研究的全部成果都加上了主观性的保留条件。

①[英]鲍桑葵:《美学史》,张今译,商务印书馆 1985 年版,第 347 页。
②[英]鲍桑葵:《美学史》,张今译,商务印书馆 1985 年版,第 355 页。
③[英]鲍桑葵:《美学史》,张今译,商务印书馆 1985 年版,第 367 页。

现象学与美学

美学的诞生是个非常事件。它标志着知性的困难已成为一个事实。一方面,美学是凭借知性的言说,另一方面它又基于对知性言说的超越。后者是美学诞生的根据,前者是美学诞生的媒介。这两者是冲突的,却又交织在一起,从而使美学呈现出异于其他学科的特殊风貌。

现今的问题是,作为根据的美学被遮蔽在作为媒介的美学之中。我们所能言说的无非是美学言说所赖以可能的媒介,即知性。可惜的是这种言说距美学的根据甚远。超越知性,是美学的当务之急。而现象学提供了一种可能。

现象学并非一般意义上的哲学。作为一门"严格科学"的哲学,现象学承荷着双重根本性的任务。一是要扭转哲学的知性立场,从而实现哲学的根本转向,即重现哲学的原初本质。这一本质被知性形而上学遮蔽了两千多年。二是展现一切学科的基础性工作,从而在根源上区别了哲学与科学,划清了哲学的界限。这使得哲学既无虞于科学的冲击,也无法代科学行使无谓的权限。这两项工作标志哲学的返回之途。"重返理性之源"的现象学正好昭示着美学期盼已久的精神状态。

传统美学是知性美学,积累了一大堆关于美和艺术的知识,却从未触及过美和艺术的根据,反倒与美和艺术的创造无助益,这种违背美和艺术创造本性的美学只是知性形而上学僭越的排泄物。而现代美学的确立一方面排除了知性的浸淫,另一方面却又陷入了新的困境。那种把对艺术和美感的知性研究视作美学现代任务的做法依然于美学的真正根基视而不见。美学的现代转型,必须超越知性立场,返回本源,在感性直观中实现理性的自身呈现。美学就学科性质而言根本上是现象学的。

一、现象学把美学从知性思维中拯救出来。知性的扩张是美学出世的缘由。限制知性是美学的基础性工作。现象学在消除知性思维的工作中为美学展示了全新的方向。

二、现象学为美学奠定了先验基础。知性美学的无根基状态,使美和艺术的真正问题始终处于我们的视野之外。世界与事物的先验根据是现象学所确定的真正的普遍必然的根据。缘此,人、世界、物的分隔状态必然结束。而审美及艺术也将获得真正的奠基。

三、现象学将美学重新置于生活世界之中。美学面对的本就是先于科学的规范世界的更为始源的生活世界。而现象学将思想的触角透过科学世界直接探入生活世界之中,这使得美学得以由孤绝的状态中摆脱出来,获得"人间气息"。

四、现象学恢复了美学的本来面目。为作为感性学的美学正了名。美学一直枉担着感性学的虚名,却一直从事着知性思维的勾当,把美及艺术视作可认知的物来对待,其结果是美学成了关于美及艺术的知识学。现象学对直观领域的深入开掘和透辟分析,将美学的本来面目呈现出来。

五、被现象学所拯救出来的美学也预示着哲学的新方向。未来哲学与美学将在更高更深入的层次上融合在一起。

(2000年10月完成)

德国古典美学的美育思想与走出古典

18世纪末到19世纪初，美学与美育理论在德国得到蓬勃发展，从康德开始，经过歌德、席勒、费希特、谢林，直到黑格尔形成强大的美学流派，史称德国古典美学，其发展是与德国古典哲学相一致的。德国古典美学是西方古典美学的总结与终结，在美学与美育史上内涵丰富，意义重要，价值不凡。但从历史发展的进程来说，德国古典美学及其美育思想毕竟是古典时期的精神产品，从19世纪后期，特别是20世纪以来社会、经济、文化、哲学发生了剧烈的转型，美学与美育理论也已经有了重大的变化与发展。因此，我们在建设新的21世纪美学与美育理论时，一方面要很好地学习继承德国古典美学；另一方面，更重要的是走出德国古典美学，发展德国古典美学，不应也不能继续完全站在德国古典美学的理论基点之上。对于我国来说，这一点尤其重要。因为，我国从1978年"改革开放"之后才真正进入现代化进程，德国古典美学所包含的以"主体性"为其理论根基的美学与美育思想，康德、席勒与黑格尔的美学与美育理论观点一度深深地吸引我们并极具理论阐释力。但时间不过30年，这些理论已经与急剧变化的社会与文化现实出现了反差，需要我们结合现实，重新对这些理论进行反思。下面，我们结合美育理论简要论述德国古典美学最主要的贡献，并同时论述其局限，以便走出德国古典美学，进入美学与美育理论的新的世纪。

第一，独特的“审美判断力”概念的提出，为美学与美育开辟了独立的情感领域

黑格尔曾说，他在康德的《判断力批判》的导论中找到“关于美的第一个合理的字眼”①。翻开康德《判断力批判》的导论，我们发现这个“合理的字眼”就是“审美判断力”。康德认为判断是人类认识世界的基本形式，可分两种：一种是定性判断，又叫逻辑判断，是由普遍的概念出发，逻辑地去判定个别事物的性质，这是人们在理性认识(知性力)中所常用的；另一种是反思判断，是由个别出发反思普遍性的判断。康德认为，审美判断就属于这种反思判断，是对于一个个别事物反思其是否具有美的普遍性的判断。他认为，在反思判断中又分两种：一种是审目的判断，亦即由个别对象出发反思其结构与存在是否符合自身完善的概念，而这种符合是先天的合目的的，例如判断一朵花是否是一朵符合自身完善的花，这时主体与客体之间是由概念作为中介的，审美不是这种审目的判断；审美的反思判断不涉及对象的内容，只涉及对象的形式，是由个别对象出发反思其形式对于主体能否引起某种具有普遍性的先天的合目的的愉快的判断。他说：“因为心灵的一切机能或能力可以归结为下列三种，它们不能从一个共同的基础再作进一步的引申了，这三种就是：认识机能，愉快及不愉快的情感和欲求的机能。对于认识机能，只是悟性立法着，如果它(像应该做的那样，不和欲求机能混杂着，只从它自己角度来观察)作为一个理论认识的机能联系到自然界，对

①[英]鲍桑葵：《美学史》，张今译，商务印书馆 1985 年版，第 344 页。

于自然界(作为现象)我们只能通过先验的自然概念,实际上即是纯粹的悟性概念而赋予诸规律。——对于欲求机能,作为一个按照自由概念而活动的高级机能,仅仅是理性在先验地立法着(只在理性里面这概念存在着)。——愉快的情绪介于认识和欲求机能之间,像判断力介于悟性和理性之间一样。"①这一段论述非常重要,包含着十分丰富的美学与美育理论的内涵。首先,揭示了审美判断作为形式的反思判断实际上是一种介于认识与欲求、真与善之间的"愉快及不愉快的情感判断"。这就为美学与美育第一次开辟了一个认识与伦理之外的独立的情感领域。这样的论述是对鲍姆嘉登"美学是感性认识完善"的突破与发展,同时也为席勒在《美育书简》中将美育界定为"情感教育"铺平了道路,即便对于今天仍有其极为重要的现实意义与价值。其次,这一段重要论述揭示了审美既具有"判断"的普遍性,同时又不借助知性逻辑(悟性)的基本特点。这就是康德在《判断力批判》中所论述的"鉴赏判断的二律背反"。他说,"二律背反可能解开的关键是基于两个就假相来看是相互对立的命题,在事实上却并不相矛盾,而是能够相并存立,虽然要说明它的概念的可能性是超越了我们认识能力的"②;最后康德对这个二律背反的"解决"是通过一个"主观的合目的性"的先验原理。这不免具有某种神秘的不可知的色彩,但却又恰恰揭示了"美学与美育"作为人文学科、审美作为人性表征的某种难以用理性与工具预测和表述的特性,正是其魅力与张力之所在。诚如康德在描述这种"审美判断力"的想象力时所说,"在一个审美观念上悟性通

①[德]康德:《判断力批判》,宗白华译,商务印书馆1964年版,第15—16页。
②[德]康德:《判断力批判》,宗白华译,商务印书馆1964年版,第187页。

过它的诸概念永不能企及想象力的全部的内在的直观,这想象力把这直观和一被付予的表象结合着。但把想象力的一个表象归引到概念就等于是说把它曝示出来;那么,审美观念就可称呼为想像力(在自由活动里)一个不可表明出来的表象"①。在这里,康德揭示出来"审美判断力"所特具的通常的工具理性所永不能企及的想象力的全部的内在直观性以及想象力所特具的在其自由活动里用概念所"不可表明出来的表象"。这恰是美学与美育作为"审美判断力"所特具的魅力与张力之所在。正是从这个角度说,离开了"情感的判断",离开了审美的想象力,也就离开了审美与美育的基本轨道,必将随之消失而不复存在。因此,康德与德国古典美学说出了关于审美与美育的"第一个合理的字眼"。

第二,"美在自由"说揭示了美学与美育的本质特征

德国古典美学的一个最基本的范畴就是"美在自由"。文克尔曼早就将审美以及艺术与自由相联系。他在总结希腊艺术史时指出,"在国家体制与机构中占统治地位的那种自由,乃是希腊艺术繁荣的主要原因。希腊永远是自由的故乡"②。康德则指出,"正当地说来,人们只能把通过自由而产生的成品,这就是通过一意图,把他的诸行为筑基于理性之上,唤做艺术"③。席勒说,"当艺术作品自由地表现自然产品时,艺术作品就是美的"④。

---

①[德]康德:《判断力批判》,宗白华译,商务印书馆 1964 年版,第 191 页。

②转引自汝信:《西方美学史论丛续稿》,上海人民出版社 1983 年版,第 98 页。

③[德]康德:《判断力批判》,宗白华译,商务印书馆 1964 年版,第 148 页。

④《美学述林》第 1 辑,武汉大学出版社 1983 年版,第 292 页。

黑格尔则在其《美学》中对“美在自由”说进行了集中的论述。他说,“这种生命和自由的印象却正是美的概念的基础”①。

众所周知,德国古典美学,特别是黑格尔美学作为整个西方古典美学的集大成,“美在自由”说是“美在和谐”说的深入发展,是西方古典美的最高级形态。“美在和谐”说在德国古典美学之前主要表现为两种形态:或为偏重于感性、物质与形式的外在和谐;或为偏重于理性、精神与内容的内在和谐。古希腊时期的亚里士多德偏重于外在和谐,柏拉图则偏重于内在和谐;英国经验主义美学是一种外在的和谐,大陆理性主义美学则是一种内在和谐。到了德国古典美学,“美在和谐”说发生了质的变化,进入了新的阶段。由感性的外在和谐和理性的内在和谐发展到感性与理性经过对立统一达到一种新的自由的和谐的境界。经过感性与理性、外在与内在的对立统一,古典美的内涵丰富充实起来,成为一种有层次的立体美。因而,“美在自由”说成为西方古典美的最高级阶段,当然也是古典美的终结,预示着一种新的形态的美与美学理论的必然产生。同时,“美在自由”说充分揭示了西方古典形态的美学与美育的本质特征,标志着主体与客体、感性与理性在艺术创造中的不受任何障碍制约的高度融合,直接统一,形成整体。黑格尔指出,“美本身却是无限的,自由的。美的内容固然可以是特殊的,因而是有局限的,但是这种内容在它的客观存在中却必须显现为无限的整体,为自由,因为美通体是这样的概念:这概念并不超越它的客观存在而和它处于片面的有限的抽象的对立,而是与它的客观存在融合成为一体,由于这种本身固有的统一和完整,它本身就是无限的。此外,概念既然灌注生气于

①[德]黑格尔:《美学》第1卷,朱光潜译,商务印书馆1979年版,第192页。

它的客观存在,它在这种客观存在里就是自由的,像在自己家里一样。因为概念不容许在美的领域里的外在存在独立地服从外在存在所特有的规律,而是要由它自己确定它所赖以显现的组织和形状。正是概念在它的客观存在里与它本身的这种协调一致才形成美的本质”①。在这里,黑格尔将美的无限自由的本质建立在无限自由的理性与有限而不自由的感性的直接统一,融为一体之上,由此克服了感性的有限性与不自由性。他将这样的艺术形象比喻为古希腊神话中“千眼的阿顾斯”。他说,“艺术把它的每一个形象都化成千眼的阿顾斯,通过这千眼,内在的灵魂和心灵性在形象的每一点上都可以看得出”②。这种理性与感性的直接统一,融为一体就是西方古典美的本质,也是西方古典艺术的本质,其代表作品就是古希腊的雕塑。正因此,黑格尔认为,“审美带有令人解放的性质,它让对象保持它的自由和无限”③。美在自由,审美带有令人解放的性质,可以说以黑格尔为代表的德国古典美学家说出了美学与美育的本质特征,但其表现形态却是有差异的。作为古典形态的没有完全摆脱主客二分认识论的美,可以是感性与理性的直接统一融为一体的一种物质的、形式的美;但进入现代以来的人生美学,这种“自由”与“解放”应该是进入更加深入的人的生命、心灵与生存的层面,具有更加深广的内涵与意蕴。

第三,“美在创造”说将美学与美育中人的主体性作用加以极大拓展

①[德]黑格尔:《美学》第1卷,朱光潜译,商务印书馆1979年版,第143页。
②[德]黑格尔:《美学》第1卷,朱光潜译,商务印书馆1979年版,第198页。
③[德]黑格尔:《美学》第1卷,朱光潜译,商务印书馆1979年版,第147页。

德国古典美学对于美的创造性进行了充分的论述,无论是康德的"审美判断力"的理论,还是席勒有关"审美王国"的论述都是对"美在创造"说的阐释。而黑格尔的作为艺术哲学的美学更是将"美在创造"说推到了高峰。黑格尔指出,"艺术作品既然是由心灵产生出来的,它就需要一种主体的创造活动,它就是这种创造活动的产品"①。这种"美在创造"说是启蒙主义时期人文精神的一种集中反映。众所周知,启蒙主义时期是人的主体得到充分认识与发挥的时期,这一点也集中反映在美学与美育之中。黑格尔首先将审美作为人认识自我的一个重要途径,人有一种在外在事物中实现自己的冲动,于是通过改变外在事物在其上刻上自己内心生活的烙印,从而复现自己,这就是艺术与审美起源的原因之一。他说,"当他一方面把凡是存在的东西在内心里化成'为他自己的'(自己可以认识的);另一方面也把这'自为的存在'实现于外在世界,因而就在这种自我复现中,把存在于自己内心世界里的东西,为自己也为旁人,化成观照和认识的对象时,他就满足了上述那种心灵自由的需要。这就是人的自由理性,它就是艺术以及一切行为和知识的根本和必然的起源"②。这种理论观点逐步演变为后来的"自然的人化"说,并成为艺术与审美起源于劳动和实践的根据之一。

以上说明,黑格尔认为人在改造世界,创造劳动产品的同时也创造了美。同时,黑格尔还认为,美和艺术完全是人的活动的产品,非人的自然物之中根本就不存在艺术与美。他说,"这外在的方面并不足以使一个作品成为美的艺术作品,只有从心灵生发

①[德]黑格尔:《美学》第1卷,朱光潜译,商务印书馆1979年版,第356页。

②[德]黑格尔:《美学》第1卷,朱光潜译,商务印书馆1979年版,第40页。

的，仍继续在心灵土壤中长着的，受过心灵洗礼的东西，只有符合心灵的创造品，才是艺术作品”①。为此，他认为由于心灵高于自然，所以艺术也就必须高于自然。他说，“我们可以肯定地说，艺术美高于自然，因为艺术美是由心灵产生和再生的美，心灵和它的产品比自然和他的现象高多少，艺术美也就比自然高多少”②。十分重要的是，黑格尔在《美学》中充分地论述了美与艺术的“心灵创造”历程，描绘了“心灵把全部材料的外在的感性因素化成了最内在的东西”的过程。他是以逻辑与历史相统一的方法来进行这种论述与描绘的。从逻辑的角度来看，他论述了艺术美所历经的“一般世界情况—动作—性格”的“正、反、合”过程，从历史的角度，他论述了艺术美所历经的“象征型—古典型—浪漫型”的历史历程。这种模式化论述的科学性当然值得怀疑，这种以逻辑阉割历史的做法当然也不值得提倡。但其中所包含的对艺术规律的阐释，特别是强烈的艺术发展的历史感却是颇富价值的。黑格尔在《美学》中将艺术美称作“艺术理想”，他说“艺术理想的本质就在于这样使外在的事物还原到具有心灵性的事物，因而使外在的现象符合心灵，成为心灵的表现”③。因此从某种意义上说，美的创造也就是美的理想的追求与创造。黑格尔把这种美的理想的创造过程称作是一种“还原”“清洗”和“艺术的谄媚”。他说，“因为艺术要把被偶然性和外在形状玷污的事物还原到它与它的真正概念的和谐，它就要把现象中凡是不符合这概念的东

①[德]黑格尔：《美学》第1卷，朱光潜译，商务印书馆1979年版，第36—37页。

②[德]黑格尔：《美学》第1卷，朱光潜译，商务印书馆1979年版，第4页。

③[德]黑格尔：《美学》第1卷，朱光潜译，商务印书馆1979年版，第201页。

西一起抛开,只有通过这种情洗,它才能把理想表现出来。人们可以把这种清洗说成是艺术的谄媚"①。他认为,这种艺术理想的基本特征是"和悦的静穆和福气"②。这正是文克尔曼将古希腊艺术的基本特征所概括的"高贵的单纯和静穆的伟大",而黑格尔也认为希腊艺术"攀登上美的高峰"③。黑格尔在美的创造中对美的理想的论述是非常重要的,因为美学与美育从来都是与理想的追求与创造相联系的。可以说,在某种意义上审美就是对美的理想的追求而美育也就是一种美的理想的教育。一个人,甚或一个民族没有了对美的理想的追求也就没有了希望。

第四,走出德国古典,进入美学与美育的新时代

德国古典美学成就巨大,是人类智慧的精华。特别是我国1978年"改革开放"以来,德国古典美学对主体性与艺术规律的阐释对我国新时期美学的复兴起到重要的推动作用。李泽厚的《批判哲学的批判》以及与之有关的康德的"主体性"哲学与美学一度成为广大美学爱好者与青年学子的热门话题。但历史的大潮汹涌澎湃,我国迅速进入了反思"现代性""主体性"与"人类中心主义"的"和谐社会"建设的新时期,对于德国古典美学的反思与超越成为历史的必然,成为新世纪美学与美育建设的必由之途。

首先,德国古典美学的理念论哲学根基及其思辨哲学的方法是脱离生活实际的。超越德国古典美学,走向生活与人生成为新世纪美学的发展前景。德国古典美学,特别是黑格尔美学都不是从生活实际、从人生出发的,而是从抽象的理念出发的,是理念发

①[德]黑格尔:《美学》第1卷,朱光潜译,商务印书馆1979年版,第200页。
②[德]黑格尔:《美学》第1卷,朱光潜译,商务印书馆1979年版,第202页。
③[德]黑格尔:《美学》第2卷,朱光潜译,商务印书馆1979年版,第170页。

展的一个过程,是思辨哲学建构的一种需要,对于康德来说,审美判断力的提出则是沟通纯粹理性与实践理性的一种需要。因而,这种美学尽管不乏真理的闪光,但总体上来说则是脱离生活、脱离人生的。马克思曾经批判黑格尔哲学是一种“头足倒置”的哲学,不仅揭示其唯心主义实质,而且有力地批判了这种哲学与活生生的生活的脱节。我们新世纪的美学应该是一种不同于德国古典美学的来自生活与人生的美学。

其次,黑格尔的“美是理念的感性显现”的基本美学概念是一种主客二分的认识论哲学的结晶。黑格尔提出“美是理念的感性显现”实际上是将美归结为理念的“感性显现”阶段,其前提仍然是理念与感性的二分对立,尽管在“感性显现”阶段二者达到了“直接统一”,但很快理念将越出感性,重新进入二分对立的新的阶段。这种感性与理性的二分对立实际上是启蒙主义时期主客二分对立认识论哲学的表现,在这种理念论哲学中,理念的自发展、自实现成为一种宏观的认识的过程。因此,黑格尔美学仍然是一种理念本体亦可称作是认识本体的美学,美的根本动因还是在理念或认识而不是人生之光,在很大程度上脱离了生活的大道。

再次,康德有关“判断先于快感”的论断是身与心二分对立的表现。康德有关“审美判断力”的论述除了审美是无功利的静观之外,最重要的就是“判断先于快感”的论断,成为划清快感与美感的分水岭,被视为美学的“铁的规律”。但这种“判断先于快感”的论断其实是一种身与心二分对立的表现,还是把心看得高于身,对眼耳鼻舌身,特别是鼻舌身等身体快感表现出一定程度的轻视。但其实在实际的审美过程中是不可能做到“判断先于快感”的,实际的情况是“判断与快感相伴”,眼耳鼻舌身所有的感官都在审美中起到十分重要的作用。

最后,黑格尔有关“美学是艺术哲学”的论述充分表现了由“人类中心主义”决定的“艺术中心主义”,是对自然美的严重忽视。黑格尔提出“美学是艺术哲学”,将艺术看作心灵的产品,高于自然。这实际上是一种典型的“艺术中心主义”,是“人类中心主义”在美学与艺术学中的反映。实际上,审美的对象决不仅仅是艺术,而且必然地包含自然与社会生活;而审美也决不仅仅是“心灵的产品”,而必须借助于自然物与审美对象的质素,是两者互动的结果。因此,走出“人类中心主义”以及与之相关的“艺术中心主义”,建设新的生态美学、环境美学与生活美学成为新世纪美学建设的当务之急。

(2018 年 7 月完成)

论希腊古典“和谐美”与中国古代“中和美”①

一个民族的美学精神是一个民族文化内在本质的体现。每个民族都有其特定的美学精神,这种美学精神以其特有的历史传统与文化积淀为其土壤。西方古代的美学精神是古代希腊的“和谐美”,而中国古代的美学精神则是先秦时代的“中和美”。这两种美学精神固然有其相同之点,但更多的则是相异之处,影响几千年,直到当代,形成各有其光辉灿烂的文学艺术。真可谓两峰对峙,双水分流。本文拟以希腊古典“和谐美”的论述为主,同时论及它与中国古代“中和美”的相异。

一

希腊古典美包括艺术及理论两部分,它在人类美学史、艺术史乃至整个人类历史上都具有极高的地位。希腊古典美学是人类历史上的光辉篇章,人类早年的伟大创造,同时也是人类引以自豪的永恒骄傲。黑格尔指出:“这个民族值得我们尊敬,因为它们创造出一种具有最高度生命力的艺术。”②对希腊古典美的研究探讨是美学史、艺术史的永恒课题。而古希腊罗马时期的美学

①原载《中国文化研究》2001 年第 4 期。

②[德]黑格尔:《美学》第 2 卷,朱光潜译,商务印书馆 1979 年版,第 169 页。

理论就是对这一古典美进行探讨、总结的光辉结晶,留下了人类早期对美的哲学思考,给后人以深刻启示。古希腊罗马时期的美的艺术及美学理论有着极其重要的地位,是人类美的艺术及理论的源头之一。希腊古典艺术本身,在题材、风格与方法技巧等各个方面都成为后世西方艺术的源头。而其美学理论也是西方后世美学理论的源头。恩格斯指出:"在希腊哲学的多种多样的形式中,差不多可以找到以后各种观点的胚胎、萌芽。"①希腊古典美本身即成为西方美学史上的重要研究课题。从新古典主义,到文艺复兴,到近代文克尔曼、莱辛及黑格尔都有大量研究古希腊艺术的篇章。古希腊艺术与美学理论也是人类美的艺术及理论的典范之一。马克思在《〈政治经济学批判〉导言》中指出,希腊艺术和史诗"仍然能够给我们以艺术享受,而且就某方面说还是一种规范和高不可及的范本"。他还指出,古希腊艺术作为人类童年时代的作品"作为永不复返的阶段而显示出永久的魅力"。② 在艺术史上,希腊古典艺术被西方各代艺术家奉为典范,而古希腊时期的美学论著则被后世奉为法典。如柏拉图的文艺对话、亚里士多德的《诗学》,以及他们的论著中所涉及的摹仿说、悲剧观、三一律等等,都成为西方美学与文艺学历史上永久的研究课题。

古希腊美的艺术及美学理论在当前也具有重要的现实价值。文学艺术是人类伟大的精神财富,是人类崇高情感的集中体现。它同任何产品不同,不会随着时间推移消失其价值,反而同历史的发展成正比。历史越朝前发展,伟大的文学艺术作品愈发闪现其夺目的光辉。美学史家鲍桑葵指出:"任何东西都不能和伟大

---

①《马克思恩格斯选集》第3卷,人民出版社1972年版,第468页。

②《马克思恩格斯选集》第3卷,人民出版社1972年版,第114页。

的美的艺术作品相比。只有这些伟大的美的艺术作品才是随着时代的变迁日益重要,而不是随着时代的变迁日益不重要。”①在当代,希腊古典美的艺术及其美学精神具有永久的欣赏价值,给人以美的艺术享受。许多人面对古希腊罗马的雕塑与建筑,流连忘返,为其伟大的艺术创造力所震撼,甚至被感动得流下泪水。因此,当代人也可从古希腊罗马时期的艺术作品中体悟到人类伟大的创造力量,从而受到鼓舞,成为人类生存、前进、创造美好生活的永久的动力。古希腊罗马时期的艺术作品都是二千多年前,甚至是四五千年前人类早期的艺术创造。在那样艰难的生存条件下,在生产力极不发达、人类的生存面临许多难以想象的困境的情况下,竟然能创造出如此美妙而崇高伟大的艺术作品。这不仅标志着人类伟大的创造力,而且集中反映了人类不畏艰难、胜利前行的伟大精神力量。正是这种创造力与精神力量给我们以永久的鼓舞、感召与鞭策。同时,我们也可以从中发掘出人类初始阶段理性的光芒,及其对美的体悟与探索。古代希腊罗马艺术作品所体现出来的艺术思想,它的理论成果所总结的创作原则都是人类初始阶段艺术探索与思考的宝贵成果,具有原创的价值,我们今天可以从中吸取丰富的营养。例如,柏拉图的《大希庇阿斯》《理想国》与亚里士多德的《诗学》都被后世尊为文艺学与美学的法典,雄霸西方古代并影响到现当代。

二

希腊古典美的艺术与理论的产生决不是偶然的,而是有其

①[英]鲍桑葵:《美学史》,张今译,商务印书馆 1985 年版,第 6 页。

自然的、文化的与艺术的背景。对此，德国著名艺术史家文克尔曼已经作了深刻的研究。从自然条件看，希腊是一个半岛，三面环海，交通方便，气候温和，但丘陵起伏，自然条件艰苦。而且在古希腊时期形成许多城邦，经常处于战争状态。为了适应自然条件和战争的需要，体育锻炼在古希腊被提到十分重要的地位。运动会成了炫耀体魄的场所，而运动会都是裸体举行的，这就为雕塑艺术，特别是裸雕的发展提供了条件。从文化背景看，古希腊时期是个多神教的时代，流传着各种带有宗教色彩的神话。而且古希腊时期实行城邦民主制，思想空前活跃，辩论演讲盛行，各种哲学思想高度发展，涌现了一批著名的辩士和大理论家。而从艺术背景看，古希腊时代是人类童年艺术高度发展的时代，雕塑是当时最具代表性的艺术形式，其他诸如史诗、戏剧，特别是悲剧，也都十分发达，创作出一批影响极大，流芳千古的艺术经典。这就为古希腊美学理论的发展提供了前提，而美学理论又成为古希腊艺术进一步发展的动力。

三

关于希腊古典美的内涵，也就是它的基本特征，美学史上多有论述。最著名的就是文克尔曼将希腊古典美归为："高贵的单纯，静穆的伟大。"①黑格尔则将其归为古典型的雕塑美。黑格尔认为，这种古典型的雕塑美就是"内容和完全适合内容的形式达

①[德]戈特霍尔德·埃夫莱姆·莱辛：《拉奥孔》，朱光潜译，人民文学出版社1979年版，第5页。

到独立完整的统一,因而形成一种自由的整体”①。鲍桑葵在《美学史》中将其归结为“和谐、庄严和恬静”。② 总之,无论如何概括,希腊古典美的内涵都是一种静态的形式的“和谐美”。也就是说,希腊古典美有三要素:静态、形式、和谐。而“和谐”是其核心内容。这就说明,“和谐美”是希腊古典美的基本形态。在人类早期,以“和谐美”作为其基本形态不是没有原因的。因为,“和谐”作为一种美的境界,实际上也就是人生的理想。事实上,只有人类才有对“和谐”的追求。作为动物,本是自然的一部分,没有对象没有社会,不存在同自然与社会的关系问题。而人类产生之后,就将自然变成了自己的对象并形成了社会。人类所面对的最基本的矛盾即人同对象的矛盾,对象包括自然与社会。而这种矛盾呈现出斗争—和谐—再斗争—再和谐……以至无穷的状态。因此,和谐是人类的理想与目标,人不断通过解决矛盾的斗争追求着和谐的境界,同时也达到了相对的和谐状态与心情的愉悦。因此,和谐既是美的境界,也是人类的理想,人生目标。但鉴于古希腊民族特定的文化历史背景,却又有其不同于其他民族的特殊性。如上所述,古希腊“和谐美”是一种“和谐、庄严、恬静”的雕塑美。具体表现为:

第一,形式美的“和谐说”。古希腊“和谐美”在理论形态上是一种具体事物外在的形式的和谐,即所谓秩序、整一、对称、比例、黄金分割等等。亚里士多德就将美的基本特征概括为“整一性”,而“整一性”的主要形式即是“秩序、匀称与明确”。③

①[德]黑格尔:《美学》第 2 卷,朱光潜译,商务印书馆 1979 年版,第 157 页。
②[英]鲍桑葵:《美学史》,张今译,商务印书馆 1985 年版,第 21 页。
③北京大学哲学系美学教研室编:《西方美学家论美和美感》,商务印书馆 1985 年版,第 41 页。

第二,艺术创作的"摹仿说"。在艺术创作上,古希腊占统治地位的是属于认识论范畴的"再现论",创作过程成为物质对象的"再现",即是对于对象的"摹仿"。柏拉图首次提出"镜子说",同时柏拉图也同亚里士多德与贺拉斯一样坚持艺术创作的"摹仿说"。这就是柏拉图在《理想国》卷十中著名的关于"床"的理论,即所谓艺术世界是"摹本的摹本""影子的影子"。由此可以断言,古希腊的艺术创作论总体上是在认识论的范围之内的。

第三,艺术作品的悲剧观。古希腊艺术在语言文学范围内代表性的艺术种类是悲剧,因而形成了一整套关于悲剧的理论,集中体现在亚里士多德的《诗学》之中。古希腊的悲剧美所表现的是一种古典静态的雕塑型的形式美,其理论表现即为亚里士多德的悲剧观。具体为:性格(ēthos)的类型化;情节重心论;效果(katharsis)的陶冶说。特别是对于"katharsis"(卡塔西斯)的理解成为西方古代美学与文艺思想的长久话题。关于这个问题的讨论,出现了各种观点,有以鲍桑葵为代表的"宣泄说",有以莱辛为代表的"净化说",还有以我国罗念生为代表的"陶冶说"。我们认为,古希腊悲剧艺术作为古典的雕塑型的形式美,表现的是一种人与命运之争中流露出的高尚的道德(正义的胜利),因而以"陶冶"说为宜。

第四,代表性的艺术形式——雕塑。古典的物质的形式的静态和谐美在古希腊雕塑艺术中得到最集中的体现。这样的雕塑美也体现于古希腊时期的史诗、戏剧,特别是悲剧之中。

综上所述,希腊古典的和谐美是以关于形式美的"和谐说"为其理论形态,而以"摹仿说"为其创作原则,雕塑艺术则是其代表性的艺术形式,悲剧观是其最重要理论论题。这样的特定内涵使其以鲜明的特色出现于世界美学与艺术之林,给西方各民族以长远的营养,也给东方各民族以深刻的影响。

四

希腊古典和谐美的发展历经数千年,有一个由低到高,由不成熟到成熟的过程。一般来说,我们把希腊古典和谐美的理论发展分为四个阶段。

第一,希腊古典“和谐美”理论的提出。主要是古希腊最具代表性的哲人之一毕达哥拉斯。他明确地提出:“什么是最美——和谐。”①他还将“和谐美”的基本品格归为“由杂多导致统一”。②在这里,最主要的是“统一”,这就是著名的“整体说”。可见,和谐既是希腊古典美的基本品格,也是整个古希腊美学乃至整个西方古典美学最基本的规律之一。

第二,希腊古典“和谐美”理论的深化。这就是柏拉图的“理念论”,主要是进一步探讨了导致和谐的动因,认为和谐的深刻内涵是一种内在的精神和谐。柏拉图指出:“这原因(指人分九流)在人类理智须按照所谓‘理式’去运用,从杂多的感觉出发,借思维反省,把它们统摄成为整一的道理。”③这说明,对物质与感觉的杂多,需依靠“理式”才能将其统一起来,成为和谐。也说明“理式”成为和谐的根本动因,是一种内在的精神和谐。由此,柏拉图提出著名的“有机整体说”,指出美的外在和谐由内在和谐、精神

①转引自阎国忠:《古希腊罗马美学》,北京大学出版社 1983 年版,第 23 页。

②北京大学哲学系美学教研室编:《西方美学家论美和美感》,商务印书馆 1985 年版,第 14 页。

③柏拉图:《文艺对话集》,朱光潜译,人民文学出版社 1980 年版,第 124 页。

和谐决定。这应该是在毕达哥拉斯"整体说"的基础上又前进了一步。

第三，希腊古典"和谐美"的具体化。主要是亚里士多德的《诗学》和贺拉斯的《诗艺》在艺术理论中对希腊古典"和谐美"进行了具体的阐述。亚里士多德在《诗学》中提出著名的古希腊"悲剧观"，结合古希腊悲剧艺术阐述了著名的"整体说"，要求悲剧在总体上做到"整一"，在情节上限于一个完整的行动，有头、有身、有尾，在性格上前后一致。贺拉斯在《诗艺》中根据古典和谐美的理论提出了著名的"合式"原则。所谓"合式"就是要做到总体上统一、合情合理。贺拉斯指出："如果画家们作了这样一幅画，上面是个美女的头，长在长颈上，四肢是由各种动物的肢体拼凑起来的，四肢又覆盖着各种羽毛，下面长着一条又黑又丑的尾巴，朋友们，如果你们有缘看见这幅图画，能不捧腹大笑么？"①

第四，对古希腊"和谐美"理论的挣脱。主要是郎吉努斯"崇高"概念的提出和普罗提诺提出"美是对称之上闪耀的光"。郎吉努斯写出《论崇高》一书，虽然主要从修辞学出发，但已涉及崇高的情感效果及其特征，因而具有美学意义，是对"和谐美"的一种突破的尝试。郎吉努斯指出："一切使人惊叹的东西无往而不使仅仅讲得有理、说得悦耳的东西黯然失色。相信或不相信，惯常可以自己作主，而崇高却起着横扫千军、不可抗拒的作用；它会操纵一切读者，不论其愿从与否。有创见，善于安排和整理事实，不是在一两篇文章里所能觉察出而是要在作品的总体里才显示出来。"②从这段话可见，崇高是一种对主体的超出；崇高的效果是

---

①贺拉斯：《诗艺》，人民文学出版社 1982 年版，第 137 页。

②伍蠡甫主编：《西方文论选》上卷，上海译文出版社 1979 年版，第 122 页。

引起惊诧;崇高具有一种不以主体意识为转移的横扫千军、不可抗拒的作用;崇高是一部作品总体里显示出来的品格。这都说明,郎吉努斯所论述的“崇高”范畴已经突破了希腊古典“和谐美”的内涵。但这种突破又是不彻底的,郎吉努斯不仅并未自觉认识自己所论“崇高”的意义,而只是认为其体现于“措辞的高妙之中”,而且仍是从古典和谐美的“整体说”与典范性作家作品中探寻崇高之路。这说明其并未挣脱希腊古典“和谐美”的框架。而普罗提诺作为古罗马时期的重要哲学家则将精神世界与感官世界明确对立,提出美不仅在和谐,而是对称之上闪耀的光,即精神之光。这意味着希腊古典的形式的和谐美逐步被近代精神的崇高美所代替的趋势,但也终未挣脱和谐的总的前提。而古希腊的和谐美还要走过漫长的发展历程,直到德国古典美学才发展到顶峰,并宣告自己的终结,从而逐步开始近代的美。

五

我国的先民们同样面临着主体与客体的矛盾,并追求着两者的和谐。但由于历史文化与自然背景的迥异,在中国古代没有产生古希腊那样的以“和谐、庄严、恬静”为其特征的形式的和谐美,而是产生了一种主客、天人宏观的混沌合一的“中和美”。有人以为西方古代“和谐美”与中国古代“中和美”,两者都有一个“和”字,似乎就是一回事。这其实是大错特错的。实际上它们是两种具有不同内涵的美学形态。中国古代“中和美”的哲学内涵是“致中和”的美学思想。先秦典籍《礼记·中庸》指出:“喜怒哀乐之未发,谓之中;发而皆中节,谓之和。中也者,天下之大本也;和也者,天下之达道也。致中和,天地位焉,万物育焉。”这里所说的

"致中和"包含着极其丰富的内涵:情感的含蓄性,喜怒哀乐情感含蓄未发;情感的适度性,情感表现而又有节度;"致中和"是天下之大本与达道,反映了天地万物的根本规律。这就说明"致中和"美学思想所反映的中国古代"天人合一"思想包含了天与人、内容与形式、自然与人文的和谐统一等丰富深厚的内涵。反映"致中和"美学思想的文艺作品就是先秦时代的诗歌和古乐,而两者在现实中的作用就是"诗教"与"乐教"。对"诗教""乐教"的要求是以古代的"仁"与"礼"为衡量标准,达到温柔敦厚、广博易良的人格境界。所谓"温柔敦厚,诗教也""广博易良,乐教也"(《礼记·经解》)。"致中和"美学思想的重要作用就是培养符合封建"仁""礼"要求的"文质彬彬"的君子。孔子认为,君子的培养过程是"兴于诗,立于礼,成于乐"(《论语·泰伯》)。这就是说,君子从诗歌中得到启发,从礼教中学会做人的规矩,最后只有通过"乐"才能得到完整的教育,成为真正的君子。由此可知,在孔子看来,诗与礼等一切文化科学与伦理道德的教育最后都得依靠"乐教"使其在教育对象身上取得成功。这就充分反映了中国古代以"致中和"为目的的诗教、乐教具有多么重要的地位。

由上述可知,中国古代的"中和美"与希腊古代的"和谐美",表面上相同,而其本质却迥异。这是两种不同的美的形态、美学精神、哲学精神与民族性格。

首先是内涵不同。中国古代的"中和美"的内涵是反映了人与自然、社会之间宏观的协调关系,以"天人合一"作为其文化背景、哲学根据与美学理想。而希腊古代的"和谐美"则局限于微观的个体自身,以具体的物质形式的对称、比例、秩序为其特征,以毕达哥拉斯作为世界本原的"数"作为其哲学根据。两者的侧重点也不相同。中国古代的"中和美"侧重于社会,强调美与善的统一，主张“诗言志”“礼乐相成”“温柔敦厚”。而希腊古代的“和谐美”所侧重的是客观自然，强调美与真的统一，主张“摹仿说”“必然律”等。这也从另一个侧面说明古希腊美学受到西方古代重分析的科学主义理性传统的影响。当然，这也是两种不同的美学—哲学态度。中国古代的“中和美”主张人类对自然和社会持一种亲和态度，力主天与人、主观与客观、感性与理性、自然与人文的协调统一。而古代希腊的“和谐美”则主张人类对自然与社会持一种对立的态度，主体与客体、感性与理性分离，二元对立。这种思想一直影响到后来西方的基督教文化。基督教《圣经》中上帝创造了人，又造出伊甸园，然后又将人逐出伊甸园。人在自然中生活，自然作为人的对立面存在，以各种灾难作为上帝对人的惩罚。这种观念一直影响到近代。特别是 20 世纪以来现代化过程中，伴随着工业化、市场化与城市化所产生的工具理性与市场本位的膨胀。古代希腊的主客二元对立的思维模式在一定的程度上起到了思想导向的作用。这种思维模式甚至随西学东渐的潮流影响到中国，使中国也不同程度地受到主客二元对立思维模式的影响。总之，无论西方，还是中国，在这种希腊古典美所包含的主客二元对立思维模式的指导下，都难以正确对待自然、社会与自身，在一定程度上成为自然环境的破坏、人的自我价值的失落、存在状况的非美化的原因之一。据此，许多西方有识之士试图突破西方古代“和谐美”及其所依据的二元对立哲学模式，出现种种现代与后现代美学—哲学理论，其中就包括试图从中国古代以儒家为代表的“中和论”哲学与美学思想中吸取拯救人类智慧的良方的设想。德国哲人海德格尔的“天地神人”四方世界游戏说就是吸取中国“天人合一”思想的成果。

其实，无论是希腊古典“和谐美”，还是中国古代“中和美”都曾在古代历史上闪现出耀眼的光辉,成为人类宝贵的精神财富。在当代面对新的形势,它们又都各自有其时代历史的局限,需要吸取新的时代营养,进行改造更新。中国古代“中和美”艺术及其理论同样包含着种种落后的因素,需要对其进行批判改造。当前,十分重要的就是实现希腊古典“和谐美”与中国古代“中和美”的交流互补。这就要求东方与西方、人文与科学、宏观与微观的比较对话,从而使得东西方都得以继承发扬悠久深远的美学精神,在和谐美与中和美的基础上形成各有特色又具有时代内容的崭新的美学理论。当然,作为中国学人,我们不仅要借鉴希腊古典“和谐美”的精华,更要深入研究我国古代“中和美”的优秀传统,对其继承改造,加以发扬,使其走向世界。

论伽达默尔的解释学美学思想

一

伽达默尔(Hans-Georg Gadamer,1900—2002年)是当代解释美学代表人物。1900年生于德国马堡,1922年在新康德主义马堡学派代表人物那托普指导下以其对柏拉图思想研究的论文获博士学位。并于1923年去弗莱堡大学参加海德格尔主持的“亚里士多德伦理学讨论班”。在弗莱堡大学,见到在那里任教的胡塞尔,对现象学产生浓厚兴趣。1937年开始任教于马堡大学,1938年转到莱比锡大学任教,1946—1947年曾任莱比锡大学校长。1949年到法兰克福大学任教,同年又去海德堡大学任教。从1949年至去世前一直为海德堡大学教授。曾主持过久负盛名的德国《哲学评论》杂志工作。伽氏一生著述甚丰,主要集中在哲学美学和历史哲学两个领域,其哲学解释学就在这两个方面体现出来。1960年出版《真理与方法》一书,此书为其代表作,构思最长,影响最大,曾多次再版,并被译成多种文字在世界发行。此书的问世标志着现代哲学解释学的诞生,并成为现代哲学解释学的经典著作,也奠定了伽达默尔作为现代哲学解释学大师与著名哲学家的地位。该书正如其副标题所说“哲学解释学的基本特征”,即着重于揭示人类精神活动中“理解”(解释)现象的一系列基本特征。该书由三部分组成,即从艺术、历史和语言三个部分,阐明

"理解"的基本特征。特别是第一部分"艺术经验中的真理问题",着力对艺术经验的本体论进行分析,揭示艺术经验的哲学真谛,并展开了对"理解"现象一般特征的分析。该书的书名为《真理与方法》,但准确地说,应是《真理或方法》,也就是在真理和方法之间加以选择。实际上,伽氏反对把真理与方法画等号,而是试图凭借解释学本体论深入探讨真理问题,第一部分就是着重探讨"艺术经验中的真理问题"。关于方法与真理的关系,伽氏说道:"因而该书所关注的是,在经验所及的一切地方和经验寻求其自身证明的一切地方,去探寻超越科学方法论作用范围的对真理的经验。"①可见,本书的主旨就是超越启蒙主义以来理性主义的科学方法论而去探寻真理的经验。关于艺术问题,他又说道:"为了拒斥受科学的真理窒息的美学理论而保护我们由艺术作品所获得的对真理的经验,本书的探讨就开始于一种对审美意识的批判。"②他又一次对理性主义真理观影响下的美学理论与审美意识给予了明确的批判。同时表明,他写作此书的目的就是"保护我们由艺术作品所获得的对真理的经验"。

伽达默尔写作《真理与方法》的时代背景,应该是十分明确的。20 世纪 50 年代与 60 年代正是"二战"之后,人类又面临着新的科技革命与产业革命。一方面社会取得了进步,另一方面人类的生存危机却愈加深重。因此,伽氏所面临的首先是物质进步与精神危机的矛盾。他说:"当科学发展成全面的技术统治,从而开始了'忘却存在'的'世界黑暗时期',即开始了尼采预料到的虚

①[德]伽达默尔:《真理与方法》,王才勇译,辽宁人民出版社 1987 年版,"导言"第 50 页。

②[德]伽达默尔:《真理与方法》,王才勇译,辽宁人民出版社 1987 年版,"导言"第 51 页。

无主义之时，难道人们就可以目送傍晚夕阳的最后余晖——而不转过身去寻望红日重升时候的最初晨曦吗?”①在这里，伽达默尔为我们描绘了一幅物质与精神矛盾的图景。一方面，科技全面发展，但科技统治却使人类“忘却存在”而进入“世界黑暗时期”。面对这样的矛盾，应该怎么办呢？是像尼采那样因“上帝已死”，而目送傍晚夕阳最后的余晖呢？还是转过身去寻望红日重升时候的最初晨曦呢？显然，伽氏是取后者的态度，试图以现代解释学理论去克服当代物质进步与精神危机的矛盾，通过改变人的生存状态而去迎接最初的晨曦。伽氏所面临的另一问题就是人文学科与自然科学的关系问题。所谓“人文学科”，在德语文献中称作“精神科学”。在传统的理论中，包括德国弗莱堡学派的理论中，精神科学与自然科学是对立的。在德国，精神科学这个概念最早由狄尔泰提出。以后，新康德主义弗莱堡学派的创始人 W.文德尔班在其《自然科学史》一书中，又进一步对自然科学与精神科学作了区分。弗莱堡学派的另一位代表人物李凯尔特及其他理论家也都作了不同的阐述，但都立足于两者的对立。当然，在实际生活中，科技拜物教的进一步泛滥，已经渗透到社会生活的各个方面，科技的数量化标准已经导致社会一体化趋势，成为对人的巨大压抑。诚如伽氏所说，“或许，我们的时代增长着的社会一体化以及主宰这一体化的科学技术的制约，甚至比受现代自然科学巨大进步的制约还要来得强烈”②。面对这样的争论和现实，伽

①[德]伽达默尔:《真理与方法》，王才勇译，辽宁人民出版社 1987 年版，“第 2 版序言”第 48 页。

②[德]伽达默尔:《真理与方法》，王才勇译，辽宁人民出版社 1987 年版，“第 2 版序言”第 35 页。

氏没有拘泥于具体的争论,而是站在这种争论之上,以现代解释学为理论武器,将两者予以统一。他说:“然而我的意图也不在于去更新自然科学和精神科学间古老的方法论争辩,这很难涉及某种方法问题,在这一点上就我看来,以前由文德尔班和李凯尔特所进行的对‘自然科学中概念构成之界限’的探讨是确切的,我们之间所存在的并不是一种方法上的差异而是一种认识目的的差异。”①他进一步认为:“自然科学和精神科学之间根本没有方法论上的差别,有的只是认识目标上的差别。”②而只有现代解释学才能描述自然科学与精神科学的基本特征并加以调和。

在20世纪中期,伽氏还面临着传统艺术与现代艺术之争。20世纪以来,现代艺术日渐兴起,蓬勃发展,出现抽象派绘画、意识流小说、荒诞派戏剧、象征派诗歌、魔幻现实主义等等。现代艺术无论在观念、内容、语言、技巧等各个方面都迥异于传统艺术。在文学艺术领域,现代与传统之争,日渐激烈。伽达默尔面对这一问题,做出深入思考,提出自己的答案。他认为应从艺术存在方式的理解形式出发来解决现代艺术与传统艺术的关系问题,并从中找到其统一性。他针对绘画指出:“这个探讨就是要提出某种对绘画存在方式的理解形式,这种理解形式就从对审美意识和绘画概念的涉及出发解释绘画作品。”③

从哲学上来说,伽氏的解释学美学是以胡塞尔的现象学为其

①[德]伽达默尔:《真理与方法》,王才勇译,辽宁人民出版社1987年版,“第2版序言”第35—36页。

②转引自赵敦华:《现代西方哲学新编》,北京大学出版社2000年版,第191页。

③[德]伽达默尔:《真理与方法》,王才勇译,辽宁人民出版社1987年版,第199页。

基础，并直接师承海德格尔。伽达默尔说："我的著作在方法上是立足于现象学基础上的，这是毫无疑义的。但这似乎又有些矛盾，因为，我对普遍的解释学问题的阐述又是以海德格尔对先验问题的批判和对'翻转'的思考为基础的，但我认为现象学证明的原则也适用于海德格尔那种最后揭示了解释学的用法，因此，我们保留了海德格尔早年所使用的'解释学'这个概念。"①最重要的是，伽氏运用了海德格尔关于"此在"的论述。因为，在海德格尔看来，"此在"是具有本体地位的，专指"此时此地存在着的人"。因而，人作为"此在"也就显示出时间性和历史性。伽达默尔恰恰根据海氏"此在"的时间性和历史性，指出"理解并不是主体诸多行为方式中的一种，而是此在自身的存在方式"②。这样，理解作为"此在"的存在方式也就具有了本体的地位。因而，伽达默尔的解释学美学是以"理解"本体论为其特点的。正因此，伽氏指出："每一部艺术作品——不仅仅是文学的艺术作品——就必须像每一个不同地被理解着的本文一样被理解，而且这样的理解应是能成立的。由此，解释学的意识就获得了一个超出审美意识范围的广泛领域。美学必须在解释学中出现，这不仅仅道出了美学问题所涉及的领域，而且还指出了，解释学在内容上尤其适用于美学，这就是说解释学必须相反地在总体上这样得到规定，以致它正确对待了艺术经验。理解就必须被视为意义事件的一个组成部分，在这种理解中，一切表达的意义——艺术的意义以及一切从前流

①[德]伽达默尔：《真理与方法》，王才勇译，辽宁人民出版社 1987 年版，"第 2 版序言"第 45—46 页。

②[德]伽达默尔：《真理与方法》，王才勇译，辽宁人民出版社 1987 年版，"第 2 版序言"第 37 页。

传物的意义——就形成并实现了。”①由此可见,伽达默尔的解释学美学来源于胡塞尔的现象学,而直接师承海德格尔的解释学,在此基础上又有所创新。

说到解释学,实际上有传统解释学与现代解释学之分。解释学有着悠久的历史,其起源可追溯到古希腊时代。解释学(Hermeneutics)一词,源于古希腊神话中赫尔姆斯(Hermes)神之名。传说宙斯委任他做信使之神,不仅传达神谕,而且担当解释者的责任。因此,解释学的最初含义为“解释”。亚里士多德认为,“解释”的目的在于排除歧义保证词与命题判断的一致。到了中世纪后期,出于对《圣经》经文、经典内容的考证和意义阐发的需要,逐步形成有关《圣经》的律条的“释义学”和考证古典资料的“文献学”。19世纪上半叶,德国浪漫主义宗教哲学大师施莱尔马赫将解释学运用于哲学史的研究,希图通过批判的解释来揭示文本的作者原意,从而使古典解释学成为一门有一定哲学理论基础和系统的理论原则,适用于诠释各类人文学科的学问。施莱尔马赫从语法的解释学和心理学的解释学两个方面将古典解释学系统化了。所谓“语法的解释”就是根据共同的语言原则分析作者的语言特性确定词的真义。所谓“心理学解释”则把语言当作作者表现个性的工具,通过读者与作者心理上的同质性,用直观的方法从总体上把握作者。而方法论解释学的代表人物是威廉·狄尔泰(W.Diltbey,1833—1911年)。他不仅是生命哲学家,也是“解释学之父”。狄尔泰的解释学基本上是一种作为方法论和认识论的客观主义的解释学。他将恢复原意的客观性前提提到了首位,

①[德]伽达默尔:《真理与方法》,王才勇译,辽宁人民出版社1987年版,第242页。

认为解释学方法最终目标是要比作者本人理解自己还要更好地去理解这个作者。由此竭力超越认识者本身特定的历史处境,力戒解释的主观性和相对性。对于这种方法论解释,从海德格尔开始是努力予以超越的。这种超越即由方法论解释学进入本体论解释学,也就是由传统解释学到现代解释学的转化,由认识论到本体论的转化,由解释作为方法到解释作为真理的转化。而这种转化的完成者就是伽达默尔。伽氏在《真理与方法》中明确地给自己确定了由狄尔泰的传统解释学到现代的本体论解释学转化的任务。他指出:"现在的任务就是要摆脱狄尔泰课题的占统治地位的影响,摆脱由他所创立的'精神史'的偏见。"①

归纳伽达默尔的现代本体论解释学与狄尔泰传统解释学的区别,大体可从四个方面认识:首先,对理解者"偏见"的不同态度。狄尔泰的传统解释学要竭力消除"偏见",从而追寻作者的本意,而伽氏则认为"偏见"是一种有益的"视界"。其次,"解释学循环"的不同内涵。狄尔泰的传统解释学的所谓"解释学循环"是指部分与整体的关系。其内容为文本整体含义的理解依赖于对部分的理解,而对部分的理解又依赖于对整体的理解。这样的"循环"本身并不含深意。而伽氏现代本体论解释学的"解释学循环"却具有本体论的深刻含义。它具体指任何理解都有赖于前理解,而前理解又有赖于理解。最后使理解成为"此在"的本体。第三,"解释"这一现象作为方法,还是作为本体的根本分界。狄尔泰的传统解释学把"解释"这一现象放到方法的层面,作为把握事物真理的一个途径。而伽达默尔的现代本体论解释学则把"解释"这

①[德]伽达默尔:《真理与方法》,王才勇译,辽宁人民出版社 1987 年版,第 243 页。

一现象放到本体的层面,"解释"绝不是什么方法,而就是一种"此在"的存在方式,真理发生与持存的方式。第四,两种不同的真理观。传统解释学是一种传统的科学主义的真理观。这种科学主义的真理观是一种命题真理,即要求陈述与陈述对象的符合。你所说的房屋与作为陈述对象的实际存在的房屋相符就是通常所说的把握了真理。而现代本体论解释学所说的真理则是既不同于科学认识的真理,也不同于道德评价的真理,这是一种从本体论的高度,不凭借概念的"传导真理的认识"。实际上,是"理解"作为"此在"存在方式,本身就是真理。诚如伽达默尔所说,"在艺术中不应存在某种认识吗?在艺术经验中并不存在某种真理要求吗?这种真理要求无疑是与科学要求不同的,它同样也没有被置于科学要求之下。美学的任务不就在于确定艺术经验是一种独特的认识方式吗?这种认识方式无疑是不同于那种提供给科学以最终数据的感性认识的,科学则从这种数据出发建立了对自然的认识。那种独特的认识方式也无疑是不同于一切道德上的理性认识的,而且,甚至不同于一切概念认识,但它却是一种传导真理的认识"。①

二

伽氏的本体论解释学美学从理论渊源来看,是对古代人文主义美学传统的继承,特别是对以康德为代表的人文主义思想的继承。伽氏在《真理与方法》一书中,论述了教化、共通感、判断力、

①[德]伽达默尔:《真理与方法》,王才勇译,辽宁人民出版社 1987 年版,第 141 页。

趣味以及康德关于趣味和天才的学说等,涉及西方传统美学中一系列概念范畴。对这些范畴他都是有所取舍地加以论述。从这些论述中可以看到他的本体论解释学美学从中所继承的内容及所具有的基本特性。

第一,解释学美学从传统理论中所吸取的理论营养。他主要通过对这些传统范畴概念的论述,从中吸取两点:(1)理解者与对象进行理解交融的必要性。也就是说,上述概念都论述了人与人之间的"共同性",这种共同性恰为理解交流提供了佐证。(2)由上述概念论证了审美理解是一种特殊的理解,是一种不凭借概念的理解(解释)。

第二,解释学美学从传统美学中所吸取的人文主义的关怀精神。伽氏所论述的这些人文主义概念都贯穿着浓烈的人文主义的关怀精神。从伽氏的论述中可见,这种强烈的人文主义的终极关怀精神恰是被其强调、看重和吸收的。首先,伽氏从"教化"的概念中十分强调审美研究所特具的文化精神。他说:"现在教化就是紧密地与文化概念联在了一起,而且首先表明了造就人类自然素质和能力的特有方式。"①这就将其解释学美学引向文化,引向造就人类。而且,他充分论述了自席勒以来,强调审美教育的重大意义。他说:"从艺术教育中形成了一个通向艺术的教育,对一个'审美国度'的教化,即对一个爱好艺术的文化社会的教化,就进入了道德和政治上的真正自由状态中,这种自由状态应是由艺术所提供的。"②在

①[德]伽达默尔:《真理与方法》,王才勇译,辽宁人民出版社 1987 年版,第 11 页。

②[德]伽达默尔:《真理与方法》,王才勇译,辽宁人民出版社 1987 年版,第 119 页。

此,不仅深入论述了审美教化的内涵,而且论述了其导向道德和政治自由的巨大作用。将解释学美学引向审美教化,又将审美教化强调到改造国家社会的高度,这恰恰表明了伽氏强烈的社会责任意识,而这一论述又恰恰深刻揭示了西方现代美学的文化转向及与此相关的美育转向。能有这种明确认识的,在西方现代美学史上应该说伽达默尔是第一人。而且,他在论述维柯有关"共同性"的理论时,特别强调了其中所包含的有关国家、民族乃至人类共同性的内涵及其对生命的决定性意义。他说:"维柯认为,他的思想赋予人类意志的东西不是理性的抽象普遍性,而是具体的普遍性,这个普遍性就描述了一个集团、一个民族、一个国家或整个人类的共同性,因此,这种普遍性的造就对生命来说就具有了决定性意义。"①

第三,解释学美学从传统美学中所吸取的主体性精神。从康德以来,西方人文主义美学将"主体性"突出地强调了出来。伽达默尔对此特别重视。他首先充分肯定了康德有关判断力、共通感与趣味等概念的论述中所表现的主体性的观点。他说:"康德把共通感就归结为这种主体性原则,在这主体性原则中,没有什么东西是从被视为美的对象中发见的,而只是主体性原则指出了,主体的快感是先验地与被视为美的对象相符合的。"②同时,他还充分肯定了康德关于"天才"的范畴。在康德美学中,天才更是一个主体性的范畴。康德认为:"天才就是:一个主体在他的认识诸

①[德]伽达默尔:《真理与方法》,王才勇译,辽宁人民出版社 1987 年版,第 27 页。

②[德]伽达默尔:《真理与方法》,王才勇译,辽宁人民出版社 1987 年版,第 61 页。

机能的自由运用里表现着他的天赋才能的典范式的独创性。”①对于后来新康德主义者从康德的先验主体性出发所推重的“体验”的范畴，伽达默尔同样极力推重。他认为：“所谓的体验艺术则是真正的艺术。”②“体验”显然是一个主体性的概念，但伽达默尔却对其进行了现象学的改造，并不是将“体验”理解成主体体验的静止的一部分，而是看成处于意识活动的动态状态。他说：“现象学的体验概念明确地与通常的体验概念区分了开来。体验统一体并没有被理解成某个自我的现实体验之流的一部分，而是被理解成一种意向关系。”③这就说明，伽氏对以康德为代表的传统美学中的“主体性”理论既有接收又有改造。主要是对其进行了现象学的改造，将主体变成处于此时此地的状态之中。

第四，解释学美学从传统美学所吸取的不凭借概念的审美判断。伽达默尔对康德美学中不凭借概念的审美判断十分赞赏，而且实际上也吸收到自己的解释学美学体系之中。众所周知，康德美学主张一种不凭借概念的审美判断，也就是“反思判断”。伽氏在《真理与方法》一书中多次论述并赞赏这种反思判断的观点。他说：“趣味就属于这样的东西，这种东西以反思判断的方式在对其应进行概括的单个事物中领会到了普遍的东西。”④而这种“反

①[德]康德著：《判断力批判》上卷，宗白华译，商务印书馆 1985 年版，第 164 页。

②[德]伽达默尔：《真理与方法》，王才勇译，辽宁人民出版社 1987 年版，第 100 页。

③[德]伽达默尔：《真理与方法》，王才勇译，辽宁人民出版社 1987 年版，第 93—94 页。

④[德]伽达默尔：《真理与方法》，王才勇译，辽宁人民出版社 1987 年版，第 53 页。

思判断”是不凭借概念,不可论证的。伽氏指出:“众所周知,在趣味事物中并不存在某种去论证的可能性(康德说得对,在趣味事物中存在着争执,但不存在论证)。这不仅仅是因为,其中不具有一个概念上的、一切事物必须认可的普遍准则,而且还因为,即使存在这样的准则,人们也不是一下子发现它的,即它不是一下子被正确发现的。”①这种不凭借概念的审美的反思判断,恰恰为伽达默尔本体论解释学美学不同于科学论证的“此在”的真理观奠定了理论的基础。

三

伽达默尔一直在探讨,何以“解释”在艺术中具有本体的意义?现代艺术又何以得以成立,及其与古典艺术的共同性何在?诸如此类的问题,颇费思考。他在《真理与方法》中着重从游戏、创造物与时间性等不同的侧面考察解释学美学的人类学基础。对于游戏,西方古典美学中已多有考察,诸如剩余精力的发泄、无利害的自由嬉戏等等。但伽达默尔却别开生面,完全从本体论的角度来考察游戏。他首先认为,游戏实际上是艺术作品的存在方式。他说:“如果我们在艺术经验的关联中去谈论游戏,那么游戏就不是指行为,甚而不是指创造活动或享受活动的情绪状况,更不是指在游戏活动中所实现的主体性的自由,而是指艺术作品本身的存在方式。”②正是

①[德]伽达默尔:《真理与方法》,王才勇译,辽宁人民出版社1987年版,第50—51页。

②[德]伽达默尔:《真理与方法》,王才勇译,辽宁人民出版社1987年版,第146页。

因为游戏实质上作为艺术作品的存在方式,所以,对游戏的考察也就是对艺术作品本身的考察。他考察的结果,游戏具有这样三个特点:一是具有本体性的特点。游戏从本质上来说,不是游戏者,而是游戏本身,游戏本身反映了游戏所特具的“此在”的本体特质。他说:“对语言来说,游戏的真正主体显然不是在其他所从事的活动中也能存在的主体性,而是游戏本身。”①这就通过对游戏的分析,实际上对传统的艺术的认识论本质进行了本体论的改造。同时,他还借用现象学理论家对作为本体的“此在”常用的某种抽象而有些神秘的说法,即认为游戏具有“通神性”,即与神祇相通。他说:“然而,首先从游戏的这种通神的意义出发,才能达到艺术作品的存在。”②这实际上是指游戏涉及了具有本体意义的“此在”本质。伽氏还十分深刻地揭示了游戏所特有的游戏者与观者“同戏”的本质。他说:“游戏如果成了观照游戏,那么,它也就是游戏之作为游戏而遇到的一个根本的变化,这个变化就使观者处于了游戏者的境地,观者就是这游戏本身——并不是游戏者——对于观者来说,并在观者中,游戏才进行着。”③又说:“在游戏的意义内容中去把握游戏本身,这一要求对游戏者和观者来说是共同的。”④“观者处于游戏者的地位”,这一“同戏”本身不仅

①[德]伽达默尔:《真理与方法》,王才勇译,辽宁人民出版社 1987 年版,第 150 页。

②[德]伽达默尔:《真理与方法》,王才勇译,辽宁人民出版社 1987 年版,第 152 页。

③[德]伽达默尔:《真理与方法》,王才勇译,辽宁人民出版社 1987 年版,第 159 页。

④[德]伽达默尔:《真理与方法》,王才勇译,辽宁人民出版社 1987 年版,第 160 页。

反映了游戏的本质,而且反映了艺术的本质。可见,伽氏在对游戏的考察中,深刻分析了游戏所特具的本体性、通神性、同戏性这样三个本质,同样也是艺术的本质,是艺术以“解释”为本体的人类学基础。

创造物是伽达默尔考察的另一方面。所谓“创造物”实际也就是游戏,他说:“游戏具有了作品的特质,即高效物的特质,而且不仅仅是动力因的特质,在这样的意义上,我就称游戏为一种创造物。”①也就是说,游戏要经过创造性的过程才能真正完成“艺术的转化”。面对创造物就是游戏的事实,伽氏在这里进一步考察了游戏的本体论特质。在他看来,游戏的本质不在于它自身之外的任何事物,而就在于它自身。他说:“但是,只要游戏就是创造物,那么游戏在自身中仿佛就找到了它的尺度,而且并没有在任何外在于它的事物上衡量自身。”②十分重要的是,伽达默尔针对传统美学的“审美区别论”,明确提出“审美无区别论”,从而为其解释学本体论奠定理论基础。众所周知,在传统美学中艺术作品的表现对象、表现本身、表演者的表现,乃至读者与观众的欣赏等等都是有差别的。古希腊的柏拉图不是针对同一个桌子,将桌子的理念、桌子本身与艺术的模仿分为三层,而一层不如一层吗?但伽氏为了强调“解释”的极端重要性,明确提出“审美无差别”。他说:“现在,我们便恰恰能赋予这种针对审美区别的抽象应强调的东西以形式,即我们用审美无区别反对了审美区别,反对了审

①[德]伽达默尔:《真理与方法》,王才勇译,辽宁人民出版社1987年版,第161页。

②[德]伽达默尔:《真理与方法》,王才勇译,辽宁人民出版社1987年版,第163页。

美意识的真正根基。我们已看到了，表现的意义于其中存在的所企求的东西如此显然地就是在模仿中被模仿的东西，就是由诗人所塑造的东西、由游戏者所表现的东西、由观者所见出的东西，以致虚构的创造或所做出的表现，作为这样的东西甚至于并未达到显现。”①

关于时间性，是解释学美学的重要内容，是其不同于传统美学的重要之点。传统美学关于艺术的概念是静止而恒定的，一件艺术作品一旦产生就恒定在那时间的一刻上。而且，传统美学中的艺术活动多少带有高雅的性质，流动于“沙龙”和“殿堂”之中。解释学美学一反传统美学的时间观，力主艺术活动中时间的历史性，一件艺术作品在历史长河中，因解释的不同而具有不同的价值。同时，艺术作品又具有现时性，那就是一切艺术作品，无论其产生的时代如何久远，其意义都存在于现时（此时此刻）的解释与理解之中。而且，一切艺术作品又具有“共时性”，是包括作者、读者、观者及若干他者在同一时刻集体参与的成果，每一个人在艺术的活动中都有自己的贡献和乐趣之所在。伽氏首先批评了所谓超历史性，强调了艺术作品的历史性。他说：“人们没有去把握存在主义对此在分析法的方法论意义，而是把这种存在主义的、由忧走向死亡的，也就是由根本的有限性所规定之此在的历史上的时间性，作为一种立于理解存在之其他可能中的时间性去看待。而且，人们忘却了，此在就是理解本身的存在方式，这种存在方式在此就被揭示为时间性。从消失着的历史时间中揭示出作为‘完满时间’之艺术作品的真正时间性，实际上依然留于一种对

①[德]伽达默尔：《真理与方法》，王才勇译，辽宁人民出版社 1987 年版，第 170 页。

人类有限艺术经验的单纯反映……”①很显然,伽氏在这里充分肯定了存在主义的立足于“此在”的“历史时间性”,而否定了所谓超历史的“完满时间性”。节日庆典活动,是伽达默尔研究艺术经验时间性的重要对象。因为,节日庆典是来源于人类原初并仍继续存在的具有深厚人类学意义的活动。首先,节日庆典活动带有同时共庆性。正如伽氏所说,“对节日庆典活动的时间经验其实是庆祝的进行,是一种独特的现在”②。同时,节日庆典活动带有复现演变性。伽氏指出:“节日庆典活动是在演变和复现中获得其存在的。”③这就是说,节日庆典意味着隔一段时间的同一时刻重复举行庆典,每次内容大体相同,但又有所演变。而且,节日庆典活动要有赖于广大观者的积极参与,可以这样说,没有大量观者的参与也就没有节日庆典。伽氏指出:“庆典活动必须为观者而表现出来,这也就类似地被视为了观照游戏,而且观者所具有的体验之交叉点,决不单纯地就是观者的存在,相反,观者的存在其实是由他的‘认同’(Dabeis－ein)所规定的,认同并不只是指与同时存在于那里的其他事物的共同并存。认同就是参与。”④节日庆典作为具有原初人类学意义的活动,它所具有的同时共庆性、复现演变性与观者参与性恰恰为解释学美学提供了人类学的根源。

---

①[德]伽达默尔:《真理与方法》,王才勇译,辽宁人民出版社1987年版,第177页。

②[德]伽达默尔:《真理与方法》,王才勇译,辽宁人民出版社1987年版,第178页。

③[德]伽达默尔:《真理与方法》,王才勇译,辽宁人民出版社1987年版,第179页。

④[德]伽达默尔:《真理与方法》,王才勇译,辽宁人民出版社1987年版,第181页。

四

伽达默尔在通过游戏论述解释学美学的人类学基础时,已明确指出了游戏就是艺术作品本身的存在方式。同时,他还论述了游戏的本体性、通神性与同戏性等等特质。在此,我们要进一步转入伽达默尔解释学美学的深处。那就是,伽氏不仅论述了游戏是艺术作品的存在方式,而且通过对于游戏的考察,进一步突出了观者与理解的本体论的决定性作用。伽达默尔为此提出了两个十分重要的观点,一个就是:艺术表现就其本质来看是为观者而存在的。他说:"艺术的表现就其本质来看是这样的,即艺术是为某些人而存在的,尽管没有一个人只是在倾听或观赏地存在于那里的。"①也就是说,伽氏认为艺术表现是为倾听者或观赏者而存在的。他提的另一个重要观点是:"观者就是我们称为审美游戏的本质要素所在。"②为此,他还举了亚里士多德悲剧定义中有关怜悯与恐惧的论述。实际上亚氏的含义同他有别,伽达默尔在这个重要观点中对艺术的本质提出了别具一格的解释,那就是艺术的本质就是观者。这既不同于传统的理念论,也不同于传统的模仿说,而且在西方现代美学中也独树一帜。这样的结论是建立在伽氏关于艺术表现的理论之上的。通常的艺术表现论,包括艺术表现客观事物,表现内在情感,表现生命体验等等。但伽达默

①[德]伽达默尔:《真理与方法》,王才勇译,辽宁人民出版社 1987 年版,第 160 页。

②[德]伽达默尔:《真理与方法》,王才勇译,辽宁人民出版社 1987 年版,第 186 页。

尔却从本体论的高度审视艺术表现,认为表现实质上是一种存在过程,这种存在过程通过接受者的再创造使之获得“真正艺术本身的原始存在方式”。他说:“我们用‘表现’所指的东西,无论如何就是一种普遍的、本体论上的审美特性结构要素,就是一种存在过程,而且不会是这种体验过程,这体验过程是在艺术创造的刹那间发生的,而且总是由接受着的情感单纯地重复着。从有关游戏的广泛意义出发,我们于此就看到了表现的本体论意义,即再创造便是真正艺术本身的原始存在方式……”①

关于解释学同美学的关系,伽达默尔认为,美学必须在解释学中出现,解释学在内容上尤其适用于美学。在这里,他彻底否定了狄尔泰方法论解释学的传统观点,提出“摆脱狄尔泰课题占统治地位的影响,摆脱由他所创立的‘精神史’的偏见”。这种方法论解释学仅仅将自己看作把握文本真义的方法,而否定任何所谓“偏见”。相反,伽达默尔则是从本体论的高度,将“解释”“理解”看作人的“此在”的本体。而艺术同游戏一样,最符合人的原初状态的存在方式,集中反映了“交往理解”的人性本色,因而美学必须在解释学中出现,而解释学也最适用于美学。他说:“美学必须在解释学中出现,这不仅仅道出了美学问题所涉及的领域,而且还指出了,解释学在内容上尤其适用于美学,这就是说解释学必须相反地在总体上这样得到规定,以致它正确对待了艺术经验。”②

---

①[德]伽达默尔:《真理与方法》,王才勇译,辽宁人民出版社 1987 年版,第 235 页。

②[德]伽达默尔:《真理与方法》,王才勇译,辽宁人民出版社 1987 年版,第 242 页。

最重要的是,伽达默尔认为,解释和接受,在美学中具有本体的地位,从而明确指出不涉及接受者文学的概念根本就不存在。他说:“只有从艺术作品的本体论出发——而不是从阅读过程中出现的审美体验出发——文学的艺术特性才能被把握”,“由此出发,又得出一个深入的结论,不涉及接受者,文学的概念根本就不存在。”①事实上,伽氏认为,只有在理解和接受中,艺术的意义才得以形成和实现。他说:“理解就必须被视为意义事件的一个组成部分,在这种理解中,一切表达的意义——艺术的意义以及一切从前流传物的意义——就形成并实现了。”②而且,解释、理解、阅读和接受本身就反映了人的一种“此在”——现时现地的存在状况,因而具有一种本体的意义。伽氏在谈到阅读时,明确指出:“甚至就不应回避这样的结论,即文学——或许在其固有的小说这种艺术形式中——就具有着一种存在于阅读中的同样真实的此在,如在行吟诗人朗诵中存在的史诗,或在观赏者观照中存在的绘画。”③伽氏在这里所极为形象地列举的朗诵史诗的行吟诗人和观照绘画的观者,不是很能说明问题吗?任何行吟诗人的朗诵和观者的观赏都只能发生于特定的此时此地,因而是在特定的处境与心境之下,其朗诵和观赏就集中反映他们的“此在”——此时此地的生存状况。其原因就在于解释和理解在实质上是每个解释者和理解者在特定情境下的一种再创造。伽氏指出:“解

①[德]伽达默尔:《真理与方法》,王才勇译,辽宁人民出版社 1987 年版,第 237 页。

②[德]伽达默尔:《真理与方法》,王才勇译,辽宁人民出版社 1987 年版,第 242 页。

③[德]伽达默尔:《真理与方法》,王才勇译,辽宁人民出版社 1987 年版,第 236 页。

释在某种特定的意义上就是再创造,但是,这再创造所追随的并不是一个先行的创造行为,而是所创造作品的形象,某人就像他于其中发现了意义一样也应使这形象达到表现。"①这就是说,解释的再创造同艺术家的创造不一样,而是凭借原有的形象,使之达到新的表现。但这样的表现却因人因时而异,集中反映了解释者的"此在"。这就是为什么说有一千个观众就有一千个哈姆雷特。

不仅如此,伽达默尔还进一步认为,随着解释者的接受,艺术作品才得以存在,而所有的艺术作品又只有在阅读与理解中才得以完成。前已提到伽氏是将艺术看作游戏的,而游戏的本质是一种"同戏",也就是说没有游戏者与参与者的"同戏"就没有游戏。同样,艺术同游戏一样,没有观者的理解接受也就没有艺术。正是从这个意义上,艺术作品只有在阅读与接受中才得以存在和完成。正如伽氏所说,"就像我们已指出的,随着观者的接受才实现的艺术作品的存在就是游戏一样,无生气的意义痕迹向有生气之意义的回转在理解中才发生,这一点完全适用于本文"。又说:"我们已看到,艺术作品是在其所获得的表现中才完成的,而且我们不得不得出这样的结论,即所有文学的艺术作品在阅读中才能完成。"②

关于伽达默尔解释学美学的基本原则,首先应该从他的"理解的本体地位"的核心观点出发进行研究。从这样的核心观点出

①[德]伽达默尔:《真理与方法》,王才勇译,辽宁人民出版社 1987 年版,第 174 页。

②[德]伽达默尔:《真理与方法》,王才勇译,辽宁人民出版社 1987 年版,第 241—242 页。

发就得出两个基点:一是“理解本体”,二是“观者中心”。

理解的历史性。正是从“理解本体”与“观者中心”出发,才真正揭示了理解的历史性。正如伽达默尔所说,“此在就是理解本身的存在方式,这种存在方式在此就被揭示为时间性”①。因为,观者的“理解”就是“此在”,是在此时此地发生的,因而必然具有了历史性。这样,在理解的过程中就出现了“时间间距”。伽氏指出:“艺术从不只是逝去的东西,而是艺术知道通过其自身的意义的展现去克服时间的间距。”②所谓“时间间距”就是两次理解之间的差距。这样的差距是客观存在的,只有通过两种理解的交流融合才能加以消除,出现新的理解。理解的历史性,还使伽氏对理解中的“偏见”进行了肯定。传统解释学以追求客观而准确的原意为目标,因而否定“偏见”。这就是所谓“对艺术作品所属世界的重建”。伽氏对这一观点加以概括说道:“对艺术作品所属世界的重建,对创造着的艺术家所‘企求’之本来状况的重建,在本来样式中的出现,所有这些历史性再造措施,就要求使一部艺术作品的真正意义可理解,并阻止误解和错误的现实化——实际上,这便是施莱尔马赫的整个解释学默默地以之为前提规定的思想。”③伽氏对这一思想进行了尖锐的批评。他说:“这样的一种解释学规定,最终就像所有对逝去生命的修补和恢复一样是无意义的。对本来条件的重建,就像修补一样,鉴于我们存在的历史

①[德]伽达默尔:《真理与方法》,王才勇译,辽宁人民出版社 1987 年版,第 177 页。

②[德]伽达默尔:《真理与方法》,王才勇译,辽宁人民出版社 1987 年版,第 243—244 页。

③[德]伽达默尔:《真理与方法》,王才勇译,辽宁人民出版社 1987 年版,第 245 页。

性,便是一种无效的工作。"①因此,在伽氏看来,所谓"偏见"实际上是一种"前见",也就是前人的理解,所以成为一种重要的历史传统。今天的理解,正是要建立在同"前见"对话的基础之上。但"前见"也有真伪之分。"真前见"乃是一种有价值的历史传统,而"伪前见"则受到功利目的和主观兴趣的影响。观者必须通过"时间间距",对其进行认真的过滤,达到去伪存真的目的,最后使本真的理解得以成立。

视界融合。伽氏认为,理解的过程不是对文本的复制,而是视界融合。也就是承认文本作者原初视界和解释者现有视界存在差距,而理解的过程就是将过去和现在这两种视界交融在一起,达到一种包容双方的新的视界。正如伽达默尔所说,"我认为我在本书中提出的'审美无差别'概念是完全有效的,它揭示了在作品的原初世界和以后世界之间并不存在明确的界限,而且理解的变动并不会被束缚在由'审美无差别'所确定的反思快感中"②。在这"视界融合"的原则中包含了历时与共时、过去与现在、客体与主体、自我与他者等诸多丰富内容,这诸多方面都统一到"观者的理解"之上。而我个人认为在"视界融合"中更多包含着过去与现在的关系,即古与今的关系。古与今之争,从宏观与微观角度看都是美学史上长期难解的课题,但伽达默尔却凭借本体论解释学美学将其统一了起来。当然,在两者的统一中,双方并不是平衡的,从"理解本体""观者中心"出发,在过去和现在、古

①[德]伽达默尔:《真理与方法》,王才勇译,辽宁人民出版社 1987 年版,第 246 页。

②[德]伽达默尔:《真理与方法》,王才勇译,辽宁人民出版社 1987 年版,"第 2 版序言"第 38 页。

与今之中，更重要的当然是现在，是当今。因此，在伽氏的本体论解释学美学中一切的理解都是现时的。

效果历史。伽达默尔认为，一切理解的对象都是历史的存在，而历史既不是纯粹客观的事件，也不是纯粹主观的意识，而是历史的真实与历史的理解二者相互作用的结果。这种两者间的相互作用即是效果。伽氏指出："真正的历史对象不是客体，而是自身和他者的统一物，是一种关系，在此关系中同时存在着历史的真实和历史理解的真实。一种正当的解释学必须在理解本身中显示历史的真实。因此，我把所需要的这样一种历史叫做'效果历史'。"①在"效果历史"原则中伽氏明显突出"理解主体""观者中心"的核心观点。他认为："理解从来不是达到某个所给定'对象'的主体行为，而是达到效果历史（Wirkungsgeschichte）的主体行为，换句话说，理解属于被理解者的存在。"②这就是说在"效果历史"中起主导作用的是理解，正是通过理解将历史的真实与历史理解的真实、自身和他者统一了起来。而这里的"理解"又不同于通常意义的"解释"，而是从解释学本体的意义上，所谓理解就是"被理解者的存在"，也就是说，理解就是一种"存在"（此在），是对"被理解者"进行理解时的一种生存状态。伽氏认为，"效果历史"存在某种"两重性"，"这两重性在于：一方面指在历史进程中获得并被历史所规定的意识；另一方面指对这种获得和规定的意识"③。而且，他认为效果历史的规定

①[德]伽达默尔：《真理与方法》，王才勇译，辽宁人民出版社 1987 年版，"第 2 版序言"第 39 页。

②[德]伽达默尔：《真理与方法》，王才勇译，辽宁人民出版社 1987 年版，"第 2 版序言"第 39 页。

③[德]伽达默尔：《真理与方法》，王才勇译，辽宁人民出版社 1987 年版，"第 2 版序言"第 42—43 页。

也仍然支配着现代历史意识和科学意识。同样,“效果历史”的范畴包含着古与今、主体与客体等多重复杂而丰富的内容。但我个人认为,“效果历史”主要论述主体与客体的关系,即通过理解消除理解者与理解对象之间的疏离性,求得观者与文本、自身与他者的新的统一。但在本体论解释学美学中主体与客体、观者与文本、自身与他者之间不是一种传统认识论中主体与客体的关系,或者是主体决定客体,或者是客体决定主体,极其生硬。在解释学美学中实际上不存在主体与客体的关系,而只有你与我(即主体与主体)之间的平等的对话关系,双方不处于谁决定谁、谁统治谁的关系中,而是你我之间问答式的关系。事实上,观者与文本的关系,今天的观者是理解者,而文本也是作者在历史上理解的产物,都反映一种本体性的“此在”的存在状态。因而是今天的“存在”与历史上的“存在”的对话。正是在这样的心平气和的对话中,观者就会处于一种新的更加美好的存在状态。这正是审美教化所期望达到的一种真正的自由的状态。

伽达默尔的本体论解释学美学从“理解本体”“观者中心”的核心观点出发,建立了完全崭新的美学体系,确立了一种新的视野、新的视角,极具启发意义。同时,伽氏以“理解”为核心,通过理解的历史性、视界融合、效果历史等中心范畴,消除了古与今、主体与客体的界限。而其解释学美学也为接受美学提供了系统的理论支持。伽氏还以“交往理解”的人类学为基础,沟通了现代艺术与古代艺术,为现代艺术的合理存在与健康发展开辟了广阔的前景。当然,伽氏的解释学美学以胡塞尔的现象学为其哲学基础,因而难免其主观唯心主义的前提,而其相对主义倾向业已引起争论。

(本文写于2001年8月)

第 三 编

美育建设与发展

走向21世纪的我国审美教育

——试论我国审美教育的现代意义①

一、问题的提出

1992年初,邓小平同志在视察南方时指出要加快改革开放步伐、使我国更好地进入21世纪。小平同志的这一重要思想在国内外引起了强烈反响。政治局全体会议根据小平同志的讲话精神明确指出:“从现在起到本世纪末是一个关键时期。我们要认清形势,把握机遇,真抓实干,讲求效益,加快经济发展速度,力争几年上一个台阶,科学技术是第一生产力。加快经济发展,必须依靠科技和教育。”由此我们可以看出科技和教育在我国社会主义现代化建设中起着举足轻重的作用。

走向21世纪是一个全球性的课题,是各个国家之间特别是社会主义制度与资本主义制度之间一场激烈的竞争。由于当代科学技术作为第一生产力在经济与社会的发展中的作用越来越大,因而在某种意义上说,走向21世纪的竞争实质上是科技力量的竞争。而科技的发展又依靠教育,所以说到底还是教育的竞争。建设现代化的经济与社会必须依靠现代化的科技,而现代化

①原载《中国高教研究》1992年第4期。

的科技又需要依靠现代化的教育。现在世界各国几乎都从走向21世纪的高度来重新审视教育的问题。美国教育部在1989年出版的《美国教育的进展1984—1989》一书中的前言中明确提出:"过去五年来,美国的教育问题已跃居全国议事日程的首要地位。"其实,早在20世纪70年代美国政治界和工业界的人士就十分忧虑美国在国际上的经济地位,并认为其经济地位下降的原因在教育,而扭转这种状况的出路也在教育。这就说明,在世纪之交的新形势下,世界各国都把教育提到了战略地位。同样,我国的经济与社会的现代化也必须依靠教育的现代化,必须建立具有中国特色的社会主义现代化教育。因此这就要求教育思想与教育体系都要有一个重大的变化。最重要的是要在教育上具有某种超前性、战略性眼光,真正培养出适应未来社会需要的跨世纪人才。这样的人才同现在的培养规格相比,应该具有更加全面发展的良好素质,不仅能够更好地面对各种挑战,而且在塑造被教育者人格的完美性上也应达到新的高度。因此,在这种跨世纪人才的全面发展的素质当中,审美能力是不可或缺的重要方面。我们可以这样断言:缺乏审美教育的人算不上是真正的受过高等教育的跨世纪人才,而缺乏审美的教育也不是真正的或完全的现代教育。这种缺乏审美的教育以及培养出来的人才不可能很好地肩负起我国走向21世纪的重任。

二、我国美育的现代意义

美育是一个历史的课题。西方早在古希腊时期,在城邦保卫者的教育中就有艺术教育的内容。而我国春秋时期更是十分重视"诗教"与"乐教"。但美育概念的真正提出者是德国18世纪的伟大诗人席勒。尽管席勒作为资产阶级的唯心主义者，不可能给美育以真正科学的论述，但他的伟大贡献则在于第一次将美育的本质界定为“情感教育”，从而给美育以不同于德育与智育的独立的地位。美育作为一个独立的学科，从此开始了自己真正的历史。正是在这个意义上，我们认为，美育是一个近代的概念，是近代教育的特有范畴。

美育有利于培养现代人的高尚的审美情操。席勒在著名的《美育书简》中提出美育概念时，是将审美素养作为人的最重要的素养提出来的。所谓要使感性的人变成理性的人，首先必须使其成为具有审美能力的人。他试图通过审美教育解决资本主义生产关系所造成的阻碍人性健康发展的种种弊病，这当然是一种改良主义的“乌托邦”。马克思在《1844年经济学哲学手稿》中也试图将人的审美能力的培养同解决资本主义所造成的“异化”这一人类解放之谜联系在一起考虑。的确，工业化和电子化给人类社会带来了巨大的财富和变化，但资本主义制度在创造人类物质财富的同时也造成了人与人、人与社会、人与技术之间的关系的“异化”，造成了人的巨大的感情危机，于是产生了一系列所谓的现代病、城市病。这种“异化”、情感危机与现代病，同资本主义制度有着必然的联系。在未来的21世纪，科技的发展一方面给人类的物质生活带来了更大的变化；而另一方面也在自然、社会与生态等方面给人类带来了极大的压力或挑战，诸如“南北”问题、环境问题、人口问题、社会问题与现代战争等等。而我国商品经济的发展也不可避免地对人们的价值观产生正面的和反面的影响，艺术也免不了受到商品经济的冲击。某些艺术活动也有向商业化、市俗化发展的趋势。针对这种情况，我们在人才的培养上就要充分地考虑到以上现实的和未来的诸多情况。正是基于这一点，联合国科教文组织1989年12月在我国召开的面向21世纪教育国际研讨会上提出了《学会关心:21世纪的教育》的观点。所谓“关心”就是指正确地面对未来的诸多挑战,关心人类和他人的利益。这正是审美教育所要达到的境界。有人说,美育是培养“生活的艺术家”,这是很有道理的。而“生活的艺术家”就是一种以审美的态度关心社会、关心人类、关心他人的高尚的人。这样的人,不仅应具有现代化的科技知识,而且应具有极高的道德修养,同时也应具有美好的情感,真正做到“真、善、美”的高度统一。这才是一个心理健康、人格健康的现代人,才能真正成为21世纪的建设者,肩负起发展国家,振兴民族的重任。

美育有利于培养现代高科技人才不可缺少的形象思维能力。未来社会的发展需要大量的高科技人才已是毋庸置疑的了。问题是,这样的人才如何培养,应具有什么样的素质。现代思维科学的发展告诉我们,这样的人才不仅应具有极强的逻辑思维能力,而且应具有极强的形象思维能力。科技越朝前发展,这两种能力的培养就越显得重要。美国诺贝尔奖获得者斯佩里探明了人的大脑两半球的功能分工,大脑左半球偏重逻辑思维,右半球偏重形象思维,所以作为审美教育重要内容的自然美与艺术美的欣赏活动,可以使右半脑处于兴奋状态,从而使左半脑处于抑制状态,进而更好地恢复和促进逻辑思维的机能。同时,现代思维科学告诉我们,思维过程包含符号元素的处理和它们之间的相互作用,这些元素有意象、词语和概念等等。因此,意象(形象)也是思维的一种重要手段,不仅可借此创造生动感人的艺术成果,而且可以借此进行科学的创造。正如阿尔伯特·爱因斯坦所说:“在我的思维机构中,书面的或口头的文字似乎不起任何作用。作为思想元素的心理的东西是一些记号和有一定明晰程度的意象,它们可以由我随意的再生和组合……,这种组合活动似乎是创造性思维的重要形式。”

美育也有利于培养社会主义事业接班人自觉抵御“和平演变”的能力。当前,尽管国际形势对我国经济发展有利,但社会主义事业在国际范围内尚处于低潮时期,帝国主义亡我之心不死,“和平演变”的现实威胁依然存在。我们培养的跨世纪人才,就应具有在改革开放的新形势下自觉抵御“和平演变”的免疫能力。从最直接的现实来说,帝国主义国家搞“和平演变”的重要手段是通过文化艺术的途径灌输他们的价值观念,使我国青年从情感趣味的变化导致价值观念的变化,进而导致政治信仰的变化。在目前改革开放的新形势下,这种属于资本主义意识形态范畴的文化艺术的侵袭来势甚猛。我们只有一个办法,就是通过审美教育,使我们的青年牢牢地确立起健康、高尚的审美趣味,提高辨别美丑的能力。同时,要抵御“和平演变”最重要的是使我们的青年树立共产主义信念,作为一种崇高的理想和奋斗目标,既需要理性教育,使之认识到资本主义灭亡和共产主义胜利的必然性。同时也需要情感的教育,形象的熏陶,通过活生生的感人形象,动之以情,使之产生为实现共产主义而努力奋斗、奉献终生的强大情感动力。审美教育在这方面具有其他教育所不可替代的作用。

三、加强审美教育的建议

加强审美教育,首先应从认识上解决问题。要牢固树立教育适应现代化经济发展的观念,促进我国教育的现代化。教育作为上层建筑必须适应经济的发展,否则就失去自己最基本的功能。社会主义经济的现代化,要求有社会主义现代化的教育与之相适应。而审美教育就是社会主义现代化不可缺少的方面。将审美教育提到其应有的地位,这本身就是教育改革的重要内容,这既是教育思想的改革,也是教育内容的改革。同时我们还要树立素质教育的观念,素质教育的目的在于培养全面发展的人,克服因社会发展不合理给人的发展带来的片面性。这种教育着眼于人才素质的全面提高是对传统的"技能教育"与"应试教育"的重大突破,是现代化教育的重要特征,也是马克思主义关于人的"全面发展"的理论的具体化,而素质教育的一个重要方面就是审美能力的教育。

为了进一步加强审美教育,建议将审美教育的内容正式写进党的教育方针。1990 年 12 月党的十三届七中全会通过的《中共中央关于制定国民经济和社会发展十年规划和"八五"计划的建议》中关于党的教育方针作了这样明确的表述:"继续贯彻教育必须为社会主义现代化服务,必须同生产劳动相结合,培养德、智、体全面发展的建设者和接班人的方针。"这样一个方针无疑是根据新时期的历史情况所做的正确的表述。在"为社会主义现代化服务"与"全面发展"的提法之中,美育已是题中应有之义。但为了更好地体现教育现代化的精神与统一全国的思想,今后如有可能对教育方针的表述作进一步修改,建议提出"德、智、体、美"全面发展。

目前,我国的美育工作经过 1978 年以来 10 余年的努力,已经有了长足的发展。现在是如何进一步深化的问题,应找到我们在这方面的差距,尽管我国的社会主义制度和党有关加强社会主义精神文明建设的方针已经为我国克服资本主义国家固有的精神危机提供了重要的前提与保证,为美育的发展开辟了道路,但我国在具体的美育工作上同发达国家相比还有某些差距。从广大学生的文明礼貌素质来看，还是存在着不少问题。而从课程内容来看，近几年尽管许多高校都已开设艺术欣赏课程，但大都作为普通选修课，没有作为必选课。而从发达国家来说，一般都把人文学科与美术、音乐作为必选课，成为对学生的基本要求之一。而从经费投入来看，近几年各校美育课程建设都有不同程度的进展，但远不能适应需要，应在财力允许的情况下逐步增加经费。

总之，美育的发展是一项关系到社会主义精神文明建设和我国前途的大事。在我国走向21世纪，教育逐步实现社会主义现代化的伟大历史进程中，美育将越来越显示出它特有的重要作用。

作为中西方当代学术和社会热点的审美教育①

一

美育,是人类文明的古老课题。中国先秦时代倡导礼乐教化,古代教育家孔子提出著名的“六艺”:礼、乐、书、数、射、御。西方在古希腊时期即重视艺术教育,柏拉图将音乐作为“城邦保卫者”的必修课程。西方早期从公元6世纪到14世纪大学文科教育即有“四艺”(thequiadriviam):算术、几何、天文与音乐。但工业经济开始以来,一方面科技与生产的发展极大地改变了人类社会的面貌与人类的生活方式,同时也由于经济主义与工具理性主义的泛滥,对人文精神及与其有关的艺术与艺术教育造成巨大冲击,使之受到严重削弱。其后果已在很大程度上危及人类的生存与社会的进步。重视素质教育,重视美育,重塑新时期优秀而健全的人格,强调人类应该“诗意地栖居大地”“艺术化地生存”,已经成为引起全世界有识之士共同重视的重大课题。在人类走向新世纪,迎接新的知识经济之际,美育已成为中西方当代学术与社会的热点。1999年6月,中国召开盛大的第三次全国教育工作

①原载《东岳论丛》2002年第4期。

会议。会议以国家的名义发布了《关于深化教育改革全面推进素质教育的决定》,将美育作为素质教育的有机组成部分,同德智体其他各育一起提到关系国家和民族前途命运的高度。在此之前,中国国家教育部即在全国组织并推进审美教育,安排了美育课程,编写了美育教材。此举得到国家的高度重视,李岚清亲自为《大学美育》教材写了序言。他在序言中指出:"美育,是党的教育方针的重要组成部分,是对青少年进行全面素质教育的重要内容。因为,美育不仅是人类认识世界、改造世界的重要手段,也是人类自身美化、完善人格塑造的重要途径。美育有着独特的功能和作用,这是其他教育所无法替代的。"由于国家的重视、认识的统一和现实的呼唤,美育的研究与实践在中国正在成为学术与社会的热点。

西方社会也逐步深刻反省对人文精神与审美教育的严重削弱并将其提到更加突出的地位。1988 年暮春,美国艺术资助部门公布了历时两年才完成的艺术教育状况研究报告——《走向文明:艺术教育报告》(*Towardcivilization*: *A Reportonarts Edueation*),其中对美国艺术教育现状作出评估:"今日美国的问题是缺乏基本的艺术教育",并指出艺术教育的目标是"引导所有学生培养一种文明世界的艺术感,一种艺术过程中的创造力,一种从事艺术交流的语言表达能力和一种对鉴别艺术产品必不可少的评判能力"①。由此,确定了艺术创作、艺术史、艺术评论与美学等课程在中小学加以实践。而在此之前由哲学家尼尔森·古德曼于 1967 年创办并由著名教育家加德纳继任的哈佛大学

---

①[美]列维·史密斯:《艺术教育:批评的必要性》,王柯平译,四川人民出版社 1998 年版,第 1—2 页。

《零点项目》研究所就是对艺术教育进行专门研究的机构。该研究所认为,艺术思维与科学思维是同等重要的认知方式,而人们对艺术思维的知识微乎其微,因此应从零开始对艺术思维进行研究。30多年来,该所已有上百名科学家参与工作,从理论与艺术教育的实践上进行了一系列探索,投入数亿美元之多。

二

美育之所以引起中西方的共同重视而成为热点,绝不是偶然的,是有其深刻的经济与社会的原因的,可以说是一种社会与时代的需要。

新的知识经济时代对"以人为本"的突现,使美育显示出从未有过的重要性。当前,知识经济已见端倪。新的知识经济时代对人才培养提出了崭新的要求。正如美国前总统克林顿所说:"在21世纪开始时,我们不可能期望孩子们在按工业经济需求设计的学校里迎接全球化信息经济的挑战。"因为,工业经济要求大批整齐划一的劳动后备军,只能通过应试教育的方式培养。而知识经济的信息时代实现了由货币资本为主到知识资本为主的转变,这就要求摒弃工业经济时代科学主义的工具本位,进一步实现"以人为本"。因为,人创造了知识,掌握并运用知识,其本位作用从未这样突出过。这是一种具有崭新意义的人本主义,主要不是一种政治的要求,而是一种经济的要求。因为,人及其创造性在经济发展中的突出作用,也使包括美育在内的人的素质的提高成为生产力的重要组成部分,并处于关键的地位。

市场经济所产生的市场本位、拜金主义等负效应要求将人的全面发展与关怀提到突出位置,美育作为人文精神的组成部分成为人的全面发展与关怀的不可缺少的方面。市场经济通过市场及其竞争手段配置资源,无疑有其积极合理的一面。但市场经济产生的市场本位、金钱本位及拜金主义也有其严重的负效应。其突出表现之一就是:由于对利润的盲目追求而对包括美育在内的人文精神的严重忽略以及对社会文化的严重腐蚀。在西方,正如美国学者列维所说:“今天,美国的政治家们所关注的是国民个人收入、美国国际贸易平衡、美国国民生产总值和国内的失业率等事情。看来,被他们忘在脑后的则是美国国民的个人艺术教育、美国教育系统的平衡、美国国民艺术生产的质量和国民文化读写能力的比率等问题。”①在我国,由于拜金主义的影响,也出现了某些艺术走上邪路与大众文化的低俗化倾向。而青年一代的审美趣味也难免受到污染。这些问题的严重性已逐步引起文化教育部门的重视。对此除了法制的约束之外,主要是通过美育,倡导一种健康向上的审美趣味加以积极的引导。

长期以来,由于科学主义泛滥,环保意识淡薄,自然环境受到严重破坏,这向人类生存亮出了黄牌,从而使旨在纠正上述现象的可持续发展成为基本国策,这就要求人类以审美的态度对待自然、社会与生产劳动。因为审美的态度就是人类对自然采取亲和的和谐的态度,而不是敌对的掠夺的态度。这就是人对大自然所应有的审美的世界观。

最后,还有一个人类应以审美的世界观对待自身的问题。当代社会的激烈竞争和高速的生活节奏,对人们的身心形成从未有过的压力,精神疾患成为难以控制的世纪病、时代病。人类应该

①[美]列维·史密斯:《艺术教育:批评的必要性》,王柯平译,四川人民出版社 1998 年版,第 11 页。

拯救自身,特别是拯救自身的心理缺损,这已成为全世界共同的课题。这就应该通过美育使人类真正做到审美地对待自身,使心理与生理都得到和谐健康的发展。当代人类迅速由田园牧歌式的生活方式进入快速高效的现代节奏,这固然给人们的生活注入了前所未有的活力,但也对人们的身心形成空前未有的压力,造成精神疾患与心理危机的蔓延。有的西方学者估计,美国公民中足足有四分之一的人情绪受到某种形式的冲击。而我国公众,特别是青年一代精神疾患的比例也有激增之势。当然,这主要靠国家通过立法和制定有关的政策建立社会公正,同时大力发展心理治疗。另外,十分重要的就是通过美育,使人类真正做到以审美的态度对待自身,努力做到心理与生理及两者之间的和谐协调。

三

美育之所以在中西方都成为“显学”还有其学科自身的原因。当代审美教育与传统的美育观念相比具有了许多崭新的特点与内涵。

在美育的社会地位上,传统美育观念仅将其看成育人的手段之一,而当代却将美育提到关系社会发展大局的高度。在西方各国,目前已将包括美育在内的教育的改革与发展提到最重要的地位。克林顿总统认为:“在2000年及以后的年代,我希望整个民族竭尽所能,使我们所有的孩子都获得他们所需的世界一流的教育。随着美国步入新的世纪,没有哪项任务比这更重要。”中国也将美育正式列入国家的教育方针,成为各级各类学校学生所必须达到的重要要求之一。

在美育的社会作用上,传统美育仅仅消极地将其看成克服资本主义社会“异化”现象的途径之一,而当代却充分揭示了美育在经济与社会发展中的重要作用。美国著名美学家马尔库塞认为:“艺术也将在物质改造和文化改造中成为一种生产力。”①美国当代教育家加德纳认为,随着后工业时代(即信息时代)的到来,旧有的教育已不能适应需要,而应开发包括美育在的新的智能。他说:“大约一个世纪以来,西方工业化社会及其学校只能开发出人口中一小部分人的智能。然而随着后工业时代经济的发展,仅仅依靠非情景化的学习来开发智力已经不恰当了。我们必须根据个体的特点和文化要素来考虑拓宽智能的概念。”②中国理论家也开始重视美育对想象力的开发在经济与社会发展中的巨大作用。

而从美育在教育中的作用看,它在传统教育中处于不重要的位置,而在当代,美育则成为素质教育的重要组成部分。在工业时代的教育体制中,着重于培养群体化的劳动后备军,并以所谓“智商”(IQ)作为教育评价的标准。这就只重视仅包含数学、语言等学科在内的逻辑思维能力,而将想象力、意志力等更加重要的素质排除在外。当代社会对素质教育的突出强调,必然将想象力、意志力等非逻辑能力的重要素质放在重要位置,从而使美育在教育中具有从未有过的重要作用。美国著名心理学家戈尔曼提出的情商(EQ)理论,是一种调整与控制情感的能力。他认为,在人的成功因素中,情商所起的作用占 80%以上。对于这一理论

---

①转引自朱立元主编:《现代西方美学史》,上海文艺出版社 1993 年版,第 1021 页。

②[美]霍华德·加德纳:《多元智能》,沈致隆译,新华出版社 1999 年版,第 251 页。

尽管还有争论,但已在包括中国在内的学术界引起广泛的重视。

从学科上看,同传统观念相比,美育学科本身也由冷到热,其学科面也由单一学科到多学科的交叉、渗透和综合。从历史上看,1793年席勒出版《美育书简》,第一次提出“美育”概念之时,美育只是传统美学学科的不重要的组成部分。当时,美学学科的重要部分是美论、审美论与艺术论。但时代发展到20世纪中期以后,美学学科发生了根本性的变化。作为古典形态的美学学科,重点在纯理论层面探讨“美是什么”的问题。从古希腊柏拉图提出“美是难的”,到德国古典美学康德、黑格尔先后提出“美是无目的的合目的的形式”与“美是理念的感性显现”等著名命题,以及我国20世纪60年代有关“美在主观”“美在客观”“美在主客观关系”以及“以实践观为指导的客观性与社会性的统一”等等,都不免有纯思辨哲学的性质,在一定程度上混淆了美学与认知科学的界限,也不同程度地脱离人的现实生活。正因此,当代许多理论家不满足这种对美的纯思辨的哲学探讨,并力图赋予美学研究以强烈的现实性。他们将这种古典形态的纯思辨探讨批评为“形而上”,并从存在主义、现象学、解释学与审美关系论的崭新角度探讨美同人类生存与文明的关系,表现了这些理论家对人类命运的终极关怀。德国著名哲人海德格尔提出,人类应该“诗意地栖居于这片大地”。所谓“诗意地栖居”就是“审美地生活”,从而将美学与改善人类生存状态紧密相联。中国美学家蒋孔阳提出,美是人与现实审美关系中人的伟大创造,从而将美与人类文明的创造紧密相联。这都是将美学从纯理论的思辨拉向现实人生,而人生美学从某种意义上说就是美育,从而使美育成为具有重大理论与现实意义的课题。而美育学科也由单一的美学学科的一个分支发展到美学、教育学、心理学、社会学、思维科学与脑科学等多种学科的交叉、渗透与综合。特别是脑科学对美育的渗透,将美育提高到开发大脑的高度,从而使其具有了坚实的自然科学基础,并取得新的突破。

四

既然美育的发展关系到人类生存状态的改善与文明的创造,那么中西方就应从各自的传统出发,加强美育的研究。通过这种各具特色的研究,中西方美育思想才能实现互补,并在互补中促进美育学科与实践的发展。中国传统文化中有着丰富的美育思想,这就是著名的"诗教""乐教"理论。这种"诗教""乐教"理论从中国古代的"天人合一"的哲学思想出发,倡导一种"和而不同""文质彬彬"的"中和之美"。其内涵包含通过和谐协调的艺术,培养和谐协调的情感,塑造和谐协调的人格,进而实现人与对象(自然与社会)的和谐协调。这一丰富的遗产应当成为当代中西方美育研究共同的宝贵财富,为各国学者所继承发展,并从中吸取营养。

同样,西方也有着丰富的美育理论遗产。古代柏拉图所倡导的音乐教育,康德关于审美判断成为真与善桥梁的论述,席勒关于"情感教育"的理论,都早已引起中国学者的高度重视与借鉴。而西方当代现象学,存在主义与解释学理论家对美与人的生存状态关系的探索,对当代条件下人类命运的终极关怀,都对中国美学家有着重要的启示与借鉴意义。

现代性视野中的美育学科建设①

美育学科的发展从来都同人类社会的发展步伐紧密相关。在工业化之前，人类社会只有美育活动而没有严格意义上的美育学科。美育学科的产生，应以 1793 年席勒发表《美育书简》为标志，该书意在通过美育解决资本主义工业化所带来的“人性的分裂”。而“二战”之后，美国哈佛大学等名校针对教育的科技化、工具化和职业化倾向，提出了包含艺术与其他人文学科的“通识教育”。20 世纪 80 年代，美国盖蒂艺术中心为使美育更加规范化并列入课程体系，提出以学科为基础的艺术教育。在我国，首倡并实施美育学科建设者为蔡元培，将美育列为教育方针的五个方面之一。新中国成立之初，我国提出“德、智、体、美和生产技术”全面发展的培养目标。不过，美育学科建设的真正起步，则在改革开放之后。我国不仅把美育正式写进教育方针，而且将其提到“素质教育的有机组成部分”并“具有不可替代的作用”的高度。教育部于 1998 年和 2002 年先后发布了《全国学校艺术教育总体规划（1998—2001）》与《全国学校艺术教育发展规划（2001—2010）》，前一个规划带有拨乱反正、恢复美育学科的性质，后一个规划则已立足美育学科的建设和发展，内涵丰富而切实可行。同

①原载《光明日报》2003 年 12 月 23 日。

时,我国还组织成立了全国性的艺术教育委员会和美育的相关学术组织,出版了数量可观的美育教材和论著,极大地推动了美育学科的发展。

美育作为美学和教育学的交叉学科,它的发展必将极大地推动这两个相关学科本身的发展:从美学来说,美育学科的发展将使美学学科由抽象的本质主义探讨回归人的生活世界;从教育学来说,美育学科发展为科学教育和人文教育构筑了融会二者的桥梁,从而提高素质教育的质量和水平。而从整体的社会发展来说,面对日益加快的工业化、城市化、信息化和市场化步伐,美育学科的发展对于不断膨胀的工具理性、精神焦虑与市场拜物,是一种人文精神的疗治和补缺。可以认为,在当代,美育学科的发展承担着培养一代新人的重任。

从长远建设来看,美育学科发展须在现代性视野下遵循学科自身规律加以推进。这就要求我们立足于中国现代化过程中存在的人的生存状态"美化"和"非美化"的二律背反现实,从学科建设所必须具备的"拥有一个有机的知识主体,各种独特的研究方法,一个对本研究领域的基本思想有着共识的学者群体"这一基本要求出发,开展学科建设工作。这里,所谓"拥有一个有机的知识主体",就是从美育学科的"审美力的培养"这一基本范畴出发,面对当前信息化时代大众传媒与文化产业高速发展的形势,吸收当代美学领域富有价值的现象学、阐释学、存在主义、语言学美学和文化诗学的精华,构建具有新的内涵的当代美育理论体系,并做到古今中外各种美育资源的综合运用。从我国古代来说,源远流长的"中和论"美育思想的价值,就在于以"天人合一"为哲学基础,以天、地、人交汇融合为旨归,最后落脚于文与质、外在与内在、入世与出世高度统一的"君子"的培养。这是一种迥异于西方古代感性与理性二分的“和谐论”美育思想,有着重要的当代价值,应予批判地继承。可惜的是,这种“中和论”美育思想的价值长期以来没有引起学术界足够的重视。而对于西方,除重视古希腊以来“和谐论”美育传统之外,还更应重视西方现代特别是20世纪以来以突破传统“主客二分”思维模式为特征、以追求人的“诗意的生存”为目标的美学与美育思潮,从中吸取有价值的成分。除此之外,我们还应重视我国现代以来以王国维、蔡元培、鲁迅为代表的美育思想传统,特别是对于近五十年来,包括新时期以来的美育理论和实践,更应给予重视和继承发扬。由此,在诸多资源的基础上来建设中国特色的当代美育学科体系。

所谓“独立的研究方法”,是指美育作为交叉学科应立足于理论与应用的统一,吸收当代心理学、社会学、教育评价体系与脑科学的种种方法和成果,逐步形成相对独立的当代美育研究方法。其中,尤其要重视当代教育评价体系的探讨和脑科学的发展。而从教育评价体系来说,目前存在两种教育评价测试体系:统一的智商评价测试体系和以个人为中心的情景式评价测试体系。如果机械地依照智商评价测试体系,则美育与德育等非智力教育一定会被放到不重要的位置,从而走上应试教育的道路。因此,只有遵循以个人为中心的情景式评价测式体系,美育才可能拥有其应有的地位。只是这方面的具体操作难度较大,还需要进一步探索。而由于美育同教育学科的关系,它同心理学特别同“神经心理学”与脑科学研究密切相关,如我们所熟悉的美育所特具的“开发右脑”“情感升华”“肯定性的情感评价”等,都同神经心理学和脑科学有关。因此,美育学科的建设和发展有必要借鉴脑科学的成果,使之具有自然科学的重要支撑。至于“有着共识的学者群体”,目前应侧重从现有艺术教育队伍出发,通过行政和学术的渠道来采取措施,尽快提高其实际能力和水平。同时还应吸收相关学科的学者参与研究,逐步形成一支同我国美育学科发展相适应的质高量足的美育学术队伍。应该说,从时代需要和学科自身发展两方面来说,我国的美育学科必将逐步走向成熟、取得更大发展。

现代中西艺术教育比较研究的启示[1]

一

现代中西艺术教育是在交流对话中发展的，将两者的发展现状与轨迹加以比较研究会给我们提供十分宝贵的启示，有利于当前的艺术教育建设。通过中西现代普通高校公共艺术教育比较研究进一步说明了现代艺术教育作为人文教育的基本特性及其愈来愈重要的作用。

现代艺术教育无疑是从西方现代开始的，是与资本主义的发展相伴随的，其目的是从封建专制对人与人权的压抑中将人解放出来。所以，艺术教育的宗旨始终是人的解放与人的启蒙。从工业革命开始到现在，西方艺术教育经过了审美启蒙、审美补缺与审美本体这样几个阶段。欧洲18世纪开始了著名的启蒙运动，以法国“百科全书派”为代表的启蒙运动明确提出“启蒙”的口号。所谓“启蒙”原意即“照亮”的意思，即以科学艺术的知识照亮人们的头脑，高扬自由、平等与博爱三大口号，目标是针对封建制度的支柱天主教会，旨在削弱封建的王权和神权。在那个时代，审美成为“启蒙”的重要手段。他们一反传统文艺对贵族的歌颂，要求文艺歌颂普通的人民，并将之

---

① 原载《文艺研究》2009年第7期。

称为“最光辉,最优秀的人”。莱辛在著名的《汉堡剧评》中指出,一个有才能的作家“总是着眼于他的时代,着眼于他国家最光辉,最优秀的人”①。而文克尔曼则提出著名的“自由说”。他认为“艺术之所以优越的最重要的原因是有自由”②。18世纪末期,资本主义现代化过程中社会矛盾愈来愈尖锐,资本主义制度与工具理性的弊端愈来愈明显,出现人与社会、科技与人文,以及感性与理性日渐分裂的情形。这就是所谓“西方的没落”与“文明的危机”。在这种情况下,美学学科出现明显的“美育转向”,由“审美启蒙”转到“审美补缺”,由思辨的美学转到人生美学。现代“美育”理论由此出台。众所周知,第一个提出“美育”概念的是席勒。他在师承康德美学的基础上于1795年发表《美育书简》,提出“美育”的概念。大家都知道,《美育书简》还有一个标题:“On the Aesthetic Education of Man”,可以翻译成“对于完整的人的感性的与审美的教育”,说明《美育书简》的主旨是完整的人的教育和对于完整的人的人文教育。在《美育书简》中他对工业革命导致的人性分裂进行了深刻的批判。他将这种情况描述为:这是一种“国家与教会、法律与习俗都分裂开来,享受与劳动脱节、手段与目的脱节、努力和报酬脱节。永远束缚在整体中一个孤零零的断片上,人也就把自己变成一个断片了”。为此,他提出通过美育的途径来将两者沟通起来,克服理性与感性的分裂。他说“要使感性的人成为理性的人,除了首先使他成为审美的人,没有其他途径”③。美

①[德]莱辛:《汉堡剧评》,张黎译,上海译文出版社1981年版,第9页。

②[德]文克尔曼:《希腊人的艺术》,邵大箴译,广西师范大学出版社2001年版,第109页。

③[德]席勒:《美育书简》,徐恒醇译,中国文联出版公司1986年版,第51、116页。

育在这里承担了对于感性与理性分裂,也就是人性的分裂进行补缺的重要作用,成为人性的教育,人的教育。这其实就是当代美育的最重要内涵。其深远含义已经远远超过了启蒙运动初期理性审美启蒙的内容,而包含着对被分割的现实进行人文补缺的崭新内涵。当然,席勒仅仅是现代美育理论的最早提出者,而真正将这种人生美学发展到成熟阶段的是以叔本华、尼采为代表的"生命意志论"哲学与美学家。他们张扬一种激昂澎湃的唯意志主义人性精神,力主审美是人之为人的最重要标志,是人的生存的最重要价值所在。尼采指出"艺术是生命的最高使命"①。又说:"只有作为一种审美现象,人生和世界才显得有充足理由的。"②事实上,自从黑格尔逝世之后,西方哲学界就开始试图突破启蒙运动以来"主客二分"的思维模式和人与世界对立的实体性世界观,探索一种有机整体性思维模式和关系性世界观。这就从世界观的高度为美育奠定了本体的地位。海德格尔提出"此在与世界"的在世模式与人的"诗意地栖居"的审美的人生观,明确地为"审美的人生"奠定了本体的地位。杜威则在《艺术即经验》中着力于哲学的改造,提出"审美是一个完整的经验"的重要思想。他说,审美的经验"与这些经验不同,我们在所经验到的物质走完其历程而达到完满时,就拥有了一个经验"。又说"经验如果不具有审美的性质,就不可能是任何意义上的整体"③。与此同时,在教育领域也开始突破启蒙主义时期以"智商"为标志的、把人训练成机器的见物不见人的"泛智型教育",探索以新的人文精

①[德]尼采:《悲剧的诞生》,周国平译,三联出版社 1986 年版,第 2 页。
②[德]尼采:《悲剧的诞生》,周国平译,三联出版社 1986 年版,第 105 页。
③[美]杜威:《艺术即经验》,高建平译,商务印书馆 2005 年版,第 37、43 页。

神为主导的"人的教育"。1869 年,查尔斯·W.艾略特就任哈佛大学校长,提出著名的"塑造整个学生"的教育理念。1945 年,哈佛大学提出《自由社会中的通识教育》,俗称"红皮书",将人文教育正式纳入课程体系之中,一直延续至今。2004 年,美国理查德·加纳罗与林尔玛·阿特休勒出版了《艺术:让人成为人》(*The Art of Being Human*)一书,将以艺术为基本内容的人文学教育提到"让人成为人"的教育的高度认识,意义深远。作者在表述自己的愿望时指出,他们希望通过该书的阅读,"学生们将获得更大的信心寻找自己"①。2006 年 3 月在葡萄牙里斯本召开的"世界艺术教育大会"明确地将艺术教育和文化参与提升到人权的高度加以认识。会议制定的《艺术教育路线图》指出:"文化和艺术是旨在促进个体全面发展的综合教育的核心要素。因此,对于所有学习者,包括那些常常被排除在教育之外的人群,例如移民、少数民族和残疾人,艺术教育都是一种具有普遍意义的人权。"②在这里,特别强调了艺术在人的全面发展中的核心作用,因而艺术教育应该成为人人都应获得的基本权利。

我国现代艺术教育是在西方的影响下发展起来的,引进并借鉴了大量西方现代美育与艺术教育的理论与经验。但由于我国作为"后发展国家",而且在长期的半封建半殖民地政治与文化背景之下,因此,我国现代艺术教育的发展尽管与西方有许多相似之处,但其区别却是非常明显的。从时间上来说,如果欧洲的现

①[美]理查德·加纳罗、林尔玛·阿特休勒:《艺术:让人成为人》,舒予译,北京大学出版社 2007 年版,"前言"第 9 页。

②万丽君、龙洋编译:《构建 21 世纪的创造力——2006 年世界艺术教育大会介绍》,《中国美术教育》2008 年第 2 期。

代艺术教育开始于18世纪后半期的工业革命和启蒙主义时期，那么我国现代艺术教育则始于20世纪初。1903年王国维发表我国第一篇美育论文《论教育之宗旨》。该文力倡“教育之宗旨”，提出著名的培养“完全之人物”的路径，其中就包括美育。王国维在此运用席勒的观点将美育定位于“情感教育”。他说“要之，美育者，一面使人之感情发达，以达完美之域；一面又为德育与智育之手段。此又教育者所不能不留意也”①。而在发表于1906年的《去毒篇》中，他立足于健康的国民感情的培育，而将国民感情的衰败作为中国衰弱的主要原因，放到了知识与道德之上。他要借助的理论武器并不是欧洲理性主义精神，而是以叔本华、尼采为代表的意志论哲学美学。② 他在1904年写成的《叔本华与尼采》中将他们两人称作“旷世之天才”给予充分的肯定③。他的哲学美学思想无疑是以这种意志论哲学为基础的。我国现代另一位倡导美育最有力的教育家则是蔡元培。他在1912年首提美育的《对于教育方针之意见》中对美育作了一番解释。他说“美感者，合美丽与尊严而言之，介乎现象世界与实体世界之间，而为之桥梁。此为康德所创造，而嗣后哲学家未有反对者也”。很明显，这里蔡元培运用的是康德有关审美沟通现象界与物自体的理论，以图塑造人格完全之国民。蔡氏在此借鉴于康德的并非其理性精神而是其“情感沟通”的理论。不仅如此，蔡氏的美育理论还包含着强烈的反封建精神。在他“以美育代宗教说”之中，就对包括“孔教”在内的宗教的“强制性、保守性与有界性”等压抑人性的弊

①《王国维文选》，姜东赋、刘顺利选注，百花出版社2006年版，第210页。

②《王国维文选》，姜东赋、刘顺利选注，百花出版社2006年版，第229页。

③《王国维文选》，姜东赋、刘顺利选注，百花出版社2006年版，第36页。

端进行了激烈地批判，而对人性的自由、进步与普及进行了大力地张扬①。鲁迅在其对美育的倡导中更是大力借助于西方的积极浪漫主义文学与意志论哲学美学进行他的“国民性”的改造工程。他早在1907年发表的《魔罗诗力说》中就力倡以拜伦、雪莱与裴多菲为代表的八位积极浪漫主义作家，发扬他们“不为顺世和乐之音”“殊持雄丽之言”“立意在反抗，旨归在动作”的艺术精神。他还特别张扬尼采的意志论哲学，试图以其熏陶个人人格，重建国民精神。我国另一位著名的现代教育家梅贻琦在就任清华大学校长时明确提出：清华的目标是培养学生成为“周见恰闻”的“完人”、“读书知理”的“士”、“精神领袖”，而不是“高等匠人”。与此同时，梅贻琦对于艺术教育在烽火连天的民族救亡中所承担的“民族启蒙”作用也是十分赞同的，他所领导的西南联大成为民族救亡的大本营之一就是明证。即便是被公认为比较强调审美超脱性的朱光潜也是主张审美人生论的。他在早年的《论修养》一书中力主通过美育“复兴民族”，并要求青年彻底地觉悟起来。他说“现在我们要想复兴民族，必须恢复周以前歌乐舞的盛况，这就是说，必须提倡普及的美感教育”，又说“青年们，目前只有一桩大事——觉悟——彻底地觉悟！你们正在作梦，需要一个晴天霹雳把你们震醒，把‘觉悟’二字震到你们的耳里去”②。20世纪30年代以后，开始了波澜壮阔的抗日战争以及日益深入的救亡运动，中国共产党领导的革命文化运动不断发展。这时，审美启蒙与救亡结合，毛泽东文艺思想在斗争中产生并指导着中国的革命文艺工作。文艺为工农兵服务、向工农兵普及、从工农兵提高，成

①《蔡元培文选》，北京大学出版社1983年版，第4、68、180页。

②《朱光潜全集》第4卷，安徽教育出版社1988年版，第152页。

为文艺与审美的指导原则。产生了《黄河大合唱》《义勇军进行曲》等充分反映时代精神的名曲,至今仍然有着旺盛的艺术生命力。这种革命的审美启蒙一直继续到20世纪60—70年代。1978年,党的十一届三中全会之后,中华民族开始了真正的现代化进程,取得巨大成绩。20世纪90年代以来,随着市场经济的开展,人文精神的缺失成为人们关注的重要问题。在这种情况下,我国的审美教育由审美启蒙进入审美补缺阶段。教育部于1995年提出并开展包括审美教育等重要内容的文化素质教育,同时建立了全国性的人文素质教育基地。1999年6月又颁布《关于深化教育改革,全面推行素质教育的决定》,将美育作为素质教育的有机组成部分。特别是新世纪开始后,我国提出科学发展观与建设和谐社会的指导原则,更是标志着"审美本体"理念的确立。在这里,"科学发展观"是对传统经济发展观的超越,是我国现代化发展观念与模式的重大调整。而"以人为本"则是与之相关的对于改善人的生存状态的强化。"和谐社会建设"意味着审美态度将作为新世纪大力提倡的根本人生观,也就是提倡以审美的态度对待自然、社会、他人与自身①。而从我国港台地区来说,近年来对于"通识教育"的认识与实践也有新的发展。主要是在唯科技主义和唯经济主义思潮的影响下,高等教育面临着巨大冲击,不仅学科科类面临着分割,而且德智体美等统一的"人的教育"也面临着分裂,大学变成"分裂型的大学"。在这种情况下,许多港台教育家力主"通识教育"中的"forall"理念应进一步强化,成为"全人教育",以此作为克服"分裂型大学"的一剂良方。由此力主"反映

①曾繁仁:《培养学会审美的生存的一代新人》,《光明日报》2006年4月26日。

通识教育在大学教育中的角色不是辅助性的，而是体现大学理念的场所”①，由此可见，我国现当代艺术教育始终贯穿着人生教育的理念，是审美与人生的结合、启蒙与救亡的统一，发展到当代则是建设和谐社会所必需的“德智体美”素质全面的一代新人的培养。总结我国近百年艺术教育历史，我们可以看到它体现了世界美学发展人生化的趋势，体现了我国民族崛起的现实要求，体现了我国“成于乐”的“乐教”传统。

回顾中西现代普通高校公共艺术教育发展的历史，可以看到一条人文教育与“人”的教育的主线，历经审美启蒙、审美补缺与审美本体的途径。在当代，“培养学会审美生存的一代新人，走向人与社会的和谐”，成为有中国特色社会主义建设的重要目标，也是世界有远见人士的共识。正是从这样的角度，我们应该将艺术教育放到更加重要的位置。

二

通过现代中西普通高校艺术教育比较研究使我们加强了对于普通高校公共艺术教育发展规律的把握。

第一，艺术教育的发展从根本上来说还是应借助“国家意识”与“全民意识”的统一。

中西现代艺术教育的比较研究告诉我们，艺术教育的发展必须借助于“国家意识”与“全民意识”的统一。这主要是由艺术教育作为人类的重要社会活动——教育的有机组成部分的性质决

①张灿辉：《通识教育作为体现大学理念的场所：香港中文大学的实践模式》，香港中文大学通识教育研究中心编《大学通识报》2007 年 3 月号。

定的。实践证明,艺术教育不仅是一种理论,更是一种实践活动,它是教育的有机组成部分。潘懋元主编的《高等教育学》在论述教育的性质时指出:“教育是一种社会活动,它区别于其他社会事物的本质属性就是人的培养。作为社会活动的教育,一般有两类:一是指家庭和社会各种组织所施加的各种各样具有教育性的影响;一是指学校教育,由教育者按照一定的目的,根据受教育者身心发展规律,有计划、有组织的,一般有固定的场所,在一定的期限,对他们进行系统地引导和培养的一种活动。”①这就说明,教育作为一种社会活动,包含家庭、社会组织与学校等多个方面,而且有固定的场所和明确的目的、计划与组织,并包含数量众多的教育者与受教育者以及庞大而长久的教育实施过程,其结果直接影响到社会各个方面。艺术教育也具有这样的特点,必须要付诸实施并取得效果。因此,它首先要成为“国家意识”,成为国家的方针与法规,借助于国家权力付诸实施。国家的有关教育方针与法规有可能推动也有可能阻碍艺术教育的发展,但其巨大作用却是不容忽视的。例如,美国这样所谓高度自由的国家,虽然特别强调教育的独立性,50 个州几乎都有相对独立的教育立法权,但在艺术教育的实施上仍然凭借了“国家意识”,通过权力与法规来推动艺术教育。从我们掌握的材料来看,美国在第二次世界大战之后为了保持自己的国力与人才培养质量进行了多次大规模的教育改革。为了应对苏联卫星上天而于 20 世纪 50 年代后期出台了《国防教育法》,旨在加强自然科学与高科技,导致对艺术等人文教育的冲击;20 世纪 70 年代出台的第二次教育改革方案是对第一次方案的补充,加强了被忽视的基本训练、系统知识

①潘懋元主编:《高等教育学》,人民教育出版社 1984 年版,第 11 页。

与人文学科,艺术教育得到相应的加强。此后,为了应对新的技术革命又进行了多次教育改革,但在很大程度上都加强了包括艺术教育在内的人文学科,说明国家政策与法规在艺术教育的推行上起到至关重要的作用①。具体到艺术教育领域,美国也曾通过国家法规加以推动。1992 年,美国全国艺术教育协会联盟在美国教育部、美国艺术基金会和美国人文科学基金会的资助下,出台了面向全美国的《美国艺术教育国家标准》,以确定学生在艺术教育这门学科中应该知道什么和能够做什么。2000 年,美国又制定了《2000 年目标:美国教育法》,通过立法程序将艺术教育写进美国联邦法律。该法令将艺术教育确定为核心课程,具有与英语、数学、历史、公民、地理和外语同样重要的地位,并要求成立国家教育标准和改进理事会。由此产生的《美国教育国家标准》指出,艺术教育有益于学生,因为它能够培养完整的人,并认为没有艺术的教育是不完整的教育②。日本现代艺术教育也是借助体现"国家意识"的有关法规与条令才得以顺利实施的。日本在"二战"以后进行了三次比较大的教育改革。第一次是 1947 年,由美国教育使节团与"日本教育刷新委员会"共同制定了《教育基本法》,将军国主义教育改造为现代公民教育。该法第一条"教育之目的"就明文规定"教育必须以完成陶冶人格为目标,培养和平国家和社会的建设者",从而为艺术教育奠定了地位。第二次是 1958 年,为应对苏联人造卫星上天,加强了自然科学人才培养力

①参见戴本博主编:《外国教育史》下,人民教育出版社 1990 年版,第 258—262 页。

②参见王伟:《当代美国艺术教育研究》,河南人民出版社 2004 年版,第 3—4 页。

度,相对削弱了包括艺术教育的人文学科。第三次为1984年,从进入未来世纪出发进行教育改革,提出著名的五原则:国际化、自由化、多样化、信息化与重视人格化。特别是“重视人格化”原则,明确提出“教育应该使青年一代在德、智、体、美几方面都得到和谐发展”,从而使艺术教育再度具有了应有的地位①。2006年“世界艺术教育大会”上对实施艺术教育所必需的“国家意识”也作了强调,这次会议制定的《艺术教育路线图》指出:“艺术与教育之间的联系也可能通过教育部、文化部与地方行政机构(通常同时监管着教育和文化的事业)在政策层面上的一致性得到建立,从而实施文化机构和学校之间的合作项目。这样的合作通常将艺术和文化放在教育的中心,而不是课程的边缘。”②与此同时,“全民意识”也是十分重要的。从美国来说,艺术教育的实施常常是由高校开始的。著名的《通识教育红皮书》就是由哈佛大学制定并实施的。哈佛大学于1943年成立专门委员会调研“自由社会中通识教育的目标”,1945年完成“通识教育报告”,1950年以《自由社会中的通识教育》出版,由于其封面的深红色而被称为“哈佛通识教育红皮书”,该书明确规定“通识教育的核心问题是自由而文雅的传统之持续”,并要求在未来的教育方案中必须包括“关于人作为个体的情感体验”的艺术、文学与哲学等,在六门通识教育课程中就有专门的人文学科,在人文学科中艺术类占据很大比重。这个“红皮书”影响深远,使通识教育逐步被国家接受,在全美推

①参见戴本博主编:《外国教育史》下,人民教育出版社1990年版,第322—334页。

②万丽君、龙洋编译:《构建21世纪的创造力——2006年世界艺术教育大会介绍》,《中国美术教育》2008年第2期。

行与实施。

我国现代艺术教育的发展也同样证明了“国家意识”与“全民意识”统一的重要性。1912 年 1 月，中华民国临时政府成立，蔡元培就任教育总长，发表著名的《对于教育方针之意见》，提出军国民教育、实利主义、公民道德、世界观和美育统一内容的教育主张，并破天荒地第一次将这“五育”写进教育方针。蔡元培又于 1917 年至 1927 年就任北京大学校长，他在北大校长岗位上开展了一系列艺术教育工作。他亲自讲授美学课程，并倡导成立了北京大学书法研究会、音乐研究会与文学研究会等，开创了我国现代艺术教育实践的道路。但仅有个别人为代表的“国家意识”，而缺乏具有广泛群众基础的“全民意识”，艺术教育也是难以坚持的。蔡氏担任教育总长不久，北洋军阀篡权，蔡元培卸任。1912 年 12 月，北洋政府召开“临时教育会议”，决议“删除美育”，被鲁迅斥为“此种豚犬，可怜可怜”。我国十年“文革”中，否定文化，否定教育，艺术教育被全盘废除。1978 年改革开放后，周扬、朱光潜、洪毅然、蒋孔阳、赵沨等学者力倡美育与艺术教育。这些意见终于逐步被国家接受，从成立艺术教育委员会到正式写进教育方针，发布部长令，制定发展规划等等。这种情况成为“全民意识”与“国家意识”很好结合的范例。今后，艺术教育的继续发展仍然要走“国家意识”与“全民意识”相统一的道路。

第二，普通高校公共艺术教育的发展是在人文与科技、智性与非智性以及功利与非功利的内在张力与平衡中取得的。

普通高校公共艺术教育的基本特点是什么？它与别的学科有没有区别？这是中西现代艺术教育发展中所遇到的共同课题，也是今后艺术教育健康发展所必须解决的问题。首先，艺术教育发展建设的特点是由艺术的特点决定的。康德在回答审美的基本特征时,实际上就回答了艺术的基本特征。他认为,审美的基本特征是无目的的合目的性的形式。在这里,康德阐释的静观的无功利的美学的基本观点是值得商榷的,但他对于审美与艺术的无目的与合目的统一的界定却是十分有价值的。审美与艺术的基本特点就是无目的与合目的、无功利与功利、非理性与理性的中介,处于两者之间从而形成一种张力。正是由于这种张力,才使审美与艺术具有了特殊的难以言说的无穷魅力。黑格尔对此评价道,这是康德对于审美与艺术所找到的"第一个合理的字眼"①。艺术的这一特点就决定了艺术教育也必然处于人文与科技、智性与非智性、功利与非功利的中介。对于这一中介性特点把握得好,就能顺应艺术教育的规律,促使其健康发展;如果把握不好,就会出现偏差。中西现代艺术教育发展过程中都曾发生过有关艺术教育特性的尖锐争论。以美国为代表的西方国家主要是对艺术教育智性与非智性的争论。由于工业革命对于"智商"的过分强调,导致了教育的纯功利化,从而出现了对其反拨的"博雅教育"的发生。前者是对智商的强调,后者则是对于非智性的人文的强调。20世纪60年代前后,在美国又发生了艺术教育是否构成学科的争论。这场争论主要围绕当时的肯尼迪政府制定的"艺术与人文学科计划"进行,争论集中体现在"宾夕法尼亚会议"上。会议的主题是:关于艺术是一门独立学科的问题,其中艺术教育家巴肯力主艺术是一门独立的学科。他认为,"缺乏科学领域中普遍符号系统所体现的关于互为定理的一种形式结构是否就意味着被谓之艺术的人文学科不是学科,意味着艺术探索是无序可循的?我认为答案是,艺术学科是一种具有不同规则的学

①[英]鲍桑葵:《美学史》,张今译,商务印书馆1985年版,第344页。

科。虽然它们是类比和隐喻的，而且也非来自一种常规的知识结构，但是艺术的探索却并非模糊的和不严谨的”。另外的观点则认为，艺术只是一种经验，这种经验或是通过参与艺术创作过程而获得，或是通过亲眼目睹艺术家的创作表演而获得①。这种相反的论述也不是没有道理，但是一种无法界说的“经验”是不能进入学校教育系统的，是无法作为课程列入课表的。巴肯则力图论证艺术虽是非常规的知识结构，但却同时具有严谨性，因而艺术也是学科。在这里，如果说艺术教育是一种学科的话，那也是一种非常特殊的学科，是智性与非智性、理智与经验的统一与中介，不能过分强调某一个方面。当然最后美国还是将艺术教育正式作为学科列入教育体系之中。这就是著名的“以学科为基础的艺术教育”，只是由原来的一门“艺术创作”，再加上艺术史、艺术批评与美学，共由四门课构成。

中国现代美育发展的争论则发生在艺术教育与德育的关系之上。由于中国古代的“礼乐教化”发展到封建社会后期过分强调“文以载道”，因此现代反封建的高潮中人们对于这种封建之道给予了有力的批判。但中国现代艺术教育又承载着繁重的人文与民族启蒙的重任，艺术教育恰就在这种力图启蒙的过程中发生的。在这种情况下，王国维提出了著名的“无用之用”的命题，解决艺术教育通过审美的看似“无用”的途径来解决人文启蒙“之用”。王国维在这里实际上是运用了康德的理论观点。新中国成立后，由于受到苏联美学与教育理论的影响，长期以来，我国教育界一直流行一种“以德育代美育”的思想。在当时颇为流行的

①[美]阿瑟·艾夫兰:《西方艺术教育史》，刑莉、常宁生译，四川人民出版社2000年版，第315、319页。

苏联奥夫相尼柯夫和拉祖姆内依主编的《简明美学辞典》的“审美教育”条目中写道:“审美教育是劳动教育、思想教育、政治教育,特别是道德教育的一部分。”这里,就发生了审美与道德、艺术与功利的关系问题。我们不赞成审美的绝对无功利性,康德在《判断力批判》的最后还是认为“美是道德的象征”。但我们也不赞成审美可以被道德取代。我们认为,审美与艺术具有独特的沟通道德与知识、功利与非功利的功能。这就是1999年关于素质教育的决定中所说的,美育具有其他教育形式“不可替代的作用”。当然,我们说我国现代艺术教育发展中主要是艺术教育与德育的关系,但并不等于说艺术教育与智育的关系问题就已经得到解决,实际上目前仍然严重存在的应试教育对于美育与艺术教育的贯彻形成了严重的冲击。这里也有许多理论问题,但更多是现实的问题。总之,如果我们对艺术教育内在的各种矛盾认识到位,处理得当,那反而会更好地把握艺术教育的特性,充分发挥艺术教育特有的魅力与作用。

第三,现代艺术教育的发展应该很好地应对正在蓬勃兴起的消费文化、大众文化、视觉文化与网络文化的新形势。

从20世纪60年代开始,人类社会发生了急剧的变化,表现在文化领域,消费文化、大众文化、视觉文化与网络文化迅速发展,逐步成燎原之势。对于包括艺术教育在内的文化建设来说,这是一种挑战,也是一种发展的机遇。对这些文化现实,我们无法也不应该逃避,必须认真面对。首先说一下消费文化、大众文化与视觉文化。这是随着消费社会的到来而出现的,其最大的特点是迅速地使文化从精英走向大众,消解精英、消解经典、消解阅读、消解传统。发展之迅速,使我们广大文化教育工作者,感到无所适从,但又必须适应。于是在美国就出现了艺术教育中视觉文化的转向问题。而在我国则出现了“日常生活审美化”的讨论。这些转向与讨论属于现在进行式,还在继续发展。我们认为基本的态度是学习、适应与引导,最后是有利于一代新人的培养。网络文化也是20世纪中期随着网络的发展而盛行的,现在已经到了网络渗透一切的地步。在这种情况下就出现了一个媒介素质教养问题。所谓媒介素质就是指人们面对媒介各种信息的选择能力、理解能力、质疑能力、评估能力、创造能力和制作能力,以及思辨反应能力。培养这种能力,是育人的需要,更是国家利益的需要。目前,我们准备在普通高校公共艺术课程中增加有关视觉艺术与网络艺术的鉴赏评价内容。同时,在有关艺术鉴赏的基本理论上也要作必要的调整,在这方面,还应该更多地借鉴国外的经验。总之,及时应对时代的变化,调整艺术教育的理论与课程,才能使艺术教育真正收到实效。这正是艺术教育改革的当务之急。

三

我国现代艺术教育的继续发展需要进一步加强中西对话交流和比较研究,立足本国,大胆借鉴,勇于创新,走有中国特色之路。这就是我们通过比较研究所得到的最重要启示。

我国现代艺术教育发展的历史证明,中西交流对话和比较研究是艺术教育发展的重要途径。因为,在中西交流对话与比较研究中可以通过“他者视角”,发现自己的差距,借鉴新的经验,获得新的动力。特别在艺术教育领域,我国属于“后发展国家”,在历史时间上大约比西方要晚一百年左右。因此,我国现代艺术教育发展大多是在借鉴西方艺术教育的理论与经验中前进的。20世纪初期,王国维、蔡元培与鲁迅等我国艺术教育的先驱,在将现代形态的艺术教育介绍到我国时,主要借助德国古典美学中的艺术教育思想,包括康德与席勒等人的理论观点。从20世纪20年代开始随着美国杜威于1917年至1921年长达两年多的讲学与学术活动,再加上胡适与陶行知的推介,实用主义教育理论对于我国的艺术教育产生了极大影响。一时间,“生活教育”“活的教育”“手脑并用”与“在做中学”等成为包括艺术教育在内的当时我国教育领域的习惯用语,可见影响之深。新中国成立后,我国包括艺术教育在内的教育工作主要借鉴苏联的理论经验,包括马卡连柯的教育思想等。1978年以后,随着改革开放的前进,我国在艺术教育领域的引进与借鉴加快了步伐。由滕守尧主持前后译介了两批以美国为主、包括德法等国的“美学·设计·艺术教育丛书”,共十二本,包括西方流行的艺术教育教材。同时,我们还引进了美国与其他西方国家一系列现代艺术教育的成果,给我们的艺术教育工作以莫大的启迪。目前,客观地说,我国的艺术教育研究与西方发达国家相比还是有着相当差距。从理论上来说,西方现代已经形成一系列成体系的艺术教育理论,例如杜威的实用主义艺术教育理论、罗恩菲尔德的“创造的自我表现”的艺术教育理论、美国的“以学科为基础”的艺术教育理论以及正在发展中的“视觉文化艺术教育”理论等等。其他还有一些与艺术教育有关的教育理论,诸如加德纳的“多元智能理论”与戈尔曼的“情商”理论等等。而从教育实践的角度来说,西方发达国家也积累了比较丰富的艺术教育实践经验。例如,著名的德国包豪斯学校的艺术教育实践、美国历时四十年之久的“零点项目计划”以及与其有关的“艺术推进”项目、美国盖蒂艺术中心的“以学科为中心”的艺术教育实践等。这些艺术教育实践一般都历时较久,投入较大,许多成果值得我们借鉴。不仅有上述先进理论的借鉴与吸收，而且在体制、课程与师资等方面也有诸多可资借鉴之处。在教育体制上，西方发达国家正式将普通高校公共艺术教育作为国家方针的“通识教育”的有机组成部分，列为普通高校“人的教育”的主渠道，成为必选课，安排优秀教育家、艺术家担任课程。例如，美国著名美学家鲁道夫·阿恩海姆就于 1968 年至 1974 年都在哈佛大学卡朋特艺术中心教授艺术心理学课程，直至退休。这些学校的经费也有着多渠道的比较充分的保证。“世界艺术教育大会”制定的《艺术教育路线图》要求“赋予艺术教育在课程体系中永久的核心地位，为其配备足够的资金和高素质的教师”①，也进一步阐明了艺术教育在教育中的重要地位。目前我国尽管开始重视普通高校的公共艺术教育，教育部已经颁布《艺术教育规程》以及《全国普通高校艺术类课程指导方案》，这些文件对于普通高校公共艺术类课程的课程设置、课时、师资与经费保障等都作了比较明确的规定，但真正加以落实还需待时日。也就是说，从目前情况看，我国普通高校公共艺术类课程仍然是所有教育环节中最薄弱的一环。在经费投入上我国目前也只有国家投入一个渠道。而西方发达国家则有多种渠道，包括国家投入、社会集资与个人捐资等，值得我们借鉴。因此，我们还应进一步解放思想，不仅理论上引进，而且实践上也应更多借鉴，可以从实验性开始，以防失误。当然，我们与西方在艺术教育方面的交流对话与比较研究还是应该有一个正确的立场。那就是，从我出发，立足本国，勇于创新，走有中国特色的建设之路。这可以说是我们通过比较研究得

①万丽君、龙洋编译：《构建 21 世纪的创造力——2006 年世界艺术教育大会介绍》，《中国美术教育》2008 年第 2 期。

出的最重要启示。

如果说,1978 年改革开放初期,刚刚打破各种禁锢之时,在对西方优秀文化资源的态度上,我们更多地侧重于吸收的话,那么,历经三十年的发展,在我们面向新世纪,进一步走向“和谐社会”建设之时,则应该在借鉴的前提下,结合我国国情创新,走有中国特色之路。西方文化资源即便再先进,那也是西方特定社会的产物,不可能完全适合中国国情,需要加以改造。例如,西方普通高校公共艺术教育理论中某些过分强调“解构”与“终结”的艺术理念与过分张扬个人感性欲望的价值取向以及“欧洲中心主义”的评价体系等等,都是不适合我国国情而应加以改造的。我们要坚持马克思主义批判继承的理论,不仅在意识形态上要分清是非,而且一定要从本国的实际出发,建设具有中国特色的艺术教育体系。在当前经济全球化的背景下,在坚持文化交流对话的前提下建设具有民族特色的文化教育体系,也是国家与社会发展的现实需要。建设艺术教育的民族特色,紧密结合本国实际,已经成为国际共识。我国的实际无非两个方面:一个就是不同的文化传统。我国古代著名的“礼乐教化”思想,为我们留下丰厚的遗产。“礼乐教化”是一种“天人相和”“人人相和”的“中和论”美育理论,也是一种“兴于诗,立于礼,成于乐”的全面的教育。对于我们在建设和谐社会中培养一代新人有着重要借鉴作用,是一份宝贵的财富,成为我们借鉴西方艺术教育理论中的重要立足点。当然,还有更加重要的一点就是我们的交流对话与比较研究应该着重从我国目前的现实出发。我国正在进行规模宏大的现代化建设,以社会主义和谐社会建设为宗旨,以 21 世纪中期实现伟大民族复兴为目标,我们的包括艺术教育在内的一切教育事业都应以实现这一伟大目标为旨归。从教育事业的角度来说,我国在 13 亿人口的大国实现教育现代化目标,其意义与难度都是空前的。即便从现代艺术教育来说,我国也已经有了近百年实践历史,特别是新时期以来,我们已经积累了一系列宝贵经验,这些都是我们借鉴西方成果的重要出发点与立足点。我们应该在我国的现实基础上勇于创新。毛泽东曾说:“艺术上‘全盘西化’被接受的可能性很少,还是以中国艺术为基础,吸收一些外国的东西进行自己的创造为好。”又说:“特别象中国这样大的国家,应该‘标新立异’,但是,应该是为群众所欢迎的标新立异。”①通过这样的借鉴创新,我国一定能开创艺术教育的新局面。

①《毛泽东论文艺》增订本,人民文学出版社 1992 年版,第 91、95 页。

关于美育当代发展的几个问题[①]

一、关于美育的当代意义

关于美育的意义，席勒在《美育书简》中继承康德的理论，将其界定为属于情感领域的审美能力的培养，试图以此疗治资本主义工业化过程中人的异化问题。这当然是有其道理的。但随着时代的发展，资本主义现代化过程中一系列更深层矛盾的暴露，美育的意义应有其新的内涵。特别是当前人类社会走向21世纪之际，包括我国在内的现代化面临一系列新的挑战和机遇。因此，在这种新的形势下应将美育的意义从审美能力的培养进一步提升到培养学生确立健康的审美态度，学会审美的生存。这也就凸显了美育在当代社会发展中的重要性。这是因为，在当代现代化的过程中出现明显的美化和非美化的二律背反的情形。一方面，当代社会的工业化、市场化、城市化和现代化给人类带来了现代文明和物质的富裕，生活空前地走向美化。另一方面，上述现代化过程又不可避免地带来了工具理性盛行、市场和金钱拜物、人与人的隔膜等等负面影响，导致人的生活的非美化。这种种非美的现实状况对包括青年学生在内的青年一代形成巨大的压力

①原载《美育通讯》2010年第10期。

和诱惑,可能导致他们选择非美的生存方式。例如,对于物质欲望的过度追求、价值取向的低俗、罹患精神疾病等等。这种情形如果任其扩大蔓延,后果不堪设想。这是当代青年一代培养中十分紧迫和重要的课题。解决这一重要课题,当然主要依靠德育和法制教育等等渠道,但美育也是不可或缺的重要渠道之一。这就是通过审美力的培养逐步使青年学生确立一种超越物欲、情趣高尚的审美态度。在当代,这种审美态度不同于过去的审美观念,而是成为一种根本的人生态度,做到以审美的态度对待他人、社会、自然和自身。这就是仇春霖教授所讲的审美观成为当代最重要的世界观。西方当代著名教育家也认为,当代教育的目标是培养学生具有知识、能力和态度三要素,而态度最具根本性。审美态度又是态度之重要内涵。

二、美育的当代地位

关于美育的当代地位,我国第三次全教会《关于深化教育改革全面推进素质教育的决定》中已经作了明确的界定。该决定指出,美育"对于促进学生全面发展具有不可替代的作用"。这个"不可替代的作用"就是美育的当代地位。但近年来不断有学者撰文认为美育属于德育的组成部分。这实际上自觉或不自觉地否定了美育的"不可替代的作用"这一界定。我们从来都认为美育与德育有着十分密切的关系,甚至也认为美育应该成为德育的十分重要的手段;但这并不等于说德育可以代替美育,犹如智育同德育密切相关,但德育却不可代替智育。

现在就要充分论证美育在素质教育中的"不可替代的作用"。我认为可以从三个大的方面进行阐述。第一个方面就是我已经在前面论述的美育的当代审美世界观的培养作用,不再赘述。第二个方面就是美育的文化养成作用。也就是说,美育是一种如何做人的教育,是一种人性的教育,也是一种文化与文明的教育。一个人无论他学习了多少科学知识和技能,如果没有经过审美的教育,那么他就不是一个完整的人,不是一个真正有文化的人,或者说他就是一个人性有缺陷的人、人格不健全的人。为什么这么说呢?因为,审美是人的天性,是人与动物的重要区别。康德在《判断力批判》中指出,审美是人的文明的表现,一个居住在荒岛上的人绝对不会有对于美的追求,不会去修饰自己。他说:"只有在社会里他才想到,不仅做一个人,而且按照他的样式做一个文雅的人(文明的开始)。"席勒则明确认为,审美是人与动物的根本区别。他在《美育书简》一书中指出,表明野人具有人性的标志就是"对艺术的喜爱"。我国古代《乐记》则将能不能欣赏音乐作为人与动物的根本区别,即所谓"知声而不知音者,禽兽是也"。第三个方面是美育在教育的各个方面具有综合中介作用。也就是说美育具有沟通德育与智育、科学教育与人文教育、左脑和右脑的重要作用。这同美育本身的特点有关。因为美育是感性与理性、形象与思想、理性与情感、情与境以及言与意的直接统一。这种直接统一的特点就使其具有了沟通教育中各个方面的功能。而美育沟通左右脑的作用也已为当代脑科学的发展所证实。因为美育作为形象思维活动主要凭借右脑,美育不仅可开发右脑而且可使左脑得到休息恢复从而进一步激活其功能。对于美育在教育中的这种综合作用,我国古代的孔子早就在《论语》中有所论述。他在《论语·泰伯》篇中有一句名言:"兴于诗,立于礼,成于乐。"也就是说,在他看来,一个君子的培养需要通过学习诗歌等文学作品得到知识的启发,并通过学习礼节制度掌握道德行为规范,但最后要成为真正的君子则要凭借乐教。孔子这里的“成”,带有综合、完成、成功等多重意思,说明他对乐教的综合作用的高度重视。

综上所述,美育的特有作用是任何其他教育所不可代替的。在当代,我们可以说没有美育的教育是不完全的教育,而没有接受美育的学生就一定在人格发展和文化结构上存在严重缺陷而无法应对当代社会挑战。

三、美育的当代发展

美育的当代发展,首先要确立正确的教育理念,真正将美育放到教育的“不可替代”的位置之上。其次,应将美育落实到具体的课程建设之中,而且将其融入我国整个教育系统课程建设体系之中,使之走上正规的课程建设的轨道。因为课程是当代学校教育的主渠道,只有将美育纳入学校课程体系建设,才能落实美育的“不可替代”的地位。同时,要使美育得到真正发展还应加强美育的学科建设。美育是教育的一个不可缺少的方面,这已经成为共识,但对于美育是否构成一种学科目前还有分歧。其实发达国家早已将美育作为一个学科进行建设。而构成美育的有关美学和艺术理论、艺术鉴赏和艺术技艺本身的科学性和体系性也要求学科建设。即便作为美育本身也有其自身的发展规律,应该对其进行系统的研究。总之,美育的学科建设是美育事业发展的需要。构成一个学科所必备的三个方面就是美育学科建设的必要内容,那就是相对完备的理论内涵、相对完备的研究方法和相对稳定的学科队伍。我想,我们美育事业要继续向一定的深度发展应该在以上学科建设的三个方面努力。

目前,美育事业尽管有了明显发展,但仍未走出边缘化的状态。其表现就是教育部的课程、科研和学位等重要方面的工作和资源中美育所占份额很少。例如,当前正在进行的学位建设、教学评估、社科评奖、精品课程和名师评选等重要工作和资源中美育几乎没有介入。我认为,只有加强美育的学科建设才有可能在这些重要工作和资源中占有应有的份额。

四、当代美育的队伍建设

教育事业发展的根本保证在教师,美育的当代发展同样如此。目前,如果说在我们高校所有的教育环节中美育是最薄弱的环节,除了认识和政策的原因外,就是我们的队伍相对薄弱。因此,队伍建设应放在重要位置。目前要根据课程需要逐步配齐教师,再在保证教学的基础上发展科研。同时,要通过各种渠道和途径提高教师队伍的水平,改善结构。当然,还要有相关政策给美育师资队伍的建设以支持。例如,出台符合美育事业实际的职称评定办法和岗位津贴办法等。当然,我们美育教师自身应自强自律,努力工作,不断提高水平,做出更多成绩,通过“有为”争取“有位”。

总之,我国当前美育事业处于从未有过的良好发展时期,我们应抓住这一大好时机进一步推进我国美育事业的发展。

审美教育应有面向未来的正确态度[①]

审美教育是国家教育方针的重要组成部分，关系到国家的前途与未来。特别是新时期以来，我国的审美教育取得了很大的成就。

正式将审美教育写入教育方针，成为指导我国教育事业发展的重要理念。1999 年 6 月，中共中央、国务院《关于深化教育改革，全面推进素质教育的决定》中，美育被正式写入教育方针，成为指导我国教育事业的重要理念。这使美育在作为社会事业与社会组织的教育中具有了自己应有的地位。

制定了一系列加强审美教育的规程与规划，进一步从制度层面确定了美育的地位。1989 年 11 月，教育部在第一次全国学校艺术教育工作会议上颁发了《全国学校艺术教育总体规划（1989—2000）》；2002 年 5 月，教育部颁发了《全国艺术教育发展规划（2001—2010）》；2002 年 7 月，教育部颁布了《学校艺术教育工作规程》（教育部令第 13 号）。这一系列文件的颁布，使得美育实施成为行政命令与刚性的要求。

制定了一系列实施美育的课程方案，美育从教学实践上得到

①原载《中国教育报》2011 年 6 月 24 日第 6 版。

了一定的保证。1992年,原国家教委颁布九年制义务教育小学与初级中学音乐与美术教学大纲;1994年7月,原国家教委颁布下发《关于普通高中开设"艺术欣赏"课的通知》;2006年3月,教育部办公厅印发《全国普通高等学校公共艺术教育课程指导方案》。

至此,全国大中小学的艺术教育课程在课程名称、课程内容、师资、条件保障等方面均有了比较明确的规定与要求,在一定程度上保证了美育得以落到实处。

将美育列入国家和省部科研规划,使得审美教育的科研工作得到了较为有力的支持与初步发展。虽然有了这一系列的政策措施,但从教育内部来看,美育仍是教育最薄弱的环节之一。薄弱之处表现在"三个不到位",即领导认识不到位,课程师资不到位与教育管理不到位,以西部农村最为明显。另外,美育学科的发展还处于较低水平,理论方面原创性成果少,已经出台的各项规定还有待进一步落实。

那么,面向未来,我国审美教育该如何发展呢?

应进一步从战略高度加强美育作为人文教育与建设高水平教育重要支撑的重要性的认识。美育应坚持人文教育的方向。1795年,德国诗人席勒发表著名的《美育书简》,第一次提出了"美育"观念,其背景就是对人性异化弊端的反思,力图通过美育对人性缺失进行补缺。我认为,"人文教育"包括以下四个层次:人的最基本的文明素养教育,各种文明礼貌生活规范的养成;人的尊严、权利与平等的教育;对他人的关怀的教育;对人类的终极关怀的教育。

进一步把握审美教育智性与非智性二律背反的特殊规律,不断提高教育水平。普通高校公共艺术教育的基本特点是什么,它与别的学科有没有区别?这是中西现代艺术教育发展中所遇到的共同课题，也是今后艺术教育健康发展所必须解决的问题。首先，艺术教育发展建设的特点是由艺术的特点决定的。康德认为，审美的基本特征是无目的的合目的性的形式，这一特点就决定了艺术教育也必然是人文与科技、智性与非智性、功利与非功利的中介。对于这一中介性特点把握得好，就能较好地把握艺术教育的规律。但如果对这一规律把握不好，就会走偏。

艺术教育的发展应该很好地应对正在蓬勃兴起的消费文化、大众文化、视觉文化与网络文化的新形势。消费文化、大众文化与视觉文化是随着消费社会的到来而出现的，其最大的特点是迅速使文化从精英走向大众，消解精英、消解经典、消解阅读。这一趋势发展迅速，使广大文化教育工作者感到无所适从。在美国出现了艺术教育中视觉文化的转向问题，而在我国则出现了“日常生活审美化”的讨论。我们的基本态度是学习、适应与引导，最重要的着眼点是有利于一代新人的培养。

网络文化也是20世纪中期随着网络的发展而盛行的，并随之出现了媒介素质教育问题。所谓媒介素质，就是指人们面对媒介各种信息的选择能力、理解能力、质疑能力、评估能力、创造能力和制作能力以及思辨反应能力。培养这种能力，是育人的需要，更是国家利益的需要。我们应该在普通高校公共课程中增加视觉艺术与网络艺术的鉴赏评价内容。在有关艺术鉴赏的基本理论上作必要的调整，更多地借鉴国外经验。这是艺术教育改革的当务之急。

面向新的世纪与新的形势，审美教育任重而道远。我们应站在更高的起点上，在教育改革的大潮中，将我国的审美教育事业推向一个新的高度。

关于美育与文化传承创新的思考①

2011年4月24日，胡锦涛同志在清华大学百年校庆大会的讲话中指出："全面提高高等教育质量，必须大力推进文化传承创新。高等教育是优秀文化传承的重要载体和思想文化创新的重要源泉。"这是胡锦涛同志代表党中央在高校的育人、科研和社会服务的任务之外给高校确定的第四大任务，是新时代与新世纪的新要求，具有极大的战略意义。文化的传承创新与美育关系密切，我们需要认真思考二者之间的必然联系，自觉地发挥美育事业在文化传承中的重要作用。

一、文化传承创新的重要意义

（一）文化是社会发展的软实力

现代化建设的经验告诉我们，现代化绝不仅仅是经济的现代化，还包含文化的现代化。从目前国际社会发展的经验来看，20世纪以来有100多个国家进行现代化建设，但真正建成现代化国

①原载《河南教育学院学报》2013年第1期。

家的只有20多个。许多国家陷入所谓“中等收入陷阱”，即在人均GDP处于4000～10000美元之间时，会出现腐败蔓延、污染严重、道德滑坡等严重经济社会问题，经济社会发展出现徘徊。所谓南美现象就是这种情况。目前，我国GDP进入人均5000美元的发展水平，成为世界第二大经济实体，真正成为“中等收入”国家，也部分地出现了中等收入陷阱国家的那些现象。其重要原因就是文化的发展，特别是国民素质的提高滞后于经济的发展，社会发展出现严重的不平衡状态。因此，党中央提出文化是社会发展软实力的重要观点。

（二）文化是民族的凝聚力

现代化建设包含着中华民族伟大复兴的重要内涵，而民族的凝聚力是民族复兴的重要标志。什么是民族的凝聚力呢？非常重要的因素就是文化，就是中华文化的伟大复兴。在对于什么是“民族”的理解上，曾经有一个非常经典的表述：民族是人们在历史上形成的一个有共同语言、共同地域、共同经济生活以及表现在共同文化上的共同心理素质的稳定的共同体。① 这个定义强调了语言、地域、经济，而相对淡化了文化。其实，从我们的实际看，共同的文化认同是民族的最重要的内涵。凡是认同中华文化并遵循中华文化方式生活的人们就是中华民族的成员。所以，中华文化建设是民族的凝聚力的表现。

（三）文化是国际的竞争力

国际之间的竞争不仅是经济与军事的竞争，而且是一种文化

①《斯大林选集》上，人民出版社1979年版，第64页。

的竞争。按照当下新的文化理论,文化是权力的象征,文化也呈现为一种形象。所以文化的竞争表现为一种话语权的竞争和国际舞台上所占形象位置的竞争。目前,中国尽管是经济大国,但在国际上文化(话语)的输出与输入之中,中西所占比例为1∶9,呈现严重入超的不正常态势。中国的形象在国际上也常常处于被歪曲,甚至被妖魔化的处境。在学术领域,也始终没有改变"以西释中"的境况。以致国际学术界以西方范式要求中国的哲学与美学,得出中国古代没有哲学与美学而只有哲学思想与美学思想的可笑结论。中国学术界用古代希腊的悲剧观要求中国的古代戏剧也得出中国古代没有悲剧的结论并引以为耻。这都是十分可笑的事情,但却是司空见惯的事情。中华民族要实现伟大复兴一定要改变国际上这种不正常的文化态势,做到具有应有的话语权与正常而健康的中国形象,做到中西文化的"各美其美",即费孝通先生所言"各美其美,美人之美,美美与共,天下大同"①。

二、美育在文化传承创新中的重要作用

(一)美育的育人作用使其成为文化建设的重要途径之一

众所周知,"文化"的最基本内涵就是人的素质的提高,就是人的"异化"的扬弃,就是自由全面发展的人的培养。美育在自由全面发展的人的培养中占有非常重要的作用与位置。按照我国传统理论的理解,"文化"就是"人文化成",也就是通过"礼乐教

---

①费孝通:《"美美与共"和人类文明》下,《群言》2005年第2期,第15页。

化”的途径培养“文质彬彬”的君子。所以在中国古代文化中，作为“礼乐教化”的美育占有极为重要的地位。马克思主义理论也将文化对人的培养放到极为重要的位置。马克思在著名的《1844年经济学哲学手稿》中提出“人也按照美的规律来建造”①的重要观点，既包括物质生产中按照美的规律的构造，也包括人的生产中按照美的规律的构造。

（二）美育所承载的继承发扬传统文化的重要内涵

1. 对于中国古代“礼乐教化”传统的继承发扬

美育在中国古代具有极为重要的位置，先秦时期的“礼乐教化”是一种最基本的文化政治制度，所谓“国之大事，在祀与戎”②，“祀”即“祭祀”“祭礼”，是一种古时最基本的“礼”，包括祭天与祭祖等。就是通过“礼乐教化”进行政治活动与培养贵族人才。“礼乐教化”后来又演变为“温柔敦厚”（温润柔和质朴忠厚）之“诗教”与“广博易良”（和通良善）之“乐教”，并进一步发展成一种“文以载道”培养“文质彬彬”君子的传统。对于这样的传统我们应加以批判地继承。

2. 对珍贵的审美与艺术遗产的发扬与传播

我国有着极为丰富、悠久的珍贵的审美文献与遗产。在文学艺术方面，我国有着悠久的审美与艺术传统，考古发现距今9000～7800年的新石器时代就有乐器（七音孔笛）。我国古代的《诗经》、楚辞、汉赋乐府、唐诗宋词、元代杂剧、明清小说、敦煌艺术与民间艺术，更是丰富悠久，光彩夺目，值得我们自豪，并应加

①《马克思恩格斯全集》第42卷，人民出版社1979年版，第97页。

②《春秋左传注》，杨伯峻编著，中华书局1981年版，第861页。

以继承发扬。在美学与艺术理论方面,我国古代儒释道所包含的审美思想,特别是儒道中的审美思想是人类轴心时代的重要思想瑰宝。在典籍方面,古代的《乐记》《文心雕龙》《古画品录》等重要典籍,足以与古代希腊的《诗学》与《诗艺》媲美。这些古代审美与艺术传统是我们进行美育工作的极好教材,也是需要发扬于世界的重要财富,是我们美育工作者的责任之所在。

三、民族自信心的确立是文化传承创新的必要前提

(一)充分认识中西审美文化的特点与优势,确立民族自信心

长期以来,在中西文化与艺术交流中存在"失语症"与"以西释中"现象。与此相应的是我国学者存在一种文化自卑情绪。甚至一代国学大师王国维也有"我国之文学不如泰西"①之说,美学家朱光潜认为中国古代没有悲剧,这是"对人类命运的不合理性没有一点感觉"②的表现等。我们在新世纪只有摒弃这种自卑情绪与心理,才能进行新时代的文化传承创新。我们要认识到中西文化是两种不同类型的关系,而不是西高中低的线性关系。钱穆力主这种类型说。他认为中西在不同的地理环境与经济社会背景之下,发展出农业文明与商业文明两种不同的文化类型。③ 中国古代这种农业文明发展出重视生命与生存的文化艺术形态,是

①《王国维全集》第1卷,浙江教育出版社2009年版,第139页。

②《朱光潜全集》第2卷,安徽教育出版社1987年版,第427页。

③钱穆:《中国文化史导论》修订本,商务印书馆1994年版,第1—20页。

一种在“天人合一”哲学观之下的生命论与生存论的美学与艺术。所谓“生生之谓易”(《周易·系辞上》),“天地之大德曰生”(《周易·系辞下》),“气韵生动”(《古画品录》)等等,既是哲学观念,又与审美密切相关。而西方则在《物理学》实体论哲学观之上建立了“模仿论”与“比例、和谐、对称”的雕塑性美学观。这两种美学与艺术观其实如“两水分流,双峰对峙”,各有其风采与美丽。中国古代以“大团圆”结局的悲剧,与中国古代的“保合太和乃利贞”(《周易·上经·乾》)的吉祥安康的哲学观与人生态度紧密相关,是中国特色的“善恶有报”的苦情悲剧。由于中国古代文化与艺术产生于前现代条件之下,是一种主客不分的、混沌的哲学与审美思维,因此反而可以弥补西方现代哲学与审美主客二分与工具理性主义之弊端。所以,许多理论家认为如果在现代工业革命时期,中国哲学与美学难以为西方接受,那么在反思现代工业革命的后现代,中国传统哲学与美学反而能够发挥更大的补救作用。

(二)从中国当代现实出发,借鉴传统文化精髓,创造新的文化艺术元素,使之走向世界

文化是人的生存方式,中国文化与文学艺术是中国人生存方式的文化与审美的反映。我们在新世纪要立足创新,立足当代中国现实,借鉴传统文化精髓,创造出新的反映中国当代人精神风貌的文化与审美元素(话语),使之走向世界。创造新的文化、审美元素与话语是一个非常重要而艰巨的任务。其前提是立足中国当代现实,借鉴中国传统文化以及力倡创新精神。在学术上我们要创造新的美学与艺术理论中国话语,在文学艺术上我们要创造出新的中国元素。这样我们才能够获得应有的话语权。

四、充分发挥美育的育人作用是美育文化传承创新的要旨

对于美育来说,它在文化传承创新中的作用集中地表现为充分发挥它的育人功能,因为,文化的最基本功能与作用就是育人,培养高素质的人才。

(一)充分发挥美育的世界观教育作用

美育归根结底是一种世界观教育,即培养学会审美生存的一代新人。学会审美生存就是一种世界观,是一种以审美的态度对待世界的世界观,是当前后工业的"生态文明"时代的世界观。如果说原始时代的世界观是一种巫术世界观,农业文明时代的世界观是一种宗教世界观,工业文明时代的世界观是一种工具理性世界观,那么,在"生态文明"时代则应该确立一种审美的世界观,力倡一种"共生"与"相融"的亲和的人生态度,以这样的态度对待自然、他人与自身。这种审美世界观的确立只有通过审美与艺术教育才能达到,因为审美是一种"亲和",一种"肯定",一种"相融",一种"诗意地栖居"。

(二)充分发挥美育的情感协调作用

美育是一种情感教育,这已经被美育学科的创始人席勒充分论证。他认为审美使人进入一个特殊的情感的王国。这种情感教育具有特殊的情感协调作用,在使社会达到和谐境界上具有特殊的不可代替的作用。众所周知,对于社会矛盾的处理有法制、道德与美育三种渠道。法制的渠道凭借具有强制性的法律,道德

凭借具有道德约束的规范，这两者都带有强制的性质。只有美育通过潜移默化、循循善诱的情感感化的方式，是一种发自内心的自觉自愿，是一种内在的调剂，具有更加理想的效果。

（三）充分发挥美育在育人中的“中介”作用

美育是真与善、科学与道德、感性与理性的中介，这是德国古典美学已经作了认真论证的。席勒有言：“要使感性的人成为理性的人，除了首先使他成为审美的人，没有其他途径。”①美育在育人中的中介作用首先表现在人格的培养方面，主要是美育作为情感教育对于人的“情商”的提升至关重要。“情商”与人的健全人格的形成关系密切，是“理智的大脑”对于“情感的大脑”控制的结果。美国行为与脑科学专家丹尼尔·戈尔曼在《情感智商》一书中指出人有一个“理智的大脑”，那就是人的感官接收到外界的刺激后经过大脑皮质做出的比较理智的反应；而另一个“情感的大脑”是指人接受到刺激后不经过大脑皮质，直接通过作为边缘系统的杏仁核做出迅速反应，这样的反应是情感性的，往往比较冲动与盲目。他举了一个夜归的父亲遇到女儿搞恶作剧躲在衣橱内突然跳出准备吓唬父亲，而父亲无法思考，只在杏仁核的作用下开枪打死女儿的事例。② 所以，作为美育组成部分的情商的提升是健全人格形成的必由之路。

美育的“中介”作用还表现在学校教育之中。那就是美育具有特殊的“审美感受力”的培养作用，这种“审美感受力”是人的健

①[德]席勒：《美育书简》，徐恒醇译，中国文联出版公司 1984 年版，第 116 页。

②[美]丹尼尔·戈尔曼：《情感智商》修订版，耿文秀、查波译，上海科学技术出版 1998 年版，第 10—14 页。

全素养的不可缺少的有机组成部分,缺少了这种“审美感受力”的人不仅缺少了生活的乐趣,而且在素养上也是不健全的。同时,美育也是学校德智体教育的不可缺少的组成部分。从德育来说,美育是德育不可缺少的手段,而且美育还包含着荣辱感与羞耻心等德育因素。从智育来说,美育所包含的审美力中的想象力是智育的重要组成部分。爱因斯坦就认为想象力比知识更重要,是科学研究的实在因素。从体育来说,美育与体育作为身心两个方面是相辅相成的关系,须臾难离。

总之,缺少美育的教育是不完整的教育,缺少美育的文化建设同样也是不完整的文化建设,美育具有不可代替的重要作用。这就是我们的结论。

高校大美育体系的现代化建构①

纵观人类数千年文明史，“美”是人的永恒追求，它如一缕微光，伴随人类文明的不断积累与进步，它以永恒的姿态，激发出人类无穷的想象力和创造力。对美的追求，已经成为人的一种存在方式，进行关于“美”的教育，是人类文明传承的重要方式。自古至今，中外教育家也充分认识到了“美”对于教育的价值：《论语·泰伯》中记载了孔子“兴于诗，立于礼，成于乐”的教育思想；柏拉图在《理想国》中将培养“身心既美且善”的公民视为教育的归宿。当人类进入工业社会之时，1793 年，德国著名诗人、哲学家席勒提出了“美育”的概念，自此，美育与德育、智育、体育相互交织、相互渗透，成为近现代教育的主体内容。

在高等教育领域，欧美发达国家高校普遍将美育作为通识教育的重要组成部分，将“文化”与“艺术”置于教育的中心，重视以美育促进人的全面发展。在我国，虽有蔡元培等众多教育大家的奋力疾呼，但直到改革开放之前，美育始终未在国家层面受到应有的重视。长期以来，我国教育界对于美育的地位、定位存在讨论和争议，在理论上不少学者认为美育从属于德育，在教育实践

①本文系与王敏合作完成。原载《中国高等教育》2017 年第 7 期。

中也存在以智育代替美育的现象。针对美育在我国教育发展中的失语和缺席,教育部原部长、原国家教委副主任何东昌同志曾经明确指出:"没有美育的教育是不完整的教育"。这一论断,是对中外教育规律的科学总结,也是在我国教育开启现代化转型之路时,对美育定位的科学认识。

2015年9月,国务院办公厅印发《关于全面加强和改进学校美育工作的意见》(以下简称《意见》),成为我国第一个美育工作的指导文件。高等教育界应当意识到美育依然是德智体美"四育"中的薄弱环节,美育的育人功能还未受到广泛重视,美育工作的滞后已不能充分适应我国高等教育改革与发展的要求。因此,我们必须重新认识美育的价值,继改革开放之初的美学热潮之后,再次打造"以美育人、以文化人"的教育环境,真正落实"立德树人"这一根本任务。为此,我们首先应当明确美育的本质和内涵,探讨在新形势下高校美育现代化建设的重要性和必要性,进而为高校大美育的现代化建设规划有效路径。

一、美育的本质是人性的教育

"美育"即"审美教育"。它于1793年由德国著名诗人、哲学家席勒在《美育书简》一书中首次提出,并于20世纪初经梁启超、王国维、蔡元培等美育奠基人引入我国。此后,美育在我国经历了百余年的曲折发展历程。1999年,中共中央、国务院在《关于深化教育改革,全面推进素质教育的决定》中第一次正式将美育写入国家教育方针,并与德育、智育、体育并列共同成为素质教育的重要组成部分。

21世纪的今天,我国已经进入现代化发展的新阶段,随着经济崛起、社会进步、国际化程度日益增加，社会的方方面面已经并正在发生深刻的变化。在现代化进程中，马尔库塞所说的“单向度的人”、德国古典哲学提出的“异化”的人对当前高校的育人工作仍是有力警醒，而要拓展人的思维、健全人格，就必须恢复“美学的向度”。这是因为，传统的智育很难解决思想观念和人的发展问题，单纯的德育手段在价值观多元化的现代社会也往往有现实局限性，而美育作为感性与理性的桥梁，“入人也深、化人也速”。审美的培养和情感的陶养，可以使人以审美的态度对待社会和生活，以情感升华道德操守和行为，以艺术想象拓展心智和创新思维。因此，美育可以成为人格培养中知与意的中介，个人行为中自律与他律的中介，社会生活中科学与人文的中介，学校教育中德、智、体的中介。总之，美育是一种行为健全的人格教育、全面发展的素质的教育、心理健康的情感的教育，美育的本质是人性的教育。

纵览美育的发展史，众多大家先哲都对美育的本质和价值进行过深入探讨，为我们在今天重新认识美育的现代意义提供了借鉴。蔡元培在《美育与人生》中论述道：“美育之目的，在陶冶活泼、敏锐之性灵，养成高尚纯洁之人格。”认为美育的作用是陶养人的“伟大而高尚的行为”，并提出著名的“美育代宗教”说。王国维在《论教育之宗旨》中竭力倡导美育，主张以美育培养“完全之人物”。可见，人性的教育既是美育的本质，也是美育的最高价值。

我们还应看到，美育是一个历史的概念，它的意义随着历史的发展而不断变化，并被时代赋予新的意义。在全球化时代，“人的自由全面发展”成为从精英化转向大众化的高等教育的至高追求，在此背景下，美育作为人性的教育，比以往任何时候都更为重要。新时代的高校美育，要紧紧抓住人性教育这一本质，立足大学生身心成长规律，消解现代化对青年人的各种异化，发挥美育的育人功能，通过艺术美、自然美、社会美、生活美等多样化途径，在潜移默化中对大学生进行心灵情操的陶冶、健康审美力的培育和人文素养的提升，从而塑造学生健全人格、促进学生全面发展。

二、高校美育现代化建设正当其时

当前，国内外高校对美育都十分重视，我国教育部门近年来也多次发文强调各层各级学校要重视并发展美育工作，美育工作已取得了较大进展。但相较于其他教育阶段，高等教育层次的美育实施和普及工作进展缓慢，在当前整个高校的评估体系中，也几乎不包含美育的成分。总体上看，高校对美育现代化建设的重要性和必要性缺乏统一认识，对美育工作缺少统一规划，美育仍是高等教育中的薄弱环节。

早在2003年，教育部曾在全国普通高校艺术教育工作会议上指出，我国高校的公共艺术教育工作存在“三个不到位”，即“领导认识不到位”“课程设置不到位”和“教育管理不到位”。十余年后，2015年国办印发的《意见》中再次指出，“一些地方和学校对美育育人功能认识不到位，重应试轻素养、重少数轻全体、重比赛轻普及，应付、挤占、停上美育课的现象仍然存在；资源配置不达标，师资队伍仍然缺额较大，缺乏统筹整合的协同推进机制”。《意见》实施一年多以后，这些问题在高校美育工作中仍普遍存在，管理机制、师资队伍、课程设置、经费资源等方面都缺乏保障。要突破高校美育工作困境，必须从根本上重视高校美育“以美育人、以文化人”的育人功能。

1. 美育是德智体各育的“综合中介”

美育的价值和功能突出体现为对德智体其他各育具有渗透协调作用，是德智体各育的“综合中介”。首先，美育是培养高尚道德情操的必不可少的重要手段，有辅翼道德的天然属性。在高等教育中，德育是规范性的教育，偏理论化，而审美具有情感驱动力，德育借助美育，则能够达到“潜移默化、熏陶感染”的效果，美育在不知不觉中施以教化，给人深入心灵的道德启示。其次，美育是培养想象力和创新思维的重要途径。一个人的智能中最活跃的因素是心智能力，包括抽象思维能力和想象思维能力，想象思维能力是一种创造性思维能力，它不仅是艺术的核心，更是从事科学研究的关键。此外，审美活动可以调节大脑机能，提高用脑效率，创新人才与创新思维的培养都离不开美育。最后，美育与体育作为身心两个方面的教育，相互之间的关系是相辅相成的。精神生活有利于身体各个器官的调节，而体育运动本身也包含着美的因素。美育以心灵的健康为其目标，体育以身体的健康为其目标，心灵的健康一定会促进身体的健康，身体的健康又是心灵健康的基础。

2. 美育具有不可替代的独特育人功能

美育作为“综合中介”与德育、智育、体育相辅相成、相互促进，但不能因此就把美育视为从属于德智体各育，把美育工具化和边缘化。1999 年颁布的《关于深化教育改革，全面推进素质教育的决定》中对美育有明确定位：“对于促进学生全面发展具有不可替代的作用。”因此，高校美育在教育功用上是同德智体各育处于同等地位的，并在高校立德树人和促进大学生全面发展方面有独特的育人作用。

美育不同于工具理性(知识)、价值理性(道德),它强调人文精神,有其特有的培养审美世界观的作用、情感协调作用和文化养成作用,不仅能够提升人的审美素养,还能够潜移默化地影响人的情感、趣味、气质、胸襟,激励人的精神,温润人的心灵,其强烈感染力是一般的教育形式所不具备的。高校美育是沟通科学与人文的桥梁,是感性与理性、形象与思想、情与境、知与意的直接统一,对大学生人格的塑造更全面、更立体,方法更形象、更生动、更丰富,在高校分学科专业化的人才培养体系中,其育人作用是任何其他教育形式都不可代替的。可以说,没有接受过任何形式美育的学生,其人格发展和文化结构上将会存在着缺陷,既不能成为"高素质人才",也无法很好地应对现代社会的挑战。

3. 美育是传承创新中华优秀传统文化的重要载体

文化传承创新是高校在育人、科研和社会服务任务之外的第四大职能。高校既是培养学生文化认同、促使文化薪火相传的重要场所,也是繁荣文化、发展文化和创新文化的主要阵地。高校美育是传承创新优秀传统文化的重要载体,承担着优秀传统文化传承创新的重要任务。高校美育应当站在民族文化传承创新的高度,深入挖掘中华优秀传统文化,借鉴传统文化精髓,汲取中华文明优秀成果,创造新的文化艺术元素,通过人才培养,使中华文化走向世界。在高校美育实践中,则应立足我国现实,以文化本位、中西交融的立场,以审美和人文素养培养为核心,引领学生树立正确的审美观念、陶冶高尚的道德情操、培育深厚的民族情感、激发想象力和创新意识,使其拥有开阔的眼光和宽广的胸怀,强化青年学生的文化主体意识和文化创新意识,增强其传承弘扬中华优秀文化艺术的责任感和使命感。

三、构建以美育人、以文化人的“大美育”环境

当我们对美育的本质及其对于高等教育现代化发展的重要意义进行了分析与探讨之后，美育在实践层面上的核心问题随之而来，即美育要培养什么样的人，以及如何培养这样的人。美育的目的，是培养具有健康的审美观、较强的审美力和创美力，能以审美的态度对待自然、对待社会、对待自身的人才。换言之，美育的任务，就是要使受教育者具备健全的人格，成为“生活的艺术家”。

在高等教育领域，《意见》发布之后，学术界与教育界同人已经进行了多次研讨，对美育的时代意义在认识上进行再次深化。可以说，我们迎来了新形势下高校美育发展的又一次绝佳契机。为此，高校无论是在人才培养还是在学术研究当中，都应当按照新的时代要求，广泛吸收当代教育学、美学、心理学等多学科的研究成果，建设新的美育理论和实践体系，突出时代性和现实性，打造以美育人、以文化人的高校“大美育”环境，促进现代化美育的实施，补齐高等教育美育的短板。

1. 在顶层设计上突出“大美育”的理念

加强高校美育，首先要在指导思想上树立“大美育”的理念。由于美存在于人们生活的各个领域，自然美、社会美、艺术美一切审美对象都可能成为美育的教材，社会生活中处处都可以成为美育的场所。因此，在高校的育人过程中，美育必然要渗透在学校

全部学习和生活过程之中。应当看到,虽然艺术教育是高校美育的重要手段,但美育的实施还有多种途径、多样形式。我们在对高校美育进行顶层设计时,不能把美育局限于公共艺术教育课程和通识教育之中,而要经过专门的规划和设计,将美育体现在各门学科、各门课程的教学活动中,形成课堂教学、课外实践、校园文化的育人合力,建立全面综合的审美教育。

"大美育"的重要特征是美育的社会化和社会的美育化。即除了学校把美育视为本职工作之外,文化、政治、经济、科技等系统都要责无旁贷地担当美育角色,发挥好美育的功能。《意见》中也明确规定,要建立学校、家庭、社会多位一体的美育协同育人机制,推进美育协同创新,整合各类美育资源,探索建立教育与宣传、文化等部门及文艺团体的长效合作机制,建立推进学校美育工作的部门间协调机制。因此,美育的主体不应局限于学校,而应该通过"大美育"的设计,搭建开放的美育平台,与政府单位、社会机构、艺术团体等开展广泛合作,建立起艺术展览、馆藏参观、主题讲座、社会实践等美育的课外活动体系。通过推进学校与社会的互动互联,打造开放合作的"大美育"环境。

2. 深化美育教学改革,完善美育课程体系

推进教学与课程改革是高校美育建设的重点环节。美育不是一门具体的课程,而是相对独立的教育体系,当前高校美育实施的关键是在整合现有文化艺术类课程的前提下进一步找寻新的体系。首先,高校应将美育纳入教学计划并计入学分,使美育全面进入第一课堂。课程建设方面分两个层次:第一层次是美育学和美育的基础理论课程;第二层次是文化艺术课程,涵盖文学、美术、音乐、影视、戏剧、舞蹈和园林建筑等丰富内容,以文化艺术的鉴赏和批评类、历史和思想类、知识和技能类这三大类课程为主体。高校美育课程建设要以艺术课程为主体，开设艺术鉴赏类、艺术史论类、艺术批评类、艺术实践类等方面丰富优质的美育课程。课程设置方面要符合教育运行规律和高校学生身心发展规律，一方面，要重视美育基础知识的学习；另一方面，又要处理好知识、技能与素养的关系。知识是美育的前提，技能是美育的基础，但高校美育的主要目的不是培养专业艺术家，也不是培养美学理论家，而是培养具有健全人格和审美素养的高素质人才。因此，在课堂教学中要注重对大学生艺术感受力、审美能力、思想感情的培养，多采用启发式、引导式教学。其次，开展以美育为主题的跨学科教育教学，围绕美育目标，发挥各个学科的优势，将相关学科的美育内容有机整合，增强课程的综合性，并根据社会文化发展新变化及时更新教学内容。最后，实践性是美育的重要特征，美育实践活动是高校美育课程的重要组成部分。高校应遵循美育的规律，加强美育实践活动环节，并纳入学生培养方案，实施课程化管理。在现有条件下，也可以开发利用当地的美育资源，建设美育实践基地，拓展教育空间。

3. 加强校园文化建设，营造美育的文化环境

校园文化环境是美育的重要载体，是“大美育”格局的组成部分。对于高校而言，校园文化不仅是学校办学理念、办学特色的体现，也是高校管理者和广大师生人文素养和文化品位的集中展示。作为师生生活、学习、工作的主要场所，校园的文化环境对师生的审美教育发挥着潜移默化的作用，深刻影响着高校美育的导向和质量。

根据《意见》中提出的要求，各级各类学校要充分利用广播、电视、网络、教室、走廊、宣传栏等,营造格调高雅、富有美感、充满朝气的校园文化环境。要让社会主义核心价值观、中华优秀传统文化基因通过校园文化环境浸润学生心田,引导学生发现自然之美、生活之美、心灵之美。此外,高校应当充分重视学校的美术馆、博物馆等文化场馆和设施建设,对学生免费开放,并充分发挥其功用,引导学生重视对文化和艺术场馆的利用,增强高校美育贴近学生的体验感和以美育人的实效性。高校还要与地方政府加强合作,吸引政府将更多的文化建设项目布点在学校,推动校内外文化资源设施共建共享。

当前,我国高等教育正着力深化综合改革,社会对高素质人才的需求、国民对高品质教育的需求都十分迫切。适应经济社会发展需要和满足受教育群体的需求是教育改革的动力和依据。增加高品质、内涵化高等教育的供给是当前深化教育改革的首要任务,也是高等教育供给侧改革的题中之义。美育是基于受教育者全面发展需求的教育形式,是人性的教育,具有不可替代的育人功能。发达国家高等教育的发展经验也表明,美育是高品质教育、全人教育的象征。因此,高等教育的改革创新和结构升级需要改变当前美育的现状,重视新形势下美育的现代价值和意义,把美育作为高教改革的突破口和着力点,努力在全社会打造现代化的“大美育”体系,形成全社会关心支持美育发展和青年学生全面成长的氛围,推动高校美育的整体发展,为建设高水平大学、推进高等教育现代化进程发挥应有作用。

关于当代美育的生态转型①

此次新冠肺炎的泛滥，酿成人类大祸，至今没有终止，给我们以空前的震撼与深刻的反思。反思人类的生存方式，也反思我们现有的学术研究，特别是反思在人与自然关系这一最基本问题上，如何由传统的人类中心论转到人与自然的和谐共生。这里就包括当代美育研究的生态转型。只有实现这样的转型，才能使得美育真正起到“培根铸魂”的作用，即培生态文明时代之根，铸生态文明时代之魂。只有这样，美育才能在面对生态灾难时发挥出“生态救赎”的作用。

一

美育从 1795 年席勒提出，迄今已经 200 多年，我国从 1903 年王国维先生将之引进，也已经 100 多年，当今为什么要实现美育的生态转型呢？

首先是时代的需要。马克思在《科隆日报 179 号社论》一文中指出：“任何真正的哲学都是自己时代精神上的精华。”②美育作为哲学的组成部分，也应该成为时代精神的反映。我们的时代，从 1972

①原载《美育学刊》2020 年第 4 期。

②《马克思恩格斯全集》第 1 卷，人民出版社 1956 年版，第 121 页。

年斯德哥尔摩国际环境会议之后就跨入了生态文明时代。1972年国际环境会议概括的生态文明时代的两个基本特征是:其一,人与自然的共生;其二,发展与环保的双赢。一切的人文社会科学都要反映这两个时代的基本特征,包括美育在内。总之,时代的转型要求美育的转型,美育的生态转型是时代之需要。众所周知,美育是18世纪末期由席勒在著名的《美育书简》中提出,所针对的是封建残余与工具理性对于人的自由的双重剥夺,因而,席勒倡导美育以“自由”为其标志。席勒还以继承康德理性论哲学为其追求。席勒与康德距今均已200多年,他们的哲学与美学均是工业革命时期的哲学形态,作为德国古典哲学美学早就被恩格斯在《费尔巴哈与德国古典哲学的终极》中宣布完成了历史使命;我国是1903年王国维最早倡导美育,20世纪初期蔡元培倡导“以美育代宗教”,也是在启蒙主义提倡“科学”与“民主”的背景之下,距今100多年了。从20世纪初的启蒙到21世纪的新时代,已经发生了巨大的变化,在当今后工业的“生态文明”新时代,美育的生态转型乃时代发展之必然趋势!

同时,诺贝尔奖获得者保罗·克鲁岑认为,当前地球已经进入“人类世”时代。所谓“人类世”,就是说人类的活动极大地或者说从根本上影响到地球与自然环境;人与自然的矛盾空前加剧,环境压力十分剧烈,人类的“生态足迹”(ecologicafootprint)早就超过应有负荷的1.5倍。在这里需要特别说明一下,什么是“生态足迹”。所谓“生态足迹”,就是指“这个星球的人类需求和地球能提供的容量之间的关系”,具体指满足一个人的基本生活需要并吸收其所产生的废物的土地面积。① 这个生态足迹负荷

①[美]德内拉·梅多斯等:《增长的极限》,李涛、王智勇译,机械工业出版社2006年版,第3页。

目前已经严重超标,从而导致生态灾难频发,包括“非典”与最近的新冠肺炎疫情,此后有可能成为常态。在这种情况下,人类亟须调整人与自然的关系,由人与自然的对立走向生态共生,实现新时代的生态转型。目前,由人的滥发自然所造成的新冠肺炎疫情仍然在蔓延,这就是现时代的状况,急需人类改变人与自然的对立关系,在一切领域尽快实现生态转型。总之,包括美育在内的人文学科的生态转型,是时代的需要,只有实现这样的转型,才能使美育真正发挥作用。

其次,是学术发展的需要。我国人文学科哲学面对生态文明新时代,都有一个哲学基础理论调整的紧迫问题。传统人文学科的哲学基础是“人类中心论”,在生态文明新时代需要调整到人与自然共生的生态整体论。众所周知,所谓“人类中心论”强调人与自然的对立,力主人类高于自然,为自然立法,特别是试图“战胜自然”。但这是错误的,所谓人与自然的对立或者说盲目的战胜自然,必将导致如此次疫情这样的“生态灾难”的严重后果。正如恩格斯在著名的《自然辩证法》中所发出的警示:“我们不要过分陶醉于我们对自然的胜利。对于每一次这样的胜利,自然界都报复了我们,每一次胜利在第一步,我们确实都取得了我们预期的结果,但是第二步和第三步却有了完全不同的、出乎意料的影响,常常把第一个结果取消了。”①实践完全证明了恩格斯的正确和人类中心论所谓战胜自然的严重后果!我们需要划清人类中心论与生态整体论的界限。摒弃人类中心论,走向生态整体论。

同时,生态转型也是美育学科自身建设的需要。需要由单纯

①《马克思恩格斯选集》第3卷,人民出版社1972年版,第517页。

的过度的人性解放到兼顾自然万物的权利与保护,实现人与自然的共生。这里需要划清“人的解放”与“人与自然万物共生”的界限。由单纯对于人的关心走向关心包括人类在内的生态共同体。众所周知,德国诗人席勒在著名的《美育书简》中指出,他所谓的美育即是人性的自由解放,他说,“正是因此通过美,人们才可以找到自由”,又说“想使感性的人成为理性的人,除了首先使它成为审美的人以外,再没有其他的途径”①。很明显,席勒仍然立足于传统理性主义的人道主义,是一种典型的人类中心论,须加以改造,使之由传统的人道主义转到人与自然共生,即新的生态人文主义。传统人道主义只强调人自身的“自由与权利”,完全漠视自然万物的“自由与权利”,属于典型的“人类中心论”,而新的生态人文主义则力图将“自由与权利”的范围扩大到自然万物,实现人与自然万物的共生,唯其“共生”,人类才得以美好生存!

当然,生态转型也是中国当代美学改造的需要,即由“美是人化的自然”转到“美是生命共同体的稳定和谐与美丽”。众所周知,中国当代美学以“实践论美学”为其标志,力主“人本体”“实践本体”“工具本体”与“人化的自然”。这诸多“本体”与“人化”其出发点是“人类中心论”,是十分明显的。这是与生态文明时代相背的,必须加以改造,由“美是人化的自然”转到“美是生命共同体的稳定和谐与美丽”。这是一种新的美学概念,由生态伦理学的诞生为其标志。著名的生态伦理学的开创者之一利奥波德在《沙乡年鉴》中提出著名的“土地伦理学”并阐释了新的伦理观与美学观。他说:“当一个事物有助于保护生物共同体的和谐、稳定和美

①[德]席勒:《美育书简》,曹葆华译,《古典文艺理论译丛》第5册,人民文学出版社1963年版,第73页。

丽的时候,他就是正确的,当它走向方面时,就是错误的。”①

二

现在,我们需要进一步讨论一下当代美育生态转型的内涵。首先从美育的作用来看,必须从传统的人的“个体的情感教育”转型到包括生态伦理的“人类终极关怀”。众所周知,传统美育是一种“情感教育”。席勒认为,美育是在力量的王国与法则的王国之间建立一个愉快的王国,运用了康德情乃知与意之桥梁的观点。席勒认为,这种情感教育是人摆脱了动物性之后与现实世界建立的“第一个自由的关系”。很明显,这里的“情感教育”是一种人类对于个体自身的关怀,而在新的生态文明的时代,人类仅仅有对于人的自身的关怀是远远不够,还需要将其关怀的视角拓展到自然,拓展到生命共同体。这就要求美育必须包含生态伦理的内涵。正如当代生态伦理学的先驱利奥波德所言:“只有当人们在一个土壤、水、植物和动物都同为一员的共同体中,承担起一个公民角色的时候,保护主义才会真正可能;在这个共同体中,每个成员都相互依赖每个成员都有资格占据阳光下的一个位置。”②

其次,从哲学基础上看,要从传统的人类中心转型到生态平等,也由人与自然对立转型到敬畏自然。人类从 18 世纪工业革

①[美]奥尔多·利奥波德:《沙乡年鉴》,吉林人民出版社 1997 年版,第 213 页。

②[美]奥尔多·利奥波德:《沙乡年鉴》,吉林人民出版社 1997 年版,第 216 页。

命以来,人类中心论就占据压倒的地位,成为哲学、各种人文社会科学的指导思想。对于中国当代美学与美育来说,具有极大影响的德国古典哲学与古典美学就是人类中心论的代表性理论,美育领域受康德与席勒的人类中心论影响极大。在当前生态文明新时代,必须将之调整到生态平等与敬畏自然的正确轨道上来。试想,如果审美仍然被界定为"人化的自然"而没有生态的平等,那么不是鼓励对于自然的没有节制的"肆意人化"而造成生态灾难吗? 这是一种严重的后果! 生态整体论要求生命共同体的平衡、稳定与和谐,就是对于"人化"行为的一种必要的限制!

再次,从审美对象上看,要由传统的艺术审美转型到包括自然的审美,也由区分性审美转型到融入性与进入性审美。传统美学基本上是一种艺术美学,在一定程度上排除了自然审美,而生态文明时代的生态美学必须包含自然审美,这正是当代环境美学产生的一种机缘。众所周知,环境美学就是产生于纠正单纯的艺术美学对于自然美的遗忘,划清了自然审美与艺术审美的界限。艺术审美是一种区分性的对象性审美,而自然审美则是一种融入性的参与式审美。这两种审美反映了人与自然的截然不同的关系,艺术审美之中人与自然是一种相互对立的关系,而自然审美则是人与自然的一种亲密的融入性关系。这种自然审美是一种身体的审美,也是一种走进自然的审美,学者们将之称为是一种具有生态意义的"生态行走"(ecologywalk)①。我们在自然审美中要以审美的态度对待自然万物,亲近自然,走进自然,与自然共生,尊重自然万物在环链中的生存权利,尽量不去打

①[美]贝尔德·卡利科特:《众生家园》,薛富兴译,中国人民大学出版社2019年版,第226页。

扰自然万物!

其四,从审美类型上看,要由共通性审美转型到地方性审美,也由单一性审美转型到多样性审美,这也就是目前环境美学所倡导的"place"即"地方"理论。"地方"是当代西方环境美学与生态批评的重要论题。诚如布伊尔所言:"我的住所是'我的地方'而非'我的空间',因为我感觉它不同于一间陌生的酒店客房。地方可以引起浓厚的联想,空间引起的联想是薄弱的,除了被当做'神圣'而分离出来的崇高'空间'。这种空间会引起无限共鸣,很接近'地方'引发的日常特有的亲密感。"①很明显,所谓"地方",乃是活生生的人居住的"家园",具有人气,具有亲密感,具有丰富的多样性,而不是缺少人气的"空间"。传统的艺术审美常常是一种具有极大共通性的形式性的审美,仅仅是一个"空间"。但自然审美则是一种具有丰富色彩与人气的"地方性"审美。欧亚大陆与南北各方,乃至不同的地区,甚至每个村庄城市,作为不同人群的"家园",均有不同的人气,成为各具特色的美景,都有其个性特色。这就是生态审美的"地方性"与"生命性"所在,是生态之多样性与生命性的体现,也体现了"望得见山,看得见水,记得住乡愁"的城市建设原则,是对于当前千城一面的城市与乡村建设的批判。

其五,从生活方式上看,要由消费主义转型到简约生活。当前疫情的发展与居家隔离,使我们意识到生活方式转型的必要性,从什么都敢吃到拒吃野生动物;从消费主义转向简约生活,够了就行,使之成为生态审美的必要内涵,融入我们的生活方式之

①[美]劳伦斯·布伊尔:《环境批评的未来》,刘蓓译,北京大学出版社 2010 年版,第 71 页。

中,使得这次疫情成为生活方式革命的一种契机。“简约生活”原则体现了每个人保护“生态环链平衡”的高度自觉性。所谓“生态环链平衡”,即指每个物种都仅仅享受生态环链之上的权利而不加超越,从而保护了环链的平衡,生命共同体得以自然运转。在生态环链之中,只有人这个物种才是有自己的意识的,才能自觉保护环链的平衡。但人处于环链之最高端,又是最重要的,人的自觉保护就为环链的平衡奠定了基础。而提倡简约生活,贯彻“够了就行”,就是自觉保护环链平衡的最重要行动!是人的终极关怀的体现,是一种超越人类利益的高尚行为,崇高品德。应该将这种高尚行为与崇高品德教育于下一代,传承到年轻人,确保人类永续安宁!

三

美育的生态转型还标志着,我们的美育教育和科研重心将由单方面重视西方美育资源的运用,逐步转型到中西兼顾,更加重视中国本土资源的运用。

长期以来,由于美学与美育作为现代意义之上的学科是最早出现于西方的,而其学科意义上的资源也相对较为集中于西方,我们又在一定程度上缺乏文化自信,所以,美学与其他人文学科的发展是一种“以西释中”的路径,主要学术资源运用的是西方资源,美育更是如此。但美育的生态转型却告诉我们,真正意义上的富有生态意味的美育,西方倒反而不如中国丰富。众所周知,中国传统社会是农业社会,以农为本,遵循“天人合一”的文化模式,是一种日出而作日落而息的生活方式。所以,我们认为,中国传统文化从根本上说是一种生态文化,生态文化在中国传统社会中是一种原生性文化,中国文化之中包含丰富的生态资源。

《周易·易传》之“生生之谓易”即是中国传统生态文化的最基本表达。所谓“生生之谓易,成象之谓乾,效法之谓坤,极数知来之谓占,阴阳不测之谓神”;“一阴一阳之谓道也,继之者善也,成之者性也”(《周易·系辞上》)。这里以“生生之谓易”与“一阴一阳之谓道”,概括了中国传统思维模式,万事万物均在生生与阴阳之道中发生,发展,变迁,成长,最后衰落。这是人类,万物,与艺术之规律,包含着丰富的生态意蕴。其具体表现是儒家之爱生,所谓“仁者爱人”;道家之养生,所谓“道法自然”;佛家之护生,所谓“众生平等”,均包含浓浓的“生”之意味。中国传统文化中有关生态智慧的格言更是举不胜举,如,“子钓而不纲,弋不射宿”;“辅万物之自然而不敢为”;“天地有大美而不言”;“与天地合其德,与日月合其明,与四时合其序”;“斧斤以时入山林,不夭其生,不绝其长也”;“是故易有太极,是生两仪。两仪生四象,四象生八卦”;“天地与我共生,而万物与我为一”;“圣人之处国者,必于不倾之地,而择地形之肥饶者”;“天育物有时,地生财有限,而人之欲无极”,如此等等,不一而足,无比丰富,成为生态文化建设极好的资源,也成为美育建设的极好教材。当前,国家明确提出“文化自信”与“坚守中华文化立场”,给我们以鼓励与支持。这次疫情之中,中医作为中国传统文化发挥了巨大作用,充分说明中华传统文化的强大生命力。我们要以此为榜样与鼓舞,在未来的美育建设中努力继承中国传统文化中的美育精神,发扬这种精神,运用好传统文化中的美育资源,建设好新时代中国自己的具有本土特色的美育话语。这是我们光荣的学术义务。

最后,我要特别强调,当代美育的生态转型不是在传统美育之外建设一个与之并列的生态美育,而是对于传统美育的超越与彻底改造,意味着我们已经进入一个“后美育时代”也即“后理论”时代,就是对于现代主义的“人类中心论”的理论进行反思与超越的美育建设时代。

第 四 编

美育问题探讨

美育初探

“美育”作为一个独立的名词是德国诗人席勒在他的主要美学著作《美育书简》中首次提出的。关于它的含义，我们可借用著名教育家蔡元培先生的一句话说明。他说：“美育者，应用美学之理论于教育，以陶养感情为目的者也。”由此可知，所谓美育也就是审美教育。它的任务是培养人民特别是青年的健康的审美趣味，发展其对美的鉴赏能力，从而激发他们为创造美好的事物而斗争。从内容上来说，它主要指艺术教育，但又比艺术教育宽泛，还包括运用自然美和社会美作为审美教育手段。

一

“美育”这个名词尽管出现在18世纪末，但审美教育却古已有之，并一直为中外历代政治家、思想家和教育家所重视。有一句名言：只要一个民族还在爱美，这个民族就有希望。这是十分有道理的。

在西方，早在公元前5世纪，大思想家柏拉图就非常重视艺术教育，他在《理想国》中认为，艺术教育是培养城邦保卫者的不可缺少的重要手段。他这里所谓的城邦保卫者即是奴隶主贵族的接班人，而理想的接班人则应是“心灵的优美与身体的优美和谐一致","对于身体用体育,对于心灵用音乐,而音乐应该在体育之前"。到了 18 世纪,资产阶级的启蒙思想家一般都把审美教育当作宣传启蒙的手段。例如,卢梭在其《爱弥儿》中就提出"回到自然"的口号,主张儿童在大自然的环境中培养起对美的事物的兴趣和爱好,使他们的自然素质不致被腐蚀。席勒也是一位受到启蒙运动思潮影响的思想家。他将美与人的解放,以及自由相联系,认为只有"通过美,人们才能达到自由"。他把人分成三类,即感性的人、理性的人和审美的人,并认为"要把感性的人变成理性的人,惟一的途径是使他变成审美的人"。

目前,艺术教育在西方各国占有重要地位。从小学到大学都有艺术方面的课程,就大学教育来说,西方教育家主张培养全面的人,认为教育内容应该"综合化"。例如,联合国教科文组织高等教育与教育人员培养局主任德·纳日孟在其《为什么要高等教育》一书中说:"应该培养全面的人,以各种广泛领域的知识武装的人,既要有科学又要有文化。"因此,在目前西方的许多理工科大学中人文科学课程也要占到总学时的五分之一。这些人文科学的课程包括管理学科、心理学科、历史哲学与文艺。在我国古代,也一直是重视艺术教育的,我国古代的教育内容就是所谓"六艺",即"礼、乐、射、御、书、数"。"礼"反映了人与人之间的等级关系,礼的教育可使社会等级分明,因而放在首位,而音乐教育则可调和社会矛盾,使之达到和谐,因而仅次于礼列于教育的第二位。

在近代中国,美育的积极倡导者是王国维、蔡元培和鲁迅。王国维认为,精神方面的"教育也分三个部分:智育、德育、美育(即情育)"。蔡元培与王国维一致,主张体、智、德、美四育,认为这样才能培养"健全的人格"。鲁迅也一直重视和倡导艺术教育,认为艺术教育可以“渊邃人之性情,崇尚人之好尚,亦可辅道德以为治”。

二

马克思在《资本论》中谈到未来的共产主义教育时,认为应该“造就全面发展的人”。这里所说的“全面发展的人”就是指既具有意志力,又具有认识力、审美力并且身体健康的人。而在过去,我们对德、智、体三育讲的较多,而对美育却讲的较少。其实,美育也是十分重要的。它旨在培养人的审美能力,而审美能力是一个“全面发展的人”所必须具备的能力。所以,美育也是培养共产主义全面发展的新人的重要手段之一。

为什么审美能力是一个“全面发展的人”所必须具备的能力呢？首先我们要了解人与动物的本质区别到底是什么。众所周知,动物只能本能地适应自然,它本身就属于自然的一部分,不能自己认识自己,不能按照某种意图去生活。而人则不仅能适应自然,更重要的是能够通过实践去改造自然,并通过这种有意图的实践活动去认识客观世界,也认识主观世界。因此,人同动物的最根本的区别就是动物只能凭本能活动,而人却能进行有意图的劳动实践,而实践本身则形成了真、善、美的领域。所谓“真”就是实践对象的必然性规律,属于客观范畴;所谓“善”就是实践中主体在某种愿望、利益和目的的推动下作用于客体的过程,属于主观的范畴;而所谓“美”,则是真与善的直接统一,是利益的满足、目的的实现,在具体对象之上人的自我肯定,它反映了主客观之间的关系,处于“真”与“善”的中介地位。同实践中形成的“真、善、美”的领域相应的,人们也就有了“知、情、意”这样三个方面掌握世界的能力。所谓“知”,是指认识客观对象规律的认识能力;所谓“意”,则是反映人们的意志、愿望的意志力;所谓“情”,即指审美能力,是主体对实践成果的一种肯定性的情感评价,也就是因为实践中目的的实现,人的自我肯定而引起的一种赏心悦目的愉快。这种审美能力兼具意志力和认识能力的特点,处于两者的中间地位。因此,认识能力、意志能力和审美能力都是人类通过劳动实践所获得的掌握世界的能力,是其区别于动物的本质特征。正如马克思在谈到审美能力时所说:“动物只按照它所属的那个物种的标准和需要去制造”,而人则“按照美的规律来制造”。而且,这三种能力也是一个身心健康的、健全的人所必须具备的、缺一不可的。因为失去了其中的一个方面,人的心理就将失去平衡,其他两个方面的能力都将受到抑制。就拿审美能力来说吧,如果失去了它,人的实践活动就将失去动力。诚如列宁所说:“没有‘人的情感’,就从来没有也不可能有人对于真理的追求。”而且,如上所说,审美能力是人区别于动物的本质特征之一,是理性的人区别于动物的人的一个根本标志。因此,审美能力越发展,越说明人类朝文明时代不断进步,而审美能力的减弱,则是人类文明的倒退。高尔基曾说:“照天性来说,人都是艺术家。他无论在什么地方,总是希望把‘美’带到他的生活中去。他希望自己不再是一个只会吃喝,只知道很愚蠢地、半机械地生孩子的动物。他已经在自己周围创造了被称为文化的第二自然。”由此可知,人类越朝前发展就越文明,审美能力就越强。而到共产主义社会,人类则应具有极高的文明,极强的审美力。因此,美育既是我们培养社会主义与共产主义全面发展的新人的重要手段,也是我们改造社会、推动人类进步的重要手段。

三

现在，我们要进一步探讨美育与德、智、体三育的关系。不论从理论上还是实践上，美育与德、智、体三育都有着不可分割的密切关系，是这三育的不可缺少的条件。

首先，看一看美育与德育的关系。德育旨在培养正确的政治观点和高尚的道德观点，是从理智上的对客观社会现象的评价。而理智的评价总是以情感的评价为必要条件，理智上的好恶总是以情感上的爱憎为前提。因此，美育对于德育来说是不可缺少的。它是培养高尚的道德情操的重要手段。正如鲁迅所说："美术可以辅翼道德。"例如，爱国主义的思想就同热爱祖国的感情紧密相联。因为，我们在说"祖国——母亲"这一概念时，它对于我们来说不是抽象的，而是具体的。它包含着对祖国几千年灿烂文化的自豪，包含着对亿万勤劳勇敢的祖先的热爱，包含着对万里锦绣山河的眷恋，包含着对党和人民在困难中用心血对我们关怀培养的感激；包含着对鸦片战争之后帝国主义侵略我国的痛恨……这样一些具体的感情就凝聚成强烈的爱国主义激情，从而产生作为中华儿女的尊严感，产生祖国虽然贫穷但我们却应更加热爱祖国建设祖国的道德感。因此，德育必须借助于美育的手段，而且美育的强烈的感染性则是一般的理论教育所不具备的长处。由于这样的长处，它常常收到很好的效果，给人以长久的深入心灵的政治与道德启示。例如，保加利亚著名的共产主义战士季米特洛夫在莱比锡法庭上同法西斯分子勇敢沉着地进行斗争，就受到车尔尼雪夫斯基的小说《怎么办》中革命者拉赫美托夫形象的感染和影响。而且，正因为美育是德育的必要条件之一,所以一切真正伟大的艺术家也都是道德高尚的人,例如,德国伟大的音乐家贝多芬就具有蔑视权贵、坚贞不屈的高尚品德,他在遗嘱中写道:“把‘德性’教给你的孩子:使人幸福的是德性而非金钱。这是我的经验之谈,在患难中支持我的是道德,使我不曾自杀的,除了艺术以外也是道德。”

其次,看一看美育与智育的关系。美育与智育也有着密切的关系。因为,审美能力也是人的智能的一个方面,而审美能力中的想象力则是科学思维所不可缺少的手段。所谓想象力是一种凭借形象的艺术思维能力,而科学则是凭借概念的理论思维能力。两者之间是有区别的,但又紧密联系,互相补充。作为科学思维尽管主要凭借概念,但除了最抽象的数论研究之外,一般都有借助于形象的想象的辅助。因为只有借助于想象力,才能想象出肉眼观察不到的事物如何发生、如何作用,并从而提出假设。例如,1957 年在坦桑尼亚发现古猿人化石,只有一片颅骨和几枚牙齿,但科学家却借助于想象力逼真地复原了古猿人的形象。再如,德国气象学家魏格纳生病住院期间发现大西洋两边海岸线相似,非洲西部和南美东部犹如一张撕成两半的纸,于是,他借助想象力提出了“大陆漂移说”。还有著名的牛顿因苹果落地而发现万有引力的事例。因此,爱因斯坦断言:“想象力比知识更重要。因为知识是有限的,而想象力概括世界上的一切,推动着进步,并且是知识进步的源泉。严格地说,想象力是科学研究中的实在因素。”不仅如此,审美活动还可以调节人的精神,从而提高学习效率。现代科学实验证明,人的大脑半球是有区别的,左半球主逻辑思维,右半球管形象思维。而大脑皮质的活动表现为兴奋和抑制的过程。如果大脑的某个部分长期处于兴奋状态，就会引起疲劳而转化为抑制，工作效率就要降低。如果在紧张的科学思维之后有一个轻松的文体活动，就能转换兴奋中心，使左半球大脑皮质迅速进入抑制状态，得到必要的休息，从而提高工作效率。著名的科学家爱因斯坦就同时是出色的钢琴和提琴手。他常在深邃缜密的相对论研究工作之余弹奏贝多芬的乐曲。而且，在现实生活中也常常会出现这样的情况：一些既努力学习又积极参加文体活动的学生，表面上看学习时间少了，但实际上却比一些死读书、不参加文体活动的学生的效率高。这就是有些学生总结出来的一条经验：八减一大于八。

最后，看一看美育与体育的关系。美育与体育作为身心两个方面是相辅相成的。心灵的健康一定会促进身体的健康。高尚的精神生活一定有利于对身体各个器官的调节。我国古代的健身之道首先讲究修身养性，就较好地反映了身心之间的这种辩证统一的关系。相反，有些人的身体不健康就常常是由于精神的因素造成的。另外，体育运动本身就包含着美的因素，即美的节奏和造型等等。这几乎渗透于一切体育项目，其中尤以体操、滑冰等最为明显。

四

美育在今天有着重要的现实意义。首先，它是扭转“十年动乱”中形成的美丑颠倒的不良社会风气的重要措施。“十年动乱”给我们国家带来了深重的灾难，它不仅使我国的经济面临崩溃的边缘，而且给我们民族在精神上造成巨大的创伤。这种精神创伤的一个重要表现就是美丑颠倒，是非混淆。我们可以具体地来看一下这方面的情况。

众所周知,“四人帮”在文化上搞所谓“大扫荡”“破四旧”,将人类的宝贵文化遗产、我国长期形成的民族美德、我党的优良作风和各种法律制度统统斥为“封、资、修”,而列入“彻底扫荡”之列。而各种卑下低劣的社会陋习和精神垃圾则伴随着各种社会渣滓的粉墨登场而一起泛滥起来。这对我们青少年一代的毒害最为严重。这种毒害到今天仍未真正肃清。首先是由于长时期精神食粮奇缺,使青少年一代不能接触优秀的文化成果而变成美盲、乐盲、画盲,以致闹出有的青年误将贝多芬当作当代我国女高音歌唱新星的笑话。再就是美丑颠倒,以美为丑,以丑为美。例如,在毕业分配中,有的学生服从祖国需要,主动要求到边远地区、艰苦地区工作,这种行为本身既是善的,也是美的,但却有个别学生将此讥笑为“傻”。这就是以美为丑。再如,考试作弊,本来是很低级卑下庸俗的丑行,在正常的情况下人们是将其同偷窃一样看待的。但这些年有些学生却认为这种丑行不丑。许多学校虽几经整顿考试纪律却难以完全杜绝作弊现象,这就是所谓以丑为美。当然,还有其他方面的事例。总之,对于这种不良的美丑颠倒的社会风气必须彻底扭转,而一个重要的途径就是借助于美育。通过美育使广大青年分清美丑,逐步扭转美丑颠倒的社会风气。这是正面教育的方法、疏导的方法,必然产生很好的效果。

其次,美育具有培养广大青年思想文化上的免疫能力的重要作用。当前,我国在文化领域实行“双百”方针和对外开放的政策。这在有利于文化事业发展的同时,也不免产生一些封建落后的文化和资产阶级腐朽文化对青年一代思想情感的侵蚀等现象,在这样的情况下,是立足于“堵”,还是立足于“导”?实践证明,立足于"堵",无济于事,只有"导",才能奏效。而所谓"导"就是正确引导,即通过美育提高广大青年的审美能力,培养其健康的审美情操,增强其辨别美丑的水平。这样,才能正确对待封建落后的与资产阶级腐朽的文化产品。因为,文化产品的传播与接受是一个深层次的精神世界的问题,甚至是十分细微的情感世界的问题。任何强迫和压力都不起作用,只有通过美育途径,进行精神与情感领域的建设,才能提高人们的免疫力。

最后,美育也是建设社会主义精神文明、保证"四化"建设的重要措施。党的十一届三中全会给我们规定了建设四个现代化的社会主义强国的奋斗目标。社会主义现代化既包括物质文明,也包括精神文明,而且,两者互为条件,互相促进。精神文明是物质文明的重要保证,没有高度发展的精神文明就不会有高度发展的物质文明。因为,高度发展的社会主义的物质文明必须有相应的高度发展的社会主义文化、道德风尚与之适应,而美育就是建设社会主义精神文明的必要措施。因此,我们必须加以重视。

五

既然美育具有这样重要的作用,那么,在实践中怎样加强这方面的工作呢?

首先,建议正式将美育列为教育方针的内容之一。要求学生做到德、智、体、美全面发展。毛泽东在《关于正确处理人民内部矛盾的问题》中指出:"我们的教育方针,应该使受教育者在德育、智育、体育几个方面都得到发展,成为有社会主义觉悟的有文化的劳动者。”实践证明,这个教育方针是正确的,对于发展社会主义教育事业发挥了重大的作用,今后我们仍要继续认真地贯彻执行。但总结我们的经验,并结合新的现实情况,还是应该把美育同德、智、体并列,作为教育方针的一个必不可少的内容。特别是通过“十年浩劫”,更从反面使我们认识到社会主义教育应该明确地将培养共产主义新人作为自己的目标,而美育就是培养共产主义新人的重要手段之一。而且,正式将美育纳入教育方针,就在总的教育思想上给了美育以应有的地位,可用以统一各级教育部门和教育工作者的认识,使之将美育贯彻到教育工作的各个环节。

其次,应在课程设置中体现美育的内容。教育工作具体表现于教育计划的执行,而教育计划的主要方面则是课程设置。因而,加强美育就应在课程设置中体现美育的内容。目前,我们高等院校在这方面极其薄弱,许多院校几乎是空白。我们认为,无论是文、理、工、农、医各科,均应开设美育方面的选修课程,例如美学概论、中外美术简史、中外音乐简史、中外文学简史以及文学、艺术欣赏方面的课程。从目前情况看,这类课程可占总课时的2%—5%。也就是要求学生在三年或四年中选学一门至三门这类课程。此外,平时可不定期地安排艺术欣赏方面的讲座。这类讲座尽管不占课时,但也要列入计划。

再次,为了加强美育方面的工作,各高校均应设立美育教研室。美育既然是教育方针的一个方面,并正式列入课程,那就要在组织上予以保证,设立相应的美育教研室,以便有专人研究此项工作,准备有关的课程。这个教研室的教师来源于有关艺术院校的艺术学科。它的任务是承担美育方面的课程和平时的美育讲座任务。

最后，从条件方面来说，各高校都应在建筑上做到朴素、美观，在环境上做到清洁、美化，使学生在优美的校园中身心自然而然受到美的陶冶。而且，各校都应尽力逐步建立美育设施，如艺术馆、电影放映室等等。艺术馆中可陈列中外名画，并设有音乐欣赏室，学生可在开放时入内欣赏中外著名艺术作品。

（本文写于 1982 年 9 月）

谈谈美育

美育是教育科学的重要分支，属综合性边缘学科。在当代社会，在两个世纪之交，美育具有特别重要的意义。美育的加强与否，关系到一个民族的基本素质，从这个意义上也可以说关系到一个民族的兴衰。正如一位著名人物所说：只要一个民族还在爱美，这个民族就有希望。

一、什么是美育

美育最初由德国著名诗人席勒于1795年在《美育书简》中提出，近代由蔡元培、鲁迅、郭沫若等介绍到我国。

美育的含义即情感教育，其任务是培养健康高尚的审美能力，包括审美感受力、审美鉴赏力、审美创造力等。它使用自然美、社会美与艺术美的手段，目的是按照美的规律塑造青年一代的美好心灵，培养一代新人。它不是培养专业艺术家，而是培养生活的艺术家，即以审美的态度对待生活、创造生活的新一代。

二、美育的地位

1. 美育在西方的地位

早在古希腊时期，柏拉图就在其著名的《理想国》中提出通过艺术教育培养城邦保卫者的问题。文艺复兴时期许多人文主义思想家、教育家都很重视美育。18世纪启蒙主义思想家都无不例外地把审美教育作为宣传启蒙思想的手段。

1795年席勒在著名的《美育书简》中将美育界定为情感教育，指出“想使感性的人成为理性的人，除了使他成为审美的人以外，再没有其他的途径”。从席勒开始，美育才成为一个近代教育概念。

当前西方社会为了适应社会科技发展，需要培养全面的综合化的人；同时由于激烈的竞争、获取利润，把审美力视为重要生产要素，因而十分重视美育。美国麻省理工学院（MIT）本科360学分，文艺与社会科学72学分，占20%。

2. 美育在我国的地位

我国早在奴隶社会就提出著名的礼、乐、射、御、书、数“六艺”，美育是重要内容。封建社会儒家提出著名的“诗教”“乐教”概念。近代王国维、蔡元培、鲁迅等力倡美育。当前我国明确提出素质教育问题，改变原有应试教育，美育是其内涵之一。

三、美育的实质

目前在美育实质问题上的分歧，有从属论、形象教育论、情育论三种不同的看法。我们力主美育的实质是情感教育，旨在健康的审美判断力（情感判断能力）的培养。这是新时代全面发展的高素质人才的必备条件。

四、美育的作用

——健康的审美判断力的培养

第一,审美判断力是人类文明的标志。美是劳动的产物,人类文明的结晶;审美判断能力也是劳动的产物;社会的进步就是人类对美追求的结晶。

第二,审美判断力是一个健康发展的人的心理结构的必要组成部分。劳动中形成了真、善、美的不同领域;相应的有了知、情、意的能力;审美力作为知与意的中介是心理健全的人不可或缺的因素。

第三,审美判断力是确立伟大信念的巨大情感动力。人的伟大信念是至善的目标,又是社会美的理想;审美判断力是强大的欣赏美、追求美、创造美的情感力量。

五、美育与德、智、体三育的关系

1. 美育与德育的关系

美育是实施德育的必不可少的手段;理智的评价以情感的评价为前提;道德情感是统一道德认识与道德行为的桥梁;美育的强烈感染性则是一般理论教育所不具备的;美育具有一种潜移默化的特殊作用,而其形象性更适合青年的心理特征。美育本身包含荣辱感、羞耻心等道德因素。

2. 美育与智育的关系

审美力是人的智能不可缺少的方面。形象思维是人的智能的重要组成部分，在科学活动中具有重要作用，当前培养审美力是开发智能培养新一代科技人才的重要途径；审美活动可以调节人的大脑机能，提高学习和工作效率；史贝里关于大脑两半球分工的理论，"假消极状态"对学习效率的提高；美学知识是当代科技工作者知识结构的重要方面；时代的发展对产品提出更加美化的要求，要求人们不仅按照科学规律生产，而且按照美的规律生产。由此生产美学、技术美学应运而生。

3. 美育与体育的关系

两者作为身心两个方面相辅相成，而美同样是体育所追求的目标，体育运动本身也包含着美的因素。

六、美育的现代意义

1. 问题的提出

时代向人类提出迎接21世纪的重大课题，在跨世纪发展中国与国、民族与民族之间的竞争说到底是科技的竞争，实质是人才的竞争，审美力在当代人才素质中占有重要地位，越来越成为生产力的重要要素（从素质、智力与知识的角度）。

2. 美育的现代意义

第一，有利于培养现代人高尚的审美素养。从席勒以来当代的众多思想家都试图解决工业化、电子化以及资本生产所带来的在情感、社会、环境与精神等各个方面的异化现象；学会关心——21世纪教育的首要任务。

第二,美育有利于培养现代高科技人才不可缺少的形象思维能力。形象也是思维的元素,它的发展有利于智力的开发。

第三,美育有利于培养更多的生活的艺术家,以审美的态度去对待生活,创造美好的生活。当代心理学界在智商之外,又提出“情商”的概念,而且更为重要,成为一个人正确地面向社会创造美好生活的更重要因素。

3. 加强美育的措施

第一,牢固树立教育适应现代经济的观念,大力提高全民审美教育意识。

第二,落实加强美育的各项措施。作为教育计划的有机组成部分,设置应有的课程,建设必备的设施,增加经费投入。

第三,广大青年朋友要从迎接新世纪、振兴中华民族、提高素质的高度,进一步提高美育的自觉性,提高自己的审美能力,以审美的态度对待人生,创造更美好的生活。

(本文写于1998年5月)

关于美育问题的答问[①]

[编者按]第三次全国教育工作会议上，美育作为素质教育的有机组成部分，同德育、智育、体育一起，被明确地提到了关系国家民族发展前途的高度，有关美育问题的各种探讨也因此引起了教育界、学术界的广泛关注。2000 年 3 月，著名美学家、教育家、山东大学校长曾繁仁教授就当前美育理论和实践中的一些重要问题，回答了本刊编辑部的提问。(《文学前沿》编辑部)

问：如何准确看待美育在当代教育体系中的位置?

答：当前在美育的地位和作用问题上，有“末位论”和“首位论”之争。所谓“末位论”，即指美育的地位与作用列在德智体之后，处于不重要的“末位”。而所谓“首位论”，即认为美育是各类教育的核心和根本。我认为，不论是“末位论”还是“首位论”，都没有真正反映美育的地位和作用。美育的地位和作用应从其“中和美育论”的本质派生出来。从“中和美育论”出发，美育在各育中的地位和作用应是一种“综合”“中介”“协调”的地位和作用。康德在《判断力批判》中就将审美作为真与善的桥梁(中介)。席勒继承康德，在《美育书简》中指出：“要使感性的人成为理性的人，除了首先使他成为审美的人，没有其他途径。”而孔子在《论

①原载《文学前沿》2000 年第 1 期。

语》中则针对君子的培养途径指出:“兴于诗,立于礼,成于乐。”(泰伯篇)所谓“兴于诗”,即从诗歌中获得启发,“立于礼”则是从礼教中掌握处世做人的规范,而“成于乐”则是君子的培养通过音乐最后得以完成。“成”即有综合、协调之义。这当然由美育的中和教育的本质所决定。由于美育旨在培养和谐协调的情感,塑造和谐协调的人格,实现人与对象和谐协调的目的,因此,尽管德智体各育都有其独特的不可替代的作用,但和谐协调人格的最后完成还得依赖于美育对其他各育的综合协调。这就是说,无论一个人接受了多少文化知识和道德规范的教育,但只有在他接受了审美教育之后,其文化知识和道德规范的教育才能最后发挥作用,而使其成为一个“文明的人”“文化的人”。正是从这个意义上,我们说,美育是人类文明的标志。因为,只有文明的人类才有对美的追求。任何动物同自然一体,无美丑之感;而脱离人群、脱离社会的孤立的人也不会具有对美的追求。正如康德所说,一个生活在孤岛上的人是不会爱美并因而去修饰自己的。正因此,我们认为美育在各育之中既非“首位”,也非“末位”,而是起到综合、中介、协调的作用。美育的这种独特的地位与作用是其他任何一种教育所不可代替的。

问:与传统美育观念相比较,当代美育的突出特点是什么?

答:与传统美育观念相比较,当代美育的确有其十分突出的特点。

第一,在美育的社会地位上,传统的美育观念仅将其看成育人的手段之一,而当代却将美育提到关系社会发展大局的高度。在1999年召开的第三次“全教会”上,颁布了《关于深化教育改革,全面推进素质教育的决定》,将美育作为素质教育的有机组成部分,同德、智、体其他各育一起提到关系国家民族前途命运的高度。这不仅在实践上，而且在理论上都是重大突破，使美育具有了从未有过的重要意义，从而走到社会与学科的前沿，成为“显学”。

第二，在美育的社会作用上，传统的美育观念仅仅消极地将其看成是克服资本主义社会“异化”现象的途径之一，而当代却充分揭示了美育在经济与社会发展中的重要作用。当前，知识经济初见端倪，而知识经济时代十分依赖知识资本，知识共享成为推动经济发展的最重要因素。这种由货币资本为主到知识资本为主的转变，要求摒弃工业经济时代科学主义的工具本位，进一步要求以人为本。因为，人创造了知识，掌握并运用知识，其本位作用从未有过地凸显出来。这是新的知识经济时代具有崭新意义的人本主义。它不同于资产阶级革命时代的人本主义，主要不是一种政治的要求，而是一种经济的要求。因为，知识及创造、运用知识的人在经济发展中发挥了从未有过的重要作用，这就使包括美育在内的人的素质的提高在经济发展中成为生产力的重要组成，从而处于关键的地位。美育的作用也从席勒等思想家反复强调的对“异化”的解决，提升到对经济与社会发展起决定作用的高度。同时，新时期还是市场经济占据主导地位的时期，不仅资本主义国家，而且社会主义国家都实行市场经济。市场经济主要有其促进经济与社会发展正效应的一面，但市场规律所产生的市场本位、金钱本位及拜金主义倾向也有其不可忽视的负效应一面。为了克服这种负效应，除了大力加强法制建设，还应大力倡导人文主义精神，将人的全面发展与对人的全面关怀提到突出位置。而美育就是人文精神的组成部分，就是人的全面发展与对人的全面关怀所不可缺少的方面。20 世纪在经济、社会、科技、文化等各个方面都取得了辉煌成就。但人类在 20 世纪也有着重大失误，那就是科学主义泛滥，环保意识淡薄，对自然资源掠夺式的开发，对环境造成愈来愈严重的破坏,这些都向人类的生存亮出了“黄牌”。在这样的形势下,全世界的有识之士提出了可持续发展问题,我国也将其作为基本国策。而所谓可持续发展也就是和谐发展,要求人与自然、人与社会、历史与未来、开发与建设处于一种和谐协调的状态。也就是要求人类以审美的态度对待自然、社会与生产活动。这正是美育所要着重确立的人的审美的世界观问题。当然,还有一个以审美的世界观对待人类自身的问题。当代由于科技与市场经济的高度发展,竞争机制的加速形成,生活节奏的空前加快,人类迅速由田园牧歌式的生活方式进入快速高效的现代节奏。这固然给人们的生活注入了前所未有的活力,但也对人们的身心形成空前未有的压力,精神疾患成为难以控制的世纪病、时代病。人类应该拯救自身,特别是拯救自身的心理缺损,这已成为全世界共同的课题。当然,这主要靠国家通过立法与制定政策建立社会公正,大力发展心理治疗。另外,通过美育,使人类真正做到审美地对待自身,使生理与心理得到和谐健康的发展。

第三,从美育在教育中的作用看,美育在传统的应试教育中处于不重要的位置,在当代,美育则成为现代素质教育的重要组成部分。应试教育是农耕时代的贵族教育与工业时代的群体化教育的基本特征。因为贵族教育以选拔英才为核心,而群体化教育以培养划一的工业劳动后备军为核心。应试教育以“智育”为核心内容,以应付考试为根本目的。因此,应试教育必然忽视包括美育在内的非智力因素,美育在应试教育中处于十分不重要的地位。当代,人类逐步走向知识经济时代,迈向 21 世纪。各国为了适应经济与社会的需要,都不约而同地摒弃应试教育,倡导素质教育。素质包括智力因素与非智力因素,而针对当前教育的弊病又更多地强调意志、情感等非智力因素。我国大力倡导在文化素质教育中占有重要位置的美育,并将其写入教育方针。西方各国教育家也提出了多种加强素质教育的理论,倡导包括美育在内的非智力因素的教育。其中之一是美国著名发展心理学家霍华德·加德纳提出的“多元智能理论”。这种理论认为正常人至少拥有七种相对独立的智能形式,其中不仅有主要反映审美能力的音乐智能,其他六种智能也都同审美力有关。而且,艺术教育实践恰恰又是加德纳任所长的哈佛大学“零点项目”研究所的重要课题之一。所谓“零点项目”,即认为人们过去花费了大量的精力和金钱研究逻辑思维,推进科学教育,而对形象思维和艺术教育的认识却微乎其微,因而应该从零开始,弥补科学教育研究与艺术教育研究之间的不平衡,因而将其项目命名为“零点项目”。30多年来,这一项目成为美国和世界教育界持续时间最长、规模与投入最大的项目,至今已投入数亿美元,在艺术教育等许多领域取得令人瞩目的成果。再就是美国著名心理学家戈尔曼等人提出的“情商”(EQ)理论。所谓“情商”即“情绪商数”,是同智商(IQ)相对立的,它是一种控制与调整自己的情感的能力。有的学者认为,在人的成功因素中,情商(EQ)所起的作用占到80%以上。对此,尽管在学术界还有争论,但情感因素及与此相关的美育的重要性越来越引起人们的重视却是毋庸置疑的。同时,也说明美育在当代教育中的作用愈来愈重要。

第四,从学科上看,同传统的观念相比,美育学科由冷到热,同时,其学科面也由单一学科到多学科的交叉、渗透和综合。从历史上看,1793年席勒出版《美育书简》,第一次提出“美育”的概念,当时美育只是传统美学学科的不重要的组成部分。美学的重要组成部分包括美论、审美论与艺术论,美育只是其附属部分。

但时代发展到20世纪中期以后,美学学科发生了根本的变化。那就是,在古代,整个美学学科都在纯理论的层面上探讨美是什么的问题,由古希腊柏拉图提出"美是难的",到德国古典美学家康德与黑格尔先后提出"美是无目的的合目的的形式"与"美是理念的感性显现"等著名命题,成为人类对美的认识的最高成就和在纯理论层面探讨美的集大成的综合性成果。在我国也有美在主观、美在客观、美在主客观关系以及以实践观点理解美等等理论。这些理论都不免有纯思辨哲学的性质,不同程度地脱离人的现实生活。正因此,当代许多理论家不满足于这种对美的纯理论的思辨性探讨,从而赋予美学探讨以强烈的现实性。他们将那种古典的纯理论的思辨性的美的探讨批评为"形而上",并从现象学、存在主义与解释学美学的崭新角度探讨美与人的生存状态的关系问题,表现了这些理论家对人类命运的终极关怀。德国著名解释学美学家海德格尔提出,人类应该"诗意地栖居于这片大地"的重要命题。所谓"诗意地栖居"就是"审美的生活",从而将美学与改善人类生存状态紧密相联,也将美学从纯理论的思辨思考拉向现实人生,而人生美学从某种意义上说就是美育。这就使美育从美学的一个并不重要的分支走到美学学科的前沿,超越纯理论的思考而成为最重要的课题。这确实是新时代美学学科的一个巨大变化。而美育的学科面也由单一的美学学科的一个分支发展为美学、教育学、心理学、社会学、思维科学以及脑科学等多种学科的交叉、渗透与综合。特别是脑科学对美育的渗透,使美育学科有了坚实的自然科学基础,并取得新的突破。脑科学即神经科学,是用多学科手段综合研究脑的正常功能和脑疾病机制的一门新兴科学。美国国会曾批准20世纪90年代是"脑的十年";日本政府认为21世纪是"脑的世纪"。脑科学的发展也是人类深化对自身认识的一个标志。20世纪后半叶是脑科学取得巨大进展的时期，特别是对左右脑功能研究的深化，使得具有“开发右脑”功能的美育在开发人的潜能，特别是智力方面的作用愈来愈重要，从而从自然科学的角度为美育在新时期的重要地位提供了有力的佐证。20世纪60年代，美国加州工科大学的罗杰·史贝利为治疗癫痫病人，由切断连接左右大脑胼胝体的裂脑病人发现，人的左右脑功能不同。左脑主管语言、读写、计算等机械性功能，右脑则主管情感等功能。由此，史贝利获诺贝尔生理学或医学奖。同样也获得诺贝尔生理学或医学奖的霍金博士认为，右脑还借助遗传因子传递人类过去的信息。1980年，美国的布莱克斯利出版《右脑与创造》一书。1995年，日本的春山茂雄出版《脑内革命》一书，提出右脑能量是左脑的十万倍。以上观点尽管还有不同看法，但美育具有特殊的发掘人的潜能，特别是开发右脑的作用却是不争的事实，从而使开发右脑、加强美育具有从未有过的革命的意义。

问：当前美育的主要任务是什么？

答：当前美育的主要任务是认真落实第三次“全教会”上发布的《关于深化教育改革，全面推进素质教育的决定》（以下简称《决定》）中关于美育的性质、地位、作用与任务的重要论述。《决定》第一次将美育作为素质教育的有机组成部分，同德智体其他各育一起提到关系民族与国家前途命运的高度。《决定》还正式将美育列入新时期我国的教育方针和培养目标。《决定》指出，实施素质教育就是全面贯彻教育方针，“以提高国民素质为根本宗旨，以培养学生的创新精神和实践能力为重点，造就‘有理想、有道德、有文化、有纪律’的德智体美等全面发展的社会主义事业建设者和接班人”。《决定》进一步明确了当前美育的作用：陶冶性情、提高素养、开发智力,促进学生全面发展。《决定》提出了新时期美育的任务:尽快改变美育薄弱状况,将其融入教育的全过程。具体要求各类学校安排学生一定学时的美育课程,开展丰富多彩的课外文艺活动。同时要求各级政府为学校美育创造必要的物质条件。

问:当前美育研究中的重要问题有哪些?

答:当前美育研究中有一系列重要课题,择其要者有以下六项:

第一,深入研究第三次"全教会"从素质教育的高度对美育的性质、地位与作用的阐述。第三次"全教会"从素质教育的角度对美育地位与作用的高度重视,在我国审美教育史上是从未有过的、空前的,意义深远。我们应很好地领会,从中吸取力量,增强使命感与责任感。同时,应更深入地探讨美育与素质教育的关系。

第二,对知识经济时代美育功能与地位的深入研究。知识经济正向我们走来,我们应深入研究美育在知识经济时代所具有的崭新意义。特别是知识创新作为知识经济时代的重要特征,信息产业作为这一时代标志性的产业,从而将创新意识及与此相关的想象力更加凸显出来。我们应深入研究在这样的知识经济条件下美育的崭新内涵及其更加重要的功能与地位。

第三,对创建有中国特色的美育理论的研究。当前的美育理论基本上是借助西方的成果,特别是康德与席勒有关审美与美育的论述。要创建具有中国特色的社会主义美育理论,一要处理好中外、古今的关系,既要吸收西方有关美育理论的精华,又要从我国古代诗教、乐教及有关"中和之美"的理论中吸取营养;既要借鉴古代传统,更要扎根于我国现实。二要从美育作为综合性、交叉性学科的特点出发，从美学、教育学和心理学、社会学、脑科学与思维科学的联合攻关及学科整合中取得新的突破与进展。

第四，对美育本质的深入研究。对美育本质的探讨，即是对“美育”这一范畴的内涵进行深入而科学的研究，是美育学科理论建设的最基本要求。目前，关于“美育”的本质，有主张美育附属于德育的“附属论”，有主张美育的手段凭借形象的“形象教育论”，有主张美育的目的是培养全面发展的人的“全人教育论”，还有席勒在《美育书简》中为美育所确定的“情感教育论”等等。但我本人则在情育论的基础上，吸收中国古典美学精华，提出“中和美育论”。也就是说，我们认为美育的本质是通过培养协调和谐的情感，进而塑造协调和谐的人格，达到人与自然社会的协调和谐。以上有关美育本质的各种理论均需更深入的探讨，以期推动研究的深化。

第五，对美育史的研究。历史研究是逻辑研究的基础，并给逻辑的研究提供丰富的思想资料。当前美育史的研究要贯彻三个结合：一是史与论的结合，要从美育理论基本范畴的产生、发展、深化中研究美育的历史，起到推动美育研究的作用。二是中西结合，中西均有丰富的美育历史，但又各有特色。要从比较中研究、探讨其异同，总结出规律。三是古今结合，贯彻“古为今用”的原则，从建设现代特色的美育理论出发研究古代美育的历史。

第六，对美育实践，特别是美育评价体系的研究。美育是一门实践性、应用性很强的学科，因此，必须要从理论与实践的结合上探讨美育的重大课题。要很好地研究美育的实施，包括课程、课外活动、教学条件、师资队伍建设等等，特别是美育的教学评价问题。教学评价问题事关教育的方向与性质，现已在国际教育界引起广泛的重视。应试教育的重要标志就是采用非情景化的智商式测试方式,使人变成考试的奴隶,将智力因素(智商)作为唯一的评价标准,其结果必然是对学生创造性的扼杀。而情景化的评价方式,则不以智力因素为唯一评价标准,而更侧重于各种非智力因素。同时,又不采取死板的考试模式,而是采取有趣的场景化的鲜明活动,有意识地模糊课程与评价的界限,从日常的充分展示学生主动性的教学活动中,观察其多方面的素质状况,从而对学生作出比较客观公正的评价,并对其今后的学习提出建议。国外的某些教育家正是运用这种"情景化的评价方式"代替传统的考试,对艺术教育、情感教育等进行教学评价。我想我们在美育的实施中也应借鉴这种方法,并进行必要的试验。

论美育作为素质教育组成部分的重要意义①

第三次全国教育工作会议以党中央、国务院的名义发布《关于深化教育改革，全面推进素质教育的决定》（以下简称《决定》），将美育作为素质教育必不可少的有机组成部分，意义深远。这是对我们美育工作者的巨大鼓舞，也向我们提出了极其光荣而艰巨的任务。

一

《决定》第一次将美育作为素质教育的有机组成部分，同德智体其他各种教育一起提到关系党和国家前途命运的高度。《决定》总结了近百年及新中国成立五十年来，尤其是改革开放以来我国教育工作的经验与教训，明确地将素质教育的内涵界定为“德智体美等全面发展”。特别难能可贵的是，它从我国跨世纪发展的战略高度提出，素质教育关系到“我国社会主义事业兴旺发达和中华民族伟大复兴的大局”。而且从我国目前的实际出发，认为全面推进素质教育是我国教育事业的“一场深刻变革”，是党

①原载《福州师专学报》2000年第1期。

中央国务院做出的“又一重大决策”。无疑,上述有关素质教育重要性的论述,都包含着美育,这在审美教育的历史上是从未有过的,是空前的。

《决定》还在有限的篇幅中对美育的地位、作用、任务进行了全面的阐述。首先,它再次正式将美育列入新时期我国的教育方针与培养目标。《决定》指出:“实施素质教育,就是全面贯彻党的教育方针,以提高国民素质为根本宗旨,以培养学生的创新精神和实践能力为重点,造就‘有理想、有道德、有文化、有纪律’的、德智体美等全面发展的社会主义事业建设者和接班人。”其次,《决定》从现代教育理论的高度,针对应试教育的弊端,全面论述了包括美育在内的素质教育的全面性。具体到美育,其全面性体现在:面向全体学生;贯穿于幼儿、中小学、职教、成教、高教等各类教育;贯穿于学校、家庭与社会等教育的各个方面;同智德体等各种教育相互渗透、协调。第三,进一步明确了美育的作用,陶冶性情、提高素养、开发智力,促进学生全面发展。第四,提出了新时期美育的任务。总的任务是尽快改变美育薄弱的状况,将其融入教育的全过程。具体要求各类学校安排学生一定学时的美育课程,开展丰富多彩的课外文艺活动。同时要求各级政府为学校美育创造必要的物质条件。最后,明确提出高校开展美育活动的目的是增加学生的美感体验,培养学生欣赏美和创造美的能力。

二

《决定》将美育作为素质教育的组成部分具有极其重要的现代意义。因为,素质教育本身是一个具有现代性的概念,是知识经济时代对人的崭新要求。众所周知,工业经济以机械化的大生产为特点,要求教育其培养工业劳动者。这就使教育具有机械化、模式化的应试教育特点。而即将到来的知识经济则以知识创新的其特点,要求教育为其培养具有创新能力的新一代。这就必然使素质教育取应试教育而代之。

创新能力的培养是素质教育的核心,这就使美育在现代素质教育中占有前所未有的重要地位。因为,创新的重要因素是想象力。正如爱因斯坦所说,提出新的问题“需要有创造性的想象力,而且标志着科学的真正进步”。而美育的重要功能就是发展和提高人的想象能力。

三

“美育”是工业经济时代的产物。1793 年,德国诗人席勒作为德国古典美学的代表人物之一,首先提出“美育”的概念,并将其作为“情感美育”。这是站在时代前列的思想家针对工业经济机械化生活中的“异化”现象而提出的对策。20 世纪中期以后,随着计算机的诞生,信息产业逐步发展,人类的经济社会也逐步发生巨大的变化。在这样的形势下,美育作为素质教育组成部分的论题才得以提出。美育由“情育”到“素质教育的组成部分”是一种现代的提升,意义巨大。这就由消极的抵御“异化”现象转到积极地培养具有创新精神的新人。美育由席勒时代古典主义的呼唤希腊精神的“艺术教育”而发展到道德、心理、知识等多种教育形式的综合渗透,美育目的也由培养抽象的“审美的人”,而成为培养现实的具有高度审美能力全面发展的高素质人才。

美育由“情育”到“素质教育组成部分”的现代提升，不是偶然的，而是有其必然的经济、社会、学科与科学的背景。

第一，知识经济时代对人才提出了新的要求。知识经济时代即将到来，信息产业的发展成为时代的标志，知识与科技在经济发展中愈来愈起到举足轻重的作用。这样的时代对人才提出崭新的要求：一是要求人才具有创新能力，如前所述，创新能力的重要内容就是想象力。二是要求人才具有可持续发展的观念，所谓可持续发展就是和谐发展，要求人与社会、自然及人自身都处于和谐均衡发展状态。和谐发展的观念从根本上说是一种审美的态度，以审美的态度对待社会、自然与人自身。

第二，美学学科自身的发展。20世纪中期以来，美学学科有了长足的发展，由以德国古典美学为代表的对美本体的纯理论层面的探索发展到人的生存状态的终级关怀。美学学科的核心乃是对美的本质的探索。对美的本质探索的古典形态的最高代表为德国古典美学，着重于对美的本体的纯理论层面的逻辑思考，提出美是无目性的合目的性的形式与美是理念的感性显现等重要命题。20世纪以来，理论界感到以上古典命题同现实多有脱节，更多形而上的意味，于是试图摆脱。一是离开美的本质的探索，转而思考审美与艺术。再就是从现代人本主义的角度进入对人的生存状态的终极关怀。于是出现萨特、海德格尔、伽达默尔等存在主义与解释学美学家。特别是海德格尔提出“人类应该诗意地栖居于这片大地”的重要命题，论述了天地神人统一的重要美学观点。这就将美学由纯理论的思考拉向现实人类命运的探索，而人类命运的基点则是“诗意的”生活，即审美的生活，从而将美育的作用凸显到学科的前沿。

第三，教育学与心理学的发展。美育从来都是一个边缘交叉学科，与美学、教育学、心理学、社会学均密切相关。教育学与心理学的现代发展对美育地位的提升起到至关重要的作用。这主要是由于20世纪中期以来，与智商(IQ)相对的情商(EQ)理论的提出。有的学者认为，在人的成功诸因素中，情商比智商的作用更重要，甚至达到80%以上的比重。这一观点尽管在学术界仍有争论，但情商及其作用的论述无疑将美育提到较前更加重要的位置。

第四，脑科学的发展。20世纪脑科学的发展，发现美育有开发右脑、极大提高人类潜能即创造力的作用。20世纪中叶开始，科学家们在科学方面取得突破性进展，从自然科学的角度为美育的重要地位提供了有力的佐证。20世纪60年代，美国加州工科大学的罗杰·史贝利为治疗癫痫病人，由切断连接左右大脑胼胝体的裂脑病人发现，人的左右脑功能不同。左脑主管语言、读书、计算等机械性功能，右脑主管艺术、情感等功能。由此，史贝利获诺贝尔生理学或医学奖。同样也获得诺贝尔生理学或医学奖的霍金博士认为，右脑还借助遗传因子传递人类过去的信息。1967年，美国成立了著名的“零点项目研究所”，认为从美国建国200年以来，人们对形象思维了解甚微，等于从零开始，因此需要集中攻关。1980年，美国的布莱克斯利出版《右脑与创造》一书。1995年，日本的春山茂雄出版《脑内革命》一书，提出右脑能量为左脑10万倍的观点。以上脑科学的成就，使开发右脑，加强美育具有了革命的意义。

第五，江泽民同志在党的十五大报告中提出：到21世纪中叶实现中华民族伟大历史复兴的宏伟目标，为素质教育和美育的发展提供了最重要的前提。中华民族的伟大历史复兴有赖于改革应试教育的现状，培养高素质的创新人才。美育是素质教育的重要组成部分,美育的发展必将为高素质人才的培养和实现十五大确定的奋斗目标贡献自己的力量。

正是从这个意义上,我们认为美育作为素质教育的组成部分进一步得到重视和发展,正是时代的呼唤和需要。

培养学会“审美地生存”的一代新人①

从美学学科的独特视角思考构建和谐社会问题，当前最重要的就是培养学会“审美地生存”的一代新人。这是构建和谐社会的应有之义，也是实现构建和谐社会目标的根本动力之一。马克思认为，共产主义社会就是“人的自由发展的社会”，也就是“每一个人的自由发展是一切人的自由发展的条件”。按照马克思的观点，这种人的自由发展就是“人也按照美的规律建造”，对于一切压迫人、欺侮人的剥削制度的消灭。而从20世纪以来诸多西方哲人的思考来说，所谓人的和谐美好生存就如海德格尔所说是对传统的人的单纯“技术栖居”的超越，而走向人的“诗意地栖居”；也如马尔库塞所说，是对资本主义工业文明中“单向度人”的克服，而走向人的审美的生存。总之，人的和谐美好生存就是人的诗意地栖居，审美的生存。所谓诗意地栖居、审美的生存不仅是人的一种生存状态，而且更是人的一种生存态度。“审美的生存的人”是一种将审美提到本体的高度，作为世界观、以审美的态度对待他人、自然与自身的人。只有依靠这种具有审美世界观的人，才能建设人人都能美好生存的和谐社会。因此，培养学会审

①原载《光明日报》2006年4月24日。

美的生存的一代新人就成为构建和谐社会的重要任务。这就将美学提到当代世界观建设的本体的高度,将审美教育提到美学的中心位置。

审美的生存的一代新人应以审美的态度对待他人,这是社会美好和谐发展的重要保证,也是人类社会文明发展的尺度之一。以审美的态度对待他人是以20世纪以来逐步发展深化的"共生共荣"理论为指导的。20世纪以来许多有识之士深刻思考"主客二分"思维模式在西方资本主义现代化过程中所造成的种种弊端,在此基础上,当代西方哲人提出了"主体间性"理论和"交流对话"理论,我国也在有中国特色社会主义理论中正式提出"以人为本"的命题。这些理论观点的核心是以审美的态度对待他人,以共生、共荣、共赢与共同美好生存为其目标。以这样的审美态度处理国与国的关系,以世界各国人民的共同美好生存为其旨归。以这样的审美态度处理国内发展过程中出现的地区、城乡与贫富差距,就应通过法律、财税与行政等种种手段缩小这种差距。

同时,大力张扬一种回报社会、关爱弱者与贫者的"仁爱"精神。这是一个成熟社会所应具有的美好健康的社会风气,是促进社会和谐的重要的良好社会品德,应该成为社会主义精神文明的重要内容。

审美的生存的一代新人应以审美的态度对待自然。我国早在20世纪90年代就提出了可持续发展战略,同时美学界也提出了生态美学的理论,此后又将这一理论发展为生态存在论审美观。

这是中国美学工作者结合中国的文化与国情在美学领域的一个创意,是美学工作者社会责任的体现。众所周知,以审美的态度对待自然在我国显得特别紧迫。我国是有着13亿人口的大国，经济与社会发展中资源与环境的压力非常巨大，如果再不以审美的态度对待自然、尊重自然，不仅我国的经济建设与社会发展无法正常进行，而且我国人民的正常生活都难以为继。事实证明，大力倡导以审美的态度对待自然，发展当代生态审美观不仅是美学学科建设的需要，更是当代我国社会与经济建设的需要。

审美的生存的一代新人还应以审美的态度对待自身。长期以来，尽管人们对他人与自然的关爱不够，但对自身的关爱则更少。这恰是现代社会发展的一种二律背反，也就是社会的繁荣发展与人的生存状态常常处于相悖的情形，就是说社会越发展，人的生存状态则常常越加紧张也越有压力。因此在这样的情况下进一步发扬建设当代马克思主义人学理论是十分必要的。这就要在理论建设中，特别是美学理论建设中实现由传统认识论到现代存在论的转型，将人的生存问题提到理论建设应有的高度。当前，我国文化生活在社会主义市场经济推动下逐步走向多元，影视文化不断发展，大众文化日渐勃兴，人们在从未有过的广度上接受如此丰富多彩的文化与审美的享受。但由于盲目经济利益的驱动，导致庸俗低劣文化在一定程度上泛滥，使人们健康的精神生态受到某种威胁。因此，在当前的形势下，在保证文化与文学艺术丰富多样发展的前提下，适当净化文化市场，杜绝低俗文化，已经成为国人在精神生活上得以审美的生存的需要，也是我们美学工作者与文艺工作者的责任之所在。

人应以审美的态度对待自身还包括一个应以审美的态度对待我国传统文化的问题。我们只有深深地立足于民族文化之根上，才能找到自己深厚的精神依归，真正做到在精神生活之中的审美地生存。

审 美 教 育

——使人成为“人”的教育①

审美教育从18世纪开始，特别是20世纪以来人们已经谈得很多了，但到底应该如何看待审美教育，它在社会教育，特别是大学教育中应该占有一个什么样的位置却是需要进一步探讨的问题。我们的基本观点是：审美教育是一种使人成为“人”的教育，在新的世纪具有空前重要的地位。

一、审美教育的目的

——培养生活的艺术家

所谓审美教育也简称美育，其任务是运用自然美、社会美与艺术美的手段给人们以情感的熏陶，培养广大人民特别是青年一代的审美能力，按照美的规律塑造广大人民特别是青年一代的美好心灵，培养学会审美生存的一代新人。由此可知，审美教育就是一种人的教育，是使人学会做人，学会生活，从而成为全面发展、人格健全的“人”的教育。

我们从“审美教育”的首次提出者席勒的论述谈起。席勒

①原载《贵州社会科学》2008年第12期。

1795年在写给克里斯谦公爵的著名的《美育书简》中第一次提出“审美教育”这一概念。这本《书简》主要是试图通过美育克服资本主义初期出现的人性的“异化”，塑造“完整的人”。席勒首先将审美看作是人性的表现，是人与动物的重要区别。他说“什么现象标志着野蛮人达到了人性呢？不论我们对历史追溯到多么遥远，在摆脱了动物状态奴役的一切民族中，这种现象都是一样的：即对外观的喜悦，对装饰与游戏的爱好”。因此，他认为美育是培养人的精神达到整体和谐的特殊教育。他说：“有促进健康的教育，有促进认识的教育，有促进道德的教育，还有促进鉴赏力和美的教育。这后一种教育的目的在于，培养我们感性和精神力量的整体达到尽可能和谐。”

我们还可以回过头来从历史上追溯，看看纪元前的哲人们是如何讲的。古代希腊的哲人柏拉图在他著名的《理想国》中谈到“城邦保卫者”的培养时认为音乐教育具有特殊的作用。他说“心灵的优美与身体的优美和谐一致”，“对于身体用体育，对于心灵用音乐”，而音乐应该在体育之前。而中国的古代哲人孔子则将音乐教育的地位提得更高。孔子一直强调“君子”的培养，他在描述君子培养的途径时就认为“兴于诗，立于礼，成于乐”。在此，“乐教”处于极为重要的地位。

近代以来，为克服由于对理性与工具的过分强调而对人的发展所带来的片面性，在西方国家提出了包含美育在内的“通识教育”。所谓“通识教育”就是人的全面教育。1869年，艾略特就任哈佛大学校长，他的教育思想是“塑造整个学生比传授特定知识更为重要”，从此，“塑造整个学生”就成为哈佛的办学理念。1945年，哈佛大学提出著名的《通识教育》报告，俗称“红皮书”，这是美国第一部系统论述通识教育的纲领性文件，规定本科课程中应有八分之三的通识教育课程,包括自然、人文与社会学科各占三分之一。美育包括其中。

我国从20世纪初期开始结合中国的国情接受西方的审美教育思想。1906年,王国维提出"心育论"的观点,认为"心育"包括"德智美三育"加上"体育"是"德智体美四育并举"。这样才能塑造完全的人格。蔡元培更是力倡美育,在他任"国民政府"教育总长时将美育确立为教育方针,并针对崇洋派鼓吹基督救国、复古派鼓吹孔教救国,而主张"以美育代宗教说"。新中国成立后,在百废待举的形势下大力发展教育事业,在强调德智体三育的同时也给美育以一定的地位,我国教育部于1955年曾在颁布的有关文件中明确提出"德、智、体、美与生产技术"全面发展的培养目标,在实际工作中也给美育以一定的重视并取得明显成效。

总之,美育作为一种人的教育,不是旨在培养专业艺术人员,不是以提高学生的艺术方面的专业技术为目的,而是旨在培养"生活的艺术家"。所谓"生活的艺术家"是相对于专业艺术家而言的。他不是以艺术作为自己的职业,但却以艺术的、审美的态度对待生活、社会和人生。具体可表现为健康的审美观与较强的审美力。

所谓健康的审美观是指在审美过程中贯彻着意对情、理性对感性的某种统领,在美丑的辨别中贯穿着某种健康向上的精神。所谓较强的"审美力"也可以说是具有较为丰富的"创造的想象力",创造的想象力是审美力的核心,当然还包含着某种知识、理性精神与情感。

而作为"生活的艺术家"所具有的健康的审美观与较强的审美力则集中地表现为以审美的态度对待自然、社会与自身。以审美的态度对待自然就要热爱自然、保护自然,欣赏自然的美;以审美的态度对待社会则要以自觉、亲和的态度努力在人与人以及人与社会之间营造一种和谐协调的审美关系；以审美的态度对待自身就是要关爱自己的生命，做到心理与人格的健康发展。《周易》说“天地之大德曰生”。人的生命与生存是最宝贵的，要学会珍惜自己的生命。而心理与人格的健康则是人的生命与生存得以美好的必要条件。让我们珍惜自身，自觉地保护生命与心理及人格的健康，真正做到审美地生存、诗意地栖居。正如高尔基所说“照天性来说，人人都是艺术家。他无论在什么地方，总是希望把‘美’带到他的生活中去。他希望自己不再是一个只会吃喝、只知道很愚蠢地、半机械地生孩子的动物。他自己在他的周围创造了被称为‘第二自然的文化’”。

二、审美教育的作用

——在素质教育中的不可替代的作用

关于审美教育的作用，我国政府于 1999 年颁布的《关于深化教育改革全面推进素质教育的决定》中有一段非常重要的概括：“美育不仅陶冶情操、提高素质，而且有助于开发智力，对于促进学生全面发展具有不可替代的作用”。那么，审美教育为什么会具有这种“不可替代的作用”呢？这是由美育的情感判断特点所具有的沟通真与善、知与意的“综合”与“中介”作用决定的。德国美学家康德在著名的《判断力批判》中充分阐述了这一点，而席勒则在《美育书简》中作了进一步的发挥。席勒说，“要使感性的人成为理性的人，除了首先使他成为审美的人以外，别无其他途径”。

首先是美育具有审美世界观的培养作用。美育的不可替代的“综合”与“中介”作用,首先表现在美育具有一种审美世界观的培养作用。前已说到的以审美的态度对待自然、社会与自身就是审美世界观的表现。而审美的世界观则是当前后工业时代的主导性世界观。众所周知,原始时代主导性世界观是巫术世界观,农耕时代主导性世界观是宗教世界观,工业革命时代主导性世界观是工具理性世界观,而当代主导性世界观则应该是审美的世界观。通过这种审美的世界观实现人与人以及人与自然的共生共荣,建设和谐社会。美育最重要的作用就是培养这种审美的世界观,由此可见美育在当代社会发展中的重要作用。

同时,美育还具有文化的养成作用。美育的文化养成作用集中表现在审美是人区别于动物的文化的表现,因而美育是一种文化的文明的教育。康德最早从自然的人到文化的人的生成的角度论述了审美的特殊意义。他说人在离群索居自然状态是不知道审美的,人只有作为社会的人,在社会之中才知道审美、知道装饰自己。中国古代的《乐记》也说“是故知声而不知音者,禽兽是也”。可见,只有经过美育的熏陶才是一个具有文化的文明的人。

美育对于德智体各育具有独特的渗透协调作用,因而在整个教育体系中都具有特殊的不可代替的作用。实践证明,美育渗透于德智体各育之中,而且具有一种内在的协调作用,离开了美育其他各种培育就是不完善的。美育是培养高尚道德情操的必不可少的手段。因为道德是对社会现象的正确评价,而理智的评价总是以情感的评价为条件,理智的肯定与否定也总是以情感的爱憎为前提。鲁迅曾说“美术可以辅翼道德”;美育在培养人的智能中占据重要位置。美育的重要功能是培养创造的想象力,而创造的想象力在智能中具有极为重要的作用。爱因斯坦说“想象力比知识更重要,因为知识是有限的,而想象力概括着世界上的一切,推动着进步，并且是知识进化的源泉。严格地说，想象力是科学研究中的实在因素”。想象力就是一种举一反三，从已有形象创造新的形象的能力，在科学研究中作用不同寻常。例如著名的“大陆漂移说”的发明就是借助于想象力的结果。而在当代信息技术中想象力通过软件生产过程中的知识组编对于软件的开发与生产产生极大的作用；美育与体育是相辅相成的关系。美育与体育涉及心身两个方面，相辅相成，互相依托渗透。心灵的健康一定会促进身体的健康，而身体的健康又是心灵健康的基础。

美育在现代教育改革中也是不可缺少的方面。现代教育改革的中心课题是克服以所谓“智商”测试为标志的“唯智主义”走向人的全面发展。在这一过程中美育是不可缺少的方面。所谓“智商”(IQ)即是“智力商数”，是20世纪初由法国心理学家阿尔弗莱德·比奈设计的在规定的时间内通过纸和笔回答问题，借以测试语文与数学能力的一种方法。这种方法很快传到美国并用于测试新兵，从而风靡一时并主宰了美国的教育界。甚至发展到试图为每一种社会工作进行测试。这当然也严重地影响到教育。按照这种“智商”的测试要求，学生必须学习相同的课程，教师也必须以相同的方式将相同的知识传授给学生，学生还要参加各种考试，这种考试应在一致的条件下进行，并让学生收到标志其成绩的量化的成绩单。而最重要的学科就是适合这种测试的学科，例如数学、语法、科学与历史知识等，而不适合这种测试的德育与美育就必然地不受重视。这种“测试主义”的“智商”测试方式，遗患无穷，不仅给了学生片面的知识，而且戕害了学生的身心。现代教育改革就是要以“素质教育”代替这种“应试教育”，而美育成为素质教育的重要组成部分，在教育改革中成为不可缺少的内容。

美育在当代还成为弘扬人文精神协调社会和谐发展的重要渠道。当代社会迅速地实行现代化,社会繁荣,经济发展,人民生活大幅度改善。但现代化也是一种美与非美的二律背反。在人们生活美化的同时,也不可免地有着大量非美化的情形。诸如市场拜物,工具理性主义盛行,拜金主义泛滥,环境恶化,心理疾患蔓延,文化的低俗与网络文化所带来的与世隔膜等等。这些都可以归为现代化过程中人文精神缺失的现象。越是在这样的情况下越要呼唤人文精神的补缺,呼唤承载着人文精神的美育。通过美育沟通科技与人文、物质与精神、环境与发展,走向人与社会的美好和谐协调。

三、我国新时期以来以培养全面发展的“社会主义新人”为目标的审美教育的实施

我国从1978年新时期以来在进行规模宏大的现代化建设的同时,在教育领域也开始了空前规模的改革与发展,审美教育事业也取得长足发展。在深刻回顾总结“文革”沉痛教训的同时,教育界与美学界的同人深感漠视美育所带来的严重后果,从而力图继承发扬蔡元培等以美育为“心育”与“情感教育”的重要成果。新时期伊始,我国老一代美学家周扬、朱光潜与洪毅然等从“百年树人”的高度力倡美育,根据十年“文革”的情况认为十分重要的是通过美育使我们的青少年分清“什么是美,什么是丑,什么是文明,什么是野蛮,什么是高尚,什么是邪恶”。在此已经充分认识到美育在传播文明和普世价值上的重要作用。1986年12月,国家教委艺术教育委员会成立,作为我国在审美教育方面的高级顾

问与咨询机构,一批老一辈艺术家与教育家积极参与其事。在成立会上明确地将审美教育作为“社会主义精神文明建设的重要组成部分”。1989年11月国家教委颁布了《全国学校艺术教育总体规划》,成为我国教育史上第一个理论与实际相结合的艺术教育发展规划,具有重要的理论与实践价值。1999年6月,我国召开第三次全国教育会议,颁布《关于深化教育改革,全面推进素质教育的决定》。《决定》站在时代的高度,从全面培养全面发展的社会主义新人出发深入地论述了审美教育的有关问题。在审美教育的目标上明确提出“全面推进素质教育,培养适应21世纪现代化建设需要的社会主义新人”。而在审美教育的特殊作用上也将人的培养提到从未有过的高度,指出“美育不仅能陶冶情操、提高素养,而且有助于开发智力,对于促进学生全面发展具有不可代替的作用”。前已说到这是对于美育特有的“综合”“中介”作用的充分认识。为了贯彻《决定》的精神,我国教育部又于2002年颁布了《(2001—2010)全国学校艺术教育发展规划》,立足于建设,在课程、活动、队伍、科研、管理与设施等各个方面都作了明确的规划。新世纪开始,我国进一步提出“科学发展观”与“建设和谐社会”的重要理念与目标。这两个重要发展目标的核心都是“以人为本”。因为,所谓“科学发展”最基本的就是“人”的发展,努力促进人的全面发展,最大地实现人民的根本利益;而“和谐社会”的建设最根本的也是要求人民具有高度的文化修养与素质,才能做到经济、社会与文化的和谐协调。在这种情况下,审美教育的地位必然进一步彰显出来。因为审美与人的自由的内在联系,所以审美教育在人的全面自由发展与根本利益的实现中具有十分重要的作用;而审美素养则是新时代普通公民的基本素养,要求所有的公民都能做到以审美的态度对待他人、社会与自然,这是实现和谐社会的基本前提。因此,在 2007 年 10 月党的十七大上又一次重申了"培养德智体美全面发展的社会主义建设者和接班人"的教育方针,并结合"科学发展观"与"和谐社会"建设目标的提出赋予其一系列新的内涵。

进一步充分认识审美教育在培养全面发展与人格健全的一代又一代新人中的重要作用,并在当前大众文化、消费文化与网络文化空前勃兴的新的形势下更好地发挥审美教育独特的"育人"作用,是我们的责任所在,也是中华民族伟大复兴的时代需要。因为青少年是中国的未来与希望所在,使他们得到健康全面的成长正是中华民族伟大复兴的需要。诚如我国近代启蒙运动先驱梁启超在著名的《少年中国》中所言,"故今日之责任,不在他人,而全在青少年。少年智则国智,少年强则国强,少年独立则国独立,少年自由则国自由,少年进步则国进步"。

美学与人生[①]

美学到底与人生有没有关系呢？当然是有密切的关系的。其实，所有的人文学科都是以人与人性为研究对象的，都与人生密切相关，既是知识之学，更是人生之学。下面我讲三个问题。

一、美学是一门使人学会按照“审美关系”美好生存的学问

关于美学的定义有好多，但都比较复杂难解。

“美学”最早是由德国美学家鲍姆嘉登提出的，即 Aesthetica，其义为“感性学”，但经过日语的翻译成为“美学”，包含了漂亮的意思，反而离人生远了。我们运用一个比较简单的讲法，那就是“美学是使人学会按照审美关系美好生存的学问”。

在这里首先要讲一下什么是“美”；也有各种讲法，我们简单地讲就是：美是人与对象的审美关系。这是法国启蒙主义哲学家狄德罗于 1752 年首先提出的。狄德罗举了一个例子，他说法国戏剧家高乃依写了一个剧本《贺拉斯》，里面写到贺拉斯三兄弟与

①本文是 2010 年 3 月 23 日由山东大学学生会主办的“讲人生”系列讲座的讲稿。

库里亚斯三兄弟决战,前者两死,后者三伤。前者的父亲听到女儿说这种情形时说道“他就死”。狄德罗说,这句话放到那种维护国家利益的特定关系中就成为美的“绝妙好词”①。由此我们也能看到所谓“美”里面包含一种肯定性的情感评价,是人与对象的亲和性。

下面再讲什么是美学。什么是美学呢?说法很多,但首次将其与人生联系的是启蒙主义时期另一位美学家席勒。他在1795年的著名的《美育书简》中说,要使感性的人成为理性的人,首先要使他成为审美的人。② 这就将审美与人生紧密结合起来。在席勒看来,美育的中介作用主要在于它的情感性质,因此美学也可以叫做“情感之学”。康德更加明确地指出,美是社会的人的一种文明的标志。他说:“只在社会里他才想到,不仅做一个人,而且按照他的样式做一个文雅的人(文明的开始)。”③孔子也说:“兴于诗,立于礼,成于乐。”④因此,我们说,美学就是使人学会按照这种“审美关系”美好生存的学问。就这么简单。这样美学就与人生有了非常密切的关系。

以上这些观点按照马克思的说法就是学会“按照美的规律来创造”⑤。他说,人通过按照美的规律来创造文化,不断在创造中自我完善,成为自由而全面发展的完整的人。马克思进一步将美

①中国社会科学院文学研究所编著:《文艺理论译丛》上,知识产权出版社2010年版,第24页。

②[德]席勒:《美育书简》,徐恒醇译,中国文联出版公司1984年版,第90页。

③[德]康德:《判断力批判》上,宗白华译,商务印书馆2017年版,第136页。

④《论语》,刘兆伟译注,人民教育出版社2015年版,第166页。

⑤马克思:《1844年经济学哲学手稿》,中共中央马克思恩格斯列宁斯大林著作编译局编译,人民出版社2014年版,第53页。

学归结到人文之学、人的解放之学。

三、审美生存的三个维度

（一）审美地对待自然

自然是人类的母亲，是人类的第一造物主，人类应该以亲和的审美的态度去对待自然。李白的《独坐敬亭山》："众鸟高飞尽，孤云独去闲。相看两不厌，只有敬亭山。"著名的英国大气学家拉伍洛克提出"盖亚定则"，要求人类要像对待自己的母亲那样去对待自然。海德格尔提出人与自然的机缘性关系，自然是与人紧密相连的"世界"，人与世界一体，密不可分。中国古代的"天人合一""太极化生"思想也力主人与自然的亲和。

目前自然环境污染的问题已经非常严重，以审美的态度对待自然已经极为紧迫。我这九年集中力量做生态美学，其用意也在此，就是认可罗马俱乐部创始人贝切伊的观点，环境问题归根结底是文化问题，试图通过生态美学的研究让更多的人对自然生态树立生态审美的态度。

（二）以审美的态度对待他人

按照海德格尔的观点，"他人"也是人的世界的组成部分，每个人与"他人"都紧密相连，不可分离，应以审美的亲和的态度对待"他人"，这样自己才能处于愉快的审美的状态中。

要树立个人与他人密不可分的整体观念。这不仅仅是一种传统的集体主义，而是一个哲学理念。萨特在他的著名的戏剧《禁闭》中讲了关在黑暗的地狱中的三个幽灵，因为地狱中没有镜子,所以只有在他人眼中自己才在地狱。而从现实来说,他人可能是地狱,如果没有了第三者,其余的两个人可以为所欲为。但作为同在地狱中的幽灵,三者的命运是紧密联系在一起的,同在地狱中,休戚相关,不可能有一个人单独出去,他们是一个整体。2010年春节晚会的小品《我心飞翔》也是讲了这种整体观念。

要树立感恩社会的观念。马克思说,人是社会关系的总和。每个人一刻也离不开社会群体,自己的一切成绩只有在社会群体中才有可能并才有意义。所以要感恩社会,感恩生活,感恩他人。2010年冬奥会中国选手获得五枚金牌,都在感恩父母,感恩社会。中国传统观念受人滴水之恩当涌泉相报。

自己个人的一切成绩都离不开社会、学校、老师与同学。我自己到山东的五十年,我将其概括为:与齐鲁大地同呼吸,与山大同前进,与同学共成长。

关爱他人也是一种仁爱精神。中国儒家倡导"仁者爱人""己所不欲,勿施于人"。在基督教《圣经》中也有类似的表示,成为具有普世价值的"金规则"。例如高耀洁、桂希恩两位民间反艾滋病专家就是仁爱精神的体现。

(三)以审美的态度对待自身

现代人不仅审美地关注自然与他人做得不够,而且审美地关注自身则更少。好像自身不用审美地关注,这是不正确的。那么什么是"自身"呢?它是身与心、个人与整体的有机统一,而不是传统的二分对立。

现代社会由于压力的加大与节奏的加快,每个人的生理与心理负担都空前加重。海德格尔将其形容为一种"茫然若失之感",

找不到家园和归宿，是一种无名的“畏”与“烦”。心理压力特别重，心理疾患空前增多，问题人群也空前得多。

所以美学家们将审美地对待自身放在极为重要的位置。海德格尔说，审美的目的是使人获得“诗意地栖居”。注意，这里的“栖居”是指身心都找到自己的“家园”、自身的美好生存。福柯提出“呵护自我”的著名命题，主要指感性的“自我”，身心的愉悦。都很有针对性。

中国古代一直将审美地对待自身放在非常重要的位置，作为五经之首的《易经》就有关爱自身的名言：“天地之大德曰生”，“生生之为易”。而且，《易经》论述了中国古代的美学，即所谓由天人相宜而形成的“四德”：元亨利贞。所谓“元者善之长也，亨者嘉之会也，利者义之和也，贞者事之干也”①，都是讲的人的美好生存。

我们要审美地对待自身，做到身心愉快健康，树立生命无价的观念，关爱自身的身体生命。《孝经》有言：“身体发肤，受之父母，不使毁坏，孝之始也。”②要关爱自己的身心健康，选择一种健康的生活方式。像著名教育家蒋南翔所要求的那样为祖国健康地工作五十年。

要关爱自己的心理健康，抵御心理疾患。目前统计，大约 1/4 的人在自己一生中的某个时刻会罹患心理疾患。所以既要争取以坚强的意志抵御心理压力，也要通过某种渠道排解压力，但真的出现问题还是要就医。

---

①《周易译注》，黄寿祺、张善文译注，上海古籍出版社 2007 年版，第 7 页。

②《十三经注疏·孝经注疏》，《十三经注疏》整理委员会整理，北京大学出版社 1999 年版，第 3 页。

二、寄情自然，热爱艺术，获得美好的生存

如何获得审美的生存呢？就是通过审美的途径获得，使自己成为生活的艺术家，摆脱“半个人”的不正常的非美的生存状态。

首先是寄情自然，在大自然的陶冶中颐养性情。西方有一种“栖息地”理论，认为自然是人类的发源地、栖息地，是人类的物质与精神家园。所以回归大自然好像是回到人类的栖息地，回到自己的家园，会有一种安全安定之感，犹如回到母亲的怀抱。中国古代有一种“寄情山水”的理论，在美丽甚至壮观的山水之中能够寄托人的某种情感，使人得到感情的抒发与心灵的陶冶。其中最著名的就是陶渊明的“采菊东篱下，悠然见南山”，再就是他的“纵浪大化中，不喜亦不惧”。《菜根谭》有言：“宠辱不惊，看庭前花开花落；去留无意，观天上云卷云舒。”①

再就是热爱艺术，在艺术欣赏中提高自己的情趣，获得审美的生存。艺术是美的集中体现，人类的瑰宝，能够将人提到一个高的境界。艺术也是美好情感的结晶。大家都知道《红楼梦》是“字字看来皆是血，十年辛苦不寻常”②。第 98 回写黛玉之死，黛玉临终之言是“宝玉你好”，说到最后一个“好”字时浑身冷汗不作

①(明)洪应全：《菜根谭注释》，王同策注释，浙江古籍出版社 1989 年版，第 128 页。

②(清)曹雪芹：《自题〈红楼梦〉》，转引自天人编：《中国诗词名句解析》，内蒙古人民出版社 2016 年版，第 255 页。

声了。此时紫娟等看到院外是“竹梢风动，月影移墙，好一派冷清凄凉”。① 字字是血，真的能够产生无穷同情弱者的感染力量。这种力量有人将之称作“润物细无声”，或者有人将之叫作具有一种神奇的魔力，并将这种魔力形容为“快者掀髯，愤者扼腕，悲者掩泣，羡者色飞”②。通过艺术欣赏提高自己的审美力、情感判断力与境界。我们要选择艺术作为自己终身最亲密的朋友，无论在欢乐时、寂寞时、苦恼时、痛苦时，都能在艺术中得到感情的抒发与排解。艺术是我们永远的朋友。

艺术的力量还在于能够提高人的“情商”。美国著名心理学家戈尔曼认为，情商是一种热爱生活自控感情的能力，在人的事业成功中占据80%的作用。这个情商主要依靠艺术的熏陶培养。

①(清)曹雪芹、高鹗:《红楼梦》，人民文学出版社2005年版，第1353页。

②(明)臧懋循:《元曲选序二》，转引自王育颐等编:《中国古代文学词典》第4卷，广西人民出版社1989年版，第303页。

陶行知生活美育思想简论[①]

陶行知是享誉世界的中国教育家,生活教育思想是陶行知教育思想的核心。他指出:“生活教育是生活所原有,生活所自营,生活所必需的教育。”[②]他认为人过什么生活就受什么教育,主张要以审美的心态过“艺术的生活”,这就直接明确了美育在生活教育中的地位,从而使生活教育“这一思想与美育有着更为天然的、自然的、密切的联系”[③]。“生活”是陶行知美育思想的逻辑起点和突出特点,导源于生活教育思想的美育思想,即生活美育思想,是陶行知审美教育思想的集中体现。但遗憾的是,学界对陶行知生活美育思想的研究至今尚未成熟。本文拟从生活、教育与艺术三者的审美关系着手,对陶行知美育思想的宗旨、内核和方法进行梳理阐发,以分析其思想内涵,发掘其在中国现代教育和美育事业发展中的独特价值。

---

①本文系与孟丽合作完成。原载《齐鲁学刊》2018 年第 2 期。

②《陶行知全集》第 2 卷,湖南教育出版社 1985 年版,第 633 页。

③曾繁仁:《中国美育思想通史·现代卷》,山东人民出版社 2017 年版,第 225 页。

一、宗旨:“创造真善美的活人”

在陶行知教育实践中,始终贯穿一条以真善美为旨归的育人红线。陶行知于1923年创办了安徽公学,提出“要用科学的精神在事上去求学问,用美术的精神在事上去谋改造,用大丈夫的精神在事上去炼应变”①,三大办学目标的实质即真善美;1927年,陶行知创办南京晓庄师范学校,开始了生活教育的实践探索,提出五大目标:“一、康健的体魄;二、农人的身手;三、科学的头脑;四、艺术的兴趣;五、改造社会的精神”②,将真善美的内涵进一步丰富;1939年,陶行知创办重庆育才学校,在教育纲要中明确指出育才学校办的是“知情意合一”和“智仁勇合一”的教育,并亲自创作校歌,提出要培养“真善美的人生”。

(一)“知情意合一”与“智仁勇合一”的情感教育

审美教育本质上是一种情感教育,它通过对人感性审美活动的激发与引导,使个体生命趋向完美与合理。古希腊哲学把人的心理功能区分为知(理性)、情(情感)、意(意志)三部分,相应地形成了真、善、美三个范畴和科学、美学、伦理学三个知识领域。在陶行知看来,“教育者不是造神,不是造石像,不是造爱人。他们所要创造的是真善美的活人”③。他主张围绕“人”开展情感教育,以追求美的人生为导向,教人追求真理、完善道德、健全人格,

①《陶行知全集》第1卷,湖南教育出版社1985年版,第503页。

②《陶行知全集》第2卷,湖南教育出版社1985年版,第132页。

③《陶行知全集》第3卷,湖南教育出版社1985年版,第482页。

最终实现人的艺术化改造。在"知情意合一"的教育中,"知"可以获得知识,"情"可以获得丰富感情,"意"可以获得独断的意志。陶行知认为,知情意的教育是整个的、统一的,"知的教育不是灌输儿童死的知识,而是同时引起儿童的社会兴趣与行动的意志。情育不是培养儿童脆弱的感情,而是调节并启发儿童应有的感情,主要的是追求真理的感情;在感情之调节与启发中使儿童了解其意义与方法,便同时是知的教育;使养成追求真理的感情并能努力与奉行,便同时是意志教育。意志教育不是发扬个人盲目的意志,而是培养合于社会及历史发展的意志。合理的意志之培养和正确的知识教育不能分开,坚强的意志之获得和一定情况下的情绪激发与冷淡无从割裂。"①陶行知认为,在美育活动中,知情意三者互为前提,互相作用,割裂的知情意是无法达到真善美境界的。

先秦儒家的美育思想是在实施礼、乐、射、御、书、数这"六艺"的基础上发展起来的,因礼倡德育、乐倡美育、射御倡体育、书数倡智育,故"六艺之教"又被认为是德智体美并重的教育、是全面的教育,受教育者正是通过"六艺"实践使人格趋向真善美合一的境界。在中国传统文化语境观照下,知情意是一般行为的心理要素,当人的认知上升到智(智慧之思想)、仁(充满仁爱的感情)、勇(意志体现勇气并付之行动),人就具有了内在的道德修养,就成为一个审美的人,因此,智仁勇也就成为"个人完满发展之重要的指标"②。智仁勇三德是儒家君子观的重要内涵,《论语·宪问》中提到:"君子道者三,我无能焉:仁者不忧,知者不惑,勇者不

①《陶行知全集》第3卷,湖南教育出版社1985年版,第367—368页。
②《陶行知全集》第3卷,湖南教育出版社1985年版,第368页。

惧”,君子智仁勇三德缺一不可。《中庸》又说:“知,仁,勇三者,天下之达德也,所以行之者一也”,“好学近乎知,力行近乎仁,知耻近乎勇,知斯三者,则知所以修身;知所以修身,则知所以治人;知所以治人,则知所以治天下国家矣。”可见,好求知、身体力行、知羞耻,“通过全部生活与课程以达到智仁勇之鹄”①,可以滋润美之心灵,以成君子之德行。

陶行知主张,生活美育在于培养“活人”。如柏拉图在《理想国》中所言:“拿美来浸润心灵,使它也就因而美化”②,美育是用美的事物陶冶人的思想,以呈现人格之美。陶行知以活的生活实施情感教育,同时注重将感情教育与知识教育并重,他指出:“我总觉得活的一字,比一切什么字都要好”③,“活人”拥有鲜活的思想和敏捷的行动,不拘于斗室,不困于文本。活的人应该读活的书,“什么是活书?活书是活的知识之宝库。花草是活书。树木是活书。飞禽、走兽、小虫、微生物是活书。山川湖海、风云雨雪、天体运行都是活书”。④ 这些来自生活的活书具有唤醒读书人的力量,让读死书的人都能变成手脑健全的富于创造力的“活人”。

(二)“以诗的真善美来办教育”

诗歌具有强大的魅力和旺盛的生命力,在民族文化精神和人格塑造过程中发挥重要作用。我国拥有悠久的诗教传统,孔子曾言:“诗可以兴,可以观,可以群,可以怨,迩之事父,远之事君”

①《陶行知全集》第 3 卷,湖南教育出版社 1985 年版,第 368 页。

②《柏拉图文艺对话集》,朱光潜译,新文艺出版社 1957 年版,第 101 页。

③《陶行知全集》第 1 卷,湖南教育出版社 1985 年版,第 175 页。

④《陶行知全集》第 2 卷,湖南教育出版社 1985 年版,第 417 页。

(《论语·阳货》)。《礼记·经解》曰:"入其国,其教可知也。其为人也温柔敦厚,诗教也。"经过诗教的培养,可以使受教育者成为一个有文化、有知识、有修养的完善美好的人。

陶行知认为诗化教育是真善美合一的教育,诗歌因其精神陶冶作用成为生活美育的有力载体,以诗歌的真善美去培养"真善美的活人"是陶行知生活美育的独到之处。陶行知最重要的美育实践体现在南京晓庄学校和重庆育才学校的办学过程中,而且陶行知生活教育理论就发端于南京晓庄学校的办学时期。在这两段学校美育实践中,陶行知都充分运用诗的真善美来加强学校文化建设并丰富师生精神生活。在《晓庄三岁敬告同志书》中,陶行知指出:"晓庄是从爱里产生出来的。没有爱便没有晓庄。……晓庄不是别的,只是一个'人园',和花园有相类的意义。我们愿意在这里面的人都能各得其所,现出各人本来之美,以构成晓庄之美。"①又说:"充满晓庄的只是诗——诗的神,诗的人,诗的事,诗的物。晓庄是一部永远不会完稿的诗集。他不是个学校,若拿个学校的名目来找晓庄,一定要迷路,失望,如果硬要派他算个学校,他最多只能承认是个诗的学校。可是要拿五言、七言,古诗、律诗、白话诗这些名目去找晓庄,又要迷路失望了。他所有的是'诗生活''生活诗'。除了这种诗以外,他别无长物。只有诗能说明晓庄生活的一切。"②晓庄学校的生活中处处充满着诗和爱,陶行知以爱的诗化教育开展情感教育,让生活美育无声地充盈于校园生活。在育才学校的办学中,陶行知延续并深化了这一教育理念,他指出:"我们要把育

①《陶行知全集》第2卷,湖南教育出版社1985年版,第207—214页。

②《陶行知全集》第2卷,湖南教育出版社1985年版,第589页。

才办成一个诗的学校,盼望大家帮助我。我要以诗的真善美来办教育,我并不是要学生每个都成为诗人,那太困难了,但我却要由我们学校做起,使每个同学、先生、工友都过着诗的生活,渐渐的扩大去,使每个中国的人民、世界的人民,都过着诗的生活。"①陶行知是教育家,也是大众诗人。他不仅以诗的真善美实施学校美育,还面向社会大众开展美育活动。他主张以诗歌的真善美为教育内容,以诗性的方式去实施教育,努力将大众生活改造成一种艺术化的生活。陶行知创作了大量通俗易懂的诗歌作品,上海儿童书局先后为他结集出版了四部诗集,分别是《知行诗歌集》(1933 年)、《知行诗歌续集》(1935 年)、《知行诗歌别集》(又名《清风明月集》,1935 年)、《知行诗歌三集》(1936 年),在陶行知过世后,上海大孚出版公司于 1947 年出版发行了《行知诗歌集》,收录了陶行知发表和未发表诗歌 500 余首。诗歌是时代兴衰的一个很好的寒暑表,因为诗人吐露的是真情、真言,因此,诗歌必须以生活实践为基础,抒写大众情怀、传达民情民意。陶行知认为"生活的诗"来源于"诗的生活",主张面向大众,以提升大众的审美趣味为己任。他坚持用"大众能懂之文"的白话文写作,拒绝"大众不能懂"的文言文,有效解决了语言工具问题;其次主张用"大众语"写"大众文",因为"大众语"是"生活的符号",是代表"大众前进意识的话语"。陶行知将审美教育内容、方法和艺术形式有机结合起来,呈现出大众和儿童都可以理解的诗教作品,通过诗教作品体现着他"爱满天下"的教育情怀和境界追求,通过艺术语言反映了现实生活中的感性形象,体现出陶行知生活美育思想以国家兴亡、大众启蒙为追求的精神高度。

①《陶行知全集》第 3 卷,湖南教育出版社 1985 年版,第 488 页。

二、内核:"是艺术的生活，就是艺术的教育"

"生活"是陶行知生活教育思想的核心范畴。何为"生活"?"有生命的东西,在一个环境里生生不已的就是生活。譬如一粒种子一样,他能在不见不闻的地方而发芽开花。从动的方面看起来,好像晓庄剧社在舞台演戏一样。"①陶行知生活教育思想的本质是一种美育化的教育,以"是艺术的生活,就是艺术的教育;是不艺术的生活,就是不艺术的教育"②为其理论内核。

(一)艺术就是生活本身

艺术诞生于社会生活,又因其审美功能影响生活,艺术与生活之间的审美关系是陶行知生活美育思想的理论基点。杜威曾以"艺术即经验"的理论观点将艺术由高高在上的理性拉回现实生活,指出生活处于环境中,经验是生命与环境相互作用的结果,而"艺术由生命过程本身所预示"③,明确了艺术的任务是要恢复审美经验与日常经验的联系。陶行知认为日常生活具有审美性,任何生活都可以成为一次艺术活动,比如"烧饭是一种美术的生活。做一桩事情,画幅图画,写一张字,如能自慰慰人就叫做美。一餐饭烧得好,能使自家吃的愉快舒服,也能够使人家愉快舒服,

①《陶行知全集》第2卷,湖南教育出版社1985年版,第180页。

②《陶行知全集》第2卷,湖南教育出版社1985年版,第181页。

③[美]约翰·杜威:《艺术即经验》,高建平译,商务印书馆2010年版,第28页。

岂不是一种艺术吗?”①。生产实践和社会发展中广泛存在着美,烧饭、做事、画图、写字都可以是审美实践,对这一过程的审美体验能够产生使人精神愉悦的审美情感,因此,应该引导人们在生活中确立审美观念来感知美、发现美。陶行知从杜威艺术哲学中吸纳相关要素,他不再把艺术当作是生活的反映与再现,而是将生活审美化,用生活拓展艺术的外延,将生活中蕴含的丰富审美要素转化为教育资源。审美教育的目的在于提升人的审美水平,陶行知生活美育主张通过对生活进行审美化改造来实现人的审美化改造,并最终指向人的完善。在 1927 年南京晓庄师范学校开学典礼上,陶行知指出:“本校异于平常的学校有两点:一无校舍,二无教员,大凡一个学校创立,总要有房屋才能开课。我们在这空旷的山麓行开学礼,实在是罕见的。要知道我们的校舍上面盖的是青天,下面踏的是大地,我们的精神一样的要充溢于天地间。所造的草屋,不过避风躲雨之所。”②头顶星空、脚踩大地,这是晓庄建校时期艰难生活的真实写照,但这一片荒原同时也给予未来生活以无限可能,因此陶行知鼓舞师生以美术的精神亲手改造环境、创造理想生活、实现艺术化的人生。

艺术的审美功能主要体现在通过艺术欣赏活动满足接受者的审美需求,在陶行知生活教育所倡导的五大目标中,“艺术的生活”是审美层面的要求,所对应的是“欣赏的”能力。陶行知认为,“欣赏”不只存在于在艺术活动中,更应该成为一种生活态度,并在生活的审美化改造过程中发挥重要作用。首先,对“艺术的生活”的“欣赏”能带来心理快感和审美愉悦。在回顾晓庄师范学校

①《陶行知全集》第 2 卷,湖南教育出版社 1985 年版,第 167 页。

②《陶行知全集》第 2 卷,湖南教育出版社 1985 年版,第 10 页。

生活时，陶行知曾深情地说："天然礼堂的确十分雄伟。青天作屋顶，大地作地板，群星是墙，月亮是灯，我们的农民在那儿开群众大会和座谈会。正是在这样的礼堂里，中国的农民唱他们的歌，讲他们的故事，学习他们那简单的真理，讨论国内国际问题。"①晓庄实现了人的生活诗意化和生活态度审美化，同时人又将主观与客观、直接与理性统一于这"艺术的生活"之中。其次，对"艺术的生活"的"欣赏"能带来精神境界的提升，这是比纯粹身心愉悦的心理快感更高层次的审美体验，具有"唤醒"心灵的力量。在艺术的诸门类中，戏剧具有综合性的特点，其产生的审美快感是其他艺术形式无法取代的，亚里士多德就曾在《诗学》中将悲剧的这种功能称为"Katharsis"（通常被译作"净化""陶冶"）。陶行知"深信戏剧有唤醒农民的力量"，因为"从心头滴下来的眼泪是能感动人的"②。陶行知所指的"唤醒"在内涵上与"Katharsis"有相通之处，而"唤醒"的对象是"心的力"，具体说来是指戏剧欣赏过程可以带给观众或悲悯或愉悦的审美感受，而观众则可以藉由情感与事实的共鸣激发崇高感，并以此昭显人性的真善美。

（二）生活的过程就是受教育的过程

陶行知恢复生活与教育的联系，将教育置于生活实践中，指出"教育就是生活的改造"③。他在分析杜威教育观点时曾指出："'教育'是什么东西？照杜威先生说，教育是继续经验的改造（Continuous reconstruction of experience）。我们个人受了周围的影响，常

①《陶行知全集》第3卷，湖南教育出版社1985年版，第223页。
②《陶行知全集》第2卷，湖南教育出版社1985年版，第133页。
③《陶行知全集》第2卷，湖南教育出版社1985年版，第128页。

常有变化,或是变好,或是变坏。教育的作用,是使人天天改造,天天进步,天天往好的路上走。"①实践是认识世界、改造世界的手段,人们的实践是在日积月累的生活过程中展开的,社会生活是人成长完善的基础,生活在改造的实践中也就实现了教育的职能。

如何生活?教育又如何在生活的过程中得以完成?陶行知提出"手脑相长"的观点,他指出:"有行动才能得到知识,有知识才能创造,有创造才能有热烈的兴趣。所以我们主张,'行动'是中国教育的开始,'创造'是中国教育的完成。"②创造是手脑并用的过程,在生活实践中处处需要。在生活层面上,他充分肯定"双手与大脑"的作用,并在行动结果上给予其"开天辟地"的价值定位,他的《手脑相长歌》就写道:"人生两个宝,双手与大脑。用脑不用手,快要被打倒。用手不用脑,饭也吃不饱。手脑都会用,才算是开天辟地的大好佬。"在教育层面上,陶行知认为旧的教育是"死教育",割裂了知识与行动的关系,"教员们教死书,死教书,教书死;学生们读死书,死读书,读书死"③,这种教与学的恶性循环导致的结果是无法获得"真知识",而手脑并用的教育才是"活教育",才是创造的源泉。陶行知"手脑相长"的理论观点将教育与生产实践相结合,具有进步性。

教师是美育活动的主导,陶行知明确指出:"教师的生活是艺术生活。"④教师的"艺术生活"主要由两方面构成:其一,教师的职务"是一种手艺,应当亲自动手去干的"⑤。他指出:"教的法子

①《陶行知全集》第1卷,湖南教育出版社1985年版,第123页。
②《陶行知全集》第2卷,湖南教育出版社1985年版,第615页。
③《陶行知全集》第2卷,湖南教育出版社1985年版,第611页。
④《陶行知全集》第2卷,湖南教育出版社1985年版,第54页。
⑤《陶行知全集》第2卷,湖南教育出版社1985年版,第54页。

要根据学的法子,学的法子要根据做的法子。教法、学法、做法是应当合一的。我们对于这个问题所建议的答语是:事怎样做就怎样学;怎样学就怎样教;怎样教就怎样训练教师。”①教师将教育艺术化,将教育过程变成审美过程,将教学主体、教学对象、教学材料等各个教学环节,都变成这场艺术活动中的积极组成部分。其二,教师的人格影响于学生,要做“真教师”。健全人格是人在现代社会得以生存发展的基础,而“教育是教人化人。化人者也为人所化。教育总是互相感化的。互相感化,便是互相改造”②。教师与学生通过共同生活和参与教育活动实现情感交融,达到“真正的精神交通”③。在这一过程中,教师通过积极向上的精神风貌为学生树立榜样,引导学生“建筑人格长城”,这才算得上是真正的人格教育。

三、方法:培植向上的“生活力”

“生活力”是陶行知生活教育中的独特概念,它产生于自然社会里的生活,是陶行知生活美育思想的内在要素。陶行知指出:“学校对于学生所要培植的也是生活力。他的目的是要造就有生活力的学生,使得个个人的生活力更润泽丰富强健,更能抵御病痛,胜过困难,解决问题,担当责任。学校必须给学生一种生活力,使他们可以单独或共同去征服自然,改造社会。”④撇开生活

①《陶行知全集》第1卷,湖南教育出版社1985年版,第638页。
②《陶行知全集》第2卷,湖南教育出版社1985年版,第128页。
③《陶行知全集》第1卷,湖南教育出版社1985年版,第500页。
④《陶行知全集》第1卷,湖南教育出版社1985年版,第641页。

的社会性价值和功利性价值不论，陶行知认为，生活力存在于生活的审美体验中，是培育生活审美价值的内生动力。

（一）培养艺术生活力

在《教学做合一下之教科书》一文中，陶行知详细列出了七十种生活力，甚至还说“可以普遍的说，我们有三千种生活力要培养”。他又将这些生活力分成五个方面：健康的体魄、农夫的身手、科学的头脑、艺术的兴味和改造社会生活的精神，这五种“分力”也可称作“五种生活原力”，其他不管是七十种生活力，还是三千种生活力，都是出自这五方面。生活力中所包含的用于培育和塑造人审美生活能力的是艺术生活力，陶行知认为可以依托编剧、演戏、布景、唱歌、画水彩画、画油画、写诗文、雕刻、弹琴、说话等十大类别内容训练培养艺术的兴味，而这十大类别几乎囊括了艺术的各种表现形式。

艺术天然具有教育的功能，陶行知提倡充分运用这一功能来实进行生活美育，以“培养合理的人生”①。艺术是一种审美的活动，审美主体通过对艺术作品的审美观照，可以发现被遮蔽的真理，继而实现情感上的升华。自由是艺术的本质属性，艺术又是一种自由的活动，创作者和欣赏者都具有审美自由。艺术来源于生活又高于生活，从创作的角度看，作为创作主体的艺术家首先要有基于客观现实又超越现实生活的想象，对生活体会的越深刻，其作品往往越能打动心灵。生活是艺术的源头活水，以生活为根基的艺术创作是具有长久生命力的；从接受的角度看，欣赏者的审美知觉和审美经验对艺术欣赏至关重要，有较高鉴赏能力

①《陶行知全集》第2卷，湖南教育出版社1985年版，第568页。

的审美主体会在欣赏过程中对艺术作品进行二次创作,并能充分理解创作者的意图,在与艺术家的精神交流中实现高度的自由,以达到审美境界。自由是审美的固有内涵,审美规律与审美目的相统一时可以实现审美自由。艺术家创作艺术作品的目的之一就是要满足人们的艺术审美需求,而美的艺术可以给予人们一种愉悦的审美享受,帮助接受者达到审美自由的境界。因此,艺术生活力作为生活力的重要一方面,强调以艺术为主要内容实现审美教育功能。

(二)幼儿的人格陶冶

在《育才二十三常能》一文中,陶行知将查字典、游泳、唱歌、修理等称为"初级十六常能",将开汽车、打字、速记、接电、翻译、讲演、领导工作等称为"高级七常能"。实践表明,越是生活力发展的初期、早期,就越是奠定基石、打下基础的关键期。生活力发展的阶段性特点,要求学校对学生审美素养的培育关口前移。

陶行知格外重视幼儿教育,指出"六岁以前是人格陶冶最重要的时期。这个时期培养得好,以后只须顺着他继长增高的培养上去,自然成为社会优良的分子"①。陶行知的生活美育是人格教育,他指出幼儿时期的教育关乎整个人生的发展。幼儿教育的意义在于促进身体和智力发育,为人生发展奠定基础;发展良好个性,促进人格的健康发展;培育美感,促进幼儿想象力和创造力的发展。陶行知是我国农村幼儿教育事业的开拓者之一,他早在平民教育运动时期就充分重视幼儿教育,主张在态度上对幼儿教育予以高度关注,清醒认识到全中国的幼儿教育接受状况是极不

①《陶行知全集》第1卷,湖南教育出版社1985年版,第618页。

平等的，尤其是在中国广大农村地区；其次要改善教育环境，在课程设置上充分考虑适合低龄学生的教育方法，引导儿童养成手脑并用的习惯，多从事农事活动，发展儿童的自由意志；再次要以儿童为中心开展游戏教育，进行科学启蒙，指出“我们提倡科学，就是提倡玩把戏，提倡玩科学把戏。科学的小孩子是从玩科学的把戏中产生出来的”①，教师可以通过游戏来培养儿童的科学精神，以有趣的游戏为儿童营造自由愉快的成长环境。陶行知同时指出，幼儿教育必须要适合国情。他批判当时的中国幼儿教育出现了三种弊端：一是外国病，中国成了外国货的贩卖场，儿童玩外国玩具、吃外国点心，成了外国货的主顾；二是花钱病，样样都是外国货，花钱自然少不了；三是富贵病，只有富贵子弟才享受得了。中国应该建设平民的、省钱的、中国化的幼儿园，不能一味追求物质享乐，应该了解儿童的兴趣、尊重儿童的人权、关注儿童的需要，以儿童的心理发展和人格教育为主，“要充分运用眼面前的音乐、诗歌、故事、玩具及自然界陶冶儿童”②，尤其提倡通过喜剧电影，特别是儿童剧、儿童电影来寓教于乐，来“创造儿童的乐园”。

（三）生活力可以激发创造力

“创造”是教育的灵魂，生活力的指向之一就是创造力的养成。陶行知认为小孩子富于创造力，而艺术生活力的培养可以强化这种原生的创造冲动，使人得到创造性的发展。为此，陶行知提出了儿童创造力的“六大解放”，包括解放儿童的眼睛、头脑、双手、嘴巴、空间和时间。

①《陶行知全集》第 2 卷，湖南教育出版社 1985 年版，第 579 页。

②《陶行知全集》第 1 卷，湖南教育出版社 1985 年版，第 619 页。

“解放小孩子的眼睛”,就是批判旧社会教育体制下培养的脱离社会生活的“小书呆子”,应该培养儿童用眼睛观察、发现、寻找的能力,回归现实生活和广阔的大自然,在大自然、大社会中陶冶性情、锻炼意志。“解放小孩子的头脑”,就是要解放思想,“把儿童的头脑从迷信、成见、曲解、幻想中解放出来”①,彻底扯掉这块“裹头布”。“解放小孩子的双手”,就是要手脑并用,“中国对于小孩子一直是不许动手,动手要打手心,往往因此摧残了儿童的创造力”②,要用大脑指挥双手,用双手来创造发明。“解放小孩子的嘴”,就是要言论自由,创造力来源于对世界的质疑和对问题的解答,鼓励儿童多思考多发问,充分发挥他们的创造力。“解放小孩子的空间”,就是要为儿童创造力积累广博的基础,让儿童“从鸟笼中解放出来”③,回归到有山川湖海、鸟语花香的大自然,“解放了空间,才能搜集丰富的资料,扩大认识的眼界,以发挥其内在之创造力”④。“解放儿童的时间”,强烈反对各种考试对儿童自由时间的占据,主张“一个茶杯要有空位方可盛水”⑤,儿童创造力培养的前提是有自由可支配的时间,要为儿童争取时间的解放,为成年创造力的提升筑牢基础。陶行知还进一步指出,已经将眼睛、头脑、双手、嘴巴、空间和时间解放出来的儿童,还要依靠“三个需要”来培养创造力。首先,需要充分的营养,这是创造力所赖以实现的物质基础,有了充分的营养才有可能养成强健的身

①《陶行知全集》第 3 卷,湖南教育出版社 1985 年版,第 524 页。
②《陶行知全集》第 3 卷,湖南教育出版社 1985 年版,第 525 页。
③《陶行知全集》第 3 卷,湖南教育出版社 1985 年版,第 526 页。
④《陶行知全集》第 3 卷,湖南教育出版社 1985 年版,第 527 页。
⑤《陶行知全集》第 3 卷,湖南教育出版社 1985 年版,第 527 页。

体和健全的心理；其次，要养成良好的习惯，这是创造力得以持续实现的必要保障，良好的学习、生活习惯会促使儿童经常性的思考问题，并促使他们发挥自己的能动性去解决问题；再次，需要因材施教，这是对于教育方法的要求，教师在教学中应该充分考察学生的认知水平、学习能力和全面素质，根据每个儿童的特点制定不同的教学方法，以发挥学生长处，为激发学生的创造力提供可能。

可见，创造力来源于人在生活力实践中的自我实现过程，以人的自然天赋和个性发展为实现基础。与此同时，生活力和创造力的合力又推动了儿童情感和智力的共同发展，利于塑造健全的人格。

陶行知在《育才学校校歌》中写道："真即善，真即美，真善美合一。让我们歌颂真善美的祖国，真善美的世界，真善美的人生，真善美的创造。"新的历史时期，我们应当继续纪念他、学习他，以他的教育精神和审美情怀为指引，以面向未来的生活美育，开启中国美育事业改革与发展的新时代。

珍视并发扬中华优秀美育传统

——从《礼记·乐记》美育思想谈起[①]

中华美育历经几千年历史，滋养一代又一代中国人，在新的历史阶段，我们需要立足中华文化立场，继承其精华，摒弃其糟粕，发扬其传统的民族的文化力量，建设新时代美育精神，培养德智体美劳全面发展的社会主义建设者和接班人。

8 月 30 日，习近平同志在给中央美院八位教授的回信中就做好美育工作提出殷切期望。回信立意高远，视野宏阔，以简洁的语言阐述了美育的重要性及其发展方向。作为长期从事美育研究的教育工作者，我深感习近平同志的回信具有很强的针对性，对坚持文化自信，弘扬中华美育精神具有重要推动作用。

长期以来，我们的美育研究与实践较为重视西方美育理论，对中华民族自己的美育传统认识和重视不够。事实上中华民族具有悠久而深厚的美育传统。从先秦时期周代开始就将礼乐教化提到重要地位，此后儒释道各家均对人文化成的美育有过各自思考与贡献。近代以降，王国维、蔡元培与丰子恺等理论家与艺术家均对美育有着自己特殊的贡献。新中国成立以后，特别是改

①原载《人民日报》2018 年 9 月 28 日第 24 版。

革开放以来,党和国家一直重视美育工作,将美育列入党的教育方针。总之,中华美育传统延续几千年,是今天美育工作的宝贵财富,需要我们认真研究,加以发扬光大。

产生于公元前2世纪的《礼记·乐记》,以儒家思想为主,同时吸收道家与法家思想,是世界最早的音乐美学论著,也是最早论述礼乐教化即美育的论著。《乐记》及其礼乐教化理论以"天人合一"为其文化理念,以"中和"为其审美理想,以"礼乐交融"为其东方特色,以"正声""德音"为其艺术诉求,明显区别于西方自柏拉图与席勒以来的美育观念,彰显光彩照人的中国精神,这充分证明中华民族在文化艺术特别是美学与美育上的成熟与伟大,值得我们继承与发扬。传承古代及至当代的中华美育精神,吸收世界美育有益成分,是新时代美育建设发展的必由之路。

中华美育是事关家国天下的教育

"礼乐教化"是儒家思想重要组成部分,是中国传统社会中特有的政治、文化与教育制度。《礼记》记载"周公践天子之位,以治天下。六年,朝诸侯于明堂,制礼作乐,颁度量而天下服"。就是说当年周公通过制礼作乐而治理国家、统一天下。中国古代的"礼"起源于宗教祭祀之礼仪,发展为政治制度、道德行为规范和社会交往之人文礼仪等;"乐"是乐舞歌诗的总称。礼乐教化是一种集政治、道德与审美等为一体的整体性教育,充分体现中国传统文化关联性的特点,相异于西方文化区分性的特点,强调发挥礼乐刑政交融互补的综合性治理作用。礼乐教化还可以发挥特有的和合父子君臣族长乡里的团结教育作用,这就是所谓"乐在宗庙之中,君臣上下同听之,则莫不和敬;在族长乡里之中,长幼同听之,则莫不和顺;在闺门之内,父子兄弟同听之,则莫不和亲”。同时,礼乐教化还有感染熏陶、移风易俗之用,所谓“乐也者,圣人之所乐也,而可以善民心。其感人深,其移风易俗,故先王导之以礼乐而民和睦”。总之,礼乐教化在传统社会中充分发挥交融性与综合性作用,是治国之重器。在当前实现“两个一百年”伟大目标的征程中,我们要切实重视美育的交融性与综合性,像习近平同志要求的那样,充分发挥美育立德树人、塑造美好心灵的重要作用。

中华美育是培养君子的人文教育

中国传统文化十分重视人文教育,有着浓郁的人文精神,突出体现在“人文化成”的理念。《周易》所谓“观乎人文以化成天下”,即以文明、文化与美来教化成就天下,达到对君子进行人文教育的目的,使天下臻至文明。儒家“人文化成”观念最早由孔子“文之以礼乐,亦可以为成人矣”与“兴于诗,立于礼,成于乐”提出。这里,所谓“成人”即是通过“礼乐射御书数”等素质教育培养“尽美矣,又尽善也”的“文质彬彬”的君子。1999 年党中央国务院《关于深化教育改革,全面推进素质教育的决定》提出美育对于促进学生全面发展具有“不可代替”的作用,这就是对于传统美育精神的继承与发扬。包括美育在内的人文教育在当下具有极为重要的现实意义,以人文化成为目标,扭转不科学的教育评价导向,克服唯分数、唯升学、唯文凭、唯帽子的顽瘴痼疾,充分发挥美育特点,真正做到以美育人、以文化人。

中华美育是提升境界的教育

中国传统文化是一种超越性文化，讲究言外之意，境外之境，味外之旨。老子有言，大音希声，大象无形。传统的礼乐教化就是一种强调超越性的、提升境界的教育。《礼记》所记，孔子曰："夫民之父母乎，必达于礼乐之原，以致五至，而行三无，以横行天下"。这里的"五至"指志诗礼乐哀所达到的最高境界；而"三无"则指超越性的"无声之乐，无体之礼，无服之丧"。"五至""三无"都是指超越性的境界，将礼乐教化提到提升境界的高度。其实，"境界"一词原为佛学用语，意即个人意识所达到之处，近代王国维则在《人间词话》中提出人生修养与事业的"三境界"，突显"境界说"的美育意蕴。丰子恺则明确将"境界说"运用到艺术教育之上，认为人生犹如三层楼即三重境界，包含物质生活、精神生活与灵魂生活，精神生活要以艺术为主，距离灵魂生活最近。冯友兰则在《新原人》中提出从"自然境界"经"功利境界""道德境界"到"天地境界"的"人生觉解论"，进一步完善"境界说"。美育即是提供艺术教育之熏陶感染、灵魂撞击的心灵塑造过程，是润物细无声的感化提升过程，最具精神与情感力量，与法制教育、道德教育形成不可或缺的互补。美育的境界提升作用有助于我们抛弃教育上的功利主义，将精神、情感与心灵的塑造放到极为重要的位置之上。

中华美育是涵养德性的教育

德性教育是中华美育最重要的目标。《乐记》言："乐者，通伦理者也。是故,知声而不知音者,禽兽是也;知音而不知乐者,众庶是也。唯君子为能知乐。”儒家学说认为乐与道德相通,乐音是人与禽兽的区别,而对整体音乐的理解则是君子与小人的区别。礼乐教化之乐教包含乐德、乐语与乐舞等部分,所谓“乐德”指“中、和、祗、庸、孝、友”等德性的核心内涵,是乐教最重要成分。礼乐教化最重要的目的是弘扬德音与正声,抛弃淫乐与溺音。《乐记》说:“圣人作为父子君臣,以为之纪纲。纪纲既正,天下大定。天下大定,然后正六律,和五声,弦歌《诗》《颂》,此之谓德音。德音之谓乐。”又说:“奸声乱色,不留聪明;淫乐慝礼,不接心术。”这里将正声与德音提到“纪纲既正,天下大定”的政治高度,将奸声、郑卫之音与淫乐视作扰乱思想与破坏心术的负面现象。对此学术界有不同看法,但礼乐教化涵养德性的精神还是需要提倡与继承,以纠正重利益而轻道德的价值倾向。

中华美育是“天人相和”的教育

区别于西方古代讲求比例对称和谐的哲学与美学,中华文化中“天人合一”哲学有其独特意蕴与魅力。《乐记》阐明礼乐与天地宇宙相应相和的特点,从而带来四海之内自然宇宙与人类社会合敬同爱的结果,充分强调礼乐教化沟通天地人的巨大作用。《乐记》还阐述礼乐教化所形成的一种礼乐交融、天地相合、阴阳相得、万物繁茂的生命之美,诚如《周易》所言“生生之谓大德也”。这种生命美学体现于中国传统艺术与传统社会生活的方方面面,成为中国传统的艺术精神。《乐记》还强调礼乐教化与亲和天地的关系,诚如《中庸》所言:“万物并育而不相害,道并行而不相悖”,主张万物一体,包括后来李叔同与丰子恺合作《护生画集》并提出“护生即是护心”,这些美育观念不同于西方古代的人类中心论,具有重要思想价值。

中华美育历经几千年历史,滋养一代又一代中国人,在新的历史阶段,我们需要立足中华文化立场,继承其精华,摒弃其糟粕,发扬其传统的民族的文化力量,建设新时代美育精神,培养德智体美劳全面发展的社会主义建设者和接班人。

第五编

学术访谈

身体美学:研究进展及其问题

——美国学者与中国学者的对话与论辩①

上篇　主题对话:身体美学、大众文化、价值中立及其他

曾繁仁:舒斯特曼教授,过去我曾读过您的《实用主义美学》和《哲学实践》两书,这两天我又听了您的演讲。您的演讲在五个方面给我留下了较深的印象:第一是对古典的二元对立的突破。我感觉您所讲的身体美学就是对西方古典的身心二元对立的突破。第二是对西方古典美学中长期以来占统治地位的对感性和身体的贬低、对理性的过分强调的突破,这主要体现在对康德的美学思想的突破上。中国的学者自 20 世纪 80 年代始,受康德美学影响非常深,尤其是康德在《判断力批判》中所讲的审美就是"判断先于快感",我们把这个定律看成是一个美学上的铁律。第三是您的身体美学以及对审美经验的分析,对传统艺术特别是精英艺术、精英文化脱离大众的批判,以及对大众文化的全面肯定,例

---

①本文是美国学者理查德·舒斯特曼与曾繁仁等山东大学文艺美学研究中心学者就身体美学等问题进行的学术讨论记录。原载《学术月刊》2007 年第 8 期。

如对“拉普”(rap)的肯定,在当代信息社会、消费社会,这实际上是对日常生活逐渐审美化这一总体趋势的肯定。因为当前中国美学界正在对日常生活审美化这一问题进行讨论,讨论其利弊优劣。第四是您的研究贯穿了中西美学对话的精神,这实际上是对“欧洲中心主义”的突破。我注意到您的文章中吸收了好多禅宗、孔孟的语录以及气功、瑜伽等东方思想。我们中国的一些学者,包括北京大学的汤一介教授,我们在交换意见后认为,中国的和东方的古代智慧,是一种混沌的、物我不分的、“天人合一”的智慧,如果是在工业革命的、工具理性的条件下,可能很难发挥作用,但在后现代条件下,中国的智慧、东方的智慧可能更有发挥作用的余地。第五就是您的思想始终贯穿着人文关怀精神,虽然不少观点非常前卫,但都贯穿了几个关键词:改善生存、改善身体、生活艺术化等。

舒斯特曼:谢谢您对我的邀请,同时也谢谢您对我的研究的褒奖与评论,我想我们之间会有更多可以相互对话与讨论的学术问题与领域。

曾繁仁:舒斯特曼教授,对于您的“身体美学”理论,我虽然已有所了解,但我还是感到有一些困惑,现在想借此机会向您提出几个问题。

舒斯特曼:我将尽我所能给出答案,但是一些问题是非常复杂的,我不得不花费更多的时间才能给出令人满意的回答。

曾繁仁:第一个问题就是学科问题。关于身体美学的学科建构问题,从 1996 年到现在,目前您已经建构了分析的、实用的和实践的身体美学的学科框架,而且特别强调它是一个开放的体系。接下来我想求解的三个小题就是:首先,身体美学本身应该是对传统理论的一个解构,但是学科在大学学科体制下又需要建构,这样在解构和建构之间就形成了一个悖论,您怎么看?其次,您的身体美学分为三部分,分析的、实用的和实践的,这三部分来源不同,一个是从分析哲学中接受的,一个是从经验哲学中接受的,实践部分则东方的思想较多,可以说代表了三个向度,即理智性、经验性和操作性,我个人认为,这三个向度难以统一。您觉得呢?再次,我注意到你在《生活即审美》这本书中提到“身体转向”问题,我现在想,到底是提身体转向好?还是提生存论或存在论转向好?您在演讲中和书中多次提到改善人的生存状态、艺术化的生存、生存权等问题,实际上归根结底对身体的关注或者谋略关系到人的生存问题、人的生存状态问题、主要是当代人的生存状态问题。不知这样理解对不对?

舒斯特曼:在回答这些问题之前,有两个问题需要做出说明,一个是关于康德,一个是关于审美。我对康德的态度,首先认为他当然是非常令人赞赏的。但康德太善于区分事物,他的著作的一个基本计划就是做出区分,把审美从伦理、实践中区分出来,从认知中区分出来,把审美愉快从感性(身体)愉快中区分出来。而我的倾向是更多地把事物联系起来,以便确认。你可以区分事物,但是不可以如此僵硬和严格的做出区分。这种区分是根据支配性的倾向才有用的,而不是根据各种愉快的划分。例如,有一些是在中国文化中存在的东西。我知道,美最初来自于味道和食物,为什么食物和味道就不能既是感性的(跟身体相关的)又是美的呢?对康德来说,他会拒绝感性因为它不是真正的审美愉快。所以,他做出了区分。我可以说,当你吃食物的时候,你可以得到感性的东西,也可以得到知识的东西,它们一起到来,你无法做出区分。如果你对它思考得多的话,那么它更多的是理智性的;如果你仅仅享受它的味道的话,它就会更加感性的。但是,它们并不是不同的愉快,它们是连在一起的。愉快是一体的,你可以从不同的维度来谈论。所以,我认为康德更多的是思考区分,并且更多的是强调理智性的东西,我的方法是力图抓住整个人。

我还可以给出一个康德的道德理论的例子。对康德来说,一个道德行为是出自责任的,如果你做一件事情是因为你发自内心想做,那就不是道德的。对康德来说,孝心的整个概念不可能是道德的,因为你做事情是出自你对你的父母的爱、你对你的家庭的爱,不是因为你不得不去爱,而是因为你的确爱。只有你在知识上确认了你的义务的基础,你的行为才是道德的;如果是出自情感,那就不是道德行为。

关于审美,在康德之后,西方主导性的美学传统是一个康德与黑格尔的结合。由于这个传统,审美问题就非常危险。因为你如果把审美认为是与道德和认知无关的东西,那么在审美中你就不会在乎其他的东西。但是,如果你把伦理观念合并进审美观念之中,那么有些东西就会处于紧密的联系之中,这些东西就是美和善。这样就不会有太大的危险,因为人们认为这是真正审美的东西,并不仅仅是外表好看。这样,处于完全的审美状态的人们就会有伦理的成分。对于孔子的《论语》也一样。其中,孔子谈到五种美的事物和五种丑的事物,当孔子谈论这些事物的时候,并不是在谈论外在的美,实际上是谈论德行。在古希腊和中国的传统中,美的事物以这种方式含有一种伦理的成分。所以,我们就有一个关于事物的审美方面的商业描述,这个描述充满了典型的关于"美是什么"的传统观念,于是你就有了假花,因为存在一个真花的种类,到处存在标准化的眼睛,而不是存在一个创造性的装饰。

至于身体美学是否存在一个对传统美学的解构?我事实上

是把身体美学视为对传统美学的一个拓展而不是一个解构。在《实用主义美学》这本书中,我把身体美学视为美学之下的一个领域,所以,我认为我的观点并不是将一切拆毁的解构主义,而是对美学的拓展。我拓展的方式并不与康德或黑格尔一致,所以,康德和黑格尔的一些观念不能被接受,但并不是放弃美学全部的传统和结构。

曾繁仁:您的解释更加深了我对您突破康德美学思想的认识,请接着说下去。

舒斯特曼:让我们返回到康德的愉快观念。我同意,身体美学中有许多关于愉快的事情,但它并不把愉快限制在理智性的愉快上,而这种理智性的愉快正是康德在自己的美学中所限定的。

怎样在身体美学中整合分析的、经验的和实践的东西,这是一个非常难的问题。我尊重美国现有的哲学学科的体制,所以在大学、包括我现在的大学,我仅仅教授理论。在美国大学课堂上有一定的教学标准,即使没有这个标准,我也尊重学科体制的限制。另一方面,我又认为这些限制太狭隘。所以首先我会让学生和其他人一起学习有关身体美学的实践方面,有许多地方可以学习;我认为,一个非常好的模式是讨论班,让理论运用于实践。到目前为止,我只设工作室,而不上完整的课程,因为要上完整的课程,我就不得不花时间去获得批准,在证明这样一门特殊课程的合理性的过程中存在大量的学术论争。事实上,我也没有时间,我认为这是一个真正的问题。但我认为解决办法可以是更加灵活的。我们教学并且我认为美学允许这样,因为如果我们在一所艺术学院,或者在一所舞蹈学院的话,它们有一些关于美学的课程,并且有一些实践的课程。所以,如果你是一个舞蹈者,并且正在研究舞蹈,那么你就跳舞,老师会帮助你跳舞;如果你正在演奏音乐,那么你就演奏,老师会帮助你演奏。我曾打算在课堂上介绍给人们一些禅宗的沉思或者瑜伽或者其他什么东西,去实践它并且得到一些经验。但我还没有将这些完成,因为我的能量有限,并且我不得不花大量时间写作。但是,当人们提供给我这样的机会时,我会很高兴去做。所以,有时候我得到的邀请不是去发表演讲,而是去设工作室。通常这样的邀请是在艺术学院、体育学院,在哲学系从来还没有过。这些地方是我所说的解决问题的地方,但这是一个缓慢的、非常艰难的过程。

至于对身体美学到底叫存在论转向还是叫身体转向好呢?我在原则上喜欢存在论转向的观念,但问题是在英语世界,存在哲学有一个特殊的与海德格尔和让·保罗·萨特相联系的意义,尤其是萨特,他们的存在的维度更多的是关于自由意识的,并不是关于身体的。因为身体是如此地被忽视,我认为用身体(soma)来强调是非常重要的。我努力试图解释身体这个词包含了整个人,这就是我为什么把身体美学叫作"somaesthetics"而不是"bodyaesthetics"。由于西方哲学的理智性和心灵导向性,就必须有人强调身体的维度。否则,如果你仅仅说审美感性,他们会说,好的,这是人。而人是有理性的,这样你又回到了(过去的)同样的计划。然后你可能会说,好的,我们不得不先处理人的生存,这也就意味着一起处理心灵。因为身体(soma)被忽视了,所以你不得不强调它,这是切实可行的,其想法是整个人。但对我来说,身体美学更大的想法是,它比整个人更宽,它包含了整个社会、整个环境。因为如果你生活得更健康一些,那么你的环境就会健康。如果你不抽烟,空气中的污染就会少一些;如果你走路,而不是整天待在车里,污染也会少一些。正如我在一些文章中所写的那样,我们的生命总是处于一个环境之中,我们从来不能成为一个孤立的身体(body),我们和外界息息相关。

对于“body”来说,“soma”是一个大词,它还没有被身心区分所污染。另外,在英语中有两种“美学”的书写方式,一种是有“a”的“aesthetics”,另一种是没有“a”的“esthetics”。现在,在犹太人的大学以及在牛津大学这些我学习过的地方,存在一种英语的写法,你总是写成“aesthetics”;在美国,许多时间你也写成“aesthetics”,但约翰·杜威以及其他许多人写成“esthetics”。从语音学上来看,字母“a”不起任何作用,“aesthetics”和“esthetics”说的是同样的事情。当我还是一个学生的时候,我习惯于写成“aesthetics”;当我来到美国,并且阅读约翰·杜威的时候,我发现了“aesthetics”被写成“esthetics”。我想,为什么要写一个“a”呢,这是不经济的,这是一个字母的浪费,因而是一个墨水和纸张的浪费,在生态上比较敏感,我想也许我应该像约翰·杜威那样把美学写成“esthetics”。但是,这样在视觉上就不太美观。所以我就想,带有字母“a”的“aesthetics”是美观的,但是不经济。但是,当你有了“somaesthetics”,字母“a”就突然变得有用了,所以它解决了我的一个怎样书写“aesthetics”的问题,因此“somaesthetics”这个词对我来说就具有很大的魅力,因为它给了字母“a”意义和功能,否则“a”就是不必要的。另外,这个词传达了美学的观念,虽然这个词没有“body”在其中,但是却含有身体的意思。

曾繁仁:下面我想提第二个问题,就是价值判断问题。我注意到,您对杜威的经验的“完满性”概念持异议,在一定的程度上肯定了“价值中立”。这种对完满性、价值判断的忽略,是否与您的两个学术目标——身体美学是一门人文学科、身体美学要改善人的生存状态相违背?我个人认为,人文学科不应离开价值判断。人文学科和自然科学和社会科学的最大不同就是它有价值判断,这个价值判断就是它有人文关怀、人文精神。

舒斯特曼:关于价值中立问题是一个很好的问题,曾教授并不是唯一提出这个问题的人。事实上,一些德国的哲学教授已经以这种方式提出了关于我的身体美学的问题,担心价值中立。我认为,重要的事情是我的价值判断在何处是中立的。我想说的是,在某些地方我看起来像是价值中立的,但事实上没有任何人可以价值中立,因为甚至一个简单的词也表达出价值倾向。我看上去最价值中立的地方可能是在描述的层次上。当我谈论审美经验的时候,谈论所有这些不同的概念的时候,例如审美经验的概念,它可以是任何你沉浸于一件艺术品或者审美客体的经验。我并不认为审美经验的概念是有趣的或者有用的,但它的确是某些人使用的概念。所以,当我在作审美经验分析的时候,我感到我不得不将这个概念包含在内,这个概念对许多事情来说是没有用的,也不是最重要的,但它却是人们使用的概念之一。所以,当你在作一个全面分析的时候,你不得不在描述的层次上将其包含在内。如果读一下我关于审美经验的文章,那么很清楚,我最关注的审美经验具有强度、统一性和愉快的特征。但是,既然有些重要的审美经验不包含统一性和愉快,那么一个完整的分析就不得不承认这些审美经验。为了理解我现在的工作,就要看我工作处在什么样的分析层次上。例如,在今天上午的演讲中,我就努力论证"性"经验符合最重要的审美经验概念的条件。这个概念会包含统一性、强度、愉快、价值和意义在内,但事实上这却不一定是对一件艺术品的经验。我认为,如果你对一个概念如何被使用作分析,你不得不也包含那些你认为并不重要的概念的用法。相似地,有许多"性"经验我认为是没有价值的、不正当的、不健康的,但当我在分析的层次上对"性"经验进行分析的时候,我不得不也将它们包含在内,因为人们存在那种方式的性行为。您所说的价值中立主义与我的改善主义(meliorism)是不一致的,我的哲学中很大一部分是改善主义的(melioristic),我想使事情得到改善。如果我是价值中立的话,那么我将是矛盾的,因为"改善"就意味着你有价值观念,并且你想让这些价值得到实现。为了改善,你不得不看到处境是什么。所以在分析的层次上,我尽我所能做到包容和理解,但是我会确认哪种实践在我看来实际上更好一些。但我是开放的,随后也许我会被其他人的意见"不,这个更好一些"所说服。我不把这称为中立主义,而是称为开放(openness)和试错主义(falliblism),这些是我使用的术语。

曾繁仁:"改善主义"在中国学术界还是一个比较新的术语,我的理解是介乎于"理论"与"实践"的中间,很耐人寻味。

舒斯特曼:曾教授刚才非常友好地谈到了这样一个事实:我不像大部分"欧洲中心主义"的或者"美国中心主义"的哲学家那样,我对其他文化的对话保持开放态度。但这并不是我本身的美德,而仅仅是因为我曾经生活过很多地方,所以我学到了很多不同的做事情和理解事情的方式。尽管我在这个世界上任何地方都不会感到像在家一样,但在每个地方,我总知道,会有一些更好的东西;并且我也知道,在这个另外的地方也有不能令我满意的东西。所有这些旅行让我意识到,我是多么渺小,我的许多价值观念也许是可以被我从其他经验中学到的东西而改变的,尽管我曾经多么坚定地相信它们。在我接触它们之前,至少是当我分析它们的时候,我是支持我的信仰的,但我确信我依然还有许多东西要学习。我的某些价值观念可能会被说服并相信它们也许不是正确的。

我虽然接受的是分析哲学的训练,但我跟分析哲学不同的是,我用分析哲学的方法去扩张从而质疑界限并超越界限,保留了对清晰性和逻辑推理的要求。分析训练首先是描述,概念是什么,它怎样被使用,这样做是刚开始。在你确定某个概念的解释是最好的之前,你首先必须努力做到公平,以便描述不同的概念。这一点看上去像是具有中立性,你为每一个概念描述其理由,这样就不会出现没有理由的概念。例如,我认为是最没用的并且是最琐碎的审美经验的概念是一种你在艺术客体面前的经验,为什么这个概念会有这样一种用法?因为如果你想要描述这种在艺术客体面前的经验的话,我们把它称为审美经验,这并不有趣。但即使它不有趣,它有某些确定的用法,因此谈论审美经验就是有意义的。但是当你面对一个艺术品,你感到疲倦、昏昏欲睡,那么就不会产生审美经验。

所以,我把那些概念展示出来作为描述性分析的一部分,然后我就前进到了规范性的层次。在分析时,我努力做到描述性,或者看上去"价值中立",但是,一旦涉及赞成或支持,我一点也不"价值中立"。

除了清晰性的要求,还有一个对公平的要求。换句话说,公平就是让每一个概念有机会说话,给出自己的理由,而不是一开始就不公平地把某个概念排除在外。但是一旦它有机会说话,那么你或者我就想说,基于哪些理由,某些对审美经验概念的理解、某些艺术形式、某些艺术品或者某些哲学观点要比其他的更好。但至少为了公平,你应当让它们展示自身。

曾繁仁:第三个问题是对大众文化的态度问题。我注意到您对当前的大众文化给予了充分肯定。大众文化是对精英文化的某种解构,我也赞成总体上肯定大众文化,但是有两个问题需引起注意,一个是在消费社会的状况下,大众文化有时候在金钱的支配下有难以遏制的低俗化趋势,应注意到它的负面影响;另一个是,我们的美学作为人文学科,它对文化和生活肩负着提升和评判责任,不应忽视这种责任。

舒斯特曼:关于大众文化的问题,我也非常关心粗俗、商品化和消费主义问题。我对大众文化的看法是一种中庸之道,我称之为改善主义(meliorism)。有人说大众文化不可能是好的,有人说大众文化好极了,我的改善主义就处于两者之间。我不认为它是极好的,事实上,大多数大众文化我并不喜欢。我真正相信的东西是,它拥有价值的潜力,一些大众文化的范例是非常好的。它的发展需要同情,同时也需要批评,这样它会更好。所以,我还远远不是所有大众文化的推崇者,在我的新书《表面与深度》中,你会发现我也谈到了大众文化的一些问题。我非常同意您所说的关于美学应该提升生活的观点,但我认为一种好的大众文化就可以提升,因为一种好的大众文化可以在审美上是美好的。莎士比亚的戏剧是大众文化,大量其他的伟大的艺术品在当时也是大众的,后来它们由于种种原因得到提升进入高级文化,其中,我想出于时间的缘故它们被褒扬和尊崇,所以它们上升了。莎士比亚是从大众文化开始的,伟大的悲剧是从大众文化开始的,小说一开始也仅只是作为娱乐从低级的文学形式开始的,真正的文学仅限于诗歌或者舞台剧,电影开始也是所谓"低级的娱乐形式"。

曾繁仁:第四个问题就是关于艺术的统一性和片断性的关系。很显然,统一性是一个古典范畴,片段性是一个现代范畴。我认为,现代艺术应该有一个对传统的"比例、对称、和谐"统一的艺术特性的超越。但是,完全的片段性,包括当代艺术,走向对艺术统一性的完全解构,也很难构成真正的艺术。那么,我们如何处理好这种关系呢?

舒斯特曼:关于统一性和片断性问题,我重申,我是统一性价值的赞赏者,但我有时也担心它对差异的扼杀。片断性可以具有一定的临时的或者工具性的伦理价值,这正是我与约翰·杜威有所不同之处。约翰·杜威总是断言统一性的价值,他谈论音乐如何能够把所有人联合起来,理想状态就是无差别的完全的统一。那种包含一切的统一性有些让我担心,因为它窒息了不同的观点,统一性的冲动往往最终以缩减或者消除那些不能完美适应这个统一性的差异而结束。在纯粹的统一性中,持不同意见的事物就被摧毁了。我们应当具有倾听、欣赏、注意并且重视不同的审美主张和不同的声音的能力,我们应当知道怎样与在统一性破碎的地方产生的东西相处,因为人们是不同的,存在需要被听取的不同的事情。所以我认为,我们可以拥有一个在审美上更加让人满意的社会,在此,不存在一个天衣无缝的统一性,而是存在一个包含差异的统一性,也许随后会有一个更高层次的统一性,其中差异仍然是可以经验到的。但是,如果在美学中我们只是强调统一性,那么我们的渴望和我们的鉴赏对差异便会变得迟钝和狭隘,我想这是危险的,因为我们拒绝了不同的声音能够告诉我的东西;在审美上同样是危险的,因为扼杀和压制了他者。

曾繁仁:第五个问题,就是性经验和审美经验的关系问题。总的说来,您在这个问题上的论述具有开拓性。劳伦斯的《查泰莱夫人的情人》一书对性经验的描写长期以来是被否定的,那么现在看来这种描写是精神的、超越的,因而是审美的。审美的情欲与色情之间还是应该有界限的,但这个界限到底是什么?您曾经用了想象性和感知性两个关键词来做区分。我个人认为,色情与健康的情欲的区别在于作者的态度和艺术的表现。首先,作者的目的是什么?是为了表现情感还是有意宣扬某种生理欲望?其次,就是作者对女性的态度,是玩弄女性还是尊重女性?您所提到的中国的《春宫图》和小说《金瓶梅》,多数学者认为是色情的或者是有色情倾向的。

舒斯特曼:您所说的这个问题可以归结为爱欲。米歇尔·福柯写过许多关于"性"的东西,但他的方法与我的大不相同。他是一个同性恋的鼓吹者和实践者,这不是我的倾向所在。在经验到愉快的时候他有一个非常艰难的时刻,对他来说,为了获得愉快,他需要非常激烈的极端经验,在《哲学实践》中我曾经写到这一点。所以,福柯与我对性的思考非常相反,也许福柯的思想与基督教传统的复杂性有关,这个传统对肉体和性非常反对,但是耶稣却是上帝造成肉身的结果,这是矛盾性的。福柯受古希腊的同性恋影响,同时也受到萨特的性虐待思想的影响,因此是一种非常特殊的混合。您刚才的问题中提到了爱欲与色情的差异,以及对待女性的态度,不把她们当成是性客体。这是一个很好的在讨论中做出坦承的时刻。这个坦承就是,在我离开严格的分析以及分析哲学之后,我的大部分哲学一直受到女性的鼓舞、激发。我非常欣赏老子,他是一个男性但却崇尚阴柔。我从与跳舞者群体的经验中学到了很多东西,正是阴柔的原则而不是逻辑的论证使得我转向了实用主义的哲学。换句话说,作为一个哲学家,正是我的整体身心的经验向我展示了我正在写作的美学中的特定限度。所以,我对女性有很大的敬意,并且(在思想中)有一个女性原则。我认为,美学特别意味着向女性学习,女性正是我学到东西最多的地方。

下篇　讨论与交锋:阴阳、福柯、判断与艺术

仪平策:昨天听了舒斯特曼教授的报告,谈到生活之美的问题,我想请教的是,身体和生活之美之间有什么关系?生活之美这个概念能否建立生活美学?“生活美学”这个概念不知舒斯特曼教授是否考虑过?另外,身体美学主要是为了让人们的身体达到一种中国式的阴阳平衡状态,您的阴阳观念是通过中医得来的,还是通过《周易》得来的?

舒斯特曼:我在《实用主义美学》这本书的第九章“后现代伦理和生活艺术”中谈到了生活之美,我不知道中文的译法,也许这就是“生活美学”。

根据我自己的经验,当你感觉好的时候,你就处于阴阳平衡状态。我不知道我是否从哪个特殊的文本得到了这个观念,我想我更多的是从平衡的观念中得到的。

赵秀福:审美经验有助于人们的健康,请问舒斯特曼教授,您如何评价米歇尔·福柯的过早死亡?

舒斯特曼:首先,在这个世界上有许多事情要比我们自身更能决定我们的生命,许多人由于事故、基因等问题而过早地死亡,如果他们是由于这一原因过早死亡的话,你不能责备他们。另外,还取决于人们拥有的审美经验是哪一种。某些审美经验就可能非常剧烈,非常强烈,它仍然是非常具有审美性的,但它并不一定有助于健康。例如,如果你听不可思议的大声的音乐,这可能是一种强有力的审美经验,但它实际上会撕裂你的耳膜。通过审美经验——尤其是优美的审美经验——对生命的享受可以给你

一种生活的味道,可以帮助你活得更长一些。

更重要的是,我想,如果你发展出了更好的身体美学的感受性,你可以学会变得更加健康,生活得更好。也许在中国,人们没有这些问题,但在美国,有许多人非常非常肥胖,原因之一就是他们吃得太多。吃得太多的原因之一就是,当他们有足够多的食物去吃的时候他们却没有意识到。当然,这只是肥胖的一个原因。在美国,人们吃东西,一直吃到他们感到自己快要爆炸了。当你觉得自己还可以吃的时候,有一种感觉可以告诉你应当停止,这是一种你可以确认的身体美学的感觉。如果你感觉不到的话,你会继续吃。为什么美国人有时候吃得那么多,还有另一个原因,就是因为他们并不真的欣赏他们的食物,所以他们吃是因为他们想得到更多的享乐。如果你对非常好的东西能多吃一点,你会感到满足。如果你正在吃,虽然你并不喜欢面前的食物,但你知道吃东西是一种得到享乐的方式,你就会一直在吃。那么,他们为什么不欣赏他们的食物呢?有时候,即使是很好的食物,他们也不品尝,你本可以发展出更好的味觉,他们只是狼吞虎咽,他们吃得很快,吃得很多,直到他们吃饱了,饱得不能再吃了,他们也没有享受到快乐。吃得多还有一个原因,就是经济上的原因。我希望这一点在中国永远不要发生。在美国,他们给你太多的食物,因为他给出的食物越多,他赚的钱就越多。在美国,我不能吃下完整的一餐,美国的上菜方式是三道程序,我只吃第二道就足够了,因为给出的食物量太大了。如果你学会了使用你的味觉器官来享受你的食物,你就会寻求快乐,而不必吃那么多。这是一个非常简单的方法,但可以使你更健康。

李鲁宁:舒斯特曼教授,我想向您提三个问题。第一个问题,"身体美学"这个概念是您在 1996 年提出来的,并且也有了一个很好的框架,但这个学科对美学学科本身究竟有哪些推动呢?这些年来,它又对美学本身贡献了什么样的概念或范畴呢?第二个问题,这两次演讲,从身体到爱欲,我感觉您非常重视身体在文化中的基础价值,非常重视身体的健康状况,并且谈到了许多让身体感到舒适的方法。我想问的是,身体美学作为一种美学,如何避免成为一门医学?第三个问题,刚才曾繁仁教授谈到价值中立问题,尽管身体美学有很大的包容性,但身体美学事实上并不中立,您在《实用主义美学》中这样写道:“如果身体美学能够诉诸不是固定的身体美或愉快的定义,尽管如此,它必须尽力把握这种公正的判断:某种身体形式、功能和经验比另一种可能更好或更坏”,这个“更好”和“更坏”肯定是价值判断的结果。我的问题是,身体美学如何做出这种判断?判断的标准是什么?

舒斯特曼:我先回答第一个问题,身体美学对美学本身做出了哪些贡献。我认为,这个贡献就是更大程度上确认了身体在美学中的地位,一些人正在使用身体美学的理论。例如,在美国加州大学伯克莱分校有一位很好的研究法兰克福学派和西方马克思主义理论的哲学家马丁·杰伊教授,他运用身体美学去阐释当代表演艺术和身体艺术。所以,身体美学现在已经作为一种方法被用来分析某种形式的表演艺术。它还被用来理解舞蹈的价值。实际上,一些人已经把它运用于女性主义。总的说来,它有助于给美学带来清晰的对身体地位、对身体愉快的地位、对身体认知的地位的确认,这是主要的贡献。但我还从没有认真地思考过这个问题,我把大部分力量用于向前看,我不喜欢思考我已经完成了什么,这就像站在原地静止不动,而我想一直朝前看。也许有人会写文章说明我所做的工作,我会去读这类文章,但我现在没时间回过头去看一下。

第二个关于医学的问题是一个非常好的问题。我认为,身体美学的某些方面与健康有关,美也与健康有关。在西方许多报纸和杂志上,它们把健康和美的版面放在一起。在一些商店,它们把有关健康和美的商品放在一起。如果你生活得健康,你就不必使用太多的化妆品,因为你已经拥有闪亮的肌肤和明亮的眼睛。在印度古老的瑜伽文献中,健康与美的联系就非常强。瑜伽可以治病,从而使你美丽。它可以使你的头发变黑,使你的皱纹消失,所以我认为美和健康是以某种方式相连的。身体美学有其医学的应用,这个事实并不有损于它。事实上,身体美学有助于使西方医学和健康护理意识到,健康的方式并不仅仅是吃药或针灸,而是可以通过意识到你怎样建构你自己和你的感觉来达到,通过感觉你就可以知道你疲惫与否。所以我并不拒绝身体美学的医学维度。

那么它与医学有什么不同呢?不同之处在于身体美学有自己的研究领域,它有自己的媒介批评。身体美学有一个发展不是非常充分的分支,这与你的第三个问题相关。一些关于一个健康美丽的身体所应有的形象是僵化的,对大多数人的健康来说是不利的。但是他们却大做广告,于是所有人认为这就是你不得不去做的,所以你就去买例如美国影星简·方达的关于怎样锻炼的录像带。可能是这样一种景象,一个有魅力的女性正在富有吸引力地锻炼,制作者从特定的角度进行拍摄,他们更多地考虑形象看起来怎样,而不是感觉怎样,这可以使人们进行尝试,但可能会对人们造成伤害,因为他们努力模仿简·方达的方式。另外也有一些体形不适应顶级模特的形象,这可能使一些女性比较可怜,因为她们努力追求的东西实际上对她们的健康是不利的。我做出这些规范性的判断并不仅仅基于一个基础,我可以给出一个原因,这些判断通常是基于某种语境的。我对身体的批评,有大量是因为它是不健康的,有些是因为它没有吸引力并且是机械的。例如,整容,我认为它不利于健康、机械并且了无生气,因为它忽视了面部特征,面部没有生动表情,面部皮肤全被拉起来了。

我还没有真正形成一套判断标准,但既然你问我,我可以说,身体美学有一些标准与健康有关,有一些标准与更加传统的审美有关,例如在表情、形式、和谐等方面;还有一些标准是功能性的,例如,有一些走或者坐的姿态,看上去可能很吸引人,但从功能上来说是没用的,这些姿态将会造成受伤,使你的移动更加不流畅。功能的标准在部分上与审美的标准重合,因为你可以注意到某人的移动是优雅的还是非常机械的。通常,起较大作用的事物也具有较大程度的轻松,较高程度的优雅。另外,还有一个道德性的标准。我很高兴这次座谈会做了录音,因为我还从没试图想过这些事情,我也许会从这次讨论中学到东西。我还没有到达建立体系的阶段,所有这些事情都处在流动状态。在西方的传统中,身体美学的观念是一个框架和体系,但我认为,在存在实际问题的地方,我的许多精神和感受具有较少的体系性,具有更大的流动性。所以,我在思考标准方面花的时间较少。

凌晨光:刚才听了舒斯特曼教授与几位老师的座谈,感觉舒斯特曼教授深入浅出,用许多具体的例子来说明问题,很受启发。我的问题很简单,就是不知道舒斯特曼教授对我们山东大学文艺美学研究中心会议室西墙上的这幅风景画有何评价?

舒斯特曼:我并不真的理解这幅画,绘画不是我特别熟悉的一个艺术类型,关于这幅画我还形不成专家的意见。我在这幅画中发现有趣的事情是介于深度与平面之间的游戏。一方面,画面是完成的,你可以走进去;但是另一方面,它又非常平直,你被推回到表面。我不知道当代中国艺术所接受的传统是什么,但从西方的观点来看这幅画是非常有趣的。这幅画传达的观念是进入森林,但是却画得非常平,你进不去,树叶以及其他东西的轮廓不是把你拉进去,而是把你推出来。另一件有趣的事情是,这幅画力图描绘一幅自然的风景,但在我看来,风和树看上去非常不自然,色彩沉重而坚固,你感觉不到肌质。

凌晨光:这幅画其实是艺匠模仿的,并非出自艺术家之手,您的感觉非常准确。

李鲁宁:我还有一个问题。今天上午的演讲,您把性爱经验归入审美经验,这是一个很有冲击力的观点。我翻阅了美国的《美学与艺术批评》杂志,您的这篇文章发表在该刊2006年春季号上。我想知道,这一年来美国和西方美学界对您的这篇文章有何反应?

舒斯特曼:这是一个好问题。如果你感兴趣的话,我还有一篇关于亚洲性爱艺术与性爱审美的文章一个月前也发表于该杂志,其中有许多中国的材料。至于到目前为止的反应,不是太强烈。最强烈的反应之一总是沉默的反应,这是我与主流分析哲学的关系史。我曾经处于主流的核心地带,我编辑了《分析美学》,并且是天普大学哲学系主任,天普大学是分析美学的研究中心之一。但是当我开始在(主流)路线之外写作的时候,例如,当我写作关于拉普音乐的时候,有人就说我"你在干什么"?但是,最严厉的反应应该是沉默,他们不再邀请你在他们的大学发表演讲;如果他们编文集,也不再收录你的文章,因为他们害怕你将要说的事情。所以,一个反应就是你感觉不到反应。

也许谈论反应有点早。许多人给我写信表明他们对我的观点的兴趣,通常是年轻人,或者是富有创造性的年龄大一点的人,但是学界中的许多人是不会改变的。我认为,哲学就是成长和思考,艺术就是生机勃勃和富有创造性,但有时它们也意味着一种惯例,意味着人们到达了一个再也不需要任何新东西的时刻,仅仅喜欢熟悉的东西。我理解他们,新的东西就意味着威胁。如果你总在思考康德的著作,这就是你的世界;而如果有人问你,"嗨,性是什么"?而你的康德世界又不包括这个东西的话,这就是对你的一个挑战。

我并不期待着人们非常迅速地拥抱我的美学观念,但有很多人会这样,通常是些年轻人。虽然在我看来,一些非常好的年龄大一点的人也会对此保持开放心态,例如阿瑟·丹托。我知道,大部分学生和年轻学者会感兴趣,但他们不得不对他们所说的、所想的东西小心翼翼。因为在美国、英国、德国和法国的大学里,存在一个与中国不同的社会学境遇。这些国家人口不多,因而在大学里也没有多少职位,教授美学、哲学和文学的职位更是有限,所以获得这些教职并得到晋升就存在极大的竞争性;同时,还会出现试图维持一定层次上的保守的主流美学的强烈情形。所以,许多年轻人为了自己的利益不愿去冒险,而是去做他们的导师所做的事情;而且,许多导师对冒险的事情也不宽容。所以,期待戏剧性的变化是非常困难的。

但到目前为止,我还是感到惊讶,一种充满愉快的惊讶,文章、著作能够得到出版和阅读,这已经是一种积极的事情了。如果我没有我以前所遵循的严肃的分析哲学家的轨迹的话,这些作品是不会发表在《美学与艺术批评》那家期刊上的。他们会说,这是一个疯子;或者说,这在哲学上是不严肃的。我没有花时间寻找人们对我的著作的想法,我的观点也许太新了,你可以告诉我它们在中国的反应。

曾繁仁:时间过得真快,从下午两点半到五点半,已经三个小时了。通过今天的对话,我们进一步了解了舒斯特曼教授的身体美学,谢谢舒斯特曼教授!

关于西方美学、审美教育与生态美学的访谈[①]

一、从文艺到西方美学研究

岳友熙（以下简称“岳”）：曾先生，您好！您大学毕业以后，是什么原因让您对美学情有独钟，使您毅然步入美学的学术殿堂？

曾繁仁（以下简称“曾”）：我是 1959 年考入山东大学中文系的，当时由于对于马克思主义哲学的由衷喜爱，有一股追求真理的强烈愿望，因此在上学期间就特别喜欢作为马克思主义哲学有机组成部分的美学与文艺学。1964 年大学毕业后留在了山东大学中文系文艺理论教研室。“文革”期间曾经开过“毛泽东文艺思想”课，后来又开设过“文学原理”课。1977 年恢复高考后，需要给新入校的学生开西方美学课程，当时我们文艺学教研室主任狄其骢教授就让我开设这门课程，我欣然接受下来。经过艰苦的备课，到 1980 年首次给中文系 77 级开设西方美学课，一直给本科生讲了 8 年，到 1987 年担任学校教务长后才停止给本科生上课。但仍然给研究生开设这门课程一直开课到现在，讲了 27 年的西方美学课。

①原载《甘肃社会科学》2008 年第 4 期。

岳:曾先生,您自 20 世纪 80 年代初以来,首先在西方美学方面著述颇多,曾经出版了《西方美学简论》《西方美学论纲》《现代西方美学思潮》等著作,以美的感性与理性关系为线索,对古希腊以来西方美学的整体进程作了开创性研究,提出了一系列富有独创性价值的学术观点,在美学界引起较大反响。请问,您思考和研究西方美学问题的哲学立足点是什么?您对西方美学的研究是出于什么样的动机和目的?研究西方美学有何理论意义和现实价值?

曾:我的西方美学研究主要是为了对西方美学进行必要的学术借鉴。东方与西方在各自的历史背景下都创造了包括美学在内的极为丰富的文化,好像是双水分流,两峰对峙,各有自己的美丽风景。当代美学的发展既需要继承中国美学传统,也需要借鉴西方美学智慧。有一位美学家曾经说道,研究美学从某种意义上说就是研究美学史。这种说法是很有道理的,因为美学的发展好像一条长河,不知道过去又如何知道现在呢?当然,我们作为当代中国学者在西方美学的研究中又有自己的价值立场。首先就是要坚持马克思主义历史唯物主义的原则,将一切美学现象都放到一定的社会历史发展中进行实事求是的分析评价;而且应该从中国的具体国情出发,坚持批判地继承与洋为中用的方针。西方美学有其特殊的思想智慧,对于建设发展当代中国美学意义重大。从西方古典美学来说,我们不仅可以从中得到许多学术的营养,而且可以通过对西方古典美学的学习更好地理解和把握马克思主义美学。众所周知,西方古典美学是以感性与理性的关系作为其基本理论出发点的,从古代希腊罗马的感性与理性的两者朦胧的统一,到启蒙主义的二分对立,再到德国古典美学的唯心主义统一,走过了漫长的发展历程。只有到马克思才在唯物实践的基础上真正地将两者加以统一,由此说明马克思主义所特具的理论力量。而到西方现代美学则由于西方现代在经济发展与科技方面的先进性,因而其美学思想也具有某种先进性,呈现局限与前瞻、腐朽与进步并存的特点。借鉴西方现代美学成为我国现代美学发展的重要的不可缺少的方面。

二、审美教育的价值、性质、路径和方法

岳:曾先生,二十多年来,特别是进入 20 世纪 90 年代以来,您致力于当代美育理论及其实践模式的创新建构,发表出版了一系列重要学术论著。请问,您开始涉足审美教育领域是出于什么样的原因?美学领域博大浩瀚,您为何单单选中的是审美教育这块园地?研究审美教育的现实意义和价值何在?

曾:我是 1981 年在一个特殊的机缘下开始审美教育研究的。那就是,1981 年山东省在山东大学举办山东省高教干部培训班,主办者让我给学员讲美学课,我当时就给他们开了"审美教育专题"课,并于 1982 年 5 月在《山东高教研究》上发表了第一篇论述审美教育的论文。我之所以给山东省高教干部培训班开审美教育课并从此走上美育研究之路,在当时主要是有感于十年"文革"中"四人帮"对于一切人类所创造的包括文学艺术在内的美的事物的彻底摧毁,感到这必将堵塞人类走向文明之路,十分严重,应该加以纠正。而从长远来看,世界美学从席勒开始有一个从思辨美学到人生美学的转向问题,在 20 世纪这种转向愈加明显。我国当代美学建设应该适应这一转向,将审美教育提到美学学科的前沿与核心的位置。而在我国建设和谐社会的进程中,审美教育

有着特殊重要的作用。建设“和谐社会”目标的提出是对传统现代化单纯追求经济指标弊端的一种超越，是对人文精神的大力弘扬。其目的是培养学会审美的生存的一代新人，使之以审美的态度对待社会、他人、自然与自身。这是我国社会主义和谐社会得以实现的重要前提，使美育成为我国新世纪极为重要的人才工程的有机组成部分。

岳：曾先生，您始终从美学的应用和审美教育的时代变迁出发，致力于当代美育理论及其实践模式的创新建构。请问，是什么样的学术良知使您从国家、民族、人生、人性的高度来审视当代美育的？

曾：我对美育作用的认识是逐步深化的，一开始带有维护美好事物的直接感悟色彩，而在当前则进一步认识到美育实际上是新世纪必不可少的世界观的教育。每个时代都有自己特有的世界观。在远古时代是一种巫术的世界观，农业文明时代是一种宗教的世界观，工业革命时代则是科技的世界观，而在当前“后工业文明”时代则应树立审美的世界观，也就是要求人们以审美的态度对待世界、社会与人生。实践证明，此前各种世界观都无法使人类更好地适应社会与人生。因为当代社会发生了巨大的变化，随着工业文明局限性的暴露与后工业文明的逐步到来，原有的主客二分思维模式、人类中心主义思想与以经济效益为唯一目标的发展道路都不能适应现实社会的需要，而要代之以“间性”“共生”“亲和”“人文”“和谐”等理念，这其实就是一种广义的审美世界观。这种审美的世界观的确立恰是人的现代化的重要标志，是中华民族走向伟大复兴的重要条件。

岳：曾先生，您在当代美育理论领域用力甚深、学识深湛，形成了具有鲜明个人特色的学术思想和理论成果。您系统地论述了当代美育基本理论问题,对美育这门理论与实践、思想与应用相统一的特定学科的性质、任务和方法等进行了大量深入的学理探讨。您目前正率领一批国内有名的专家学者从事教育部一个哲学社会科学研究重大课题攻关项目"现当代中西艺术教育比较研究"。请问,您在论述当代美育基本理论问题时的逻辑思路是怎样的?您本人认为美育的学科性质、任务和方法应当为何?

曾:总体上,我将美育界定为是一种人文学科,是一种"人"的教育,健康人格的教育。因此,在理论指导上我坚持马克思主义人学理论的指导,包括当前我国在科学发展观中所提出的"以人为本"的重要人学思想。这样,美育作为人文学科就具有了人学自身的经验性特点与学科建设的知识性要求的二律背反。这就是美育的学科特点所在,国际上曾经为此进行过激烈的争论。但只有将两者有机地统一起来,才能使美育学科建设走上健康之路。另一方面,我们还要将美育与专业的艺术教育区别开来。美育尽管要凭借艺术教育的途径,但美育却不同于专业的艺术教育。专业艺术教育是以培养专业艺术工作者为其目标的,而美育则是以培养健康的审美情趣与较高的审美能力为其目标的。我们通常说专业艺术教育是培养专业的艺术家,而美育却是培养生活的艺术家。

岳:曾先生,您曾经提出了"审美教育是借助美的形象手段而达到培养人的崇高情感的目的","审美教育的任务在于培养人的审美力"等观点,而且形成了历史反思与现实关怀、学理探究与实践追求相结合的独特思想风格。请问,其学理依据是什么?如果有心理学方面的依据的话,那应该是什么?

曾:我们将审美教育定位于情感教育是借助于席勒在著名的《美育书简》中的论述。席勒借鉴康德有关美是知与意之中介的观点，认为在感性的王国与理性的王国之间有一个起沟通作用的情感的王国，也就是审美的王国。因而美育具有情感教育的作用。这就是说审美的中介性就是对其情感教育作用的最重要的阐释。实践证明，美育具有沟通知与意、真与善、科学与人文、智育与德育的重要作用，所以它是不可代替的。美育的情感教育作用集中地体现在美育培养人的“审美力”的功能之上。“审美力”是一种特殊的情感判断力，按照康德在《判断力批判》中的阐释，它既包含“真”的领域的感性内涵，同时又包含“善”的领域的理性内涵，因而成为沟通两者之间的桥梁。但归根结底，美育的情感教育作用是将人从感性与理性的束缚中解放出来，实现一种自由。所以，席勒将美育的最后作用归结为“自由”。马克思继承了席勒的美育是使人获得“自由”的基本观点，提出了马克思主义建立在社会实践基础之上的有关人的解放与人类解放的“自由说”。

岳：曾先生，您对当代美育理论的建构性研究，是以什么为指导思想的？是以什么为基础来确立当代美育的建构根据，张扬美育理论的当代性质、内涵和目标的？

曾：正如以上所说，我们是以马克思主义的人学理论为指导来建设当代美育理论的。马克思主义的人学理论是建立在唯物实践论基础之上的有关人类与人的解放的重要理论。从人的解放的角度，马克思主义人学理论力主以物质生产与社会变革作为人的解放的前提，在此前提下实现超越物质与精神束缚的人的解放，而这种解放的重要途径之一就是美育。通过美育着重培养人的具有超越性的审美的态度，并使之成为学会审美的生存的一代新人。如果说农业文明时期是使人学会“灵性的生存”，工业革命时期是使人学会“理性的生存”，那么在当代则着力使人学会“审美的生存”。

岳:曾先生,您从中国传统文化中吸取营养,提出了“中和论”美育思想,主张美育作为“情感教育”不是抽象的,它重在以“美的形象”消除感性和理性束缚而建立人的高尚愉快情感,是“人类反映现实的特有的情感判断能力的培养”,具有沟通科学主义与人文主义的中介功能。请问,您在研究西方美学和中国传统美学时是怎样处理两者的关系的?您所说的“具有沟通科学主义与人文主义的中介功能”,应该如何理解?

曾:当代中国美育建设应该通过中西交流对话的途径,我们既要立足于中国本土的现实,着重于民族美育理论的继承,同时也要借鉴西方美育资源。西方古代是一种和谐论美育思想,着力于具体的物体层面的“对称、和谐与比例”,塑造一种雕塑型的美的物质的美的形象。而中国古代则是建立在“天人合一”基础之上的“中和美”,是一种宏观的、天人之际的、着力于精神领域的美,是一种“大乐与天地同和”的音乐之美、生命之美。这两种美育理论应该是互补的。一方面,我国在20世纪初由王国维与蔡元培等人所介绍的美育理论是西方以席勒为代表的“和谐论”美育理论,但当代美育建设也要更加重视我国古代的“中和论”美育理论,借以超越“和谐论”美育理论中所不可免的主客二分的工具理性内涵。而且,在这里我们特别要强调,美育对于中国的特别重要性,那就是,我国是一个没有宗教信仰的国家,所以蔡元培曾经提出著名的“以美育代宗教说”,美育对于我国人民带有实现物欲超越与精神抚慰的重要作用。

岳:曾先生,您还从审美教育的时代演变中,揭示出当代美育“普泛化、实践化与科学化”的理论前景,进而充分肯定了美学、心理学、社会学、思维科学等多学科整合研究对于美育学科突破的理论意义。请问,您所说的当代美育的“普泛化、实践化与科学化”应当如何理解？美学、心理学、社会学、思维科学等多学科“逾层凌域”的综合性研究，对美育学科的突破有何意义？

曾：美育是一种新兴的交叉学科，这是毫无疑义的。因此，应该对其进行跨学科研究，也就是说应从美学、教育学、心理学、社会学、思维科学与脑科学等多个学科维度对其进行研究。从国际性的学科发展的经验来看，凡是跨学科的研究都容易取得突破，甚至产生新的学科。新时期以来，我国对美育的研究有所拓展，从单纯的美学角度扩展到美学、教育学与心理学三个角度，但三者之间的结合融通不够，因而没有取得更理想的突破。我们期望并相信，今后三个学科，甚至更多的学科参与到美育研究之中，美育研究的更大突破是指日可待的。

岳：曾先生，您在对当代美育理论特性的把握上，突出了深化美育理论与寻求人的精神健全发展之间的当代性关联。请问，您是出于一种什么样的意识和关怀而这样做的？

曾：美育与当代人的精神的健全发展有着密切的关联，这是因为当代一系列美与非美的二律背反现象。首先，从社会生活领域来说，一方面经济社会大幅度现代化，人们的生活走向进步与美化；另一方面，人们的生活又出现种种非美化的情形，例如金钱拜物的压力、精神抑郁症的频发、环境污染的加剧、严重的两极分化等等。而在艺术领域，一方面大众艺术的勃兴、影视与网络艺术的发展、文化产业的迅速兴盛等等，使艺术迅速走向大众，走向生活；但另一方面，艺术的低俗与商业化也是不可避免的趋势。在这种情况下就必须通过美育的途径，提高广大人民，特别是青年一代的审美能力，以便以审美的态度对待生活与艺术中非美的倾向，着力于校正与提升。事实证明，审美的途径是非常重要的改善社会的途径。因为，无论是法律的或者是道德的途径，都带有外在与内在强迫的性质,而只有审美的途径是发自内心的、自愿的,有其特殊的效果。

岳:曾先生,您还从现实出发,从当代中国文化建设、当代人性追求以及当代社会发展的具体特征上,深入发掘美育的当代学理价值及其实践功能,认为以想象力为重要内涵的审美力,是健全发展的人的特定心理结构,也是知识经济时代新型人才在智力结构方面所不可缺少的要素。请问,如果详细说来,这在学理上应该如何解释?

曾:审美心理学告诉我们,想象力是审美力的重要组成部分,同时想象力也是人的智慧的重要方面。爱因斯坦曾说,想象力是更实在的智力因素,甚至比其他智力因素都重要。这是十分正确的。因为,想象力是一种由已知到未知以及举一反三的能力,是一种发散思维能力,在人的创造性工作中意义重大。可以说人的包括科学研究在内的一切创造性活动无不与想象力密切相关。而且在当今信息时代想象力有着人们意想不到的重要作用。因为信息技术的特点是一种创新性,而创新就是一种高速度的新知识的生产以及凭借直觉思维能力创造新的技术与编码。这些都是想象力的重要表现。事实证明,新的软件的产生和新的网速的提高都是凭借想象力的结果。因此,美育在当今信息化时代经济生产中的作用也是非同寻常的。

岳:曾先生,您认为当代美育理论与实践只有从审美力范畴展开,把培养审美力作为促进人的想象力丰富化的根本途径,才能真正体现自身的当代人文价值内涵,协调现实中人的情感心理,进而实现人在当代生活中的生命和谐。请问,在现实生活当中,我们应当怎样来培养审美力?审美力何以能协调现实人的情感心理,实现人在当代生活中的生命和谐?

曾:审美力作为情感判断能力是以感性能力的提高为前提的,诚如马克思所说,没有具有音乐感的耳朵再好的音乐都无法欣赏。而这种特有的情感判断力则只有通过对于美的对象的欣赏才能培养。对象与主体是一种互相的创造关系,从这个意义上说客观的艺术与主观的审美力是在互相创造中与时俱进的。审美主体所面对的美的对象包括自然美、社会美与艺术美,但主要指艺术美。因此,艺术欣赏或者叫艺术教育是培养审美力的最主要途径。因为艺术是美的集中体现,美的物化形态,是进行艺术教育的最好教材。艺术具有一种特殊的感染人的魔力,人们面对绝妙的艺术品,常常在不知不觉中被深深地吸引,甚至不觉时光的流逝,沉浸在无垠的艺术天地之中,被其感染、打动、熏陶,乃至心灵震动,泪流满面,正是在这种不知不觉中人的审美力得到提高与深化。这是一种潜移默化、润物细无声的过程。我们说这就是一种艺术感染的过程,也是艺术的审美化的过程,在这瞬间审美主体就获得了生命的和谐与审美的生存。从这个意义上说,人类真的不能离开艺术,艺术应该伴随人的一生,给人以情感的慰藉与美的陶冶。如果没有了艺术,没有了广义的审美教育,我们的人生会是什么状态,真的不敢想象。

岳:曾先生,根据我本人的理解,您从事当代美育理论建构性研究的一个重要特色,就是高度重视美育研究的科学性,充分注意吸收现代自然科学的成果。请问,您认为我的理解正确吗?请您给作些更详细的解释好吗?

曾:科学性是我对于美育探索的一种尝试。因为,美育是一种人文学科,主要应从人文的层面来探索美育。但在当代,人文与科学是无法分开的,当代人文学科区别于古代人文学科的最主要特点是当代的人文学科是经过科学洗礼的人文学科。因此,美育研究也应该注入科学的要素。众所周知,美育与人的大脑活动关系密切,主要与神经心理学关系密切。对于审美的脑活动机制到目前有一些研究成果,我们在美育研究中要借助这些研究成果。例如,美育的开发右脑功能,大脑皮质调节包括杏仁核在内的边缘系统机制对美育的启示以及脑内啡肽的研究对美育作用认识的深化等等。当然,还有弗洛伊德精神分析心理学中有关原欲"升华"的理论,以及目前对于基因与文化遗传的关系的探讨等等。但必须明确的是,自然科学的探讨只是为美育的研究提供理论素材,而最后还是要归结到美育作为人文学科本体的研究之中,绝不能以自然科学研究代替美育作为人文学科本身的研究。

岳:曾先生,您认为美育研究要进入现代学科发展的前沿,是否必须在思辨与实证、定性与定量、宏观与微观、理论与实践等方面有全新突破?如果回答是肯定的话,那么我们应当具体如何去操作呢?请您给出些具体的可操作性的建设性的建议。谢谢!

曾:我们也可以将美育研究分为外部研究与内部研究两个部分。外部研究主要是对美育与政治、经济、文化及美育开展状况的研究。而在美育开展状况的研究中需要凭借一些实证的材料,调查美育在大中小学以及社会开展的情况,需要数量的统计,才能把握基本状况。而在美育的内部研究中主要是定性的探索,但对于美育的效果研究有时也需要通过统计与跟踪调查等手段。例如,美国学者在"情商"研究中曾经进行过的著名的"糖果实验"。就是与美育研究关系密切的实证研究的典型例证。那就是,对于幼儿园的儿童放一些糖果在他们面前,告诉他们如果在老师不在的30分钟内没有吃糖果就会得到加倍的奖赏。等到30分钟后再作统计，然后跟踪调查20年，看这些孩子成材的情况，从而研究分析“情商”的作用。但美育作为人文学科主要凭借的还是人文学科的“个体经验”研究的方法与途径。

三、关于生态美学研究及其他

岳：曾先生，近年来您又在生态美学的研究领域里耕耘，挖掘中国古典美学当中的生态智慧，并且取得了很大成就。据我本人了解，对国内的许多老专家来说，尤其像您这样在自己过去的研究领域里已经取得了很高的学术成就的学者，往往就不屑再在新的领域开疆拓土了，但您却宝刀不老，笔耕不辍，是什么样的原因和动力让您又踏进生态美学这片新的研究天地的？

曾：你说得很对，一个人过了60岁要开辟新的研究领域的确比较困难。我的一位老师曾经教育我，在人到50岁以后就不应开新课和开辟新的研究领域。但那是就通常的情况而言，而当代是一个急剧转型的时代，经济社会与哲学文化发生了巨大的变化。在这样的情况下，美学研究也必然要随着发生相应的变化。具体说来，当代人类社会已经由工业文明转变到“后工业文明”，也就是生态文明。在生态文明的情况下，人与自然的关系由对立改造转变到共生友好，因此生态美学观的产生就成为经济社会与文化发展的必然要求。而从一个人文知识分子的社会责任来说，对于社会进行人文关怀是知识分子的学术良知所在，我们就是要尽量用我们的学术工作对人类社会文化建设有所帮助。面对愈来愈严重的环境污染及其对人类造成的危害，难道我们能无动于衷吗？这就是我进行生态美学观研究的出发点。

岳:曾先生,您曾经担任过那么多年重要的行政职务,但在学术上您仍然有那么多的建树,而且成就斐然,请问您是怎样正确处理两者的关系的?

曾:成绩斐然谈不上,我给自己的定位是新时期中国美学研究的积极参与者与过渡者。我自己感到积极参与就是一种幸福与快乐,而参与者的最大特点就是将自己融入整个中国新时期美学建设的滚滚洪流之中。而作为过渡者,那是因为自己有着诸多先天的不足。我认为,包括自己在内的我们这一代美学工作者的学术工作应该是今后的美学发展的一种过渡,不仅是学术上的过渡,而且在队伍建设上也是一种过渡,为未来美学人才的成长打下基础。我国美学发展的希望在未来,中华民族的伟大复兴必然会伴随着包括美学在内的文化的伟大复兴,中国美学必然地会走向世界,涌现出世界级的美学大师。

岳:曾先生,您现在领导的山东大学文艺美学研究中心是教育部普通高等学校人文社会科学重点研究基地,这里有一支政治合格、业务过硬、作风优良的学术队伍,研究中心取得了辉煌的学术成果,这当然与您的得力领导是分不开的。请问,在文艺美学研究中心的建设当中,您采取了哪些具体有效的措施来增强队伍的凝聚力和向心力?研究中心将来的目标是什么?您在自己的学术道路上还有什么更高的理想和学术目标?谢谢!

曾:谢谢你的鼓励。山东大学文艺美学研究中心作为教育部百所人文社科重点研究基地之一,这几年的确做了一些工作,正在逐步形成自己的学科特色。中心是我学术工作的重要平台,中心的同仁给了我许多支持与鼓励,学术界的同人也给中心与我本人许多支持与帮助,没有这些帮助与支持,我个人的学术工作不会这么顺利,因此我要衷心感谢学术界同人,也要感谢我们中心的各位同人。我在中心工作中没有什么特别的方法，主要是遵照学术规范办事，按照在学术面前人人平等的学术民主原则，按照学术发展后浪推前浪的规律扶植年轻的学者，使他们有用武之地。我想，我们中心能进一步形成自己的学术特色，能为我国美学事业发展做更多的事情，这就是我的理想和目标。

就《生态美学导论》与张节末的学术对话①

张节末（以下简称“张”）：生态美学研究，在我国是方兴未艾的学科，虽已有几部研究专著，也各有成果，然受制于时代、理论，还有作者的研究视阈，难免有一定的局限性。本书（《生态美学导论》）体系完整、见解独到，实是当前生态美学研究的一部大作。

曾繁仁（以下简称“曾”）：过奖了。我也不过是在总结前面几位专家及诸多研究者成果的基础上，吸取当下东西方的理论成果，综合起来，力求能有所突破。

张：阅读本书，我的第一感觉是它的人文性非常强。本书扭转传统美学囿于知识论范畴的理论概念的美学阐释局面，将人的存在再度摆在了美学第一位。当然，我这里不是说回归“人类中心主义”，而是说生态美学正朝着如何让人“诗意栖居”这一更加本位的方向努力。

曾：对的。所以更可以说，生态美学就是一种当代人生美学、存在论美学。基于此，也就突破了传统美学的固有范式，而试图建立另一套适合表述人类审美生存的理论与实践话语。

张：书中有关“自然审美”的问题给我留下了强烈的印象。我

---

①原载《生态美学与生态批评通讯》2012年第2期。

想,这也应该算是生态美学的一个核心问题。您在书中提到了自然美是否具有实体性,以及是否以“人化的自然”即可概括自然审美这两个问题。它们是在国际上都很有争议的命题,对此我看您是持否定态度的。

曾:一语中的。这其实也是我在本书中尝试做的一个突破。西方传统哲学美学理论,注重从认识论出发,执持主客二分,中国美学界近40年来亦深受影响。众所周知,李泽厚先生当年提出自然美的“自然的人化”。然而,太湖周围“人化”的结果是严重污染了太湖,造成生态灾难。或许,当时多数人也是因为对马克思理论产生了误解,马克思并不是在美学的意义上讲“自然的人化”与“劳动创造美”的。马克思实际上说的是,人的感觉是社会的,是在具有社会性的对象的创造中形成的,并不是讲的自然美。所以,不能以“人化自然”来概括自然审美。

我以为,独立于人之外的物质世界之美在现实中是不存在的。因为,从生态存在论的视角来看,人与自然是一种“此在与世界”的关系,两者结为一体,须臾难离。而且,人与自然是一种特定的时间与空间中此时此刻的关系,构成一刻也不可分离的系统,从不存在相互对立的实体。

张:所以,这样看来,您是很重视“关系说”了,即审美是生态系统中的关系之美。自然美并非独立存在,而是自然对象的审美属性与人的审美能力交互作用的结果。这本身其实也很符合马克思的唯物实践观。

曾:你说得很对。马克思的唯物实践观是我理论思考很重要的基石。

张:您对自然审美问题的阐述,事实上也改变了传统美学有关“审美属性”的看法。您特别强调一种“结合美学”,更带着一种实践意味。

曾:对的。传统美学受康德静观美学的影响,认为审美是一种超功利、无利害的静观。实践美学可谓秉其精神,提出“审美就是这种超生物的需要和享受”“表现为主体心理的自由感受是审美”。而我这里所提倡的“结合美学”是借鉴了西方环境美学的“参与美学”观念。自然审美面对的是活生生的自然世界,是三维的、立体的。因此,在人面对自然世界时需以眼耳鼻舌身全部感官介入。

张:这样来说,“结合美学”的提出,实际上从另一个侧面反映了美学的发展与解放。

曾:对的。伴随着“结合美学”的兴起,就出现了自然审美中的“生态崇高”这一新的美学论题。

张:而且,自然美也不再像以前所谓的只能是一种依附美。

曾:你说得很对。当代生态批评家哈罗德·弗洛姆提出,生态问题是一个关系到“当代人类自我定义的核心和哲学的本体论问题”。所以,自然生态之美体现了人回归自然之本性的审美形态,是与其他审美形态同格的重要审美形态之一。

张:我注意到您在书中多次提到生态美学的现实背景,我的感觉是生态美学和其他美学理论比起来,如实践美学,现实性和实践性更强。是不是说,生态美学的一个重要维度就是对现实生态问题的关怀?

曾:是的。我们正在经历一个急剧转型的时代,经济社会与哲学文化发生了巨大的变化,人类社会已经由工业文明转变到“后工业文明”,也就是生态文明。生态文明意味着人与自然的关系由对立改造转变到共生友好,因此生态美学观的产生就成为经济社会与文化发展的必然要求。相应的,生态美学就绝不能蜷缩在象牙塔里，而需演化为一种具有实践意义的美学思潮。

张：生态美学的产生有其自身的经济社会、哲学文化以及文学上的背景。这其实导源于人们对西方工业文明所导致的种种后果的深刻反思，而中国现在的处境很类似于西方的情景，因此这种人文关怀对当代中国尤为重要。我想，这就是生态美学在中国或许会展开强大生命力的原因。

曾：是啊。我们国家 30 年来的现代化进程，取得了巨大成就，但生态建设的问题也越来越突出。罗马俱乐部负责人贝切伊说："环境问题的解决不完全是技术问题、物质条件问题，最主要的是文化问题。"他还说："环境问题、污染问题归根结底是文化问题，是文化态度问题，是生存方式问题。"这当然不是说不包括物质、技术的问题，但更主要的是文化态度和生活方式问题，这就包括美学建设。我们 13 亿人民若能以审美的态度对待自然，普及人民群众对自然的审美态度，这样生态问题也就有望得到比较好的解决。生态美学的研究，实际也是党中央提出的生态文明建设的有机组成部分，是生态文明和当代生态文化的重要组成部分。

张：您刚才提到生存方式的问题。我注意到您在书中的理论基础之一就是"生态存在论"，这个术语虽然是格里芬提出来的，但我感觉您在他的基础上将"生态存在论"大大拓展了，有纵向开拓也有横向开拓。

曾：这倒不敢当。格里芬从批判角度提出这一思想，包含着由人类中心主义到生态（观的）整体过渡的重要内容。事实上，这也是西方认识论的一种重新反思，还包含着对自然的部分"返魅"，也就是在工业革命取得巨大成绩之后的当代，部分地恢复自然的神圣性、神秘性与潜在的审美性。因此，我以为，在生态论存在观的理论基础上，才有可能建立人与自然以及人文主义与生态主义相统一的生态人文主义。如果承你谬赞,有些许开拓的话,可能就是把格里芬的观点结合了中国实际吧。事实上,中国传统的理论思想有很多与此理念相契合,如“天人合一”。所以,也可以说是中国文化精髓的一种复苏吧!

张:不仅如此,我说的纵向开拓,还指您综合了西方传统美学的资源,这样生态美学就不是无源之水、无本之木。比如您对马克思的“人也按美的规律建造”的解释。

曾:是的。前面说到,马克思理论也是我写此书的一个重要理论基石。马克思“美的规律”涉及了三个层面内在统一的问题。首先是动物的“种的尺度”;然后是“物的尺度”,这主要讲物种的需要,是生态观的范围;最后是“内在的尺度”,主要讲人的需要,属于人文观的范围。三者的统一则是“美的规律”,属于审美观的范围这实际上是人文观、生态观与审美观的统一,包含着浓郁的生态美学意蕴。而且,马克思同时也对过度的“自然的人化”进行了尖锐的批判,他警告说:“每当工业前进一步,就有一块新的地盘从这个领域划出去。”

张:我注意到您吸取的西方美学资源中还包括“家园意识”和“天地神人四方游戏”说,这在书中尤为突出。您刚才提到生活方式,是否也有海德格尔的影响?

曾:海德格尔的存在论对生态存在论来说很重要。海德格尔说,失去家园的“无家可归”是科学主义盛行之下人“在世”的基本方式。他的“家园意识”就是对这种工具理性过度膨胀情况下的“无家可归”意识与情形的否弃。“家园意识”还意味着对实体性美学的悬搁与否弃。“家园”表明人与自然是一种“在家”的关系,不存在实体性物质性的自然之美,也不存在实体精神性的自然之美,自然之美是一种关系中的美。“家园意识”也是对比例、和谐、对称等无机之美的适度悬搁与否弃。古代希腊强调一种物质自身的比例、和谐与对称等，生态美学与环境美学则将这些称作一种“浅层次的美”，而更加赞成一种与生命价值有关的深层美。

我认为，生态现象学解构了“人类中心主义”与“艺术中心主义”，这对生态存在论审美观的建立至关重要。

张：曾老师所论极是。还有一个问题，就是在西方其实人们更愿意称呼“环境美学”，中国学者则力主“生态美学”，这二者间有何区别呢？

曾：的确如此。当代西方美学界一直大力倡导环境美学。二者有同有异，它们都是对于当代严重的生态破坏的一种抗议，而且都是对于传统美学忽视自然审美的突破。中国生态美学的建设发展实际上借鉴了很多环境美学的成果，但是二者产生的地域、时代及文化背景各有所异，比如环境美学由于产生的历史较早，因此难免受到生态中心主义的局限，从语义学角度来说本身就带着人与自然二分的理念。所以，我们极力主张生态美学，它具有更积极的意义，而且我们挖掘与吸收了中国传统美学的营养，因此更有着中国的特质。

张：是的。这也就是我下面要提到的您对“生态存在论”做的横向开拓，尤其是对中国古典美学资源的吸收。书里有句话我记得很清楚，“西方当代生态美学与环境美学以及生态文学的发展都大量借鉴了中国古代的生态智慧”①。而且您主张，在会通中西的基础上能够实现“中国美学地位的突破”。

曾：是的。西方的生态美学的确大量借鉴中国古代美学中的生态智慧。从现有的材料来看，海德格尔存在论哲学与美学思想

①曾繁仁：《生态美学导论》，商务印书馆2010年版，第4页。

的形成就受到中国道家思想的深刻影响。1930 年,海德格尔就在学术讨论中援引过《庄子》一书中的观点。1946 年,他就将老子的《道德经》作为一个课题研究,在他的书房里挂着“天道”的条幅。而他提出“天地人神四方游戏”说也肯定受到中国“天人合一”学说的影响。

张:中国古代的生态智慧应该说表现在中国美学的方方面面,生态美学和中国古典美学契合的地方很多。您在书中也作了详细的分析,比如《周易》与儒家的生态审美。

曾:生态美学观的自然美理念力主自然与人的平等共生的“间性”关系,而不是传统认识论美学“人化自然”的关系。中国古代就有着大量符合这种“间性”关系的生态自然美作品。像李白的五绝《独坐敬亭山》:“众鸟高飞尽,孤云独去闲。相看两不厌,只有敬亭山。”人与敬亭山在安静、和谐中的“两相看”,像朋友一样,这里人与山是平等共生,这是真正的自然生态之美。再比如,从哲学层面上,《周易》讲“生生之为易”“中和之美”,这些正是在人与自然构成整体的生态存在论中才产生了中国特有的生态审美智慧。以前我们对这些发掘得不够,要做的工作还很多。

张:我想这在中国人的审美经验中表现得更明显。我曾经提出,自然主义是中国美学的基本品格,人与自然的关系是最基本的。自然主义就是审美经验中对人与自然的天然亲和关系的体认。自然是审美经验的基质,亲和自然、合乎自然是中国人审美经验的特质。比如儒家的“仁者乐山,智者乐水”,当然最典型的是庄子“逍遥游”和“齐物论”。《齐物论》里庄周梦蝶,庄子与蝴蝶,同处于一个梦境里,互相梦为对方,两者的区分已然泯灭。人生就如一场大梦,与自然齐一而后才可以逍遥。这种与自然统一的物化即自然主义的经验。

曾:你从中国人审美经验上讲是切中要害的。这种物我同一、天人合一的审美经验正是中国古人审美经验的特质。新中国成立后,“实践美学”始终占据美学的主流地位。在“实践”的过程中,自然被当作“人化”的对象处理,而缺少自己内在的价值和意义。亲近自然的传统审美经验多有抛弃,这是我们要反思的。

张:您还提到了道家和佛家的生态智慧。依我之见,中国古代美学史上庄子、玄学、禅宗的美学都是起源于最基础的观照自然的感性经验,以了悟的心态走进自然,以虚静之心对待自然,亲和自然,觉悟自然,这样,感性经验渐进地或顿然地趋于纯粹,就升进为审美经验。比如谢灵运和陶渊明,再比如王维。

曾:是的。庄子在《马蹄篇》描述了“同与禽兽居,族与万物并”的“至德之世”,《华严经》里讲西方净土“莲花藏世界”,这是符合生态理想美的社会。在这种社会中,任何自然的关系必然是亲和的。禅宗也提到在自性观照的禅定中达到融化物我、人与万物自然同一的境界。

张:讲美学离不开艺术。我刚才说的横向开拓,还指您不光在美学领域提出了生态存在论,还发掘了中国传统绘画艺术的生态智慧,这一点是别出手眼。

曾:过奖了。国画采取“散点透视”,这异于西方人类中心主义的“焦点透视”;讲求“气韵生动”,就是要把自然作为有生命的灵性之物;国画以自然为师,所谓“外师造化,中得心源”;追求“可行,可望,可游,可居”,这都符合人与自然和谐的生态精神。可以说,从生态美学的角度来看,国画是典型的自然生态艺术。

张:更可贵的是,您并没有唯理论是从,而是用一专章,对文学艺术现象进行个案的解读。您以《诗经》和《额尔古纳河右岸》作为代表中国的生态作品,以《查泰莱夫人的情人》与《白鲸》作为西方生态作品,对它们的生态化的解读可谓妙趣横生。这就把生态美学落到“生态批评”的实处。有了具体的艺术品的支撑,作为一种有实践力和解释力的美学理论,才能真正建立起来,不至于流为纯理论的玄想。

曾:是的。这就回了到你最初的话题,生态美学不只是一种纯粹的理论,而拥有广阔的文化、文学、艺术基础,而且在经济发展迅猛的当代中国,生态美学具有的这种实践力量,才是它能持续发展的根本动力。

张:当然,您对具体作品解读的安排上应该是有选择性的吧,比如《诗经》。

曾:的确如此。之所以选择《诗经》,是因为其产生的时期正是我国古代“天人合一”生态存在论哲学思想逐步形成之时。它是我国先民的原生态作品,可贵之处就在于其原始性,它是我国先民的生命之歌、生存之歌,对其阐释力能发现中国思想中最原始、最本真的精髓。

张:我想,将《生态美学导论》的特点大致归纳为“汇通世界思域和中国精神,回答时代问题”应该不会有大的出入。您提出的“建设一种包含中国古代生态智慧、资源与话语的并符合中国国情的具有某种中国气派与中国作风的生态美学体系”①,我深表赞同。如果今后有可能,也想加入您的团队,做一点研究。

曾:过奖!过奖!生态美学的研究其实刚刚起步,还有很多问题有待解决。比如生态美学的学科建设问题,生态美学建设的中国化问题等等。对生态美学的研究来说,我只是做了初步的工作,只期望自己的探索能为后人做一点铺路的工作。生态美学的

---

①曾繁仁:《生态美学导论》,商务印书馆2010年版,第4—5页。

研究任重而道远，在此还要多谢你的批评和意见。

最后我想再着重一点，即我们研究生态美学一定要牢牢地立足于生存论存在论哲学观上，这其实是我们前面多次讨论过的问题。只有如此，人与自然、生态观、人文观与审美观才能够实现统一，才能突破传统审美主客二分的局限，而真正进入“天人合一”的境界。

张：曾老师已经年过七十，这在当代并不能算是古来稀。不过，据我观察，五十多岁就不想写或不能写的学者比比皆是，曾老师做学术竟然保持着那么强的原创冲动，引领学术潮流，还真是不多见的。这不免让我感慨系之。愿曾老师学术生命之树常青！

关于生态文明时代的美学建设的对话[①]

一、生态文明时代的美学转型

程相占(以下简称“程”):曾老师您好!从2001年与您一起在西安参加全国首届生态美学研讨会以来,十余年的时间已经不知不觉过去了。在这十几年间,我国的生态美学蓬勃发展、日趋兴旺,引起了社会各界越来越广泛的关注。我们不能说生态美学已经成熟,但有目共睹的事实是,中国美学的理论格局因生态美学的出现而发生了明显变化。这当然首先要归功于国家对于生态文明的大力倡导。比如,党的十七大首次把“生态文明”写入党代会报告,党的十八大报告则以突出的篇幅讲生态文明,明确提出:“把生态文明建设放在突出地位,融入经济建设、政治建设、文化建设、社会建设各方面和全过程,努力建设美丽中国,实现中华民族永续发展。”或许正因为这样的背景,不时有朋友善意地跟我开玩笑说:你们搞生态美学,正好符合了中央精神。其言外之意无非是,搞生态美学研究颇有跟风之嫌。请您根据自己的研究历

①本文原题《生态文明时代的美学建设》,收入本文集时改为现名。原载《鄱阳湖学刊》2014年第3期。

程，谈一谈您为什么会走向生态美学研究的道路？特别是，在党中央大力倡导生态文明之后，您是怎样理解生态美学与生态文明之间的关系的？

曾繁仁(以下简称“曾”)：我是从2001年秋西安生态美学学术研讨会之后全力从事生态美学研究的，迄今已近13年。在包括你在内的我们山东大学文艺美学研究中心同人的大力支持下，我本人先后出版了《生态存在论美学论稿》《生态美学导论》《中西对话中的生态美学》与《生态文明时代的美学探索与对话》4部著作，发表相关论文50多篇；我们召开了4次有关生态美学与生态文学的大型学术会议；成立了“生态美学与生态文学研究中心”，并出版了小型刊物《生态美学与生态批评通讯》；我们中心还承担了国家和教育部的有关生态美学与生态文学课题4项，研究生写作有关生态美学与生态文学的学位论文10篇，开设了生态美学与环境美学的课程。我们中心已经成为生态美学与生态文学研究的重要基地。

我为什么会在21世纪开始之际就全力从事生态美学研究的，而生态美学为什么会在21世纪的中国逐步走向兴盛呢？我认为这是一种历史时代更替的必然，是生态文明新时代的历史需要。马克思指出，哲学是时代精神的精华。那么作为哲学组成部分的生态美学也就是生态文明时代的时代精神的精华。历史唯物主义认为，一定时代的社会文化形态根本上是由一定的经济决定的，生态文明时代的到来也是经济社会发展的必然结果。众所周知，人类社会形态均因资源的缺乏而发生更替。原始人类是“狩猎时代”，随着动物的缺乏而代之以“农耕时代”；随着农业资源的缺乏而以1782年瓦特发明蒸汽机为标志，人类进入了工业革命时代；20世纪中期以来，随着化石能源消耗的加剧和地球承载能力的减弱,人类社会逐步进入了生态文明新时代。这以 1972 年 6 月 5 日召开的斯德哥尔摩世界第一次环境大会及其宣言的发表为标志。生态文明时代的到来有两个重要特点。第一个是人类成为影响地球自然环境的主要因素,这就是所谓"人类世"的到来。人类对于自然的无度开发导致了地球自然环境的迅速恶化,已经威胁到地球以及生活其上的人类的前途与命运。第二个是"生态足迹"的空前紧迫,紧缺的资源与日渐恶劣的生态环境已经成为影响人类生存及健康问题的重大威胁。所谓"生态足迹"就是指满足一个人的需要和吸收其产生的废料所需要的土地面积。最近的一份《地球生命力报告》指出,人类劫掠自然资源的速度是资源置换速度的 1.5 倍,到 2030 年要想生产出足够的资源并吸收掉人类活动所产生的二氧化碳需要两个地球才够用,但这是不可能的。事实证明,按照原有的工业文明方式发展下去,人类的生存已经难以维持,一种新的生态文明的到来是历史社会发展的必然选择。

从工业文明到生态文明的文明形态的更替,是一种非常重大的经济社会转型,是否顺应这一转型关系到经济社会的健康发展与人民的福祉,我们需要在经济社会发展方式、生活方式与文化学术上随之进行必要的重大调整。在经济上就是由传统的单纯关注 GDP 增长这一个指标转变为兼顾发展与环保的可持续发展;在文化上就是由传统的以人类中心主义转变为生态人文主义或曰生态整体论;在美学上就是由传统的主体论美学转变为生态存在论美学。这样的转型是非常困难的,因为工业文明传统具有强大的惯性,不会轻易退出历史舞台。这就是 20 世纪中期以来直至目前,经济上的可持续发展与生态文化屡遭遏制的重要原因。但诚如生态文化的先驱蕾切尔·卡逊所言:"人类已经走在十字路口上，要么按照原来的道路走向灭亡，要么按照新路走向新生。”我们唯有走生态文明之路，并没有别的选择！

正是在这样的历史关键时刻，中国明智地选择了生态文明之路，于2007年10月在关系到国家前途命运的重要会议上将生态文明建设确立为基本国策，最近又将生态文明建设列入“五位一体”总体布局当中并提出建设“美丽中国”的重要目标，这是一项非常及时与明智的选择与决策。因为，经过1978年以来的30多年的经济建设，一方面我国经济社会取得了巨大发展，已经成为世界第二大经济体，人民也开始从贫穷逐步走向富裕；但另一方面资源与生态环境的压力也空前加剧。我国以占世界7%的土地养活占世界22%的人口，森林覆盖率只有20%，不到世界平均的30%，人均淡水量是世界人均的1/4，荒漠化土地面积相当于14个广东省大小并有继续扩大的趋势。同时，中国的环境污染程度也相当严重。权威人士指出，发达国家经过几百年发展才出现的环境问题在我国历时20年就一下子发生了，事故频发，问题严重，直接威胁到人民的生存健康与经济的可持续发展。在瑞士达沃斯世界经济论坛上有人预言，如果再不加以整治，人类历史上突发性环境危机对经济、社会体系最大的摧毁，很可能会在不久的将来发生在中国。

下面有一组数据可以说明我国环境污染问题的严重性：1999年世界资源研究所的一份报告列出全球污染最严重的10个城市，其中9个在中国；世界银行2001年发展报告列举的世界污染最严重的20个城市，中国占了16个；中国七大水系均受到程度不同的污染，基本上丧失使用价值的水质已超过总水量的40%；全国668座城市，有400多个处于不同程度的缺水状态；据中科院测算，近年来由于环境污染和生态破坏造成的损失已占到GDP

总值的15%,这意味着一边是9%的年经济增长,一边是占总值15%的损失率;全国1/3以上城市人口在某个时段呼吸着严重污染的空气,有1/3的国土被酸雨不同程度地侵蚀,1/5的耕地受到程度不同的重金属污染,霾锁大地已经成为2013年的举国之痛。由此可见,由传统工业文明到生态文明的转型是我国当代经济社会文化发展的必然趋势。好在我国政府顺应时势及时做出生态文明建设的重要决策。这对于我们从事生态文化研究的同人是一个巨大的鼓舞,使我们的研究工作与国家的建设步调一致,并有了重要的理论与政策的支撑。

首先,我国提出的生态文明建设为我们的生态文化研究提供了有力的理论根据。我国有关文件指出,“必须树立尊重自然、顺应自然、保护自然的生态文明理念”。这是在人与自然关系这一理论问题上的重大调整,由原来的“战天斗地”发展到尊重与顺应自然,包含了人对自然敬畏以及与之共生的重要内涵,是一种非常先进的生态理念,为我们破除以人类中心走向人类与生态共存的研究工作提供了坚强的理论基础。其次,使我们的研究工作具有了重要的现实意义,我国有关文件提出生态文明建设所必须做到的“五个重要转变”,包括产业结构、增长方式、消费方式与理论观念等等,在理论观念上明确提出“要使生态文明观念在全社会牢牢树立”。这就使我们的生态文化研究工作具有了重要的现实价值,我们所从事的就是在全社会牢牢树立生态文明观念的工作,而且这是一种更为基础与根本的工作,因为诚如罗马俱乐部创始人贝切伊所言,生态问题归根结底是一个文化态度问题,也就是人类如何对待自然的问题。最重要的是将我们的工作纳入到建设“美丽中国”的宏伟蓝图之中。最近有关文件明确提出建设美丽中国的重大论题,使得生态美学建设具有了空前重要的意义,建设美丽中国,首先需要我们的人民以审美的态度去对待自然生态环境,真正做到富裕的金山银山与美丽的绿水青山的统一,十几亿人口的中国做到了这一点对于整个人类将是一个多么大的贡献啊。我们的生态美学研究将在某种程度上与这一伟大事业相连,使我们工作的意义空前凸显。

程:顾名思义,生态美学包括两个关键词,一个是“生态学”,另外一个是“美学”。因此,生态美学要么是“生态学的美学”,要么是“生态化的美学”。无论是哪一种含义,都必然涉及生态学与美学的关系。众所周知,生态学是一门自然科学,而美学则是人文学科的一种。尽管国际范围内都在倡导“跨学科研究”,但是,生态学与美学到底是怎样结合在一起而构成生态美学的呢?这个问题也可以理解为:生态学与美学的内在关联到底在哪里?二者结合起来所产生的生态美学,到底要研究什么问题?也就是说,生态美学的研究对象是什么?质疑生态美学合法性的学者往往提出这些问题。我觉得我们既然从事着生态美学研究,必须正面而清晰地回答这些问题。

曾:你的问题问得很好,这恰恰是当下学术界对于生态美学的迷惘之处。有一位非常有理论修养的从事美学的朋友在某报纸发表文章说,生态美学是一种科学主义美学形态。这种说法不是空穴来风,而是指西方目前某些凭借科学主义的环境美学,例如卡尔松教授就说他的环境美学是一种“Ecological Aesthetics”(生态学的美学)包含着某种科学的生态学知识,但不是我们所说的生态美学,起码不是我所说的生态美学。诚如卡尔松所言,我所说的生态美学是一种“Ecoaesthetic”(生态美学)。

我们讲的生态美学绝对不是简单的生态学与美学的相加,在生态美学研究之初我们曾经说过类似的话,但很快就意识到这是不正确的。因为生态美学并不是以生态学为理论基础的,而是以与生态学有着某种联系但却完全不同的生态哲学为其哲学基础的。这种产生于20世纪上半叶的生态哲学具有多种形态,例如利奥波德的“大地伦理学”、阿伦·奈斯的“深生态学”、罗尔斯顿的“荒野哲学”等,但我们更愿意运用海德格尔的生态存在论哲学—美学。我最早发表的一篇生态美学论文就是《生态美学:后现代语境下的生态存在论美学》。下面我想以海德格尔的生态存在论哲学—美学为出发点回答三个问题。

第一,生态美学的哲学基础——海氏的生态存在论哲学。生态美学最重要的理论基础是生态存在论哲学观,这是由工业革命时代的主客二分的认识本体论世界观到后工业革命生态文明时代的“此在与世界”机缘性关系的存在论世界观的重要转型。正是基于这样的转型,人与自然生态的关系才从工业革命时代的二分对立到后工业革命的生态文明时代的须臾难离,生态哲学与生态美学从而得以成立。海德格尔通过现象学方法以“此在与世界”与“天地神人四方游戏”的在世模式代替“主观与客观”二分对立的在世模式。美国现代生态理论家早就将海德格尔看作是现代“具有生态观的形而上学理论家”,也就是生态哲学家。海德格尔认为传统哲学通过“存在者”遮蔽了“存在”,是一种在场的形而上学。他通过现象学方法将实体性的“存在者”加以“悬搁”,只留下在时间中生存的“此在”对于“存在”意义的阐释。这种存在论哲学破除了人与自然、主观与客观、身体与精神二分对立的传统哲学,通过一种现实的机缘性关系的生态存在论将对立的双方紧密地结合起来,从而将人文性、审美性与生态性统一起来。在这里,他以此在与世界的“结缘”代替了人与自然的对立,他说:“因缘乃是世内存在者的存在;世内存在者向来已首先向之开放。存在者之为存在者,向来就有因缘。有因缘,这是这种存在者的存在的存在论规定,而不是关于存在者的某种存在者层次上的规定。"①就是说,在人的在世生存之内,所有的与之相关的存在者(世界之物)都是一种与人的机缘性关系,这正是这种包括自然之物的存在者的"存在论规定",这里的"结缘"就是人与自然须臾难离的生态共同体关系,说明人与自然的须臾难离、紧密不分。他以其人与自然的"在之中"的阐释,集中论证了机缘性关系。他认为,"在之中"是"我居住于世界,我把世界作为如此这般之所依寓之、逗留之"。② 这里的"居住""依寓""逗留",是指人与这个自然生态环境已经融为一体,不可须臾分离,如鱼之离不开水,人之离不开空气。用我们的理解就是,人与包含自然生态的环境构成一个血肉交融的生态整体。这就是一种具有哲学色彩的当代存在论的生态整体观。正是这种人与自然的"在之中"的机缘性关系代替了传统的二分对立关系,这才是生态存在论哲学的核心所在。

第二个问题是海氏的生存—生命论美学观。人们非常关心生态美学的美学观到底是什么?我想首先要说的是生态美学的美学观是一种区别于传统美学形式之美的美学观,是一种更深层的生存—生命的美学观。卡尔松曾经在他的《环境美学》一书中说到,生命之美是一种"深层含义"的美,而形式之美是一种"浅层含义"的美。③ 其实,海氏在其《存在与时间》中已经说到了生存

①[德]马丁·海德格尔:《存在与时间》,陈嘉映、王庆节译,生活·读书·新知三联书店 2006 年版,第 98 页。

②[德]马丁·海德格尔:《存在与时间》,陈嘉映、王庆节译,生活·读书·新知三联书店 2006 年版,第 64 页。

③[加]艾伦·卡尔松:《从自然到人文:艾伦·卡尔松环境美学文选》,薛富兴译,广西师范大学出版社 2012 年版,第 207 页。

与生命之美。在海氏的哲学体系里,真理与美是同格的,所谓美就是“此在”在生存中对于真理由遮蔽到澄明的阐释与把握。他说:“此在的‘本质’在于它的生存。”①又说:“从此在的分析而来的所有说明,都是着眼于此在的生存结构而获得规定的,所以我们把此在的存在特性称为生存论性质,以和我们称作为范畴的非此在的存在论的存在规定严格区别开来。”②在这里他划清了“此在的”存在者与“非此在”的存在者之间的界限。而海氏更以“此在”的阐释作为存在由遮蔽到澄明的必要途径,而这种阐释的过程就是时间性的生命过程,因此他说,“时间性构成了此在的源始的存在意义。”③海氏认为,“美是作为无蔽的真理的一种现身方式。”④因为在他看来,作为“此在”之人在时间之流中通过阐释对于真理的解蔽正是生命之花的绽放,是一种真正的美。而在生存——生命之美的核心内涵之下,还有与之相关的“天地神人四方游戏”“诗意地栖居”“家园意识”“场所意识”与“身体的介入美学”等丰富而新颖的内容。

第三是生态美学与传统美学特别是实践论美学的区别。我首先要说明的是,实践论美学是我国20世纪50年代以来具有相当学术价值并影响了几代人的美学思想,是我国当代重要美学成

①[德]马丁·海德格尔:《存在与时间》,陈嘉映、王庆节译,生活·读书·新知三联书店2006年版,第49页。

②[德]马丁·海德格尔:《存在与时间》,陈嘉映、王庆节译,生活·读书·新知三联书店2006年版,第52页。

③[德]马丁·海德格尔:《存在与时间》,陈嘉映、王庆节译,生活·读书·新知三联书店2006年版,第270页。

④[德]马丁·海德格尔:《林中路》,孙周兴译,上海译文出版社2014年版,第40页。

果之一,需要给予实事求是的科学评价。但实践论美学毕竟是工业革命时期的理论产物,它借以成立的德国古典美学特别是康德美学也是工业革命时期的美学思想,具有浓郁的人类中心主义理论色彩。例如实践美学力倡“人化的自然”之美,是一种主体性的美学思想;倡导“工具本体”“人类要成为控制自然的主人”等等,表现出明显的人类中心主义。但生态美学却划清了自己与传统“人类中心主义”与“主体性”美学的界限,走向人与自然的机缘性的统一,是更高层次的生存与生命之美。

二、中西对话中的生态美学:生态美学与环境美学

程:从起源上来说,中国学者最初认为生态美学是自己首先提出来的,可不久就发现这个说法不准确,生态美学还是西方学者首先提出来的。但是,毋庸置疑的事实则是:尽管西方学者提出生态美学的时间比我们早,西方生态美学的缺陷也是非常明显的:一是相关论著很少、理论深度也很欠缺;二是往往把生态美学混同于环境美学,总是在环境美学的理论框架中讨论生态美学,忽视了生态美学区别于环境美学的重要理论维度。根据我的阅读体会,我觉得您发展生态美学的态度与立场主要有两方面:一是严格辨析生态美学与环境美学的差异,侧重以生态哲学、生态学、现象学为基础来发展生态美学;二是绝不忽视环境美学,充分尊重环境美学的丰富成果并将之吸收到自己的生态美学之中。能否请您就此谈谈您的看法?

曾:你说得很对,我国生态美学的发展借鉴了西方环境美学的许多资源,而西方人也常常将环境美学称作生态美学。但 2005

年美国哈佛大学著名生态批评家布伊尔在《环境批评的未来》一书中,对于生态所作的"浅薄""卡通化"与难以概括研究对象的"跨学科性"的批评,倒使我认识到这是一个必须分清的原则性问题。生态美学与环境美学的关系是国内外学术界共同关心的问题。因为当代西方美学界一直力倡环境美学,而当代中国美学界有部分学者则大力倡导生态美学。2006 年在成都召开的国际美学会上,在我作了有关生态美学的发言后,国外学者集中向我提出的问题就是生态美学与环境美学的关系。本来,从我国美学界刚刚开始注重美学的自然生态维度来说,生态美学与环境美学都是属于大的自然生态审美的范围,是对传统"美学是艺术哲学"观念的突破,它们应该属于需要联合一致的同盟军,不需要将其疆界划得很清。但从学术研究的角度看,却又有将其划清的必要,而且还要回应国际学术界的疑问。

首先,我们清楚地知道,西方环境美学是中国当代生态美学发展的重要参照与资源。从文化立场来说,生态美学与环境美学有着两个比较共同的立场。其一是两者均是针对当代严重的生态破坏而要对生态环境加以保护的立场。我国当代生态美学实际上是我国现代化逐步深化、进入生态文明时期的产物,它将生态文明建设作为自己的目标。而西方环境美学也是在环境问题突出以后产生,并将环境保护作为自己的坚定立场。诚如芬兰环境美学家约·瑟帕玛所说:"我们可以越来越明显地看到现代环境美学是从 20 世纪 60 年代才开始的,是环境运动和它的思考的产物,对生态的强调把当今的环境美学从早先有 100 年历史的德国版本中区分了出来。"而且,他还明确地将"生态原则"作为环境美学的重要原则之一,他说:"生态原则指的是:在自然界中,当一个自然周期的进程是连续的和自足的时候,这个系统是一个健康的系统。”另外一个共同的立场就是，它们都是对于传统美学忽视自然审美的突破。我国生态美学研究者明确表示，生态美学的最基本的特点就是，它是一种包含生态维度的美学。而西方当代环境美学的一个重要立场就是对于传统美学忽视自然生态环境的一种突破。加拿大著名环境美学家艾伦·卡尔松在《环境美学》一书中指出：“在论自然美学的当代著作中，大量的这些观点其实在一篇文章中早就遇见到了：赫伯恩(RolandW·Hepburn)创造性的论文《当代美学及自然美的遗忘》(*Contemporary Aestheticsandthe Neglect of Natural Beauty*)。赫伯恩首先指出，美学根本上被等同于艺术哲学之后，分析美学实际上遗忘了自然界，随后他又为20世纪后半叶的讨论确立了范围。与自然相关的鉴赏可能需要不同的方法，这些方法不但包括自然的不确定性和多样性的特征，而且包括我们多元的感觉经验以及我们对自然的不同理解。”更重要的是，西方环境美学发展得较早，在我国20世纪90年代中期生态美学产生之时明显地接受了西方环境美学的学术资源。我国第一篇涉及自然生态美学的学术文章就是翻译了由俄国学者曼科夫斯卡亚所写的《国外生态美学》。该文实际上是对西方环境美学的介绍，发表在1992年《国外社会科学》第11、12期。这篇译文对我国生态与环境美学研究产生了重要影响。此后，李欣复才于1994年发表第一篇名为《论生态美学》的学术论文，徐恒醇于2000年出版了第一部《生态美学》论著，中华美学学会青美会于2001年召开了全国首届生态美学学术研讨会。我本人也于2003年出版了《生态存在论美学论稿》一书，提出“生态存在论审美观”。与此同时，西方环境美学也加快了在我国传入的步伐。2006年前后，滕守尧在自己的“美学·设计·艺术教育丛书”中组织翻译了卡尔松的《环境美学》一书。而陈望衡则在自己的"环境美学译丛"中组织翻译了伯林特的《环境美学》与瑟帕玛的《环境之美》。至此,西方环境美学代表性论著均被翻译后介绍到我国。陈望衡教授也于2007年出版了我国第一部环境美学专著,融中西方为一体构筑了自己的环境美学体系。在我国生态美学建设过程中,西方环境美学也给我们以滋养,它们关于"宜居"观念的论述给我们以很大的启发,特别是伯林特的"参与美学""生态现象学"以及"自然之外无它物"人与自然一体的理论观点,更给我们启发良多。正是基于此,我认为西方环境美学是中国当代生态美学建设的重要资源与借鉴基础。

当然,中国的生态美学与西方的环境美学还是有着某些区别,其中一个非常重要的区别就是它们产生于不同的时代与地区。环境美学产生于20世纪60年代西方发达国家。因为在这段时期,西方国家基本完成了工业化,而且它们大多有着比较丰富的自然资源。更重要的是,那时西方生态哲学与生态论理学刚刚起步,占主导地位的是"生态中心主义"思想。因此,在当代西方环境美学中占主导地位的理论观点是"生态中心主义"观点,力主"自然全美"与"荒野审美"等等。而中国是在20世纪90年代中期,特别是从21世纪初期开始逐步形成具有一定规模的生态美学研究态势。其历史背景是在工业化逐步深化的情况下,发现单纯的经济发展维度无法实现现代化,而必须伴之以文化的审美的维度。这就是提出科学发展观与和谐社会建设的缘由,与此同时,我国生态美学研究获得逐步发展。因此,我国的生态美学建设面对的是正在实现工业化、急需发展经济的现实社会需要与环境资源空前紧缺的国情现状,发展与环保成为双重需要。这与西方环境美学提出的历史文化背景有明显差别。而且,在21世纪,人类对于生态理论的认识也有了较大的发展与变化,发现单纯的

“生态中心主义”难以成为现实，只有人与自然的“共生”才是走得通的道路。正是在这种情况下，出现了“生态人文主义”“和谐论生态观”与“生态整体主义”等更加符合社会发展规律的生态理论形态，成为当代生态美学的理论支点。这也使得中国生态美学所凭借的理论立足点比西方环境美学的“生态中心主义”更加可行，并具有更强的时代感与现实感。不仅如此，从字意学的角度说，“生态”与“环境”也有着不同的含义。西文“环境”(Environment)有“包围、围绕、围绕物”等意，明显是外在于人之物，与人是二分对立的。环境美学家瑟帕玛自己也认为，“甚至‘环境’这个俗语都暗示了人类的观点：人类在中心，其他所有事物都围绕着他”。布依尔在其《环境批评的未来》一书的词语表中对于“环境”一词的解释也是“可以指某个人、某一物种、某一社会，或普遍生命的周边”。而与之相对，“生态”(Ecological)则有“生态学的，生态的、生态保护的”之意，而其词头“eco”则有“生态的、家庭的、经济的”之意。海德格尔在阐释“在之中”时说道：“‘在之中’不意味着现成的东西在空间上‘一个在一个之中’；就原始的意义而论，‘之中’也根本不意味着上述方式的空间关系。‘之中’(in)源自innan—，居住，habitare，逗留。‘逗留’‘an’(于)意味着：我已住下，我熟悉、我习惯、我照料；它有 colo 的含义；habito(我居住)和diligo(我照料)。”在这里，“colo”已经具有了“居住”与“逗留”的内涵了。而“生态学”一词最早出处是德国生物学家海克尔于1869 年将两个希腊词 okios(“家园”或“家”)与 logos(研究)组合而成。可见，“生态”的含义的确包含“家园、居住、逗留”等等含义，比“环境”更加符合人与自然融为一体的情形。而从生态美学作为生态存在论美学的意义上来说，则“生态的”所包含的“居住，逗留”等意更加符合生态存在论美学的内涵。而从美学内涵的角度来说,则"生态"比"环境"更加具有积极意义。

生态美学产生于20世纪后期与21世纪初期,综合了100多年来人类在生态环境问题上长期探索的成果。众所周知,100多年以来,人类在生态环境问题上,努力探索人与自然生态应有的关系,先后经历了"人类中心主义"与"生态中心主义"的苦痛教训。"人类中心主义"已经被200多年的工业革命证明是一条走不通的道路,严重的环境污染就是对人类的惨痛教训。而"生态中心主义"也是一条走不通的路。事实证明,作为生态环链之一员,包括人类在内的所有物种都只有相对的平等,而不可能有绝对的平等。"生态中心主义"的绝对平等观是不可能行得通的,只能是一种彻底的"乌托邦"。唯一可行的道路就是"生态整体主义""和谐论生态观"和"生态人文主义"的道路,这正如马克思倡导的"自然主义与人道主义的统一"。他说,"这种共产主义,作为完成了的自然主义,等于人道主义,而作为完成了的人道主义,等于自然主义"。所谓"生态整体主义"与"生态人文主义"就是对于"人类中心主义"与"生态中心主义"的综合与调和,是两方面有利因素的吸收,不利因素的扬弃。生态美学就是以这种"生态整体主义"与"生态人文主义"的理论作为自己的理论指导。而"环境美学"由于产生的时间较早,因此难免受到"人类中心主义"或"生态中心主义"的局限。瑟帕玛的《环境之美》就有比较明显的"人类中心主义"倾向。他不仅将"环境"定义为外在于人的事物,而且在"环境美学"内涵的论述上也表现出"人类中心主义"的倾向。他认为,"环境美学的核心领域是审美对象问题",而"使环境成为审美对象的通常基于受众的选择。他选择考察对象的方式和考察对象,并界定其时空范围"。而且,他认为"审美对象看起来意味着这样一个事实:这个事物至少在一定的程度上适合审美欣赏"。

很明显，瑟氏并没有完全跳出传统美学的窠臼，不仅完全从主体出发考察审美，而且从传统的艺术形式美学出发考虑环境美学审美对象的形成，诸如形式的比例、对称与和谐等等，就是通常所说的“如画风景论”，而没有考虑生态美学应有的“诗意地栖居”与“家园意识”等。相反，卡尔松倒是比较彻底的环境主义者，但他却较多地倾向于“生态中心主义”的理论观点。他在《环境美学》一书中提出的“自然全美论”就是这种“生态中心主义”的反映。他说“全部自然界是美的”。按照这种观点，自然环境在不被人类触及的范围之内具有重要的肯定美学特征：比如它是优美的，精巧的、紧凑的、统一的和整齐的，而不是丑陋的、粗鄙的、松散的、分裂的和凌乱的。简而言之，所有原始自然本质上在审美上是有价值的。他将自然的审美称作“肯定美学”，在书中他借助了许多西方生态理论家的观点。例如，著名生态理论家马什的观点：自然是和谐的，而人类是和谐自然的重要打扰者；地理学家罗汶塔尔的观点：人类是可怕的，自然是崇高的，等等。显然，卡尔松的“自然全美论”是建立在上述“生态中心主义”的理论立场之上的，其对于人类活动，包括人类的艺术活动的全部否定，可以说是非常不全面的。

当然，环境美学也包含许多正确的、有价值的美学内涵。例如伯林特的“环境美学”理论就比较科学合理，他倡导一种崭新的自然生态的审美观念。他说：“大环境观认为不与我们所谓的人类相分离，我们同环境结为一体，构成其发展中不可或缺的一部分。传统美学无法完全领会这一点，因为它宣称审美时主体必须有敏锐的感知力和静观的态度。这种态度有益于观赏者，却不被自然承认，因为自然之外并无一物，一切都包含其中。”这里，他提出了著名的大环境观，即“自然之外并无一物”。这里的“自然”并非外在于人、与人对立的,而是包含人在内的,实际上就是我们通常所说的“自然系统”。而他所说的,与传统美学相对的“环境美学”,则是与以康德为代表的着重于艺术审美的“静观的无功利的美学”不同的,是一种运用于自然审美的“结合美学”(aesthetic-sofengagement)。我们更愿意翻译成“参与美学”,是指眼耳鼻舌身五官在自然审美中的积极参与。这里的“自然之外无它物”与“参与美学”的理论观点都成为我们建设生态美学的重要借鉴资源。

最后,我想特别强调的是生态美学之所以产生于中国的文化氛围之中,与中国农业社会经济背景及“天人合一”的传统文化资源有着十分密切的关系。在中国古代的农业社会经济与“天人合一”文化哲学中没有外在于人的“环境”,只有与人一体的“天”,天人从来都是紧密联系的。一部中国古代文化史就是探讨天人与古今关系的历史。正所谓“究天人之际,通古今之变”,所以我们认为“天人相和”的生态哲学与美学在中国是一种“原生性”的理论形态。这里所讲的“天人之际”“天人合一”与“天人之和”等等就是人与自然一体的“生态系统”中较为复杂的关系。儒家的“位育中和”“民胞物与”,道家的“道法自然”“万物齐一”,佛家的“众生平等”“无尽缘起”等等,讲的都是天人之际的“生态系统”。而这种东方生态理论在近现代影响了西方众多生态哲学家与美学家,包括梭罗、海德格尔等等。特别是海德格尔的“生态存在论”哲学与美学观、“四方游戏说”与“家园意识”等,成为“老子道论的异乡解释”。在这样一片如此丰沃的东方生态理论的土壤上,我们相信一定能够生长出既有现代意识与通约性又有丰富的古代文化内涵的、具有中国特色的生态美学。如果像布伊尔所言,完全以“环境”取代“生态”,那么中国传统“天人合一”的生态文化必然被排除在当代生态文化建设之外，这是不符合世界生态哲学与生态美学建设的实际的。

程：与此相关的则是另外一个问题，就是中西对话或学术研究的国际化问题。对于我国学者而言，所谓的国际化（全球化）就是学术研究的国际化（全球化）。对于中国古代文学、古代哲学等中国传统学科而言，原产于西方的美学无疑是一门国际化程度很高的学科。我一直认为，国际化程度高低应该是评价美学论著学术成就的一项重要指标，那种故步自封、闭门造车的做法，无论如何都应该克服和避免。正因为这样，我特别重视您的一本新著，《中西对话中的生态美学》（人民出版社 2012 年版）。这本书的"导论"的标题是"中西对话中的中国生态美学"，比书名多出了"中国"二字。您在其中指出，"中西对话可以说是当代也是未来中国生态美学建设的主题"。我想请教您，为什么一方面强调"中西对话"，另外一方面又强调"中国"？

曾：当代我国生态美学的发展集中地体现了"中西对话"的特点。因为，西方环境美学在当代生态环境美学发展中具有先行性，值得我们学习借鉴。西方发达国家在经济社会发展中优先于我国，他们在 20 世纪中期就开始了生态环境美学的思考与研究。海德格尔在 1927 年出版的《存在与时间》一书中就提出"此在与世界"的机缘性关系。利奥波德的"大地伦理学"正式发表于 1949 年，提出"保护生物共同体的和谐、稳定和美丽的"的大地伦理观并认为这是"土地的伦理学和美学问题"。1962 年，蕾切尔·卡逊出版《寂静的春天》一书，成为当代生态文学的发轫之作。1966 年赫伯恩批判了当代美学对于自然美的遗忘，开辟了环境美学的发展历程。1978 年，鲁克尔特提出文学的"生态批评"。总之，西方经济社会的先行性使得它们对生态环境的审美思考也是先行的。

当我国20世纪90年代中叶开始思考生态美学问题时,西方的环境美学与生态批评理论恰好为我们提供了理论的营养与借鉴。而且,西方由于其工业革命的理性主义传统,导致其环境美学与生态批评理论也具有较强的理论性。例如,它的现象学方法、由遮蔽到澄明的存在论美学以及主体间性理论的提出等等,都为我们的生态美学建设提供了理论启发。再就是前已提到的,它的环境美学与生态批评理论的实践性特点是对传统美学思辨特点的冲击,非常符合后现代理论的特点,具有特殊魅力。正是由于这些原因,我们中国的生态美学的确是在中西对话中,尤其是在对西方学界的借鉴中发展起来的。但人文学科是以人与人性为其研究对象的,人与人性具有通约性,但又具有特殊性。这种特殊性反映了特有的国情与民族背景下人的特殊生存方式与情感特点。中国的生态美学当然要反映中国特殊国情与民族背景下人们的特殊生存方式与情感特点。所以,我又说是"中国的生态美学"。学术的通约性与民族的特殊性的统一,就是中国生态美学的内涵。

三、古今融通中的生态美学:生态美学与中国古代生命论美学

程:我们都是中国人,在国际学术舞台上我们是中国学者。"中国"二字不仅仅是人种、地域、政治概念,更是一个文化概念。因此,当我们讲"中国生态美学"的时候,无疑隐含着如下一些基本内涵:由中国学者结合中国实际,充分吸收、转化中国传统美学资源而创造的生态美学。这样一来,生态美学必然涉及古今融通问题。与此同时,站在生态美学的角度反观中国美学,又会发现

中国美学一些独特的特征。您的生态美学著作一直比较注重吸收中国传统生态审美智慧，在 2013 年 10 月召开的“海峡两岸第三届生态文学研讨会”上，您做了题为《中国经验：气本论生态生命美学——宗白华美学思想试释》的主题发言，能否请您就此谈谈中国传统生态审美智慧及其当代价值问题？

曾：生态美学的另一个重要理论支撑是中国古代的气本论生态生命哲学与美学。这是一个非常重要的，但却至今仍未引起学术界高度重视的论题。中国古代气本论生态生命论哲学与美学的原生性、彻底性与丰富性都是空前的，是当代生态美学建设的最重要理论资源，也是中国当代美学建设最重要的理论起点。

首先，我想谈一下中国古代气本论生态生命哲学与美学的发现与产生。中国古代气本论生态生命哲学与美学产生于 20 世纪 30 年代，正值世界哲学与美学由古典的工具理性的认识本体转向人生的生命哲学与美学之时，出现了叔本华与尼采的意志论生命哲学与美学，但那是以人的意志为出发点的，留有明显的人类中心主义遗痕。发端于 1900 年的胡塞尔的现象学哲学则力图通过“主体间性”的理论构想摆脱人类中心论。直至 20 世纪 30 年代后期海德格尔的“天地神人四方游戏”的提出，才迈出了摆脱人类中心论的坚实步伐。而宗白华在 20 世纪 30 年代就在中国古典哲学与美学之中发现了具有当代价值与意义的气本论生态生命论哲学与美学。宗白华在 20 世纪 20 年代末和 30 年代初开始运用“生命论美学”对中国古代美学进行概括。我们看到他第一次提出中国古代生命论哲学与美学的论文是写于 1928 年至 1930 年的《形上学（中西哲学之比较）》一文。此时他已经结束了 1919 年至 1925 年在德国的留学生涯，回到国内的东南大学哲学系从事美学与艺术学的教学工作。他在该文中说道：“西洋科学的真理以数表之。(《乐记》云:‘百度得数而有常’)中国生命哲学之真理惟以乐示之。”在这里,宗白华在中西文化比较的广阔文化视野中将西方哲学与美学归结为“以数表之”,而将中国古代哲学与美学归结为“生命哲学之真理以乐示之”。将数与生命作为中西哲学与美学的主要区别是非常准确的表达。他进一步将这两者加以区分:“柏拉图取象于人体之相,而最后反达于数理序秩之境。中国取象于物体之鼎而达于‘正位凝命’宇宙之生命法则。”由此说明,古代希腊哲学与美学是从具体的人体的比例、对称与和谐出发的,而中国则是从祭祀之鼎出发在宏阔的背景中把握宇宙正位而人得以凝命生存的生命法则。当然,他还探寻了两者产生区别的原因是,西方哲学与美学源自“测地形之几何学”,而中国则源自“授民时之律历”。西方之数理科学与中国之测天时的律历正是区分两者之根基。而在写于1936年的《论中西画法的渊源与基础》一文,则以绘画为例深入论证了中国古代生命论美学之内涵。书中说道:“中国画所表现的境界特征,可以说是根基于中国民族的基本哲学,即《易经》的宇宙观:阴阳二气化生万物,万物皆秉天地之气以生,一切物体可以说是一种‘气积’(庄子:天,积气也),这生生不已的阴阳二气积成一种有节奏的生命。”此后,宗白华先后从多个角度论述了中国古代美学与艺术的生命论特点与内涵。而宗白华的学生、当代另一位美学家刘纲纪则在《周易美学》一书中进一步解释了宗白华生命论美学的论述,并认为在中国古代“实际上在没有美学这个字出现的许多地方同样是与美有关的而且常常更为重要”,从而将生命论美学在中国古代美学中的地位突出了出来。宗白华与刘纲纪的这一论述以中西均能接受的学术语言,科学地总结了中国古代美学的基本特征,意义深远。

首先我们应该弄清楚中国古代气本论生态生命美学产生的原因。其原因之一就是中国古代特有的不同于西方古代，特别是古代希腊的地理环境与经济社会情况。古代中国在地理上是处于亚洲内陆的温带，总体上是一种相对独立而封闭的内陆的自然社会环境，土地肥沃，雨量充沛，适宜从事农业；而古代希腊则濒临地中海，山多地少，适宜于航海与商业。所以，古代希腊是一个以航海与贸易为主的国家，而古代中国则是一个农业古国，重农轻商成为其经济社会特点。这就形成了两种社会形态不同的价值目标与生活追求。古代希腊追求与航海贸易有直接关系的科技、航运与海外拓展，而中国古代则追求风调雨顺、万物繁茂与安居乐业。在古代希腊的地理环境与经济社会条件下较易发展实体性哲学思维，而古代中国那样的内陆与农耕条件则适宜发展有利于农业生产与人的生存的生命论哲学思维。这就是当代文化人类学所说的地理环境对人性与情感的“调适”作用，较好地阐述了中西之间哲学与美学的分殊。

如上所述，在中西不同的自然地理社会环境下形成了古代希腊与古代中国不同的哲学诉求。古代希腊的哲学诉求可以概括为实体性哲学诉求，而中国古代则可以概括为气本论生命哲学诉求。两者之间有着极为明显的差异。首先从宇宙的本源性来说，古代希腊是一种实体性本源论，认为宇宙的本源是物质性的“火”或“理念”。而中国古代则是一种混沌的“气”。老子有言：“道生一，一生二，二生三，三生万物，万物负阴而抱阳，冲气以为和。”（《老子·四十二章》）这里指出了宇宙之初分为阴阳二气，冲气以和才产生万物，已经道出“气本论生命哲学”的要旨。其后，《周易》之《易传》进一步将之发挥提出“太极化生”的理论，所谓“是故《易》有太极，是生两仪，两仪生四象”（《系辞上》）。具体描绘了阴阳之气化生万物的过程:“天地絪缊,万物化醇;男女构精,万物化生。”(《系辞下》)这里的“絪缊”即指阴阳二气交感绵密之状,说出了阴阳二气化生万物的混沌之情态。庄子在《应帝王》中讲了一个有关“混沌”的寓言:“南海之帝为倏,北海之帝为忽,中央之帝为混沌。倏与忽时相遇于混沌之地,混沌待之甚善。倏与忽谋报混沌之德,曰:‘人皆有七窍以视听食息。此独无有,尝试凿之。’日凿一窍,七日而混沌死。”这个寓言道出了作为宇宙本源的“中央之帝”混沌是七窍不分的,混沌一体的,如欲将之分开,必将置之死地。

其次,我想谈一下中国古代气本论生态生命哲学与美学的生命论内涵。中国古代气本论生态生命哲学是一种有机的生命论哲学,阴阳二气与男女二性通过化醇与构精,诞育万物生命,这是气本论哲学的要义所在,所以《国语》说“和实生物,同则不继”(《郑语》)。而《周易》则指出“生生之谓易”(《系辞上》),又言“天地之大德曰生”(《系辞下》),进一步强调了中国古代生命论哲学的特点。而古代希腊则是一种无机性的物质性的哲学,德谟克利特提出著名的“原子论”,而亚里士多德的《物理学》也是对物质的探讨。无机性与物质性必然导致对于数的重视从而出现明显的“逻各斯中心主义”,并一直延伸至现代。

中国古代的气本论生命哲学是一种“万物一体”的哲学,是与逻各斯中心论相背的。庄子说道“天地与我并生,而万物与我为一”(《庄子・齐物论》),又言“以道观之,物无贵贱”(《庄子・秋水》)。他还在《知北游》中提出稊稗、瓦甓、屎溺、蝼蚁与人都是平等的观点,因为,道“无所不在”(《庄子・知北游》)。而古代希腊则是一种理性主义哲学,是将具有理性的人放在世界中心的,正如普罗泰戈拉所言“人是万物的尺度”。

中国古代气本论的生命哲学还是一种人生哲学，而古代希腊实体性哲学则是一种带有物质性与科技性的哲学。中国古代气本论生命哲学起源于远古时代，后则体现于道家思想之中。在道家思想中“天人合一”侧重于“天”，但其后则着重体现在儒家思想之中，其时“天人合一”就侧重于人了。众所周知，作为儒家思想的继承与发展的经典作品《周易》，是中国古代气本论生命哲学的集中体现，而《周易》则在“天地人”三维之中，主要侧重的是“人”，以解人世之安危为其主旨。诚如《易传》所言：“易之兴也，其当殷之末世，周之盛德耶？当文王与纣之事耶？是故其辞危。危者使平，易者使倾。其道甚大，百物不废。惧以终始，其要无咎，此之谓《易》之道也。”(《系辞下》)。由此说明，《易》起源甚早，但完全成书则为殷商之时，国家人民危难之际。《易》的写作就为借鉴于历史，使危者得以平息，倾斜的形势得以扭转，国事不致荒废，人民得以安宁。所以《周易》将“保合太和，乃利贞”作为其主旨之一，将“元亨利贞”四德作为其重要价值取向。

宗白华的气本论生命美学是一种崭新的，具有世界意义与价值的生命的生态的美学。因为，中国古代气本论生命美学所说的生命并不仅仅是西方生命论美学所讲的人的生命，而是“万物一体”的万物的生命，天然地包含着生态观念。气本论生命美学将生命作为审美的第一要义，远远超出了西方古代的“比例、对称与和谐”的形式美学，这是非常重要的。诚如西方一些环境美学家所言，形式之美是一种浅层次的美，而生命之美是一种深层次的美。生命之美恰是20世纪哲学与美学大转型中受到重视的生命与生态的美学形态，在很大程度上与当下西方的环境美学与知觉现象学中身体美学研究相合拍。但宗白华总结的气本论生命美学与以上美学形态相比可以说是更好地体现了当代美学的发展及上述国际美学领域的美学形态。当然,还需要我们将这种前现代产生的哲学与美学形态进行进一步的总结、概括、改造与发展。这就是我们当今的工作重任所在。

程:您将中国古代美学概括为"生命论美学",的确揭示了中国美学传统的一个重要侧面。与西方哲人侧重讲客观知识不同,中国哲人侧重讲人生境界,以人生境界为基础的审美活动与艺术创作,其最高追求就是意境、境界这样的理论范畴。所以,我曾经针对李泽厚先生的一代名著《美的历程》提出,中国美学的主线不是"美的历程",而是"境界的历程"。中国当代出现过"生命美学",但是,它不是紧扣"生命境界"而立论的,所以某种程度上偏离了中国传统哲学精神,没能将中国传统审美智慧充分地吸收到自己的理论之中。请您从生态美学立场出发谈谈中国古代生命论美学的基本特点。我觉得这个问题对于生态美学构建与中国美学史研究都具有较大价值。

曾:你说得很对,当代中国曾经兴起过生命美学,但并没有从生态美学角度立论,也没有从"天地境界"的角度立论。中国古代文化是一种境界文化,儒家讲君子与小人,道家讲有道与无道,佛家讲天堂与地狱,这些都强调通过人文教化跳出世俗,拓宽眼界,提升到一种更高的境界。冯友兰先生将这种境界文化加以概括,提出"天地境界",我觉得很好,这其实就是一种中国古代的生态美学。所谓"天地境界",不仅讲到"天人相和,万物诞育"的生态—生命之美,而且讲到了如何才能实现这种生态—生命之美,那就是要求"天地人三才"中的人必须加强修身,尊天地之道,顺万物之法,从而实现天人合一,赞天地之化育并与天地相参。所谓"修身则道立,尊贤则不惑",又曰"唯天下至诚,为能尽其性;能尽其性,则能尽人之性;能尽人之性,则能尽物之性;能尽物之性,则可以赞天地之化育;赞天地之化育,则可以与天地参矣”。(《礼记·中庸》)这里,将人的修身尽性,导致物的尽性,最后达到赞天地之化育,从而将人的修身与天地境界有机结合。所以,生态美学讲到最后还是人的境界问题,修养问题,文化高度问题,能否做到以审美的态度对待自然生态的问题。当然,中国古代的“天地境界”内容还更加丰富,还包含“敬德保民”“仁爱之心”“民胞物与”“辅万物之自然而不敢为”等等。我们在现代生态美学建设中需要很好地将其消化,加以吸收。这也说明我们从事包括生态美学在内的生态文化研究与普及,首先需要在广大人民中间牢牢树立生态审美观念,将他们的境界提高到与天地相参的高度,每个人都意识到自己的责任,都意识到自己对于人类未来与宇宙万物的责任。

四、生态美学的未来发展:逐步走向成熟与国际学术舞台的中国生态美学

程:我们文艺美学研究中心正式成立于2000年,从那时到现在,我们之间工作上的接触非常频繁。我不止一次地听您在与我的聊天中说过,您会把自己后半生的主要精力用在生态美学构建上。我清楚地记得您的《生态美学导论》(商务印书馆2010年版)“后记”中开头的几句话:“本书是从2001年秋季至今八个寒暑辛勤思考与工作的成果。八年的研究对于一个已过甲子之年的人来说应该是一个不短并且包含着许多辛劳的过程,但对于一个新兴学科来说其探索又显得为时太短。”您一方面认为您的探索“还是初步的、不成熟的”,另外一方面又指出“生态美学是充满生命

力的"。每当我阅读、回味这几句话时,内心深处就会充满感慨、感叹和感佩。一般人60岁就退休了,而您从60岁开始起步探索生态美学;一般人到了退休年龄就思考如何安享晚年,而您却在思考如何构建一门新学科。排除任何阿谀奉承之嫌,我对您这种"老骥伏枥,志在千里"的精神由衷地感佩。尽管我比您年幼不少,但是,不但心气没有您高,每天工作的时间也没有您多。正因为这样,我希望您能够结合您对生态美学未来的展望,谈谈您对于学术研究与人生意义关系的看法,算是对我们后辈学子的一些告诫和鼓励吧。

曾:谢谢你的鼓励。我其实是沿着我们师辈的学术与生活道路选择一种人文知识分子惯常的道路和生活方式,那就是读书、教书与写书的生活方式。我上学的时候曾经到陆侃如先生家向他请教《文心雕龙》的有关问题,那时陆先生正在为我们开设《文心雕龙》课。问完问题后曾经请教陆先生他是怎么休息的。他指着满屋的书说道,其实所谓休息就是换一种书来读而已。我才意识到原来一个中国知识分子一辈子打交道的就是书。我们现在人文学科的知识分子其实也是这样生活的,只是我们涉及的书在内容上具有一定的时代性而已。我以前做了较长时间学校行政工作,曾经幻想过回到书斋之中,行政岗位卸任后有了这种机会,当然晚了一点,年纪偏大了,但还是可以尽自己的力量做自己精力与能力能够达到的事情。现在选择了做生态美学的学术道路,我觉得很好,找到了与时代社会紧密联系同时又是自己有兴趣的切入点,而且与中国传统文化紧密相关,可以不断做下去,觉得很幸福。但我也意识到自己的学术素养与精力毕竟有限,所以要有自知之明,认识自己的不足,多向学术界同行学习。

程:曾老师让人感佩的另外一点是强烈的国际化意识。我给您介绍咱们一个学生讲的一句话。那天我给研究生上专业英语课，我的一名博士生按照我的要求来听课，她是法国留学回来的，法语和英语都很好。课间休息时她跟咱们学校外国语学院一名前来听课的德语老师说："我突然觉得我不是在中文系读博士，而是在外语系读书呢！"我问她怎么会有这种感觉，她说她选修的盛宁老师的英美文论课也是用英语讲的，这么多的英语课，又有这么多的外语语种，不是外语系是什么？我笑着说：天底下的中文系，有没有比咱们这里国际化程度更高的呢？我这样说绝不是自夸。曾老师您本人一直试图阅读和利用英语文献，一直特别重视咱们中心的国际化建设。山东大学地处济南，远远不如北京、上海、广州等城市的国际化程度高。但是，在过去的几年中，国际上环境美学与生态美学领域内重要的学者，比如美国的阿诺德·伯林特、保罗·戈比斯特与王昕晧，加拿大的艾伦·卡尔松，芬兰的约·瑟帕玛，生态批评领域内的重要学者如美国的斯科特·斯洛维克、帕特里克·墨菲等，都先后访问过咱们研究中心，其中，伯林特、瑟帕玛和斯洛维克还来过多次。其他国际著名学者如美国的卡提斯·卡特、理查德·舒斯特曼、罗伯特·斯特克与大卫·格里芬，德国的沃尔夫冈·韦尔施，法国的纳塔莉·勃朗，荷兰的威尔弗里德·范丹姆，韩国的朴商焕，加拿大的西蒙·埃斯托克，日本的青木孝夫，等等，都曾来中心讲学过。我们创办《生态美学与生态批评通讯》时，基本定位就是把它办成国际范围内生态美学、环境美学、生态批评与生态哲学最新信息的集散地。目前来看，这个目标基本上实现了。这些工作都是在您的领导与支持下进行的。请您就此谈一谈国际化战略与生态美学的未来建设问题。

曾：当代学术的发展必须走国际化之路。因为，一切文明的成果都是世界性的,全人类的,是大家的共同财富。我国学术的发展必须走继承全人类文明成果之路。当代包括生态美学在内的美学建设,学习西方是必需的。任何文化形态都是经济社会的反映。西方一些国家在经济与科技上是发达国家,在文化的某些时代性问题上,它们也反应与思考得比我们早,诸如后现代的众多问题,对于当代社会的诸多反思,应该说都具有某种先行性。譬如当代生态问题,它们较早就有了自己的反应与思考,这就是当代生态哲学、生态伦理学与环境美学以及生态文学、生态批评等的理论形态。正是凭借这种启发与借鉴,我国才在20世纪90年代开始有了自己的生态与环境美学,并有了生态文学与生态批评。借鉴与吸收是必须的,凡是好的东西,我们为什么要拒绝呢?而且在这种吸收借鉴过程中,我们与西方的同行学者建立了深厚的友谊,建立了学术上的互补与讨论,这种中西的互补与讨论是发展学术的必要路途。我们接触到的这些生态美学界的同行都是非常通达的,伯林特教授以接近80岁的高龄,多次到中国各地与学者交流,倾听中国同行的学术观点,并给予积极的评价;卡尔松以宽阔的胸怀面对中国同行的质疑并提出自己的意见,积极沟通以增进双方理解;瑟帕玛总是谦虚地面对一切讨论,以其北欧人特有的宁静陈述自己的观点;斯洛维克则是以其文学家的热情力批各种环境弊端……总之,他们的到来给我们以重要的帮助。我其实一直希望自己能够做到用外语直接参加交流,但毕竟年纪大了,曾经尝试运用外语,但效果不理想,加上科研任务较重只好放弃,这是我终身的遗憾。但像你这样的中年学者通过自己的艰苦努力,已经能够熟练地运用外语,一定会有好的效果的,我得好好向你们学习。

程:最后我想简单地请教一下中国美学向外输出,也就是常说的“走出去”问题。我觉得我们必须承认的一个基本事实是，过去的一百多年里，我们一直在输入西方的美学成果。这种势头在21世纪有增无减，具体体现为三套近似的丛书：一是周宪、高建平主编的“新世纪美学译丛”；二是陈望衡主编的“21世纪美学译丛”；三是我与美国学者阿诺德·伯林特主编的“国际美学前沿译丛”。就我所知，尽管国际美学界的著名学者基本上没有懂汉语的，但他们也开始重视中国生态美学，典型的例子是伯林特，他曾经多次向我询问中国生态美学的研究状况并将之吸收到自己的论著中。特别是在他出版于2012年的新著《超越艺术的美学》具体版本中，曾经四次介绍、引用您的生态美学思想，比如，该书第130页介绍了您的论文《当代生态文明视野中的生态美学观》(《文学评论》2005年第4期)与《论生态美学与环境美学的关系》(《探索与争鸣》2008年第9期)，还提到了您的专著《生态存在论美学论稿》(吉林人民出版社2003、2009年版)；第138、140页两处引用了您的《生态美学导论》(商务印书馆2010年版)；第144页又在一个注释中介绍了这本书对于生态美学与环境美学关系的探讨，同时提及山东大学文艺美学研究中心及其生态美学研究团队。这些事实表明，我国的生态美学开始正式走向国际美学界，开始改变中国美学“只输入、不输出”的尴尬局面。请您就中国美学如何走出去这个问题谈谈您的看法。

曾：你上面说到的伯林特教授对于我的学术观点的引用，我很感动，因为我的文章基本上没有翻译成外文，他是通过中文本引用的，而他并不懂中文，那就是他在学术会议上非常认真地倾听了我们的发言并给予了积极的评价，也说明西方有见识的学者对于中国这样的经济与文化大国在学术发展上还是很重视的。我记得曾经接待过一位挪威宗教哲学家，他看到我们中心有14

人从事文艺美学研究非常羡慕,他说一个学校有这么多人做文艺美学是很了不起的。因此,学术的"输出"是必然的,不仅是中国的需要,而且也是外国的需要,他们需要了解有着13亿人口并有5000年文明史的中国学者是如何看待相同的学术问题的。但这种"输出"我觉得需要通过学术的方式和渠道,在双方都需要的前提下。我相信,待以时日,在你们这一代学者语言交流基本没有问题的情况下,这种学术的交流与输出会变成非常自然的事情。当然,中国学术走出去,归根结底还是需要我们中国学者通过自己的努力拿出有创见的优秀成果来,并运用国际通用的学术语言加以表达。为此,我们需要加倍努力!

美育是“真正的人”的教育[①]

宋修见（以下简称“宋”）：早在1985年，您就出版了《美育十讲》一书。2012年，又出版了《美育十五讲》，期待将来您的《美育二十讲》问世。1985年的时候，您为什么想到写《美育十讲》？

曾繁仁（以下简称“曾”）：实际上，我从1981年就开始研究美育了。当时有两个原因，一个根本的原因是经历过“文化大革命”这场“十年动乱”，文化上“破四旧”，横扫“封资修”，很多美的东西、好的东西都被毁掉了，我亲眼看到那些珍贵的文物和艺术品被焚烧的情景。有感于对美的破坏、对美的否定，我下定决心要搞美育。没有美的生活称不上真正的生活。另外一个原因，就是当时山东省举办高等教育干部培训班，这里面要增加一门美学和美育的课，请我来讲。

宋：这是一个契机。

曾：对，《美育十讲》就是当时的讲义。后来我就把美育作为我的一个科研方向，持续不断地做了下来。《美育十五讲》是时任北大出版社总编辑的温儒敏教授的约稿，作为北大名家通识讲座书系其中的一本。目前来看，这本书涉及的内容比较全面，而且一直讲到当代，只是有的地方深度不大够。目前我还没有考虑写

---

①原载《中华美育精神访谈录》，宋修见主编，北京大学出版社2019年版。

《美育二十讲》。现在我在做的主要研究工作,是中国传统美学和美育思想的现代转换,转换成当代人能接受的、西方人能听明白的理论话语。2017 年在上海杜克大学分校的一次国际生态伦理学会议上,我在发言中讲了"中国古代的生生美学"。

宋:让当代中国人接受传统之美,让当代世界理解中国之美,您的学术研究总是和时代的问题联系在一起。在 30 多年前的《美育十讲》中,您开篇就以马克思主义的立场、观点和方法对美育的本质、对象、内容、地位和目的等进行了界定,非常准确和深刻。今天我们处在中华民族走向强起来、走近世界舞台中央的新时代,在新的历史条件下,我们应该怎样来理解"美育"的内涵和加强美育工作的时代意义?

曾:30 多年前主要是拨乱反正,因为"文化大革命"把所有美好的东西都颠倒了。现在情况不同了,今天我们的国家走向富强,走向民族复兴。光有经济的复兴,没有文化的复兴,不可能有民族的复兴;同时,没有经济的保障,文化复兴也没有基础,因为经济基础决定上层建筑。文化复兴需要经济的保障,经济的保障需要文化复兴的支撑。文化软实力是一种精神的力量,现在我们太需要这种力量了。

现在美育还没有成为一种普遍的教育理念,没有成为教育发展的硬性指标。美育的本质是什么?归根结底,是人的教育,是培养真正的人、完善的人。缺乏美育的教育是不完善的教育,《自由社会中的通识教育》中也讲到这一点:我们中国的学者采纳了这一观点。同时我们也可以进一步讲,缺乏美的人是不完全的人。为什么这样说呢?1985 年,我在《文史哲》发表了《论美育的本质》,当时转载率较高。这篇文章的一个基本观点是,美育的本质是情感教育,但它不是一般的情感教育,而是审美的情感教育。

文章里基本上介绍的是康德的观点,情感是感知与意志的桥梁。康德提出美是“无目的的合目的的形式”,“无目的”实际上就是感知,“合目的”就是意志,“情感”作为桥梁。康德这一著名的美学命题,彰显了审美的内在张力与魅力,被黑格尔称作是说出了“关于美的第一句合理的话”。这就是说人的发展,只有感知与道德律令是不行的,还得有情感。科学让人知道世界是什么,道德让人明白应该做什么,审美则让人愿意干什么,是人内心的欲求,是人的心甘情愿,甚至是在不自觉中愿意做的事情。审美的这种力量是非常重要且强大的。

审美的情感不是一般的情感,一般的情感是快感,而审美则是伴随着判断的快感,这是康德划定的界限。快感是一种个人嗜好,譬如你喜欢吃臭豆腐,我喜欢吃辣椒,是纯粹个人的。审美的情感则具有某种普遍性,是大家认同的情感。当然这是一种润物细无声,是一种心甘情愿,是一种情感的驱使,是自觉自愿地去做的事情。康德古典美学话语体系中,最光彩的一句就是“审美是真与善的桥梁”,也是从感性的人通过崇高过渡到艺术的理性的人,艺术成为道德的象征,所以审美是“使人成为人”的桥梁。如果人缺乏审美情感的桥梁,他只能要么是感性的人、动物的人,要么是理性的人、机械的人,最后会走向低俗或崩溃。康德的这个观点解答了资本主义发展过程中人的情感缺失的问题,“缺乏美育的教育是不完善的教育”就是由此而来的。

宋:我们今天太需要这种完善的教育了。让所有受教育者能够通过美育与世界建立起积极的审美情感联系,让人因为感受到美、享受到美而愉悦,而愿意把生命热情投入生活、投入这个世界。

曾:是的。现在社会上一些人出现抑郁、自杀等问题,大都因为审美这个"桥梁"的缺失。中华传统美育就是孔子讲的"兴于诗,立于礼,成于乐"。"兴于诗"是从诗歌得到启发,"立于礼"是从礼教得到行为规范,"成于乐"就是通过音乐让一个人最终成为真正的人,就是人文化成。只有通过"礼乐教化"才能成人,这些都是人的教育,都是审美情感的教育,这就是美育的本质。东西方在这一点上是有共通性的。

宋:康德、席勒以至马克思都强调人的感性、知性和理性要全面发展。孔子讲的是人要成为"从心所欲不逾矩"的"大人"。

曾:是的。最主要的就是人要成为一个真正的人,一个"大写的人"。无论你是一位科学家,还是一名运动健将,或者是一个普通的人,都要是一个健全的人、一个真正的人,这是最重要的。这是我们的教育目标,也是美育的本质。康德的理论是为了解决当时西方工业革命遇到的社会问题,所以他提出了"审美是真与善的桥梁"。没有美育,培养不出"真正全面发展的人"。

宋:美育就是要为人们搭建审美的桥梁,让人与这个世界建立起一种更广泛、更深厚的美好的关联。您曾经提出,审美教育的主要目的不仅在于培养艺术家,更在于培养"生活的艺术家",也就是说要培养人们以审美的态度对待现实生活。"生活的艺术家"是不是爱生活、会生活、有生活品位的人?

曾:这还不够全面。我提出"生活的艺术家"这个主张,目的是要把美育和普通的艺术教育区分开来。现在有一些孩子从小就学绘画、学钢琴,以为这就是美育,其实这只是以学习技艺为目的的艺术教育。美育的根本目的,是要使人成为"生活的艺术家"。所谓"生活的艺术家",就是以审美的态度、以艺术的态度对待生活、对待自然、对待社会、对待自身、对待他人,这样的人就是生活的艺术家。我们的美育是面向全体学生的,关键在于改变他们的世界观和人生观，引导他们成为生活的艺术家。

宋：这对我们这类培养高端艺术专业人才的高校来说，您的这段话非常重要。我们的艺术教育不仅要使学生成为艺术家，更重要的是要让他们通过对艺术的学习、理解和创造，成为真正的人，成为“生活的艺术家”而不仅仅是“职业艺术家”。

曾：首先要成为生活的艺术家，然后才能成为专业的艺术家。要培养审美的世界观，把审美变成一种生活方式，变成一种追求，而不是把审美仅仅作为一种技巧，作为谋生的手段。一个人，不管是在什么情况下，无论富裕还是贫穷，心中都应该有诗与远方。人的一生是很短暂的，人一闭眼，一切就像烟云一样消散了，功名利禄还有意义吗？所以，人应该过一种有价值的生活，人活着应该有理想、有追求、有诗与远方。这才是真正的人的生活。

宋：有美的境界，让人热爱生命、热爱生活。这样的美育不仅是一种情感教育，也是一种生命教育。

曾：热爱生活的人，就会有美的追求。因为诗与远方就是美的，美育就是要唤起人们对诗和远方的这种美的热爱与向往。

宋：您讲的美育的内涵、美育的独特作用揭示了美育对人极其重要的意义。2017 年，您还主持编写了 9 卷本近 400 万字的《中国美育思想通史》，呈现出从先秦到当代的中华美育思想全貌。您在“总序”中提出，中华美育具有“中和之美”的原则、“礼乐教化”的观念、“中和”和“中庸”的文化精神，以及重风骨、讲境界的特点，等等。这是迄今可查找到的对中华传统美育特点的最为全面的概括总结，为我们今天弘扬中华美育精神奠定了理论基础。为什么想到要编写这样一部通史？能否进一步阐释一下中华美育的内涵和中华美育精神的要义？

曾：《中国美育思想通史》编写了 3 年多，参与写作此书的同志做了大量的研究工作。我们从卷帙浩繁的传统文化典籍中寻找梳理中国美育思想脉络,一开始我们就寻找到"中和"这个概念贯穿这个脉络始终,并提出"天人之和"与"中和之美"的命题。"中和"出自《礼记·中庸》里面的"致中和,天地位焉,万物育焉"。"中和"作为美学观念,由荀子最早提出来。他在《劝学篇》中提出"乐之中和"的观点。其实,在很早之前我就开始思考这个命题了。因为我原来一直是做西方美学研究的。亚里士多德的悲剧定律,康德的艺术"二律背反"定律,都是人类智慧的结晶,让我很受启发。但某些外国人看不起我们,黑格尔把东方艺术说成象征型艺术,处于前艺术阶段,是外在的形式大于精神。鲍桑葵甚至在《美学史》中认为,包括中国和日本在内的艺术是和"进步种族"的生活相隔绝的,没有关于美的思辨的理论等等。当然,他也不否认东方的美,但其偏见却显而易见。其实,东方艺术不是他们说的那样,中国的传统艺术绝不比他们的所谓"进步种族"差,也绝不缺乏思辨性,而是同西方属于不同的艺术类型。比如说"和谐",中国艺术的"和谐",不是西方那样的和谐。西方的和谐从古希腊开始一直到黑格尔,主要是比例对称、黄金分割,是物质的和谐、形式的和谐。中国的"和谐"涵括了"天人之和","与天地合其德,与日月合其明,与四时合其序,与鬼神合其吉凶"。中华文化的和谐是"天人之和"这样的更加宏阔的和谐。2001年,我在《中国文化研究》上发了一篇文章《论希腊古典"和谐美"与中国古代"中和"美》,划清了中国的"中和之美"和西方"和谐之美"的区别。刘纲纪在《周易美学》中有一句名言,《周易》"在没有'美'这个字出现的许多地方,同样是与美相关的,而且常常更为重要"。中国古代文献常常在没有"美"字的地方有美。你们访谈他的时候,他有没有给你们讲过?

宋：没讲到这句。您给我们讲讲。

曾：我认为这是他思想的闪光点。鲍姆嘉登说 aesthetics，直译过来是感性学，日本人把它翻译成美学，王国维认可了，把它引进到中国，实际上 aesthetics 里面根本没有 beautiful 这个内涵。aesthetics 在中国变成美学了，所以，我们拼命地在中国传统文献中寻找“美”字。我们发现，在中国古代文献中单纯的“美”字太少了，因为中国文化中美与善是一体的。所以，刘纲纪教授在他的《周易美学》里面说，“在没有‘美’这个字出现的许多地方，同样是与美相关的，而且常常更为重要”。我在刘纲纪教授 80 岁时的理论研讨会上讲，《周易美学》是他最重要的理论贡献，继承和发展了宗白华先生的周易美学思想，这是刘纲纪教授提供给我们的具有经典意义的文本。

宋：《周易》是中华文化元典，是大道之源，中国传统美学源头应该是在这里。

曾：中国文化的特点是什么呢？方东美先生有一个总结，西方的文化是分离性的文化，科学和自然分离，道德和认识分离——真善美是分离的。中国的文化是融合性的文化，融合在一起，美善不分的，这就是所谓“混沌”。庄子说，“南海之帝为倏，北海之帝为忽，中央之帝为浑沌。……日凿一窍，七日而浑沌死。”中国文化是混沌的，是“中和”的。《周易》讲“中和之美”“天人合一”，司马迁讲“究天人之际，通古今之变，成一家之言”。我们可能也有“天人相分”的观点，但是“天人合一”“究天人之际”肯定是中国古代文化的重点所在，这是毫无疑问的。所以，我现在不把“天人合一”说成哲学，而说成一种文化模式。

宋：天人合一，和合相生。您再给我们详细讲讲“中和之美”吧。

曾:"中和之美"的学问大了。为什么"天人相和"是美呢?《礼记·中庸》里面有一句话:"喜怒哀乐之未发,谓之中;发而皆中节,谓之和。中也者,天下之大本也;和也者,天下之达道也。致中和,天地位焉,万物育焉。"在这里,"中和"被提到"大本"与"大道"的高度,而其内容则为"天地位""万物育"。也就是说,天地各在其位,相交相感,万物化育。《周易·泰·象传》云:"天地交而万物通也,上下交而其志同也。"这告诉我们,乾下坤上天下地上的泰卦为天地交感之象,在"易者变也"的天地乾坤往复运动中,就会天地交感、上下志同,是一种风调雨顺的天象、丰收安康的年景。所以,《周易·坤·文言传》云:"君子黄中通理,正位居体,美在其中,而畅于四支,发于事业,美之至也。"这种"天地交感"也可以解释为"阴阳交感",也就是《老子》所谓的"万物负阴而抱阳,冲气以为和"。正是根据这种天地交感而万物相通、上下志同的理念,中国"中和论"生态与生命哲学包含着丰富的美学内涵。所谓"保合太和,乃利贞,首出庶物,万国咸宁"(《周易·乾·象传》),呈现一种万物繁茂、喜获丰收、举国安泰的盛世景象,这是一种生命的美好状态,一种社会的昌明气象。这种生命的繁茂昌盛就是"美之至也"的景象,就是中国的美。

所以,"中和之美"最后导向的是"生生之美"。"天地之大德曰生""生生之为德","中和"和"生生"成为中国古代美学的两个关键词。"中和"与西方的"和谐"不一样,"生生"与西方的"生命"也不一样,"生生"的内涵更丰富。

宋:"生生"讲的是传承,中华文明传承不息五千年的根源就在于这种"生生"的传统;"生命"讲的是主体,是个体,是个体的尊严与价值,是批判地继承和超越。您如何评价这两种文化传统?

曾:"生生"的内涵很大,后来朱熹把它发展成儒家思想的关键词。"生生"包含"仁爱",包含"元亨利贞"。王阳明学说又让它包含"心性",包含了所有的儒家文化,成为儒家的思想核心。方东美将之归结为"生命的创生"。我认为,西方和谐美学是科学主义的美学,中国的生生美学是东方人文主义的美学。西方科学主义的美学缺乏了人文的关怀,我们东方人文主义的美学缺乏了科学的分析。东西方文化、东西方美学应该说是两种不同的类型。费孝通说过"各美其美,美美与共",我们要吸收西方好的东西,同时也要发扬我们自己好的东西,不能自己看不起自己。

宋:这也是今天我们弘扬中华美育精神的题中应有之义。要以整个人类文明的大格局和大视野传承我们的优秀文化,借鉴西方先进文化,构建新时代中国美育体系。

曾:我是做西方美学研究出身的。我喜欢古希腊的文化和哲学,读书的时候我就觉得,亚里士多德的文学理论具有某种超越性和长远的价值。他在总结古希腊悲剧的基础上讲悲剧的基本特点,我们现在的悲剧理论在悲剧规律的论述上好像还没有超过他《诗学》中的悲剧定律。我还喜欢德国古典美学,我最着迷的是康德,康德讲"二律背反",我们可以发现所有的艺术都是"二律背反",伟大的艺术都是多重矛盾的交织,艺术如果单面化,肯定不扣人心弦。歌德说他看了康德的《判断力批判》,犹如在黑暗中看到了光明。这是人类智慧的结晶,是我们共同的财富,不存在东西方的问题。

但是东西方有没有差别?西方某些理论家是看不起东方的艺术与美,前面已讲到黑格尔与鲍桑葵的例子。难道东方艺术是他们认为的那样吗?显然不是。我们具有5000年的悠久历史,具有光辉灿烂的艺术,同样也具有悠久的美学传统。我国的考古发现了8000多年前的骨笛、2800年前的大型编钟。我们在公元前就有了世界上第一部音乐美学论著《乐记》,这些都足以使我们引以为豪。但我们对于传统文化艺术的现代转换工作做得还很不够艺术,如何向世界讲好无比丰富的美学与艺术的中国故事,是我们中国人文学者的责任所在。我们的许多同行正在做着这样的工作。现在我正在写中国传统的“生生美学”,就是试图把中国传统的美学思想变成当代人能接受的、世界能理解的理论话语。中国的学术话语要走向世界需要一个过程。在全球学术领域内,中国的话语声音小,占的比例也不高。目前我们在美学上能够直接输出的东西也不多,如果我们把儒释道有关美学的理论原原本本地拿出来讲,很难被世界完全理解。现在我们逐步地在做这种传统文化艺术被世界理解和接受的工作,我愿意用“了解之同情”这个说法,这是陈寅恪在审读冯友兰所著的《哲学史》时说的,我觉得在文化的交流中仍然有意义。我们努力所著让世界能够同情地理解我们,逐步地接受中国传统文化,使得我们在世界学术领域具有愈来愈多的学术话语。

宋:这就是“各美其美,美美与共”。

曾:没错。美学领域到底有多少中国的话语?像王国维在《人间词话》中提出“有我之境”“无我之境”,这是难能可贵的,现在我们就要多做这样的事情。

宋:您在做的是中国传统美学的现代转换,让世界听得懂,让今天的中国人喜爱,这非常有意义。

曾:我觉得西方人对中国艺术更容易接受,给他们讲“中和”之美这样的理论,费点事,专门研究中国的汉学家可以接受,给普罗大众讲,他们听不懂。所以,习近平总书记在党的十九大报告中提出,要推动中华优秀传统文化创造性转化、创新性发展,我们要把中国古代的理论变成现代的语言、变成外国人能理解的东西。从王国维开始到现在，我们的前辈们一直在努力。王国维的《人间词话》为什么了不起？他试图把古代诗学变成现代人能接受的东西，他吸收了叔本华的理性、理念的观念，提出"有我之境"与"无我之境"，以及他的《红楼梦评论》等。这里面可能会存在一些问题，但是他走出了这一步，写出让外国人能看懂的对中国传统文化进行现代诠释的文章。这其实非常不容易，太困难了。我们现在就想做这个努力，原来我们纯粹搞理论，对艺术是不关心的，现在我们要回到艺术。你们中央美术学院有你们的强项，要发挥你们美术的强项，把美育凝聚在这里面，这是我们谁都代替不了的。最近，我读到靳尚谊先生的一个访谈，他讲得很好，讲他当年怎么到苏联学习，讲他对艺术的理解，非常感人。

宋：我们这次的访谈嘉宾中有很多艺术家。

曾：美育要结合艺术讲，非常好。现在理论家离艺术太远了，像别林斯基这样的理论家太少了。我有一个体会，大概五六年前，法国雷恩第二大学邀请我去做学术讲演，讲了两次，其中一次是在孔子学院，当时有100多位听众。我讲的是中国的绘画和戏曲，他们反应特别热烈，产生了很强的共鸣。后来，我在雷恩二大讲中华美学，还有"中和之美"等理论，他们就听不太懂。比如，我的幻灯片里有一张东方女性笑不露齿的图片，他们就不理解，一个黑人学生就问我，笑不露齿有什么美的呢？后来我跟他们的院长布雷教授讲，中国的文化要走出去，先要让艺术走出去，让艺术理论走出去，然后再让我们的美学和哲学逐步地走出去。现在我将"生生美学"紧密地结合着艺术来研究。我是个艺术的外行，但我把绘画（包括敦煌壁画）、书法、园林、汉画像石、古代音乐基本都摸了一遍，我这两天正在看丰子恺的《护生画集》。我把我看的这些大部分都尝试着写出来发表了，准备整理成书，我要把理论与艺术的结合继续做下去。

宋:您讲的这些对在中央美院做美育研究的我们特别有启发,也欢迎您多到中央美院走走,多和我们的艺术家交流。您的“生态存在论美学观”不仅具有生态学和美学上的深刻理论意义,而且对当代中国社会发展也具有重大的现实意义。一般认为,美育的重要途径是艺术教育,但真正走进美术馆、音乐厅等艺术场所的人毕竟是少数;而生态环境为人们的生活家园提供了可能的诗意栖居之地,具有更普遍的和更为整体性的美育意义,而且中国自古以来就有“仁者乐山,智者乐水”的山水人文传统。您能否从生态美学的研究视域,就生态环境对人美好心灵的塑造和美好生活的创造谈一谈?

曾:我是2001年开始研究生态美学的。当时在陕西师范大学参加首届全国生态美学研讨会,会上我作了一个发言,题目是《生态美学:后现代语境下崭新的生态存在论美学观》。当时我没有讲“生态文明时代”,用的是“后现代”,借用大卫·雷·格里芬的话,是“建设性的后现代”。“后现代”是对现代性的反思与超越,其实也就是生态文明时代。我讲后现代语境下的生态存在论,是由认识论转向存在论,生态美学就是在此意义上的美学。这篇文章通过上海大学出版的一本英文杂志《批评理论》介绍到西方,被《斯坦福哲学辞典》收录在“环境批评”条目下。这主要是两个原因:一是我们山东大学文艺美学研究中心一直在全国推进生态美学的研究,取得了成果;二是主持编纂《斯坦福哲学辞典》的艾伦·卡尔松教授是最重要的环境美学家之一,对我们比较友好。最早他听到我的发言时就跟我说,我们两个人做一个分工,你做“生态的美学”,我做“生态学的美学”。他偏重于“生态学”,我偏重于“美学”。

宋:艾伦·卡尔松教授是当代西方“环境美学”的创始人与代表人之一,他是从生态学视域倡导美的环境,而您是从美学和美育意义关注生态。这种相向而行的研究在某一理论处的相遇、对话,应该是非常有意思的,尤其是东西方之间。

曾:我们接触的一些国外学者是非常友好的,他们对我们的研究非常理解和尊重。他们一直用“环境美学”(environmentaesthetics),我们直用“生态美学”(ecologicalaesthetics)。为什么我不用“环境美学”呢?因为“环境”这个词不能概括中国的传统文化。我专门围绕“生态”与“环境”之辨,连发了三篇文章讨论这个问题,还组织过一次大的学术讨论,讨论为什么他们讲“环境”,而我们要坚持用“生态”。为此,伯林特教授专门找人翻译我那本《生态美学导论》中的有关内容,因为这本书没有英文版本,他引用了我中文版本的话,对我们用“生态”表示理解。

为什么说“生态美学”呢?我有一个感受,中国的现代工业起步晚,但是发展得快,环境污染空前严重。在理论上,我们的“人类中心主义”比较严重,我专门在《文学评论》发表过一篇文章《人类中心主义的退场与生态美学的兴起》,批判了“人类中心主义”,倡导了“生态美学”。这里面有两个关键词:第一个是“共生”——人与自然的共生,就是习近平总书记讲的“人与自然是生命共同体”;第二个是“双赢”——环保与经济增长的双赢。这一点习近平总书记也讲到“绿水青山就是金山银山”。生态美学由认识论美学转变成生态存在论美学,追求“家园”的美好,美学范畴也随之发生了变化。

生态美学是时代的需要。这几年,习近平总书记有关艺术和人文社会科学的讲话中特别强调三点:时代、人民、明德。今年“两会”期间,习近平总书记在与内蒙古代表团座谈时又讲到生态文明建设问题,说明党中央对生态文明特别重视,也说明中国生态问题之严重。党的十九大提出,我们要建设富强的国家,建设美丽中国,把生态文明建设变成人民的幸福需要,这是跟人民健康幸福密切相关的伟大事业。最近,习近平总书记在北京世界园艺博览会开幕式上又讲到"生态兴则文明兴,生态衰则文明衰"。生态文明已经是主流话语。我觉得这非常重要,因为生态文明关乎我们中国特色社会主义建设的成败。我们现代化的指标里面除了经济、政治、文化、社会,还有生态。没有生态的现代化就不是真正的现代化,这是毫无疑问的。

宋:是的,"五位一体"总体布局中就包含着生态文明建设。您提出的"生态美学"不仅是时代发展的大势所趋,还是历史传统的接续弘扬。"生态"是天人合一,有人在其中共生的,"环境"是主客二分,把环境作为客体,与人分离开单说的。

曾:环境美学之"环境"是围绕着"人"的,具有一定程度的"人类中心主义"倾向。我们科学院的许多院士也用"生态",不用"环境"。我曾经专门到日本广岛大学考察交流,他们有关生态教育的资料很翔实,研究得也很深入,我们还有差距。

宋:生态文明建设已经纳入我们国家发展总体布局,我们对"生态美学"的研究也会更加深入。而且,"生态美学"所具有的美育意义也特别重要。我们可以接着说"生态美育",比如您曾提出"生态存在论审美观"。

曾:"生态存在论审美观"就是要反对"人类中心主义",着眼于从根本上改善整个人类面临的生存状态恶化的问题,塑造大写的"生态自我"新型人格,使人意识到人类的生态本源性、生态环链性和生态自觉性,对自然拥有敬畏之心、感恩之心和谦卑之心,感受到生存的价值和意义。这当然是具有美育意义的。

宋:您的文艺美学研究、审美教育研究和生态美学研究,为我们做好新时代美育工作提供了坚实的美学理论基础。还有一个问题想请教您,在《美育十讲》的序言中,您就提出美育的根本目的是按照美的规律塑造广大人民,特别是青年一代的美好心灵。去年,习近平总书记给我们老教授的回信中,指出:美术教育是美育的重要组成部分,对塑造美好心灵具有重要作用。您能否从美学和美育理论专家的角度,为我们如何开展好美术教育同时做好新时代美育工作提一点建议?

曾:美育的特点是像霏霏细雨那样润物细无声,滋润人的心灵,培养大家的兴趣和爱好,发挥个性的特长。人们喜欢讲寻找一生相伴的伴侣,谁能一生相伴?父母不能,兄弟姐妹不能,老师同学不能,爱人也不能,人总会老去,只有艺术能相伴一生。应该充分发挥美育润物细无声、滋润人心的力量,让人走出功利,追求诗和远方。

美育是人的教育,是健康心灵的教育,我们总在讲应该怎么做,能怎么做,其实更重要的是愿意怎么做,愿意为祖国奉献,愿意为人类奉献,变道德、法律的强制为情感的自愿。青年一代可塑性很强。目前,思政课有所加强,新时代中国特色社会主义思想在青年中的影响得到加强,但美育方面还有差距。我觉得美育不仅仅要有课,更要融化到我们整个大学教育的全过程、全部生活之中。从校长开始,每一个老师都重视美育、参与美育。在这方面,陶行知先生是一个榜样,他的见解和实践非常感人。他主办的学校把艺术放在特别高的位置,他提出"生活美育"的概念,强调美育融于生活、生活融于美育,生活就是美、美就是生活。中国的教育家不多,陶行知是一个真正的教育家,很伟大。

宋:陶行知先生有一首诗《为老百姓而画》,其中写道:"把画挂在老百姓的每一家，使乡村美化，使都市美化，使中国美化，使全世界美化。给老百姓安慰，将老百姓智慧启发，刺激每一个老百姓的创造力，创造出老百姓所愿意有的天下。”他在这里把艺术和美育的关系讲得很清楚，不愧为真正的教育家。曾老师您近40年来致力于美学和美育研究，为人们架设美的桥梁，也是令人尊敬的教育家！

谢谢您！

曾繁仁教授采访录①

记者②:曾老师您好,非常高兴您能在百忙之中抽出时间来接受我们的采访。我们知道您是 1941 年出生,安徽泾县人,我记得您曾在《美学之思》的序言中提到自己是在 1959 年的时候离开上海,来到山东大学求学。那么 1959 年到现在,倏忽间半个世纪过去了,您当时为什么会想着报考山大呢?我们希望您和我们简单讲一下您和山大的一些渊源。

曾繁仁:我高中是在上海位育中学,这个位育中学是陶行知的学生李楚材先生创建的。位育,"位育中和"的位育。所以我们学校也是名校,当时这个学校是以理工科为主,很多同学考取了清华、北大,理科学生为多,现在这所学校也是很重要的,像陈佳洱,原来北大的校长,还有美国伯克利大学的华人校长田长霖都是位育毕业的。文科它不是特别地擅长,但是因为我从小就喜欢文学吧,所以相对比较喜欢文科。高中毕业的时候,当时报志愿当然就是北大什么的在前面,报到最后一个志愿的时候,我们一个教语文的老师,告诉我:"你不妨可以填个山大。"我说山大在什么地方?他说山大在青岛,然后就讲了山大中文系,有冯陆高萧,

---

①原载《山东大学中文学报》2019 年第 2 辑。

②本文记者为山东大学文艺美学研究中心教授胡友峰、博士生初敏。

蛮不错的，我就报了山大。那个时候公布的学校地址，我们印象里还是青岛，我当时也就十八岁，年纪小嘛，也没看，接到通知，是济南。于是我们老师就跟我讲，济南太艰苦了就不要去了。就是叫我不去了，起码留在上海。留在上海，也上不了重点大学，但是在上海的话，那个时候叫"师院"，换一下，去上海师院是没有问题的。我当时因为比较懵懂，觉得就算山东比较苦，但苦也无所谓，年龄小嘛，就想既然山大那么有名，冯陆高萧那么有名，另外就是当时还有一个观念，既然山大录取了我，就是组织上决定的，我得服从，就这个角度：服从组织决定，这个观念比较强。再一个就冯陆高萧，几位有名的教授，我就来了。所以选择山大，也带有偶然性。

因为我尽管成绩合格了，但是由于一些原因，出身有点问题。我父亲，他当时因为抗日战争，从南方回到安徽以后，在中学教书，没法养活家，所以开过一个小酱油厂，就有这么一个历史吧，出身就有点问题了。所以我这个档案在桌子上放来放去的，就没人要，结果我们山大外语系的陆凡老师去招生，她是吴校长的夫人，后来的吴校长在那个时候是教务长，她一看，这个学生还不错，怎么没人要？她就把我要了。因为从 1957 年反右以后，对政治这个标准看得特别重，其实我那个时候政治还是蛮好的，因为我已经属于预备党员了。高中，你想才十八岁，就入党了，你说那得多么好的表现才能入党吧！应该讲学习与表现都是不错的，所以就到山大来了。

来了以后，就到这报到，在老校报到，然后再到新校去。来的时候特别艰苦，这时新校没房子，一共盖了三栋宿舍楼，我们进宿舍楼的时候，屋里面淌水，冬天结冰。然后上课没有教室，在食堂里面隔得一间一间地上课。上海一共来了山大好像文理科十五个同学吧，尽管艰苦，还是坚持下来了。但当时上海与山东生活的差距还是蛮大的，上海那时候已经是国际大都会了，但是山东济南是个古城，济南周边、周围的地方，基本是传统前现代农村的状态，这个差距是蛮大的。但是现在想，选择了山大也不后悔，毕竟山大是母校，培养、教育了我，给了我很多，不后悔。

记者：好，那既然您说到这，我们也知道您一定是经历了山大的一些风风雨雨，见证了山大的成长。您在山大求学期间一定有对您影响比较大的老师，就像刚才说的陆凡老师。我们想听一下，就是有哪些对您影响比较大的老师呢？这些影响具体都表现在哪些方面？

曾繁仁：首先是我们校长，成校长，成仿吾校长。因为那个时候和现在不一样，学校的学生人数很少，不到三千人，才两千多人。所以那个时候的校长认识每一位老师，再一个也认识比较活跃的学生，我到山大以后，第一个接触到的人，其实就是成校长，很有意思。因为我们到了以后，在老校现在这个二号楼，二号楼你们可能都不知道，一个大教室里面，满满当当的床，从来没这么睡过，几十个人睡在那，吃的饭也很怪，因为我们南方人都吃米饭，有菜，这个地方是早晨一个大馍馍，或者是一个窝窝头，窝窝头从来没吃过，然后呢，这么大的一个咸菜。到了晚上，刚刚把东西放下，吃过饭，成校长就来看我们。他就是一个很矮的慈祥老头，很多人簇拥着他，来了，讲的湖南的官话，我们反正一句也听不懂。挨个的床，他都把被子摸一下，他就问我们南方的同学，我们南方是没有褥子的，就背了个被子来的，没有褥子你怎么垫呢？就把毯子放在下面当褥子，他挨个地摸摸，哎呀，他说这个冬天没法过冬，告诉我们后勤处的处长和系主任，这些孩子注意一下，那时感觉非常地温暖。尽管那时很艰苦，生活的变化也很大。以后成校长他不断地参加我们的活动,因为他是“五四”后期著名的文学革命的领导人,创作社的代表人物,所以他对中文系特别地关注,参加我们的听课,学生的讨论。我们的师兄编《大文学史》,他参加研究提纲的讨论,所以经常看到成校长的身影。在全校听他作报告,作报告讲得最多的两句话,一个就是延安精神,给我们讲要继承延安精神;另外一个,讲得比较多的,就是要稳定教学秩序。成校长,就是我上学的时候,讲得最多的,印象比较深的,就是这两句话。发扬延安精神,就是艰苦奋斗的精神;我们这些同学呢,似乎是也上了延安抗大了,当时的感觉好像是这样。然后他讲稳定教学秩序讲得比较多。因为1958年大炼钢铁,教学秩序不稳定。所以他不断地讲,稳定教学秩序,而且,讲这个对于学校教学的重要。后来成校长离开以后,就是改革开放以后,我到教务处当副处长、教务长,我就把成校长这个稳定教学秩序,这个思想一直放在脑子里面,很牢。后来我们的樊丽明校长,当年她是副校长管教学的时候,还跟我开玩笑说,我们老记住你这句话,要稳定教学秩序,我说不是我的话,是成校长的话。这是第一个,成校长。

第二个就是我们的系主任章茂桐先生。章先生也是有故事的一个老先生,他是山东大学在青岛的时候毕业的。毕业的时候正好抗日战争,他又参加了革命,新中国成立以后,他的夫人在教育部工作,是部长的秘书,他在外交学院当副书记,后来他又要求到高校教书,到武汉大学当过教务长,他又要求上课,就到山东大学教哲学课,然后在我们中文系当系主任。他是个老革命,但对于学术,对于业务,他很有追求。他对学生非常爱护和了解,因为我当时记得很深,我回家以后,我父亲告诉我,你们系主任给我写过一封信,说你在学校里面的表现如何。我非常惊讶同时也很感动,因为中文系是个大系,一个年级七八十个人的话,有将近三百个学生,他基本上都给同学家里写信。后来大学毕业的时候,本来我有一个到外交系统工作的机会,当时要挑选外交人员去古巴,那个时候古巴是革命的国家,到拉丁美洲去。后来有一个原因,不能去了,当时章主任就跟我讲,正好我们要将你留校,就把我留下来了,所以这样一个去北京的机会就没有了,因为我们当时上北京去的人非常多。这是第二个老师,章主任。

第三个人是高亨先生,他是我们中文系最重要的学者之一,给我们上《诗经》和《左传》两门课程,因为年纪大,所以每次只上一个小时。他有一个好玩的特点,讲课的时候好像鼻涕总要往下掉,快掉下来的时候又要往回缩,总之鼻涕永远掉不下来,但又总是有鼻涕。上课的特点是对文献的考据要自立新说,讲完别人怎么说然后讲我怎么说。高先生的观点和别人的都不一样但总是讲得有理有据。由此,做学问一定要用自己的话,别人的话再好也是别人的。中文系的前辈们都有较强的创新意识,文章要有新材料、新观点、新角度。有一次,高先生讲《诗经》,他说:“雅者,夏也。”是夏地的民歌,从多个角度考据出雅夏相通。他的观点可以被讨论,却很难被推翻,每个地方都有自己的思考。同学们觉得这么有才华的老师只上一节课实在损失太大,于是每每下课时分,总会有几个勤奋刻苦的学生找一些问题来请教,这些问题往往需要很长时间来回答。高老师一边回答问题,一边写板书,板书上的字常常用甲骨文来写。我曾经问过《诗经》柏舟里面的一句话“静言思之不能奋飞”,老师用甲骨文、金文等不同的写法写“奋”字,才明白其释义是鸡飞出来。他的课往往讲一个小时,回答问题一个小时。老先生还很开心,认为我们学习勤奋。

还有就是陆侃如先生,他给我们上《中国文学批评史》和《文心雕龙》两门课。他还留了十几个学生和研究生们一起开小班，共同梳理《文心雕龙》。他知识渊博，才华横溢，上课时往往不拿讲稿，只在课本旁边做一些小批注。陆先生对文献资料特别熟悉，一些重要的文献典籍他都能流畅地背下来。后来的我们青年教师们往往不敢讲用骈文编著的《文心雕龙》这门课，他却能讲得清晰易懂。他还教我们怎么写学术文章，一节课上讲《文赋》，不久后《文艺报》上登了他的文章，读完后发现写的和课上讲的几乎一样，特别口语化，我才明白他所说的学术文章就是清晰地把你的思考和领悟写下来，用不着花里胡哨，一定要追求起承转合。他的文章对山大学子的文风起到重大的影响作用，整体看来，山大人的文章是简洁朴素，开门见山的。

另一位跟我较熟悉的是孙昌熙先生，是文艺学教研室的主任，也是我的老师，他写过《文学概论》《中国古代文论》，以及我们当时上的《文学新论》——一本政治色彩极强同时又有学术体系的文学理论著作。现在看仍有可圈可点之处，是绕不过去的教材。我们既是师生又是邻居关系，因此他对我很关心。让我印象深刻的是他到了晚年，不到80岁就失明了，但仍继续写文章，一边思考一边不断地口述给学生，然后发表。对于早已是有名的教授的他而言，对学术的追求远远超过对名利的追求，非常可贵。

还有另一位狄其聪先生，与我既是师生也是同事，同为南方人的我们关系密切。他对我的一个重要影响是，当年我在担任党委书记，非常忙，因此不想招博士生了。狄先生听后非常生气，教导我说:“难道你60岁的时候还能做党委书记吗？还能待在办公室吗？那时剩下漫长的时间你要干什么？并且我们学科需要你，学生还是要招的。”于是我听了他的话，招了学生。狄先生对我很关心，帮我分担教学任务，不久他病了，但我仍把教学坚持了下来。平时,狄先生对我,有表扬也有批评,比如我 40 多岁发表的一篇《车尔尼雪夫斯基与毛泽东美学观之比较》,被较多刊物转载,那时颇为得意,便问狄先生对文章有何评价?狄先生不以为然,说我将车尔尼雪夫斯基的不足与毛泽东的长处进行对比,这样行吗?我一下被问住了,想想的确有失科学性。其实我开始研究西方美学也是被狄先生要求的,因为之前一直没人做这一块,教学工作又需要。后来我准备去复旦随蒋孔阳先生准备这门课,但没有去成。狄先生鼓励我自己准备,从 1979—1982 年,我用了短短三年开了这门课,现在回想起来也觉得可怕,因为当时全国开西方美学这门课的高校寥寥无几,来上课的人非常多,并且很多都是比我年长的老师。接着 1983 年我就出了我的第一本著作《西方美学简论》,这些都是狄老师多年支持的结果。

记者:我们知道您在山大求学后又留校任教,在教学、科研、行政方面多有建树,接下来我们就想请您分别给我们讲一讲,首先是在教学方面,您从教多年来可谓是桃李满天下,您如何评价您带过的学生和现在的一些学生?还有您对现在想从事文艺学、美学研究的同学有什么建议。

曾繁仁:在山大,有一个非常好的传统,学生都比较留恋母校、留恋老师。比如现在的体育馆就是校友资助建成的。当时山大给人的感觉是非常艰苦,吃饭没有地方坐,都是端着个大碗在外面吃,吃的也是各种糊糊,春天风一刮,碗里往往会有沙子。那时山大人还不断参加劳动和下乡。俗话说"家贫出孝子",可能正是这艰苦的环境培养了山大人对母校的留恋之情,培养了师生间、同事间深厚的感情。山大还有这样一个特点:师道尊严也有,但在参加学术讨论会时,学生站起来反对老师观点的情况也很多。所以我很惊讶,有很年轻的学生站起来给老师提问题。并且孙昌熙先生在开学术讨论会时,常会指名学生起来谈对报告的不同看法,所以我觉得山大的这种师生关系很特殊,非常密切,现在我与1964级的学生们还有联系,这是我印象深刻的。他们1964级分了干部班和普通班,普通班的同学都已经退休了,最近都还和我有联系,微信上,我手机里这个群,我都是参加的,所以印象比较深。然后改革开放以后,联系比较密切的是1977、1978、1979级,后来上课本科生上到1987年吧,因为我1986年就当教务长了,特别地忙,潘校长不让我上课,说找不到你怎么办,我就开始只给研究生上课,那么1977、1978、1979级这几个年级,关系都特别密切。其实我对我们的同学有一个非常强的感觉:学生其实主要是山东本地的。我觉得我们山大的同学一个比较突出的特点就是:很朴实,比较念旧。你想1964级的同学到现在都还记着老师,他们回校以后,对老先生都要一个一个地看望,比较念旧,比较有感情,还比较艰苦奋斗。这个印象比较深,师生关系是比较好的。

记者:那我们接下来一个就是,您多年来一直致力于美学和文艺理论方面的研究,遍及这些领域的各个角落。您简单回顾一下您的科研生活,能否分为几个阶段并说一下每个阶段侧重研究的小方向又是什么?

曾繁仁:其实毕业以后,干政治辅导员的工作。"文革"当中工农兵学员进校后就开始上课。狄老师让我上课,那段时间主要讲毛泽东文艺思想,主要是《在延安文艺座谈会上的讲话》。算是教学与科研的一个起步吧。当时是"文革"当中吧,是教学的主力,主要上课的。从那以后就开始上文学概论,这文学概论也是由毛泽东文艺思想延续过来的,然后一直上,上文学概论。从1981年、1982年开始做西方美学。从文学概论到毛泽东思想到西方美学,具有很大的跳跃，是我老师狄先生让我转换的，并且他相信我能做出来。当时连续出了两本书吧，一本就是《西方美学简论》，另一本是《西方美学论纲》，我现在正在将我给博士学生上西方美学的讲稿，我的讲稿，再整理出第三本书，正在筹备出版当中。那么我觉得从毛泽东思想到西方美学这个跨度非常大，而且对我本身来讲，学科的深化也非常有帮助。因为从古希腊一直到现代吧，西方文论、西方美学它完全是西方的美学与文艺思想的一个精华、精粹。建立另外一套话语体系，另外一套学术的风光，开阔了我的眼界。直到现在包括，从毛泽东文艺思想到后来的西方美学，对我的学术与人生的滋润都很大。我当时比较震撼的就是学了德国古典美学。德国古典美学主要就是康德和黑格尔，那时震撼很大，就是觉得原来可以这样来看审美，可以这样来看文学艺术，或者这样来看人生。因为歌德对康德有个评价，歌德基本上和康德同时代人，看了康德三大批判以后他有一句话，他说看了康德的三大批判犹如从一个黑暗的房间里面进入一个光明的世界，眼睛一亮。那歌德的话果真是正确的，因为康德他能把审美断言成无目的的合目的性的形式。既是无目的的又是合目的的，这无目的的感性和合目的的理性之间，然后追求一个张力，二力平衡。这个是很正确的，因为你看的任何一个文学作品，一个电影，它都有两个线索、两个元素。一个单一的元素这个作品肯定没有魅力，只有两个元素，只有这两个元素让你纠结，没有结果的时候，最后甚至于都不能给你答案，这个作品才能吸引你，这个东西才有审美的感染力。这个就是著名的审美的二律背反。然后黑格尔他又有一句话：美是什么？是理念的感性显现。这个显现是感性和理性的直接统一，融为一体。这个直接统一融为一体非常深刻，因为我们老在讲共性个性怎么统一，但黑格尔讲是直接统一融为一体:理性的每一个部分都是感性,感性的每一个部分都是理性。这个可以说,从黑格尔的角度讲解决了审美和文学艺术绝大多数的问题。我们可以举一个例子,比如演一个戏,这个舞台上有好多东西、道具。其中墙上挂了一把猎枪,在那挂着,如果从始到终这个猎枪从没响过,肯定这个猎枪完全可以不挂。所以说每一个感性的东西,里面都有包含着理性,你不能挂无用的东西。你穿一个衣服,你这个衣服上面挂着一个钢笔,你这个钢笔从来没用过,你这个钢笔完全可以不挂。所以它这个启发很大。后来对我影响比较大的,就是海德格尔的存在论,此在与世界的关系,天地神人四方游戏。海德格尔的这些论述让我进入了生态美学,我眼睛一亮,这不是生态美学吗,尽管海德格尔没说。所以这个帮助还是很大的。后来,从 1981 年开始,又一个机遇,当时山大办高校干部培训班,主持的人让我讲一下美学,让我讲一下审美教育。所以 1981 年开始,搞审美教育,使我进入这个领域。1985 年,出过一本《美育十讲》,那么后来又在北大出过一本《美育十五讲》。《美学十讲》是我们国家改革开放以后,出版比较早的一本关于美育的论述;《美育十五讲》就目前来讲,是我们国家比较全的,不能说是最好的,这我不敢讲,但现在是卖得非常好了,是比较全的一部美育论述。因为它把我西方美学的研究,中国美学的研究和我教育上的心得全部都凝聚在上面,但文字还有很多问题,但是我觉得内容是尽了我最大的努力了。美育这方向,我一开始的时候就觉得重要,越做越觉得重要,因为所有的美学与文学艺术的教学与教育工作,最后都是在人的培养上,人的教育上,它是一个理论性和实践性很强的学科。大体我做的就是这些,我现在做的仍是这两个方面:一个就是美学,另一个就是审美教育。

记者:那么我继续提问,在您那个时代比较注重教学,而现在的教师则是教学,科研兼顾。如何处理好教学和科研的关系一直是困扰高校教师的大问题,您对此有何看法?

曾繁仁:这个问题是全世界的问题,哈佛大学、耶鲁大学全部在讨论,讨论这个问题。是不教学就死亡还是不科研就死亡,一直在讨论,也没有一个结论。但是我个人认为:一个高层次的大学,一个有追求的教师,不存在教学科研的矛盾。那么你不可能不去教学,这是你教师的职责,而教学本身来讲,就是科研的深化,在教学过程中,能给你提供很多科研的素材、科研的思考。一个问题你讲不清楚,你肯定写不清楚,你的文章别人也看不懂。据说列宁是先将文章的内容讲给别人听,讲完以后别人听懂了再把文章完全写出来,你讲不清楚的东西,你的文章肯定写不流畅。那么同时一个人也不可能没有科研,因为你的教学里面你肯定会发现问题,肯定会深化下去,发现问题深化下去这就是科研。把科研转化为教学,又促进了教学。据我所知我们山大中文系,其实不存在,基本上不存在教学科研的矛盾。高层次的一个学科,高层次的一个教学单位,基本不存在这个问题。可能时间上会有一些冲突,但是你可以想象,一个高水平的教师他怎么可以不做科研呢,他不做科研如何教学呢。可能会有个例个案,这个人教学多么多么好,他没有一篇文章,但我就不知道他为什么没有文章,他如果教学这么好,他肯定得写作文章,这个个案我们没有研究过。我干过很长时间的教务处长,我们从来在这个问题上没有犹豫过,都是教学科研并重。为什么和一个教师来讲教学科研并重?没有科研你不可能教得特别好,教得特别好他肯定在某一方面有体会,你知道吧,这一个老师每个课堂都讲得好,这个老师的科研水平肯定是比较高的。他没有科研,他不可能让同学学得好。另外他光有科研没有教学,在高校也很少。我了解有个别的老师,由于表达的问题,有口吃,但教学却有一套。他课讲得很好,他怎么讲得好呢,他上课的时候绝对是唱出来的。音调和语速和平常不一样的,他马上变了一个像一种特殊的声调来讲,这样讲的时候他就不口吃了。所以我觉得一个老师过教师关是必须的,过科研关也是必需的。所以不是每个人都能过教学关的,不是都能过好的。过教学关,我觉得不管是上课还是科研,唯独都要对学校对学术有个敬畏的态度,我觉得没有一个人能对一堂课和一次讲演都不做准备的。像胡适先生,四年前吧,我到台湾去,在台大,还有胡先生的学生也在,在一块吃饭。他们聊天的时候说起,说胡适先生到晚年,就和他们一起吃饭,他经常检讨自己,说哪一次学术报告没讲好,没讲好的原因是没做好准备。你想,作为胡适,要讲什么东西,大家见一下胡适就行了,他讲什么已经不重要了,但是胡适不断地检讨自己。所以我觉得不管教学科研,每一个老师,每一个学者对你从事的事业,要有一份敬畏。没有一个人是全才,真正的天才那真是极少极少的,多数人都是要有准备的,只有有准备的人才会取得一点点小的成功。我觉得教学科研表面上是有矛盾,实际不出现矛盾,不存在矛盾。也可能我是这个讲法,因为我上课的时候每次我都有好多题目要去做。而我每次也将科研都带到教学里面去,有的和学生一块分享,和学生一块讨论,我不认为它是个问题。

记者:那我们接下来一个问题。我们知道您既做过山大的校长,也任过咱们文艺美学研究中心的主任,同时还有教育部社会科学委员会的委员以及美学学会的副会长等职务。您从这些工作中获得了哪些感悟和体会?能和我们大家分享一下吗?

曾繁仁:的的确确做的事情比较多,也挺复杂的,我还在海洋大学当过书记,还在省教委当过常务副主任,管过全省的高教等等吧。做的事情是比较复杂的,那么从一般的来说你干这件事情你不可能干别的事情,影响你的精力。我做了那么多行政工作,我算了一下,可能干了十四年吧。十四年的行政,从 1986 年开始当教务长。从那时候一直到 2000 年,卸任山大校长,这是十四年对吧,我的损失确实是比较大的。就我那时候,还好狄先生一直要求我给研究生上课,带研究生,使自己的业务没有完全脱离,但实际上损失是比较大的。但是这些工作又给我另外的体会,就是让我对生活有了些新的认识,社会的经验比以前要多,看问题的角度比以前要新。好在,我感谢山大她给我的基本训练还是比较好的,我觉得基本功是比较好的,这五年本科没有白上。然后毕业以后,狄先生让我搞西方美学,所以我又等于自己多读了个研究生,你想啊,西方美学没弄过,然后开出课来,然后写出书来,那等于自己读了个研究生嘛,这个基本训练是比较好的,在这样一个基本训练下,很难把业务放下。所以 2000 年行政工作卸下来以后,比较快地重回业务岗位。但我现在看,学术的损失还是比较明显的,文献的把握和包括有一些学术讨论,一些学术活动没有参加,没有参与,它付出的代价是比较大的,这个文献的把握,包括西方文献和古代文献这个把握,现在看还是有问题的。

记者:那我们接着问下一个。刚提到了文艺美学研究中心,您给我们讲讲中心成立的初衷,发展和现状等前前后后的故事吧,您对中心未来发展动向的一些看法。

曾繁仁:文艺美学中心的成立吧,当时是整个学院的考虑的,我们整个中文学科,需要有一个国家基地,当时文艺学从客观需要来看也需要,文艺学相比起来,我们就当时来讲,在全国能进入前列吧,当时,北师大,我们山大和人大,当时是这么一个状况,有这个可能性。那么它的必要性是毫无疑问了,全国一百多个基地嘛,我们山大能进入四个基地,文艺学,文学院来建一个基地,当然也是文学院发展的需要,也是我们文艺学学科发展的需要。那么我们为什么选文艺美学?这既是策略也是反映了我们文艺研究的特点,因为有文艺学还有美学。恰好我们这边从孙先生开始,甚至于像成校长、吴校长他们都是做文艺学的,有文艺学与美学研究的传统。这个美学研究也是我们的传统,比较早的像吕莹先生、华岗先生,还有周来祥先生、狄其骢先生他们都做美学研究,所以选择文艺美学。那是个交叉学科,恰恰把我们的长项显露出来了。现在看,你看,北师大是做文艺学的,是吧。人大是以马列文论为主的,也是文学理论。北大,也是文艺学,是吧,北大哲学系主要是美学与美育。我们恰好弄了一个交叉学科,现在看来,文艺美学这个选择是对的,在交叉当中,突出了长项,取得了一定的话语权。我觉得发展还是正常的,有这个平台没这个平台还是大不一样的,现在随着一些老师年龄大了等等,我们也有点青黄不接,也有问题,但整个来讲,发展态势还是好的。

记者:在您的生活工作中有没有遇到瓶颈期?是如何渡过这些阶段的?可以给我们讲一下您的人生信条吗?

曾繁仁:瓶颈期肯定是有的。首先,"文化大革命"吧,"文化大革命"的时候,我才二十五岁,但是也受到了批斗。看起来也挺滑稽的,什么修正主义苗子嘛,他不说你走资派,因为没有权嘛,但修正主义苗子嘛。特别那个时候,生活很困难,想不到的,那个时候,孩子有病,生活也比较困难。那会,吃的什么高粱米粗粮什么的,工作又紧张,文艺理论课很重,我都在教学第一线,一周 4 到 6 节课,是常有的事,几个课堂同时开课。所以这个时候,胃病很严重。"文革"时候,就胃穿孔了,那时,就好像要不活了,觉得胃里面这么难受,又没有检验手段,当时比较困难,非常困难,当时怎么过来的?我记得当时刚出院就上课,一上课,胃就拉得痛,痛得厉害,上课回去我爱人就问我:“你衣服怎么湿了?”我说我讲每一句话胃都痛,衣服能不湿吗?她说:“你不能不上课吗?”因为当时的老师们,一人一门课,怎么能够随便调呢,就坚持下来了。然后呢,还有工作的困难,教育部调我到海大去当书记,我当时也很犹豫,我一个学文科的,到理工院校去当书记,我一去以后,后悔了,担子太重了。在这里当副校长,虽然是常务副校长,但毕竟是副校长,上面有人给你担着,在那里全部担子挑在我一个人身上,特别地累。又一个人在那,我都好几次想退却,想不干了,不干我去当老师,也不会没地方,但还是坚持下来了。然后就是,2000 年,从行政的岗位退下来之后,回到中心,以业务为主,还是很困难的,毕竟业务还是荒疏嘛。甚至别人说,业务不错啊,部里也说,业务不错啊,但还是荒疏嘛,不过还是坚持下来了。有的时候到外面去,到学术会上发言,别人都看你很高啊,又是中心的主任,又当过校长,当过书记,别人都看你很高的,但你讲不出东西来,自己心里都难受,但还是,还是坚持下来了。回归业务之后要考虑起点问题,我就选择美学研究由认识论到存在论的转型,写在《美学之思》那个前言里了。那个时候在中国,认识论占据统治地位,选择进入审美存在论,那个时候,这个理论境遇下,也还是有一定风险的。

记者:您是进入研究之后,马上就提出生态美学这个理论?

曾繁仁:是的,2001 年参加全国生态美学大会,在会上做了《生态美学:后现代语境下生态存在论美学》的发言后 17 年来基本持续地在生态美学方向努力,目前已经出版有关论著 5 部,召开有关国际会议 5 次,发表了相关论文 60 余篇,已经完成教育部人文社科重点研究基地重大项目2项,现正在与我同事一起完成国家社科重大攻关项目《生态美学文献整理与研究》项目。生态美学已经成为我们中心的学术特点之一,具有一定影响。

记者:对于学校之前提出的"文史复兴计划"就是文史的发展,你有什么见解?

曾繁仁:山大一直是"文史见长",特别是20世纪30年代到50年代,肯定是文史见长嘛。杨振声先生,在山大当校长,也是受蔡元培先生的委托,把北大的办学精神,学术之独立,精神之自由,是吧,把这个观点带过来,所以,山大,颇有点北大的传统,这一点啊,他们都有密切的关系。所以山大,空气还是比较自由的,学术至上,这个还是比较明显的,地处青岛这个位置,所以具有优势,文史见长。山大从青岛搬回来之后,实际上,是失去了文史见长地域的优势,北有北京天津,南有南京上海。不过还是有这样一个传统,比如历史系的八马同槽,中文系的冯陆高萧啊,当然还有"两殷",我们的两个殷先生,还有孙先生,都是赫赫有名的学者,是吧。当然,还包括,华岗校长,他是搞革命史研究的,同时搞了鲁迅研究,那也是赫赫有名啊。毕竟是有这个传统,我们有这个文史哲这个杂志,文史见长是毫无疑问的,要坚持这个文史见长。但是,这个文史见长呢,首先就是,挑战很多嘛,挑战很多,因为我们参加全国的好多学术活动,评奖啊,评这个评那个,差距还是存在的。在这个情况下面呢,我想了一下,就是,为什么要坚持文史见长,这个,叫守故创新,一般都这么说,守故创新。这个故嘛,从文史见长的角度来讲,对山大,它有特殊的内涵,我们的优势就是在文史,中文历史,而且偏重在文献,或者华岗校长来了之后,有理论、思想的创新,有这么个老本,带一点老本性质。另外,不管怎么讲,我们这个文艺学,后来的文献学是文科的两个重点学科，国家重点学科，有这么两个重点学科，是吧。另外我们的史学、哲学，还有好多，都是被同行认可的，就是你这点老本你要守住，同时在这个条件下创新，根据时代的需要，进行创新。所以守故创新，我觉得应该是，我们文史的一个新路，这个新路就要有新的方向，新的亮点，新的人，新的学术带头人，新的面孔。我现在讲我们文艺学，我现在还是学术带头人，我觉得这个学术带头人都应该不要做了，应该由年轻的学者来当学术带头人，不可能由一个七八十岁的，来当学术带头人，尽管我现在，还做点什么事情，但我觉得，应该有新的面孔，新的人，最重要的是，有新的领军人物，新的学术带头人起来，这才是我们文科的希望。总的来说但我觉得，我们文科现在还是不错的吧。有基础，有未来，但要做出新成绩。

记者：您对现在年轻人治学的态度是怎么看的？就现在山大学子学习、读书、写作方面，有什么见解？

曾繁仁：求实创新。嗯，最重要的是啊，求实，老老实实的，我刚刚说了，对于学问要敬畏它。不是任何人都可以随便写东西的，你写作业不要紧，但你拿出去的东西，包括你写论文，都必须要求实。是你的就是你的，不是你的就不是你的，绝对不能有什么抄袭，把它偷过来，其实是别人写的，特别地滑稽。那就是玩了啊，是混子啊，这是不可以的，任何人都不可以。哪怕你就是为了拿学位，也不可以不求实。文字上要求实，话语上要求实，不要故作惊人之语。首先要求实，然后就是要创新，没有创新的东西没有任何价值，不能炒冷饭，新材料，新观点，新视角，三个新你得有一个新吧。材料是新发现的，别人没有说过；或者你有新观点，材料没有，但你有新观点；或者你有新视角，三个中有一个，否则你这个文章，写得越多，越是垃圾，文章也不见得长就好，要看这里面你有没有几句新话。求实创新,我觉得这个应该讲,从古至今,没有变化的。现在人啊,就是有强烈的针对性,强烈的功利性,他不求实嘛,只讲一时的功利,追求一些虚妄的东西。那是长久不了的。

记者:前几天看一个讲艾迪生的东西,读了原文也不是很懂,想看看国内学者有什么见解,就上知网一搜,搜到前三篇完全一样。

曾繁仁:是,这个问题很重要,因为学术上的泡沫很严重。开玩笑说,现在是"江湖"嘛,学术领域也有江湖,学术这样搞下去,这学术会垮掉,把一代人都垮掉,把几代人都垮掉。最近还在说,为什么民国,会在西南联大出大师,后来大师出得少?我觉得这个还是跟求实创新有很大关系,因为我们老师,没听说他们材料有什么问题,从来没听说过,也没听说他们不创新,哪篇文章不创新,没听说过。我们这一代人还不如我们老师呢,对吧,不可以这样,还是要求实创新。

记者:我们现在山大就是提出了一个建成世界一流大学的发展目标,您认为,在山大建成世界一流大学的道路上,山大还应该关注和反思哪些问题?还有就是在您治学过程中,山大对您的影响表现在哪?

曾繁仁:这个,世界一流大学嘛,国家的需要,山大提出来建立世界一流大学,山大,本身嘛,一直在全国,十几名吧,到底怎么排,我也搞不清,在这前后徘徊,还是有条件的。有这么个目标嘛,可以凝聚大家的力量,有一个追求的方向,我觉得,还是好的。把它当成一个目标。世界一流啊,我觉得,应该走以质量发展、以内涵发展为主的道路。你只有走这条道路,你才有可能实现,才能稳扎稳打。现在我们,学生人数也多、系科也多、学科也多,怎么把凝聚力集中在内涵发展？甚至一个学院，怎么走内涵发展，这还是要经过一番思考和努力的。内涵发展嘛，就是，不要所有的学科、现有的学科，都得到同样的关怀和支持。有舍弃，有舍弃就要有选择，如何选择，学校最近搞高水平学科建设是吧，这个思路就挺好，怎么真正地走内涵发展、质量建校的路，我觉得，这是我们山大今后发展的方向，办出特色来，对吧。你办得跟北大一样，不可能，但是你有什么特色跟北大不一样，办一个让别人记住的高校，有特点的高校，你有特点，你才能让别人记住你。比如海洋大学，我在那里待过，海洋大学的物理海洋，全国第一，水产全国第二，别人记住它。河海大学，它的水利，全国第二，清华第一。同济大学，城市规划，全国第一，别人记住你。山大能不能办一个，有特色有亮点的别人记住你的大学，包括我们文学院，你得有个什么东西让别人记住你，你说到那个东西的时候，别人说，山大，文学院，记住了。办一个让别人记住的大学，但这个"记住"，也得重要的优势让别人记住，你不能，某某人出了什么问题啊，让别人记住，那这个记住没有意思了。这是我一直的看法，办一所有特点的大学，让别人记住的大学，我们文学院与文艺美学研究中心也努力办一个让别人记住的学科，对吧！

记者：那好，那最后一个问题问您，请您对现在的山大学生说一些寄语和期许。

曾教授：我这个寄语和期许，其实我刚刚已经说过了，还是两句话，艰苦奋斗和求实创新。我觉得，首先还是要艰苦奋斗，这个艰苦奋斗对于年轻人来讲啊，他必须要艰苦奋斗，即便你是富二代，你是官二代，你的事业你的成长还是应该靠自己，在艰苦的环境里面，才能健康地成长。条件优越了，叫什么，富养女孩穷养男孩，我觉得男孩女孩都应该穷养，我觉得应该艰苦奋斗，毫无疑问应该艰苦奋斗,我们的经验也证明,就像我们项怀诚同志讲的,山大是,家贫出孝子,我觉得家贫应该出人才。当然这个艰苦不等于不给学生创造必要的条件,洗澡水不热了,那是不可以的,是不是啊,但还是要求要艰苦,不要比那些东西,要比学术上的贡献,人才工作上的贡献。再一个就是求实创新,一定要有求实精神、创新精神。我们人文学科,没有创新就没有前途,没有创新就没有生命力,没有创新,其实也没有未来,当然,求实是基础。我想,年轻的这一代,你们现在是,“00后”还是“90后”?“90后”。我觉得每代人都有每代人的机遇和风光,我们不应该,品头论脚,每一代人怎么样怎么样,历史是绕不过去的,你再牛的前辈,最终,历史的接力棒还是要给后来的人,我们现在一说,鼎鼎大名的老先生,现在不都已经故去了吗?成为历史了,成为我们说的故事了,现在的历史还是由现代人来创造,我认为还是有希望的,是吧。最重要的是,山东大学,应该办成一个全国的大学,世界的大学,不应该仅仅办成一个,山东的大学,应该有这个眼光。山东省,是希望变成山东的大学,我们的学生,主要就是山东的学生,我其实认为,应该更多一点全国的学生,那些学生都招募来,那样学校才更有生气,才更有活力。我们上学的时候,外面的人很多,现在越来越少,我觉得应该办成全国大学、世界大学,我们的同学,也应该成为全国大学、世界大学的学生,不要完全变成一个山东的大学的学生。不是说山东不好,山东当然好啦,但那是一个,空间概念嘛,你有什么样的空间,就有什么样的视野,是吧。你变成世界的大学,你就世界的视野,你变成山东的大学,那就局限在山东的地域了,是吧。我觉得还是要走向全国,走向世界。

从生态存在论美学到生生美学

——生态美学中国话语体系的建构①

张超：曾老师您好，作为中国生态美学的主要奠基人之一，您一直坚持立足本土、中西融通，并在生态美学中国话语体系的建构方面做出了重要表率。在生态美学中国话语体系建构的过程中，您主要从哪些方面做出了重要尝试？

曾繁仁：生态美学的产生是时代之使然也，国际学术界早在20世纪30年代左右即出现自然的环境的美学，我国作为后发展的国家，直到20世纪末、21世纪初期中国特点的生态美学才应运而生。其主要努力是对于传统实践美学的超越，为此进行了一些新的理论建构的尝试：第一，在美学的时代性上，认为生态美学是对现代工具理性时代反思与超越的产物，是“后现代”即生态文明时代的学术成果；第二，在哲学基础上，认为生态美学超越传统认识论美学(包括中国的实践美学)，是一种新时代的存在论美学，生态美学摆脱传统“人类中心论”，力倡人与自然共生论；第三，在审美对象上，生态美学摆脱传统美学将审美对象局限于艺术的弊端，而将自然纳入审美范围；第四，在审美属性上，生态美学超越

①本文访谈者张超[1980—]，女，文学博士，山东大学文艺美学研究中心博士后研究人员，济南职业学院马克思主义学院副教授。

传统保持距离的静观美学,力倡身心介入的"融入式"美学;第五,在美学范式上,生态美学超越传统的形式审美范式,真正走向人生美学,力主诗意地栖居与美好地生存;第六,在中国传统美学的地位上,生态美学认为,中国传统文化中以"天人合一"为文化模式的美学形态是一种原生性的人与自然统一的古典形态的东方生态美学范式,以"生生美学"为其基本理论形态,力图在欧陆现象学生态美学与英美分析哲学之环境美学之外开辟一种新的中国形态的生态美学。

张超:您倡导的生态存在论美学为我国当代生态美学发展奠定了存在论的坚实基础,在国内外学界受到了广泛关注。您认为,生态存在论美学对于我国当代生态美学理论建构的主要意义在哪里?

曾繁仁:其主要意义在于其实现学术的转型。因为,我国美学界长期以来以传统认识论或反映论作为理论指导,特别是苏联形态的以唯物唯心作为理论分界,实际上坚持的是二元对立的哲学立场,导致了我国美学老是在主观、客观的圈子里打转转,难有大的突破。生态存在论就是实现美学领域由传统认识论到新的存在论哲学与美学的转型。当然,另外一方面就是我国美学受到德国古典美学,特别是黑格尔"美学即艺术哲学"的影响很深。力主美学的对象是艺术,基本上排除了自然作为美的对象。生态存在论美学将自然作为人类的家园,纳入审美领域。这也是美学领域的一种转型。

张超:实践美学是我国现当代美学的重要流派和发展基础。在生态美学的理论建构的过程中,您是怎样处理我国实践美学与生态存在论美学之间的关系的?

曾繁仁:哲学是时代精神的精华,美学则是哲学的重要表征,因此美学的时代性也是十分明显的。任何美学理论都是时代的产物,在一定的时代中产生并逐步完成其历史任务而被充实进新的内涵。实践美学是新中国成立后两次美学大讨论最重要的理论成果。它坚持了马克思主义的基本实践观念,应该给予其重要的历史地位。但其"人本体"与"工具本体"的"人类中心论"是大规模工业建设时代的产物,是不适应生态文明新时代要求的,这种文化态度必须在生态文明时代加以改变,代之以人与自然共生的生态哲学与生态美学。这是时代的需要。难道我们今天还能断言所有"人化的自然"都是美的吗?被污染的太湖难道也是美的吗?

张超:在生态美学的发展过程中,您一直提倡建构具有中国气派、原生性的中国生态美学,并多次撰文介绍和阐述了中国古代气本论的生态—生命观、生生美学等重要美学范畴。您认为,在我国当代生态美学中国话语体系的建构过程中,我们该如何实现中国古代生态审美智慧的现代性转换和创新性发展?

曾繁仁:实现传统文化的创造性发展与创新性转化是几代学人的努力方向,应该说从20世纪初期王国维将美学概念引入中国即已经开始了这种转化的艰难探索。我们的老一代美学前辈均在这方面做出不同的贡献,给我们留下宝贵的历史财富。王国维与梁启超对于学不分东西与古今的论断,蔡元培对于美学中国化的努力,朱光潜关于诗论与意象的探讨。特别是宗白华关于气本论生态—生命美学的探索,方东美关于"生生"审美内涵的阐发,李泽厚著名的《美的历程》等等,都给我们做出了榜样,提供了理论前提与基础。我们的创新与转化工作就要建立在这些前辈研究的基础上。目前,在新的文化复兴的历史形势下,我们更加应该增加文化自信,传统美学现代转化与创新的步伐可以更加大一些,积极地参与到国际学术对话的行列之中。在对话与交流中取得国际学术界更多的同情的理解与逐步的接受。

张超:关于生命美学与生态美学之间的关系是近年来学界关注比较多的焦点问题,您如何看待这个问题及其相关的争论?

曾繁仁:我国新时期改革开放以来美学界呈现百花齐放、百家争鸣的多元发展的态势,出现了生命美学、体验美学、超越美学、生存美学、否定美学、和合美学、后实践美学与生态美学等各种理论形态。在《20世纪中国知名科学家学术成就概览》的哲学卷前言中对于以上各种美学形态均给予充分肯定。对于生命美学哲学卷序言写道:"以生存论本体的明确建构彰显生命化的美学主题,整个美学的转型开始了,由原来的过多地关注美的本质而转向更为根本的涉及美学存在的合理化的美的本体问题",并肯定了1991年出版的《生命美学》一书对于实践美学批判的价值与意义。生态美学是在生命美学之后在生态文明新时代反思与超越现代化种种弊端的背景下产生的美学形态,与现代国际自然的生态的环境美学有着更多的学术联系与对话关系。生态美学当然包含生命的内涵,卡尔松在批判伪装的形式之美时就对美在生命作了充分的肯定。但我们认为,中国传统的"生生美学"在很大程度上超越了主要来自西方的生命美学,首先超越了西方生命美学的人类中心论而力主万物一体,其次是超越了西方生命美学仅仅局限人与万物生命的内涵,生生美学包含宇宙万物日新月异,不断发展创新的广义内涵。刘纲纪先生在《周易美学》中有专门论述。学术都是互补的发展的,生态美学与生生美学都在发展建设当中,我们愿意任何批评,并向一切学术成果学习,不断完善,不断前进。我认为,良好的学术生态应该包含同情的理解,必要的欣赏,与建设性的批评。

张超:曾老师,您在《生生美学具有无穷生命力》一文中指出,生生美学是我国古代哲思和艺术的核心所在,化育于我们十几亿中国人的生活,体现在无数让我们流连忘返的民间艺术中,蕴含着我们绵绵的乡愁与无尽的情思。那么,您认为,生生美学在我国生态美学中国话语体系的建构中地位如何?我们该如何在生态美学的话语体系中实现我国古代生生美学的现代性转换和创新性发展?

曾繁仁:生生美学只是一种生态美学研究中实现中国化的尝试,目前关于中国传统美学研究还有多种尝试,例如,著名的"美在意象""中和之美""意境"等等。从我们粗浅的知识出发,认为"生生"可以成为中国传统美学现代转化的出发点。它不仅包含在作为六经之首的《周易》,特别是《易传》之中,而且它与儒释道各种文化形态都有密切的关系,更是包含在各种传统艺术门类及其理论之中。但这种研究和阐发其实具有很大的难度,不仅要做到理论的合理性,更要做到理论的周延性。无论从学识还是修养,我们都有很大差距,这正是我们努力的方向。

张超:谢谢曾老师。经过 20 多年的发展,中国生态美学已经取得了显著的成果。在下一步的发展过程中,您认为,中国生态美学应该怎样进一步建构自己的话语体系,进而从理论和实践两个方面为我国新时代生态文明建设贡献美学智慧?

曾繁仁:我认为应该从国际交流、理论与实践等几个方面同时努力。国际交流方面,自然生态的美学已经成为国际学术界一个热门话题,目前正在蓬勃发展之中,我们要主动地与国际学者对话交流,向他们学习,吸收新的进展,并将我们的成果推向世界。2019 年下半年,我们山东大学文艺美学研究中心召开一个"理解与对话:生态美学话语建设国际学术研讨会",取得积极成果,希望更多的国内外学者参与讨论,共享共建。在理论上,目前我们中心努力完成《生态美学文献整理与研究》与《生态美学话语研究》两个国家社科基金重大项目,力图在理论研究上有所推进;在实践方面,我们力图通过与山东省与济南市的合作对于"美丽中国建设"起到一定的理论咨询指导。

张超:近年来,您倡导的"生态美学"和我国当代美学研究领域的"环境美学""生活美学""生命美学"等有一个共同点,即回归中国传统文化,您如何看待这一现象?

曾繁仁:学术是国际的,文化则是民族的,一个民族文化不能自立于世界是很难真正走向伟大复兴。在文化研究上我们是持"类型说"的,中西文化是不同生活方式分野的结果。因此,"回归传统文化"是人文学科发展的必然趋势。但这种"回归"是具有明显的时代性的,我们是在改革开放新时代的"回归",也是在改革开放前提下的"回归",既要坚守中华文化立场,又不能抱残守缺,既要有文化的自信,更要有开放的心态,既要大胆传承文化的精华,也要大胆吸收西方一切有利我们学术建设的成果。

张超:相对于前三次美学热,美学研究在今天略有回温,根据您的治学经历,您认为我国当代美学研究将呈现怎样的发展趋势?

曾繁仁:前三次美学热是中国特有的学术景观。改革开放后的美学热其实是一种文化的启蒙在美学上的呈现,目前我国很难再出现那样的美学热,但美学的发展却有着很好的机遇。首先是"文化自信"的提出,有利于我们更加大胆同时也更加有力度地去实现传统文化的创新与转化。长期以来,我们被中国传统文化中到底有没有"美学"与"生态美学"这样的问题困惑,缺乏必要的自信,我认为我们在当代应该解决这样的所谓"难题",放手发展中国自己的民族的美学与生态美学;我国当前对于人文学科给予了较前力度更大的支持,经费与条件均有明显改观,我们应该抓住这样的机遇,利用好现有的条件,做更多有利于学术发展,特别是人才建设的有价值有意义的事情,为当今和未来的美学发展集聚力量;改革开放 40 年来,我们已经积累了学术研究和学术交流的一系列经验和成果,我国的美学研究已经在国际上具有一定的影响,这正是我们新的出发点。我相信,在新时代,在新的学术新人的努力下,我们美学的前景是美好的。

面向新时代的美学探索：生态关怀与中国立场

——访美学家曾繁仁①

走上美学研究之路

胡友峰（以下简称“胡”）：曾老师您好，首先感谢您在百忙之中抽出时间接受我的参访。我的第一个问题是：您多年从事文艺学和美学研究，能否简单介绍一下您是如何走上学术研究道路的？

曾繁仁（以下简称“曾”）：1959 年，我考上山东大学中文系，1964 年 8 月毕业，之后留在文艺理论教研室当助教，当时正面临“四清”等政治运动，无法安心于专业。直到“文革”后期的 1972 年，学校开始恢复教学，自己才走上文艺学的教学之路，但真正的学术研究是从 1978 年党的十一届三中全会后开始的。当时教研室需要开设西方美学课，教研室主任狄其骢先生让我准备这门新课，从 1981 年开始西方美学课程的教学，1985 年出版了自己的第一部学术专著《西方美学简论》，开启了我的文艺学与美学的教学

①本文采访者胡友峰，山东大学文艺美学研究中心教授。原载《中国文艺评论》2020 年第 8 期。

科研生涯。

胡:我注意到,审美教育是您研究中的一个重要部分,您的大量著作和文章都与此相关,能否说说您为什么如此重视审美教育的研究吗?

曾:我的审美教育研究是从 1981 年开始的,当时有两个契机。第一是自己经历了十年"文革",痛感"文革"中美丑颠倒所带来的严重后果,这成为我从事审美教育的最大动力;第二是当时山东省教育厅在山大举办高教干部培训班,让我给这个班上美学课,我实际上讲的是审美教育课,效果非常好,很受欢迎,促使我进一步认识到审美教育的重要性与迫切性。1985 年,我在这次讲课的基础上出版了《美育十讲》。

美育不仅是现代素质教育的重要组成部分,通过培育想象力,美育也能成为发展现代生产力的重要因素,而且它能成为拓展人的思维、平衡人的性格的重要手段。我觉得美育的根本任务,是培养"生活的艺术家",就是说,审美教育让每个人即使不以艺术为志业,也能够用艺术的、审美的态度去看待生活、社会和人生,让每个人都能有健康的审美观与较强的审美力、创美力。

胡:那接下来我问一个与现实相关的问题。受猎奇心理和从众心理的影响,当前人们似乎出现了审美疲劳,反而热衷审"丑",对于丑陋、低俗、暴力、血腥的内容更感兴趣。您如何看待这一现象,您认为审美教育在面对这一现象时能有哪些作为呢?

曾:这是一个复杂的问题,要分两个方面来回答。其一,从理论层面,应该将美学范畴的"丑"与日常所谓的"丑"区分开来。美学范畴的"丑"是一个美学问题,在审美的范围内,所谓"审美",从心理学的角度来说,是一种"肯定性的情感经验",也就是说所有的事物只有让人产生"肯定性的情感"时,才能称得上是一种"美"

的形态,否则就不是“美”的,例如日常生活中使人恶心的事物就不是“美”的;其二,从现实层面,当前随着网络时代与消费时代的来临,人们的审美超越了传统的范围,不再局限于艺术,特别是经典艺术,美的边界有所扩张。对于美的视、触、听觉问题,传统的“理性判断先于感性”的模式应该有所调整,但审美是“肯定性情感经验”这个底线不能突破。我们认为,如果不是“理性判断先于感性”,那也应该是“理性判断与感性相伴”。总之,美丑之间还是应有界限,那些挑战人类情感底线的令人恶心的事物不应成为审美对象!

胡:我国很早就提出“德智体美劳”全面发展,要求把审美教育作为基础教育的重要组成部分。您认为当前我国审美教育处于一种怎样的状态,您对这一现状有哪些建议?

曾:当前,国家层面对于美育给予很大重视,认为美育是一种“培根铸魂”的伟大工程,已经提得很高!但实际贯彻中,效果有待提高。首先,广大人民的审美素质有待加强;其次,我国的艺术活动审美水平普遍不高,商业化趋势严重;再则,是大、中、小学教育过程中,美育并未真正融入。我个人觉得,这是一个发展阶段问题,中国还是处于工业化中期,是发展中国家,在国民素质上有待提高。但是,我们可以具有超前意识,将审美教育做得更好,这会有利于国家现代化。我的建议是国家应该从总体上实施美育,包括教育,也包括社会文化与社会风气。这应该是更加重要的,单单依靠教育难以奏效。

生态美学的探索

胡:本世纪初开始,您发表了大量文章,倡导一种新的美学形态——生态美学。是什么原因促使您关注并投身于生态美学的研究呢?

曾:这也是有两个契机。其一是有感于我国20世纪80年代的乡镇企业发展所带来的严重环境污染,1987年秋,我有机会乘汽车跨越山东与河南,亲眼目睹当年乡镇企业发展所造成的严重环境污染,可以说是黑水遍地,雾霾漫天,非常严重,可以说是发达国家几百年的污染,我们在短短的二十年中就发生了,必须改变这种情况!国家也开始正视这个问题,从20世纪90年代开始认真地倡导可持续发展,整治环境污染问题。我个人觉得,人文社会科学应该有所表达,要倡导一种使人走向诗意栖居的美学;其二是恰好2001年秋,中华美学会青美会与陕西师大联合召开了全国第一届生态美学会,使得我有机会在大会上做了《生态美学:后现代语境下的生态存在论美学》的发言,从此走上了生态美学的研究道路。

胡:对,您在文章中说过,生态美学是"后现代语境下崭新的生态存在论美学观"。那么,与以往的美学话语相比,生态美学"新"在何处?

曾:这一点,我曾经在《生态美学导论》这本书的代序中专门说过。我认为,生态美学有六个方面的新突破。第一是美学的哲学基础的突破,就是由传统的认识论过渡到了唯物实践存在论,以及由人类中心主义转向生态整体主义。

胡:传统认识论指的是20世纪五六十年代的"美学大讨论"所探讨的问题吗?

曾:关于这一点,可以上溯到新中国成立后的美学大讨论,以及80年代美学热中兴起的实践美学,这些讨论大都将美学问题视作认识论问题,讨论美在主观、客观,或是主客观相统一的问题。而我们的生态美学就要突破这种传统的认识论,将美学问题立足于唯物实践存在论。其实这里的唯物实践存在论也并不完全是新东西,因为早在1844年至1845年间,马克思就已经突破了传统的认识论。马克思提出,要从人的感性的实践的角度出发,去理解事物,要求“内在尺度”与“种的尺度”相统一,以此来阐释美的规律。马克思秉持一种唯物实践观,在他那里就已经超越了传统认识论,因此我们说在认识论阶段来讨论美学问题,还处于前马克思主义哲学阶段。

胡:这种唯物实践观如何与胡塞尔、海德格尔的存在论相联系呢?

曾:马克思的这种唯物实践观其实包含甚至超越了胡塞尔和海德格尔的现代存在论,我们将它称为一种崭新的唯物实践存在论。在认识论阶段来探讨美学问题,人与自然还是处于对立的关系。而只有进入唯物实践存在论,人才能从主客二分转向与自然界须臾难离的在世模式,实现人与自然的和谐统一,因此,我们的生态美学的哲学基础实际上是马克思的唯物实践观及其所包含的存在论哲学的内涵,在这一点上,是不同于传统实践美学的简单认识论与人类中心主义立场的。第二,是在审美对象上的突破。多年来,在黑格尔的影响下,美学界一直认为,我们研究美学,就是在研究艺术哲学,因此都重视艺术,而忽视自然审美。

胡:这种重视艺术轻视自然的态度也有人类中心主义的影响。

曾:对。所以在这一问题上,生态美学就突破了传统的艺术中心主义。所谓生态美学,首先就是一种包含生态维度的美学,因此我们认为,生态美学不仅包含自然审美,而且也要包含艺术与生活审美。第二,是在自然审美上的突破。传统美学,都是从人类中心主义的视角来看待自然审美问题,提出了“人化的自然”这个著名的概念。我们认为,自然审美问题主要包含两个方面:其一是有没有实体性的自然美,其二是自然审美究竟是不是“自然的人化”。

胡:那么,生态美学怎样回答这个问题呢?

曾:我们认为,首先不存在实体性的自然美,因为我们把审美视作人与对象的一种关系,它是一种活动或过程。所以,绝不是对象那里有一个实体性的美,等着我们去发现。其次,我们认为自然对象身上有一些美的特性,这些特性与我们的感官发生交互的时候,我们就与对象产生了一种审美关系。这种特性,我们称之为审美属性,审美就是对象的审美属性与我们的审美能力之间的交互过程。第三是在审美属性的突破。以往的美学话语都受到康德的影响,把审美属性视作一种超功利、无利害的静观,这种观点还把审美感官限定在了视听器官,排斥了其他感官能力。

胡:这跟西方灵肉分离的传统也有关系。

曾:没错。把视听能力与精神性相结合,把其他感官与物质性的欲望相结合,这样视听与其他感官就区分出了高级与低级。我们认为,在艺术审美上,康德的静观美学是成立的,但是把这种观点放到自然审美上就不合适了。我们更认同当代西方环境美学所提出“参与”的概念,认为在欣赏自然对象的时候,是眼耳鼻舌身全部感官的共同介入。第四点区别是在审美范式上。古典的美学范式有哪些呢?对称、和谐、比例等等,这些都是形式方面的。这是源自西方古希腊的传统。生态美学突破了传统美学的形式范式,提出了诗意栖居、家园意识、场所意识、四方游戏等自己特有的审美方式。最后是改变了中国传统美学的地位。过去很多西方学者对于东方美学、中国美学都持否定态度,他们可能重视我们的艺术,但是不重视我们的美学。比如《美学史》的作者鲍桑葵,他在书里就很明确地写着,中国传统美学的"审美意识还没有上升为思辨理论的地步"。这其实是典型的欧洲中心主义,他们完全拿西方现代工具主义的美学理论来套用我国古代非工具、非思辨的美学理论。这对于我们中国的美学研究者来说是不可接受的。而生态美学则恰好为我们提供了重新认识和评价中国传统美学的契机。我们把中国传统美学中大量的极为有用的生态审美智慧首次开掘出来,而且西方的生态美学和环境美学其实也大量借鉴了我国古代的生态智慧。像儒家的"天人合一"、《周易》的"生生为易""元亨利贞"、法家的"道法自然"等等提法都可以为我们所用,成为我们今天建设生态美学的宝贵资源。生态美学在这一点有助于实现中与西、古与今的会通。

生态美学的中西互鉴

胡:您刚刚也提到了环境美学,我们知道,西方的环境美学也十分重视生态和自然环境的价值,反对人类中心主义,您认为中国的生态美学与西方的环境美学处于一种怎样的关系?

曾:西方环境美学早在1966年就开始提出,对于我们具有很大的借鉴作用。但环境美学是以英美分析哲学为其哲学基础,以科学认知主义为其指归,它们对于人类中心主义的批判是不彻底的,其"环境"概念就包含"人类中心"内涵。我们试图在借鉴环境美学的基础上,结合中国实际,发展一种"生态存在论美学",以区别于环境美学。

胡:所以您所提出的生态存在论美学是在借鉴西方环境美学的基础上有所突破。

曾:是这样的。生态存在论美学出现得更晚,自然要对包括西方环境美学在内的理论进行借鉴,但同时我们也发现了这些理论中存在的一些问题。因此我们不只是对传统的人类中心主义的自然审美理论进行批判,也对西方环境美学有所突破。我刚刚说,环境美学对人类中心主义的批判不彻底,这是英美环境美学的哲学基础所决定了的。比如,环境美学的代表学者卡尔松,接受的是英美的分析美学传统,在自然审美的模式上还是一种主客二分的模式,这种主客二分模式依旧隐含着一种"人类中心"的倾向。他虽然重视自然环境,但是毕竟缺乏一种生态的整体视野。卡尔松提出的另一个重要观点是"自然全美"。这个观点又过于极端,带有明显的反人文主义的倾向,走向了"生态中心主义"。我们所追求的生态原则和生态前景,不应该是概念上的绝对平等,而是一种相对平等。我们更认同利奥波德所提出的在生态环链思想,要追求万物在生态环链上"各司其职"的相对平等。所以我们倡导既不走向人类中心,也不走向生态中心,而是一种"生态人文主义"。

胡:您能具体解释一下"生态人文主义"吗?

曾:当代生态美学观、文学观、艺术观等一切生态理论所遭遇的核心问题是生态观与人文观的关系问题,也就是当代生态观对自然的"尊重"和"敬畏"是否导致"反人类"的问题。这个问题十分重要,之前有学者批评我们提出的生态美学是"无人美学",我们也都在思考,还写了文章做回应。

我们所说的"生态存在论",就是要扭转过去人与自然、人与环境之间的对立思维。批评我们是"无人美学",还是在用对立思维来思考问题,我们反对人类中心,绝对不是"反人类",这不是一个非此即彼的选择。相反,我们要跳出这种对立观念,倡导人与自然的和谐共生。“人类中心主义”,是把人从他(她)生存的环境中抽离出来,这样就必然导致人与自然的对立。而我们认为,人不可能摆脱自然,人与自然是须臾难离的关系,人是不可能摆脱自己的“生态本性”的。所以,首先从哲学观念上,我们就要摆脱主客二分的认识论思维模式,而必须走向“此在与世界”的存在论模式。人与自然万物绝不应该对立,人类不是自然的主人,可以对自然予取予求。相反,人和其他自然万物一样,在生态环链上都有自己的位置,具有生存发展的权利,但同时也不应该超越这样的权利。在权利范围内,人可以从自然中获取物质生活和精神生活的材料。这才是我们倡导的“生态人文主义”。这一理论的源头可以追溯到马克思《1844 年经济学哲学手稿》中所说的未来共产主义,通过对人的本质的真正占有,从而实现自然主义与人道主义的统一。我们借鉴海德格尔的存在论,但从根本上来说,还是以马克思主义的实践存在论为指导。我们不是像实践美学那样过分强调人的实践,结果出现了“自然的人化”理论。我们还是坚持社会实践和物质第一性的原则。

我们为什么要提出生态存在论美学,就是因为看到了生态环境破坏对人类生存造成的严重后果。这种生态环境破坏就是工业革命时代过度张扬“人类中心”的严重后果!包括生态美学在内的种种后现代理论的产生,就是为了反思这种过度强调人类中心的现代性理论。从这个意义上说,生态美学不仅不是“无人美学”,还异常关注人的生存。我们的目标是改善人的生存环境,实现人的“诗意地栖居”。

胡:另外,西方也有重视实践的生态美学,包括我们传统的美学理论也谈自然美问题,您所提出生态存在论美学与这些理论又有哪些区别呢?

曾:应该说,这些理论都是我们发展生态美学、建设生态美学的中国话语需要借鉴的资源。先说说过去在美学大讨论中的自然美论。在20世纪50年代的美学大讨论中,蔡仪是客观派的代表,在过去被视为机械唯物主义。现在,我们从生态美学发展的角度再来看他的某些观点,感觉应该对他进行重新评价。

胡:您不久前发表的文章中,提出了"自然生态美学"一词,把蔡仪视为我国自然生态美学发展的一个阶段。

曾:对,自然生态美学涵盖的面更宽,包含蔡仪先生的自然美论。因为那时候还没有生态美学论题。但是自然美论也应该视作我国生态美学发展的一个历史环节。对于自然美论,生态美学与之是继承与反思的双重关系,生态美学实际上是生态文明时代对传统美学继承改造的结果。

当然,蔡先生强调认识论,与分析哲学之认知主义一致,不包含人的生存问题,有很大局限性,但摆脱了人类中心主义。生态存在论试图将人与自然环境在存在论基础上加以统一,我们更强调美好生存淡化存在本体,更多结合中国实际,与海氏有所区别,更强调马克思主义的实践存在论。

胡:那如何看待西方重视实践的生态美学呢?

曾:应该说,我们提出的生态存在论美学与西方重视实践的生态美学是很不一样的。我们看西方的生态美学,一种是景观生态学,强调可操作性;另一种是其实还是环境美学,强调在自然环境欣赏中加入生态学的知识。这两种,我们觉得只是弱版本的生态美学。我们强调人的生态本体论,而它们只是将生态知识纳入美学的体系中,还是没有完全摆脱人类中心主义,生态在它们的美学体系中只起到了工具的作用。这与我们旗帜鲜明地摆脱人类中心主义的立场是很不一样的。我们为什么要反对人类中心主义？应该说，人类中心主义在工业革命时代，是适应了人类改造自然的时代需要的，在人类发展的特定阶段，对人类的思想、政治、经济等等都起到了极大的历史作用。但是随着后工业时代的到来，资本主义发展到后现代阶段，一系列的经济、文明、生态问题催生了一大批的后现代思想，在这种语境背景中，我们必须要重新反思人与自然的关系。

胡：如果我们从总体上进行归纳，生态美学对自然美理论的超越表现在哪些方面呢？

曾：生态美学要求一种新的生态视角，它对自然美理论超越可以总结为以下四个方面。首先是批判的视角。过去我们讲“自然的人化”，现在要回归到自然、环境和生态。其次是欣赏对象上，我们欣赏的自然应该是复杂多变的自然本身，而不是自然的人化形式；在欣赏态度上，不应该是琐碎浅薄的，而应该做到严肃深入。再则是人的存在问题。人是生态系统中的存在，不能从生态系统脱离出来独立存在，更不能是人类中心存在。最后是审美欣赏与道德的关系。对自然的欣赏，应顾及到生态伦理，而不能采取道德中立的立场。

从“生态”到“生生”

胡：您在文章中提到，西方美学大家黑格尔认为中国没有美学，而中国传统的“生生美学”就是对黑格尔这一“美学之问”的回答。在您看来，“生生美学”如何能够回答这一问题？

曾：我在2019年12月《社会科学报》的文章中回答了这一问题。首先，“生生美学”回答了中国古代有没有美学的问题，我们认为，生生美学是一种中国形态的价值之美与交融之美，区别于西方的实体之美与区分之美;其次,“生生美学”是一种中国形态的生命美学。所谓“生生”乃生命的创生,其审美乃是对生命伟大处的“体贴”;第三,“生生美学”回答了中国古代美学有美学理性的问题,说明中国古代生生美学包含着丰富的道德理性精神。

胡:其实这个问题,我们还可以联系到学界讨论的较多的“以西释中”以及中国理论话语“失语症”的问题。

曾:是的。长期以来,我们在研究中国古代美学的时候,经常采取的是“以西释中”的方法,总是用西方的概念范畴来解释中国古代的美学思想。所以到了20世纪90年代,有人提出文艺学和美学研究中,出现了中国话语“失语症”的问题。一方面,我们要警惕西方理论中的欧洲中心主义倾向,在美学领域,最有代表性的就是黑格尔和鲍桑葵。前面我们说到,这两位美学家认为我们古代的美学还没有上升到思辨理论的地步,还是“前美学”的水平,这显然是一种比较严重的误读。西方学者不熟悉中西在哲学文化背景上的不同,但对于我们本土的学者来说,就不能完全“以西释中”,至少要从中西哲学观点差异的基础上发掘中国古代美学的价值。当然,对于“失语症”的说法,我个人认为这个问题被过于夸大了。中国自身的话语体系确实还处于建设之中,但是现代以来经过几代学人的努力,我们也已经初步建立了中国自己的美学话语,我之前曾写了一篇文章,探讨宗白华的美学思想。我个人把宗白华的思想概括为“气本论生态—生命美学”。我个人认为,像宗白华先生的“气本论生态—生命美学”理论就是中国现代美学话语的代表之一。

胡:您认为生生美学对于当前的生态美学建设具有怎样的价值?

曾:我们的生生美学,试图以“生生”这一特殊审美范畴,与欧洲存在论美学之“存在”与英美环境美学之“环境”相并立，成为国际生态环境美学之一维，构建具有中国特点的生态美学形态。欧陆存在论美学主要使用阐释学的方法与话语，而英美环境美学主要运用科学的分析的方法和话语。我们将中国传统的生态美学智慧概括为生生美学，生生美学是一种整体的文化行为，它既不同于英美环境美学的分析之科学性，也不同于欧陆存在论美学的阐释之结构性，从而与国际其他生态美学话语形成对话。我们的愿景是希望能使“生生”成为生态美学共同的理论范畴，得到国际学者共情的理解和适度的接受。我们认为，中国传统的生生美学完全能够作为生态美学之东方呈现而成为国际生态美学的重要组成部分。

胡：新春以来，新冠肺炎全球肆虐，您认为这与生态危机有关吗？在重大灾难面前，我们所提倡的生态美学有何作用呢？

曾：在疫情发生后的这3个月里，我几乎每天都在激动之中。一边是感慨于医护人员无私奉献的大爱，一边是反思人类狂妄无知打破自然的平衡所造成的严重的生态灾难，同时也悲痛患病离世的同胞们。联系实际，思考我们的生态美学，我想到最多的就是生态美学的要义乃“生生”之大爱。

此次新冠肺炎的泛滥，酿成人类大祸，至今没有终止，给我们以空前的震撼与深深的反思。一方面，我们感动于医护人员“维护生命、救死扶伤”的献身精神，他们的崇高精神，他们的无私大爱，可以说正是一种生生之美。这次疫情也让我们反思人类的生存方式，我们必须吸取这次疫情的教训，形成“敬畏自然，自觉维护生命共同体”的生态伦理道德精神。我们过去说“人定胜天”，在这种时候，我们还有勇气喊出这样的口号吗？如果不能敬畏自然、顺应自然，怎么可能有人类更好的生存呢？再有就是生活作风的改变。过去我们提倡节俭,反对铺张浪费。随着经济发展,商业社会要求个人无限制地消费,就有可能造成生态资源的大量浪费。但是,在这次疫情期间,大家都“宅”在家里,买东西都靠网购,我们应该能深刻地体会到生活的要义就是“够了就行”。减少个人的消耗,不只是减轻地球的负担,也是对人类后代和未来的终极关怀。可以说,我们传统文化的“生生”精神,是活在当下的,需要我们不断地学习、继承和发扬。

访后跋语:

2020 年 4 月 2 日,新冠疫情在全球肆虐,学校也还没有开学的消息。带着与生态和生命相关的困惑,我前往曾繁仁教授的家中,对他进行采访。这次采访,我主要围绕着曾老师的研究领域,从西方美学、审美教育、生态美学、生生美学几个方面对他进行提问,曾老师就这些问题做了回答。

曾老师 1959 年留校任教,1981 年开始从事西方美学的教学,1985 年出版第一部学术著作《西方美学简论》。多年来,曾老师一直从事着美学的科研与教学工作。在西方美学方面,曾老师每年都开设西方美学课程,常年招收该方向的博士生,并指导他的博士进行该方向的研究。除了《西方美学简论》,他后来又出版了《西方美学论纲》《西方美学范畴研究》等著作,这些成果都是他总结课堂教学得出的成果。正是在对西方美学有整体把握的基础上,曾老师敏锐地注意到生态美学将是美学发展的新方向之一,并一直投身于这一前沿学术问题的研究中。当然,除了理论自身的发展逻辑,曾老师在研究方向上的选择,也反映着他的现实关切。正如采访中所说,曾老师目睹了现实中惨烈的生态问题后,为践行人文学者的现实使命,而试图从美学理论出发对这一问题进行关注。除了现实关切之外,曾老师的研究还反映出鲜明的中国立场。作为一个研究西方理论的中国学者,我们该如何看待西方对中国古代传统的误读,该如何避免“以西释中”,该如何在中西对话中发现和肯定自身传统的价值,该如何评价现代中国学者的成果?曾老师一直在持续地思考和探索,努力去回答这些问题。随着研究的推进,“生生”美学是曾老师思考上述问题的最新成果。曾老师将中国传统生态智慧总结为“生生”美学,预期它将与欧陆存在论美学和英美环境美学并立,成为建设生态美学的重要一维。除了美学理论,曾老师也很重视审美教育的研究。《美育十五讲》是曾老师自己较为看重的一本著作。学界评论普遍认为这部著作全面且新颖,它也是该领域最为畅销的著作之一。2017年,由曾老师主编的《中国美育思想通史》,是我国第一部美育思想通史,具有填补空白的价值。

我曾经开玩笑地对曾老师说:“您治学的劲头一点也不像个老人。”曾老师已过八旬,却仍然笔耕不辍,而且丝毫不放松对自己的要求。他十分重视创新,要讲新观点,他仍然担任着中心的学术带头人,近年来也不断地开拓着新的学术增长点。虽然是个老人,但在学术这条道路上,曾老师一直像个精力旺盛的年轻人一样勤奋,祝曾老师的学术之路永远长青!